基于物理的建模与动画

Foundations of Physically Based
Modeling and Animation

[美] Donald H. House   John C. Keyser 著

叶劲峰 白如冰 周轩 周跃 译

U0281196

电子工业出版社
Publishing House of Electronics Industry
北京·BEIJING

内 容 简 介

本书基于原作者开设的一门关于物理建模的课程编写而成，概括地介绍了这一领域的知识，包括对粒子、粒子系统、刚体、约束系统、铰接体、流体等的模拟，还深入介绍了相关的数学知识。本书兼具实用性与理论性，既有丰富的伪代码供读者参考，也有详细的理论推导帮助读者深入地理解相关的概念。

本书适合计算机专业的中高年级本科生、研究生学习，也可供涉足该领域的研究人员、工程师参考。

Donald H. House, John C. Keyser: Foundations of Physically Based Modeling and Animation, ISBN: 978-1-4822-3460-2

Copyright © 2017 by Taylor & Francis Group, LLC

Authorized translation from the English language edition published by CRC Press, a member of the Taylor & Francis Group, LLC. All rights reserved.

Publishing House of Electronics Industry is authorized to publish and distribute exclusively the Chinese (Simplified Characters) language edition. This edition is authorized for sale throughout the mainland of China. No part of the publication may be reproduced or distributed by any means, or stored in a database or retrieval system, without the prior written permission of the publisher.

Copies of this book sold without a Taylor & Francis sticker on the cover are unauthorized and illegal.

本书原版由 Taylor & Francis 出版集团旗下 CRC 出版公司出版，并经其授权翻译出版。版权所有，侵权必究。

本书中文简体翻译版授权由电子工业出版社独家出版并仅限在中国大陆销售，未经出版者书面许可，不得以任何方式复制或发行本书的任何部分。

本书封面贴有 Taylor & Francis 公司防伪标签，无标签者不得销售。

版权贸易合同登记号　图字：01-2018-8243

图书在版编目 (CIP) 数据

基于物理的建模与动画 / （美）唐纳德·豪斯 (Donald H. House)，（美）约翰·凯泽 (John C. Keyser) 著；叶劲峰等译． — 北京：电子工业出版社，2021.1

书名原文：Foundations of Physically Based Modeling and Animation

ISBN 978-7-121-38674-9

Ⅰ．①基… Ⅱ．①唐… ②约… ③叶… Ⅲ．①三维动画软件 Ⅳ．① TP391.414

中国版本图书馆 CIP 数据核字（2020）第 037311 号

责任编辑：张春雨

印　　刷：北京盛通数码印刷有限公司

装　　订：北京盛通数码印刷有限公司

出版发行：电子工业出版社
　　　　　北京市海淀区万寿路 173 信箱　　邮编：100036

开　　本：720×1000　1/16　　　印张：24.5　　字数：480 千字

版　　次：2021 年 1 月第 1 版

印　　次：2024 年 3 月第 7 次印刷

定　　价：109.00 元

凡所购买电子工业出版社图书有缺损问题，请向购买书店调换。若书店售缺，请与本社发行部联系，联系及邮购电话：(010) 88254888，88258888。

质量投诉请发邮件至 zlts@phei.com.cn，盗版侵权举报请发邮件至 dbqq@phei.com.cn。

本书咨询联系方式：010-51260888-819，faq@phei.com.cn。

译　者　序

电子游戏、动画和建模等许多行业都会用到物理的知识。虽然之前市面上已经有多种介绍游戏、动画所需的物理知识的图书，但是在译者看来，这本《基于物理的建模与动画》无论从内容的广度还是深度来说，都非常值得一读。这本书覆盖了对粒子和粒子系统、刚体、流体等多种物理模型的建模和模拟，所以译者也相信把这本书翻译成中文，对国内相关领域的工作者会有很大的帮助。

这本书兼具理论性和实用性，既有详尽的理论阐释、公式推导，可以帮助读者建立起正确的概念和知识体系，也有丰富的伪代码，可供读者参考以完成自己的项目。

本书分为五个部分。第 1 部分（第 1~3 章）讲解了物理建模的基础知识。第 2 部分（第 4~8 章）介绍了基于粒子的模型，包括粒子系统、可变形网格等内容。第 3 部分（第 9~12 章）介绍了刚体动力学、碰撞与约束，以及模拟复杂骨骼的铰接体动力学。第 4 部分（第 13~15 章）介绍了流体的模拟，包括流体力学的基础知识、常用的模拟方法。第 5 部分是附录，补充介绍了本书涉及的数学基础知识。

虽然原作者假定读者只需要具备大学一年级的数学知识（基础的微积分和线性代数知识），但是后续章节还是比较深入的。译者在翻译的过程中尽可能地补充了相关的知识，来帮助读者理解，特别是第 11 章和第 12 章。作者在第 11 章中引入了一些通常只有物理专业才会学习的分析力学的知识，译者相应地补充介绍了分析力学的基础概念。读者要理解第 12 章的内容需要非常熟悉刚体转动参考系中速度和加速度的变换，译者也补充了一些篇幅介绍了这方面的知识。还需要说明的是，第 12 章原作者参考的几个文献，基础符号的约定其实略有差别，译者也专门查阅了这些文献，推导、整理清楚了其中的关系。

从开始翻译，到校对即将出版，陆陆续续也经历近三年的时间。译者在翻译这本书的过程中，也收获了很多。最后，鉴于译者水平有限，错漏之处在所难免，希望读者批评指正。

译　者

前　言

　　萌生撰写本书的想法源于 1994 年，当时 Donald House 在得克萨斯州农工大学给可视化理工硕士开了一门基于物理的建模课程。自那时开始，他每年都会教这门课，2008 年转到克莱门森大学也继续开设这门课。他离开得克萨斯州农工大学后，John Keyser 接手教授这门课并延续至今。虽然我们已教授这门课 22 年了，但从来没有一本支撑这门课的教科书。本书的所有插图都来自这门课的学生项目，插图标题下都载有学生的名字。

　　本书包含了我们在教授这门课时所用的材料，以及一些补充内容。我们的目标是对基于物理的建模领域做一个全面概括，为踏入此领域的研究人员提供有用的参考，或者将其作为一本教科书。我们在设计本书的大纲时，想法是提供一些基础性内容，基础到能让读者用代码实践动画项目，同时还要提供你踏足本领域后所需的拓展性的研究文献。如果你想要使用现成的物理模拟套件写代码，或者使用专业工具，如流行动画软件中的物理引擎，本书也会有这方面的讲解，使你知道这些软件在背后做了什么事情。

　　由于我们希望本书能相对"常青"，因此在写作时不考虑任何编程语言或图形 API，均以伪代码来表示算法，不含示例的源代码。在我们的课程中，学生们使用 C++ 编程语言并以 OpenGL 作为图形 API。选择这个组合是出于性能方面的考虑。但是，若可接受一点性能开销，你在做项目时也可以采用 Java、C# 或 Python 语言，配合使用任何可用的图形 API，或者也可使用 Processing 和 D3 等有内建图形功能的套件。

　　我们的学生报读这门课有着不同的动机，例如想投身于这个领域，或者想在艺术方面应用动画技术。我们有许多学生为未来职业生涯考虑，想成为电影、动画及游戏工业中的视觉特效师，实际上有很多学生后来确实从事了这些工作，有的还成了大制作电影的首席特效师，获得了美国视觉特效协会（VES）的奖项和提名。我们的学生来自不同的学术领域，从工程到艺术都有。他们没有接受相同的训练，但他们有共同的兴趣和爱好。我们这门课会有各种受众，所以这门课不是专为计算机科学和工程专业的学生而设的。这门课假设学生上过最少两学期的微积分课，熟悉微分和积分的概念，也必须是一个称职的程序员并熟悉基本的图形显示技术。

为了适应多元化的学生，我们在课程中安排了必需的数学原理的相关介绍，主要是线性代数方面的知识。我们把这些内容放在 6 个附录中。这种编排可以避免在本书的主线中穿插背景知识。老师可以按学生情况把这些内容安排到课程当中。而一些基本概念的复习内容，以及进阶数学概念的讲解内容，则放在正文中。

虽然我们教授的是入门课程，但本书也为向研究人员介绍这个领域而写，所以我们会选择性地在书中加入一些进阶题目，其中包括对高阶数值积分法、加速模拟的方法、稳定性分析、流体模拟技术、刚体模拟中的多接触处理、约束系统，以及铰接体的介绍。这些内容可作为第二门课程的基础，或是作为附加的学习内容。

每一本书都有其局限性，这本书亦然。本书缺少了一些基于物理的动画的重要内容，包括有限元建模（finite element modeling）、带符号距离场（signed distance field）、流体表面模拟及角色动画等。有限元越来越多地用于模拟变形材质。带符号距离场具有多种用途，如追踪流体表面随时间变化的形状，更高效地预测碰撞等。而在很多水体场景中，流体表面经常是我们唯一感兴趣的地方。在这种情况下，最好用高度场和波动的方法，而不是用纳维–斯托克斯方程。另外，令角色栩栩如生是动画的终极目标，现今的游戏和电影亦如是，其中也越来越多地用到基于物理的动画，如配合动作捕捉制作非常写实的角色动作。若本书获得成功，我们希望这些领域的专家能为第 2 版提供相关内容。

我们计划维护一个网站，为本书读者提供长期的支持。首先，这个网站会放每章的部分练习内容、能增强理解的程序示例，以及一些如矩阵和矢量的程序库。本书的勘误表放在 http://www.cs.clemson.edu/ savage/pba/。

此外，我们对不同目标受众提供了 3 个课程大纲建议。

中年级计算机科学本科生的课程大纲

这个为期 15 周的课程大纲的主题是基于粒子的模拟。作业项目包括三维弹跳球、粒子系统模拟、群集（flocking）系统和基于弹簧的可变形物体。若时间充裕，非常鼓励学生去设计自己的项目并加以实现。我们发现，要求在项目提议书中加入视觉参考资料，对项目的成功起到关键作用。视觉参考资料可以是任何能展示学生想达成的目标的东西。例如，可以是原创的草图或相片，或是网上找到的影像和动画。我们会正式地审核提议书，提出必要的修改建议，最后按学生成功达成提议书目标的程度给予评分。

教学日	阅读内容	题目
1	第 1 章	课程简介
2	2.1 至 2.6 节	物理模拟的基础
3	附录 A	矢量
4	2.7 和 2.8 节	带有空气阻力的三维运动
5	3.1 至 3.3 节	与无限平面的碰撞
6	附录 B	矩阵代数
7	附录 C	仿射变换
8	3.4 和 3.5 节	与多边形的碰撞
9	附录 F、3.6 和 3.7 节	重心坐标、与三角形的碰撞
10~13	第 4 章	粒子系统
14~17	第 5 章	粒子编排
18	6.1 和 6.2 节	状态向量表示
19	附录 D	坐标系统
20~21	6.3 节	空间数据结构
22	6.4 节	天文模拟
23~24	6.5 节	群集系统
25~26	7.1、7.3 至 7.5 节	数值积分
27~28	8.1 和 8.2 节	弹性物体
29	8.5 节	弹性碰撞及响应
30	8.6 和 8.7 节	晶格形变器及布料建模

高年级本科生或第一年研究生的课程大纲

这个为期 15 周的课程覆盖粒子模拟更细致的内容，并提供刚体模拟及流体模拟的入门知识。这些内容类似于我们一直以来所教授的课程。除了上述内容，学生可以实现刚体模拟，其中包含与无限平面的碰撞，或者实现二维 SPH 流体模拟。经验告诉我们，学生通过自己策划的项目来完成课程，最受欢迎且也最能出现最优秀的成果。我们建议采用与上一课程大纲相同的提议书及评分方法。

教学日	阅读内容	题目
1	第 1 章	课程简介
2	2.1 至 2.6 节	物理模拟的基础
3	附录 A	矢量

教学日	阅读内容	题目
4	2.7 和 2.8 节	带有空气阻力的三维运动
5	3.1 至 3.3 节	与无限平面的碰撞
6	附录 B 和 C	矩阵及仿射变换
7	3.4 和 3.5 节	与多边形的碰撞
8	附录 F、3.6 和 3.7 节	重心坐标、与三角形的碰撞
9, 10	第 4 章	粒子系统
11, 12	第 5 章	粒子编排
13	6.1 和 6.2 节	状态向量表示
14	6.3 和 6.4 节	空间数据结构及天文模拟
15	6.5 节	群集系统
16	7.1、7.3 至 7.5 节	数值积分
17	8.1 和 8.2 节	弹性物体
18	附录 D	坐标系统
19	8.5 节	弹性碰撞及响应
20	8.6 和 8.7 节	晶格形变器及布料建模
21	9.1 节	刚体状态
22	9.2 节	刚体属性
23	附录 E	四元数
24	9.3 和 9.4 节	刚体状态的更新与实现
25	10.1 和 10.2 节	刚体碰撞
26	11.1 和 11.2 节	刚体碰撞检测
27	13.1 至 13.3 节	流体模拟的数学基础
28	第 14 章	光滑粒子流体动力学
29	15.1 节	有限差分
30	15.2 节	半拉格朗日法

具有计算机图形学、线性代数及微分方程背景的研究生课程大纲

我们相信此课程大纲能覆盖整本书的内容，并注重更多进阶题目，包括多刚体碰撞、含摩擦力的接触、约束系统、铰接体及流体模拟的完整内容。老师也可以跨越本书中的内容，例如考虑与以下题目相关的文献：含自碰撞的进阶布料模拟、带符号距离场、有限元方法及角色动画。我们不尝试给这种程度的课程提供建议的教学顺序，而是鼓励老师为课程内容设置一个焦点，设计两三个作业以建立根基，然后让学生设计并实现自己的项目。

目　录

第 1 部分

基础

第 1 章　导论

1.1　什么是基于物理的动画

基于物理的动画（*physically based animation*）与基于物理的建模（*physically based modeling*）这两个术语可交替使用。两者都意味着利用物理原理（通常是经典力学）去为随时间演变的现象建模，并把这些模型实现成模拟算法，以运行在计算机上。它们的目标都是随着时间的推移，生成一连串的系统状态，再把这些状态渲染为一组图像。最后，顺序播放这些图像，就能展现运动过程。例如，图 1.1 展示了一个球掉进网中，再反弹至另一个网的情景。

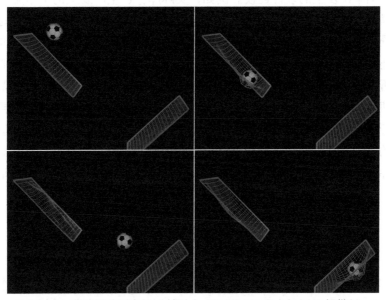

图 1.1　球和网动画中的 4 帧（由 Himanshu Chaturvedi 提供）

术语动画（*animation*）原指"赋予生命的行为"（*action of imparting life*）[Harper, 2016]。在本书中，我们尝试给虚拟世界中的物体和角色注入生机。其方法着重于把经典物理学的力学模型所描述的现象用计算机模拟。

在电脑游戏、电脑动画、视觉特效中，*动画*一词通常是指训练有素、熟练的艺术家从事的一种艺术，这种艺术家被称为*动画师*（*animator*）。动画师是动画片中的演员，他们赋予角色动作、情绪及人类的细微动态。动画师的主要任务是制作*原动画*（*primary animation*），即身体动作、面部表情，乃至令角色更有生气及性格表现的细微举止。

而基于物理的动画则主要用于生成*附属动画*（*secondary animation*），一般包括场景中角色以外的运动，这些运动是由原动画驱动的。附属动画的例子包括根据角色运动进行反应的头发及服装，或角色以外的运动，如随风飘扬的旗子、池塘中的水花、燃放的烟花、弹跳的球、落下的物体等。此外，附属动画也可以包括场景中的临时演员动画，例如战争场面中的战士、鱼群等。

1.2　动态模拟与离散事件模拟

在本书中，*动态模拟*（*dynamic simulation*）是指连续演变的现象，与*离散事件模拟*（*discrete event simulation*）相对。离散事件模拟常用于工程及商业界，为离散时间单位发生的事件建模。例如，实际库存、生产线上的工作流，以及财务系统里的交易等。在基于物理的动画中，虽然我们从时间上是在离散的步骤中捕获场景里的事件，但我们总是希望模仿现实世界，而这些事件在现实世界中实际上是连续演变的。我们举一个例子来描述两者的差别。假设我们要模拟一部电梯，分析它到达和离开大厦层数的时间，那么最好使用离散事件模拟。无须加入该升降机的物理特性，只需要为它的控制机制建模，并测量它到达各层所需的时间、开关门时间和平层[1]时间即可。另一方面，如果我们希望追踪电梯的行程，监视它的运动及其部件的移动，那么最好使用动态模拟。针对这一类模拟，需要知悉电梯的质量、电动机产生的力矩，以及许多其他支配电梯运动的物理特性。

1.3　数学记法约定

物理的语言是数学，当然基于物理的动画也不例外。本书使用数学作为主要语言。由于我们会广泛地使用数学记法，因而在全书中采用相同的记法约定。这些记法约定总结如下：

1　译注：电梯平层（elevator leveling）是指轿厢到达目的层数时，令轿厢地坎与层门地坎达到同一平面的动作。

a　　小写，标量（scalar）变量及参数

ω　　希腊字母，标量变量及参数

$\mathbf{v}$　　粗体小写，矢量（vector）变量

$\boldsymbol{\omega}$　　粗体希腊字母，矢量变量

$\hat{\mathbf{v}}$　　戴帽子的粗体小写，单位/方向矢量（unit/directional vector）

M　　大写，矩阵（matrix）

$\mathbf{J}$　　大写粗体，雅可比矩阵（Jacobian matrix）

I 或 $\mathbf{1}$　　大写 I 或粗体 1，单位矩阵（identity matrix）

所有矢量都假定为列矢量（column vector）。当展开矢量显示它的项时，若它置于独立一行的公式中，则用记法：

$$\mathbf{v} = \begin{bmatrix} x \\ y \\ z \end{bmatrix}$$

当在正文中展开上面的矢量时，则会用转置（transpose）形式 $\mathbf{v}^{\mathrm{T}} = [x \quad y \quad z]$。

1.4　工具包及商用软件

虽然本书主要是让读者了解能应用至动画的物理模拟基础概念，但多数动画的制作会首先使用软件工具包及商业动画软件。在撰写本书时，在电脑游戏中最常使用的 API 是 *Bullet*、*Havok* 及 *PhysX*。而 *Open Dynamics Engine*（*ODE*）也是一个容易使用的开源工具包，广泛应用在研究及个别项目中。

动画软件中，*Houdini* 提供对物理动画最完整及最具弹性的支持，它已成为动画视觉特效及电影视觉特效的主要制作工具。除此之外，所有主要的动画软件包也有内置的物理支持，包括商业软件 *Maya*、*3D Studio Max*，以及流行的开源软件 *Blender*。大部分这些软件都有对应的插件来支持主要的物理 API。

1.5　本书结构

本书分为 4 个主要部分：基础、基于粒子的模型、刚体动力学与约束动力学及流体动力学。每个部分中的章节内容都与该部分的标题紧密相关，除了第 7 章是关于数值积分的内容以外。第 7 章并没有逻辑上的归宿，因此把它放置在关

于大量相互作用的物体，以及系统状态记法内容之后，而且刚好在关于积分技术的内容之前。本书包含几个附录，附录中介绍了一些数学原理，这些原理有助于读者学习及了解基于物理的动画。附录的内容主要包括矢量、矩阵代数、仿射变换、坐标系统、四元数及重心坐标等。

第 2 章　模拟的基础

2.1　模型及模拟

创建物理模拟动画有两个关键要素：模型（*model*）和模拟（*simulation*）。模型是一组定律或规则，掌管一些事物的行为或操作方式。模拟则是把模型封装在一个框架之中，从而预测该行为在时间上的演化。

基于物理的模型也是一种模型，它定义一个系统如何表现的物理：支配物体运动的规则、环境的行为、物体之间的相互作用等。通常，基于物理的模型基于现实世界的行为，即支配我们世界如何运作的定律。然而，必须谨记，所谓的"真实"模型几乎也都是被简化过的。影响较小的部分，常常会被忽略；模型描述大尺度的行为，不注重所有细节。例如，汽车模拟不需要追踪每个原子，只需要专心描述汽车中大尺度部件的行为即可。

此外，为了动画需要，有时候我们期望定义一些不符合现实世界物理的物理。例如，歪心狼[1]最著名的就是他冲出悬崖，凌空一会儿，直到他发觉脚碰不到地面，然后才以比现实世界更快的速度掉下去——他好像要追赶"失去的"掉落时间！为了捕捉这种行为，动画师有机会重新发明物理定律，制作出他们想要的卡通物理效果 [Hinckley, 1998]。

基于物理的模拟选取一个基于物理的模型，以及一些初始条件（initial condition，例如初始位置及速度），然后尝试判断物体行为如何随时间变化。我们有许多模拟技术可以选用，选择时要权衡它们的精确性、效率、鲁棒性，以及是否适合那个模型。

为了说明模型及模拟的概念，以及通用的模拟过程，我们从一个简单例子开始。这是一个人人在现实生活中都熟悉的例子：重力作用令一个球落下。之后，

1　译注：歪心狼（Wile E. Coyote）与哔哔鸟（The Road Runner）是华纳兄弟公司出品的 *Looney Tunes* 里的一对卡通角色，始播于 1949 年。

我们把这个例子扩展至考虑空气阻力及风的影响。

2.2　牛顿运动定律

在实际为这个例子定义基于物理的模型之前，我们首先看看构成基于物理的模拟基础的一些基本定律：三条牛顿运动定律（Newton's laws of motion）。粗略地说，牛顿定律如下：

1. 除非施加外力，运动中的物体会保持运动，静止的物体保持静止。
2. 物体受到的力，等于其质量乘以加速度。通常写作 $\mathbf{F} = m\mathbf{a}$。
3. 当第一个物体施力于第二个物体时，会有一个相等的反方向力施向第一个物体。

这三条定律对于了解如何实践基于物理的模拟极为重要。我们在本章先探讨前两条定律，在之后的章节讨论第三条定律。

第一定律的关键概念是惯性（*inertia*）。除非施加外力，物体会持续以固定速率、固定方向移动。克服物体惯性的困难程度，是由物体的质量（mass）决定的。与惯性相关的概念是动量（*momentum*），它是物体质量与速度之积，记作 $\mathbf{P} = m\mathbf{v}$

第二定律告诉我们力（*force*）与动量变化率之间的确切关系，我们称动量变化率为加速度（*acceleration*）[1]。我们一般会通过一组力来定义一个基于物理的模型。给定这些力，可使用牛顿第二定律来获取加速度，记作 $\mathbf{a} = \frac{1}{m}\mathbf{F}$。最后，从加速度及初始状态，我们可以求出速度和位置。

微分（*differentiation*）是数学术语，它定义一些变量随时间或空间的变化率。在基于物理的动画中，我们通常会把一些变量随时间的变化率进行积分。位置 $\mathbf{x}$、速度 $\mathbf{v}$ 和加速度 $\mathbf{a}$ 全部都是以微分相连的关系，因为速度被定义为位置的变化率，而加速度则被定义为速度的变化率。用数学表示的话，速度是位置随时间的变化率：

$$\mathbf{v} = \frac{\mathrm{d}\mathbf{x}}{\mathrm{d}t}$$

而加速度则是速度随时间的变化率：

$$\mathbf{a} = \frac{\mathrm{d}\mathbf{v}}{\mathrm{d}t}$$

1　译注：这里假设了物体质量为常数。

因此，我们可以得知加速度是位置随时间的二阶导数，写作：

$$\mathbf{a} = \frac{\mathrm{d}\left(\frac{\mathrm{d}\mathbf{x}}{\mathrm{d}t}\right)}{\mathrm{d}t} = \frac{\mathrm{d}^2\mathbf{x}}{\mathrm{d}t^2}$$

在本书中，也会使用牛顿记法[1]作为时间导数的简写。在变量上方加一点代表对时间的一阶导数，加两点代表对时间的二阶导数。于是，我们通常把位置、速度和加速度的微分表达式写成：

$$\mathbf{v} = \dot{\mathbf{x}}, \quad \mathbf{a} = \dot{\mathbf{v}} \quad 及 \quad \mathbf{a} = \ddot{\mathbf{x}}$$

积分（$integration$）与微分相反，它描述微小的变化如何随时间累积，得出总体变化。从数学的角度来说，积分是微分的逆运算。由此我们就可知道，从加速度开始积分就能得到速度，再把速度积分就能求出位置。这是物理系统的数值模拟的关键思想之一——从加速度开始，积分得到速度，再积分得到位置。

用数学方式表示速度为加速度随时间的积分：

$$\mathbf{v} = \int \mathbf{a}\, \mathrm{d}t$$

而位置是速度随时间的积分：

$$\mathbf{x} = \int \mathbf{v}\, \mathrm{d}t$$

在微积分课程中，我们会学习，当 $\mathbf{a}$ 和 $\mathbf{v}$ 是简单的表达式时，如何用闭合的代数形式计算这些积分。然而，对于在动画模拟中所碰到的复杂动态问题，我们几乎总是不能用微积分规则去求解这些积分。取而代之，我们将会使用数值积分技术，来计算这些积分的近似值。具体方法是，从某时间点已知的位置和速度开始，计算加速度，然后用数值积分向前推进一段短时间间隔，得出新的位置及速度。然后，把此过程置于循环中重复运行，从开始至所需的结束时间，每次迭代把时间推进一个短时步（timestep）。

为了展示此过程，我们先看 $\mathbf{a}$ 为常数的例子。在这个非常简单的例子中，因为积分过程直截了当，我们能找到此问题的闭合代数解。假设初始位置为 $\mathbf{x}_0$，初始速度为 $\mathbf{v}_0$，那么积分：

$$\mathbf{v} = \int \mathbf{a}\, \mathrm{d}t$$

1　译注：原文为 dot notation，但中文多用牛顿记法（Newton's notation）。附带一提，前面的 $\frac{\mathrm{d}\mathbf{x}}{\mathrm{d}t}$ 为莱布尼兹记法（Leibniz's notation）。

得出：

$$\mathbf{v} = \mathbf{a}t + \mathbf{v}_0 \tag{2.1}$$

再积分此表达式：

$$\mathbf{x} = \int (\mathbf{a}t + \mathbf{v}_0)\,\mathrm{d}t$$

就能得出：

$$\mathbf{x} = \frac{1}{2}\mathbf{a}t^2 + \mathbf{v}_0 t + \mathbf{x}_0 \tag{2.2}$$

在概念上，若我们给定加速度、初始速度 $\mathbf{v}_0$ 及初始位置 $\mathbf{x}_0$，就能求出未来任何时间 t 的速度和位置。

因此，一般的过程如下。

1. 建模：为支配行为的力建模。通过牛顿第二定律、这些力确定出加速度。

2. 提供初始条件：定义初始位置及速度。

3. 模拟：使用积分求各个时间的位置及速度。

此过程可能会变得越来越复杂，每步可能有多种变化。然而，这个基本框架会带领我们走很远的路，包括本书中的大部分内容。

2.3　在一维中落下一个球

现在，我们用落下一个球作为简单例子，说明这个过程。为了使这个例子尽量简单，我们只关心重力（gravity）这一种力，忽略空气阻力。也只考虑一个维度（高度），并假设物体只是一个点。由于只是在一维下运行，因此所有变量都是标量，我们定义正数代表向上。首先，需要定义所需的模型。

假设要处理的物体是接近地面的。这样的话，重力将会施加往下、近乎常数的力 $\mathbf{F} = -m\mathbf{g}$，其中 $\mathbf{g}$ 是重力加速度常数（gravitational acceleration constant）[1]。在这个简单例子里，这是我们唯一关心的力。由于 $\mathbf{F} = m\mathbf{a}$，得出 $\mathbf{a} = -\mathbf{g}$，因此，加速度与球的质量并无关系。

当然，重力加速度常数 $\mathbf{g}$ 是一个被充分研究的"现实世界"值，在地球上大约为 $9.8\mathrm{m/s}^2$。具体数值不太重要，因为我们可以使用米以外的长度单位，或是模拟另一行星的重力，又或只是想做非自然的模拟。要模拟"现实世界"的情况，谨记使用正确的单位，并使用正确数值的常数。人们由于做错这件事曾带来不止

1　译注：原文 gravitational constant 可能会被误解为万有引力常数 G，而小写 $\mathbf{g}$ 通常是指地球表面重力加速度，这里采用原文下一段较清晰的术语。

一次代价巨大的灾难[1]。然而，我们为了示范，或用于许多图形动画，无须坚持使用"真实的"值作为常数。为了简单起见，我们设 $g = 10$ 长度单位每平方秒。

现在有了（非常简单的）模型 $\mathbf{a} = -10$，需要定义初始条件。假设开始时球是静止的，即 $\mathbf{v}_0 = 0$，并位于 100 单位高，即 $\mathbf{x}_0 = 100$。

2.4　运动的微分方程

此刻我们拥有一个落下球的模型，并配有初始条件。我们的目标是求出在一系列时间值时球的位置，例如时间值 $t = (0, 1, 2, 3, 4)$。可以想象这些值代表我们要渲染每帧动画的时间点，在那些时间点需要知道球的位置。

因为这实在是很简单的模型，所以可用公式 2.1 和公式 2.2 得出：

$$\mathbf{v} = \mathbf{a}t + \mathbf{v}_0 = -10t + 0 = -10t \qquad 及$$

$$\mathbf{x} = \frac{1}{2}\mathbf{a}t^2 + \mathbf{v}_0 t + \mathbf{x}_0 = \frac{1}{2}(-10)t^2 + 0t + 100 = 100 - 5t^2$$

我们必须要知道，通常不会有像这样美好的闭合代数解！通常会有含多个力的矢量表达式，并且不能积分成像这里的 $\mathbf{v}$ 和 $\mathbf{x}$ 的闭合表达式。下一节我们学习，当没有这样美好的公式时，如何用数值积分方法求解。

然而在这里，我们可得到这个模型的精确解，并可获取每个时间值的速度和位置。下表展示了 5 个时步的速度和位置，并在右图展示了球从开始最高点至 4s 时接近底部的位置。

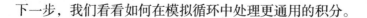

	t	0	1	2	3	4
精确解	$\mathbf{v}$	0	−10	−20	−30	−40
	$\mathbf{x}$	100	95	80	55	20

下一步，我们看看如何在模拟循环中处理更通用的积分。

1　最著名的例子是 1999 年火星气候探测者号（Mars Climate Orbiter），由于混合使用了力的公制单位（牛顿）和英制单位（磅力），令它太接近火星以致瓦解。

2.5   基本的模拟循环

对于更通用的问题，各种力的表达式并不能积分成如公式 2.1 和公式 2.2 那样的闭合式解。我们必须用数值方法来积分，才能求得速度及位置。有许多数值积分技术可供选用，我们稍后讨论其中几种，现在先介绍最基本的方法——欧拉积分（*Euler integration*）。

所有数值积分技术都依靠时步（*timestep*）这个概念。其运作方式是，先给定某个时间的状态，然后计算出未来一个时步后的状态。在基于物理的模拟的文献中会使用不同的符号代表时步，较常见的是 h，本书会使用此约定[1]。

首先，我们必须明白要模拟什么。模拟的状态（*state*）是指多个模拟参数在某一时间点的值。在我们的简单例子中，状态仅指球的速度 $\mathbf{v}$ 和位置 $\mathbf{x}$。现在我们有 $t = 0$ 时的初始状态（$\mathbf{v}_0$ 和 $\mathbf{x}_0$），希望求得 $t = (1, 2, 3, 4)$ 多个时间值的状态。

运用状态这个概念，通用的模拟循环可以是以下这个形式：

当前状态 = 初始状态;
$t = 0$;
while $t < t_{\max}$ **do**
    获取当前状态下的力;
    使用牛顿第二定律计算加速度：$\mathbf{a} = \frac{1}{m}\mathbf{F}$;
    新状态 = 使用时步 h 对加速度进行积分;
    当前状态 = 新状态;
    $t = t + h$;
end

注意，在每次迭代之始，当前状态和时间 t 是同步的。

为了使记法更清晰，我们使用方括号上标来表示变量在哪一次迭代，并使用 n 来表示当前迭代。变量在初始时间的值使用上标 [0]，下一时步则是 [1]，依此类推。注意上标代表迭代次数，而不是实际时间。若迭代次数是 n，则实际时间 $t = nh$。

最简单的数值积分技术是欧拉积分。它的基本假设是，在模拟中积分的所有值在该时步内维持不变。因此，若我们知道一个时步开始时的加速度，便可以假

---

1 译注：常见的时步符号还有 Δt。

设它在整个时步内维持不变。引用之前的公式 2.1，我们发现从这种假设能得出，新速度等于旧速度，再加上加速度乘以时间。同样地，如果我们假设速度在整个时步内维持不变，就能用相似方式求出新位置。因此，使用欧拉积分计算速度和位置，可写成：

$$
\begin{aligned}
\mathbf{v}^{[n+1]} &= \mathbf{v}^{[n]} + \mathbf{a}^{[n]} h \\
\mathbf{x}^{[n+1]} &= \mathbf{x}^{[n]} + \mathbf{v}^{[n]} h
\end{aligned} \tag{2.3}
$$

这里的例子使用欧拉积分的模拟循环后是：

$\mathbf{v}^{[0]} = 0;\ \mathbf{x}^{[0]} = 100;$
$t = 0;\ n = 0;$
while $t < t_{\max}$ **do**
$\quad$ $\mathbf{a}^{[n]} = -10;$
$\quad$ **if** t 是输出帧的时间 **then**
$\quad\quad$ 输出 $\mathbf{v}^{[n]}, \mathbf{x}^{[n]};$
$\quad$ **end**
$\quad$ $\mathbf{v}^{[n+1]} = \mathbf{v}^{[n]} + \mathbf{a}^{[n]} h;$
$\quad$ $\mathbf{x}^{[n+1]} = \mathbf{x}^{[n]} + \mathbf{v}^{[n]} h;$
$\quad$ $n = n + 1;\ t = t + h;$
end

使用该 **if** 语句是因为我们可能不需要输出每次模拟迭代的结果作为动画帧。通常，我们运行几次模拟迭代，才输出一帧数据。例如，若要显示每秒 20 帧，而模拟时步为 $h = 0.005$，那么我们只希望每 10 次迭代才输出一帧。

回到我们的例子，我们选择了时步 $h = 1$，并输出每次迭代的新状态。右图中展示了球的位置，并与精确解作比较。对应的值为：

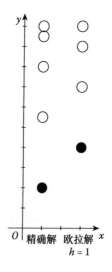

		t	0	1	2	3	4
精确解	$\mathbf{v}$		0	–10	–20	–30	–40
	$\mathbf{x}$		100	95	80	55	20
欧拉解	$\mathbf{v}$		0	–10	–20	–30	–40
$h = 1$	$\mathbf{x}$		100	100	90	70	40

可惜，这个方法没有得到正确的解，只获得了一些基本的效果——速度完全精确，球也是向下不断加速。然而在整个模拟阶段中，欧拉的解落后于精确解。为什么有这样的结果？欧拉积分中的假设给了我们线索。我们假设在时步中加速度和速度维持不变。这样对于加速度来说是对的，但对于速度来说并不对，速度随球体落下不断增大。因此，加速度的积分是精确无误的，但计算位置的速度积分则总是得到低估的结果。在下一节，我们探讨一些改进方法。

2.6　数值近似方法

由于欧拉积分的结果不接近正确结果，故我们要想办法获得更准确的数值近似。我们来看看下面三种可行方法。

首先，考虑步长。在之前的例子中，我们设 $h = 1$，即步长等于我们需要结果的速率。若使用短一点的步长，如 $h = 0.5$，结果又会怎样？在这种情况下，我们每做两次模拟步才会得到一个输出值。结果以图和表格展示。

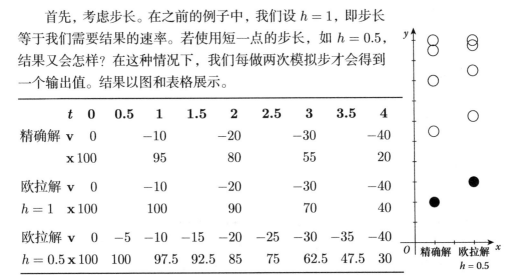

	t	0	0.5	1	1.5	2	2.5	3	3.5	4
精确解	$\mathbf{v}$	0		−10		−20		−30		−40
	$\mathbf{x}$	100		95		80		55		20
欧拉解	$\mathbf{v}$	0		−10		−20		−30		−40
$h = 1$	$\mathbf{x}$	100		100		90		70		40
欧拉解	$\mathbf{v}$	0	−5	−10	−15	−20	−25	−30	−35	−40
$h = 0.5$	$\mathbf{x}$	100	100	97.5	92.5	85	75	62.5	47.5	30

这种方法更接近正确解，然而却需要两倍模拟步，也就是需要两倍计算时间。事实上，若继续缩小步长（即每两次输出之间插入更多中间步骤），我们能获得更接近正确解的解。这种方法通常对任何问题都是有效的（步长越小积分越精确）。我们回想微积分中导数与积分的推演方式，它们通常被表示为一些数值趋向零时的极限。通过不断缩小步长的值，实质上就是逼近其极限，从而使积分更准确。当你担心积分结果不够好时，通常第一个可尝试的方法就是降低时步——缩小步长，观察结果是否有改善。降低时步能使我们更接近正确解，但永不能得到正确解。

除了缩小步长，还可考虑使用其他积分方式，看看能否得到更好的结果。你可能观察到，在使用欧拉积分时，完成第一个完整时步后位置并没改变。这是由于我们使用了上一个状态的速度值，而该值在完成第一个完整时步前维持为 0。那么，我们可尝试改为使用时步完成后的值，这样就能获得一个即时的改变。将公式 2.3 改为

$$\mathbf{v}^{[n+1]} = \mathbf{v}^{[n]} + \mathbf{a}^{[n]}h$$
$$\mathbf{x}^{[n+1]} = \mathbf{x}^{[n]} + \mathbf{v}^{[n+1]}h \tag{2.4}$$

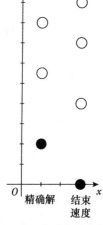

注意，计算速度所用的加速度积分方式维持不变。使用时步后的加速度计算会更复杂，因为只有在时步结束时，我们才能从时步后状态得知时步后的加速度（鸡与蛋问题）！若使用时步结束时的速度进行积分，则与原时步 $h = 1$ 比较，会得到这样的结果：

	t	0	1	2	3	4
精确解	$\mathbf{v}$	0	−10	−20	−30	−40
	$\mathbf{x}$	100	95	80	55	20
欧拉解	$\mathbf{v}$	0	−10	−20	−30	−40
$h = 1$	$\mathbf{x}$	100	100	90	70	40
结束速度	$\mathbf{v}$	0	−10	−20	−30	−40
	$\mathbf{x}$	100	90	70	40	0

这个方法得出不一样的结果，但它也不比原来的欧拉例子好。相对于欧拉例子中位置接近于正确解，现在又反超了——每个时步移动得太远。

第三个方法，我们尝试用欧拉方法和结束值方法的平均方法。现在，公式为：

$$\mathbf{v}^{[n+1]} = \mathbf{v}^{[n]} + \mathbf{a}^{[n]}h$$
$$\mathbf{x}^{[n+1]} = \mathbf{x}^{[n]} + \frac{\mathbf{v}^{[n]} + \mathbf{v}^{[n+1]}}{2}h \tag{2.5}$$

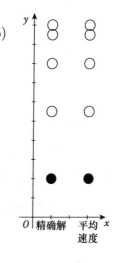

使用平均方法后，用图和表展示结果：

	t	0	1	2	3	4
精确解	$\mathbf{v}$	0	−10	−20	−30	−40
	$\mathbf{x}$	100	95	80	55	20
欧拉解	$\mathbf{v}$	0	−10	−20	−30	−40
$h = 1$	$\mathbf{x}$	100	100	90	70	40
平均速度	$\mathbf{v}$	0	−10	−20	−30	−40
	$\mathbf{x}$	100	95	80	55	20

现在我们得到了和精确解相同的值。事实上，原来这个方法对于常数加速度

是精确的积分方法。对于更通用的问题，这种方法也会得出比简单欧拉方法好一点的结果，但计算也较复杂。在第 7 章我们会讨论为什么会这样。而现在要注意的是，无论步长如何，选取不同的积分技术实际上能获得比欧拉方法更好的结果。

2.7　空气中的三维运动

至此，我们的例子已展示了一个球如何受重力落下。虽然此例子仅在一维（高度）中，但其中用到的方法及公式都可扩展，可以应用到二维或三维模拟。从现在开始，我们通常用三维来描述公式，你应知道，可以把它们直接简化成二维。

2.7.1　跟踪三个维度

我们继续跟踪位置 $\mathbf{x}$ 和速度 $\mathbf{v}$；然而，它们都是三维矢量，而不是标量。我们的重力矢量是 $\begin{bmatrix} 0 & -g & 0 \end{bmatrix}^T$，其中 g 是某个常数值。使用这个模型，之前的所有公式完全适用。球的高度 y 继续沿之前的路径移动。若重力为唯一的力，那么水平方向（x 和 z）的速度并不会有变化，因为重力加速度的 x 和 z 分量皆为零。

为了快速演示，我们假设初始速度 $\mathbf{v} = \begin{bmatrix} 10 & 0 & 30 \end{bmatrix}^T$，初始位置 $\mathbf{x} = \begin{bmatrix} 0 & 100 & 0 \end{bmatrix}^T$，而重力加速度常数 $g = 10$。若我们沿用 2.5 节的简单欧拉积分（使用 $h = 1$），则计算出以下的运动：

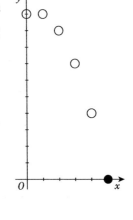

t	0	1	2	3	4	5
$\mathbf{v}$	$\begin{bmatrix} 10 \\ 0 \\ 30 \end{bmatrix}$	$\begin{bmatrix} 10 \\ -10 \\ 30 \end{bmatrix}$	$\begin{bmatrix} 10 \\ -20 \\ 30 \end{bmatrix}$	$\begin{bmatrix} 10 \\ -30 \\ 30 \end{bmatrix}$	$\begin{bmatrix} 10 \\ -40 \\ 30 \end{bmatrix}$	$\begin{bmatrix} 10 \\ -50 \\ 30 \end{bmatrix}$
$\mathbf{x}$	$\begin{bmatrix} 0 \\ 100 \\ 0 \end{bmatrix}$	$\begin{bmatrix} 10 \\ 100 \\ 30 \end{bmatrix}$	$\begin{bmatrix} 20 \\ 90 \\ 60 \end{bmatrix}$	$\begin{bmatrix} 30 \\ 70 \\ 90 \end{bmatrix}$	$\begin{bmatrix} 40 \\ 40 \\ 120 \end{bmatrix}$	$\begin{bmatrix} 50 \\ 0 \\ 150 \end{bmatrix}$

图中只显示了表中各位置的 x 和 y 分量。球的运动沿抛物弧线向下。物体继续在水平方向匀速移动，同时向下加速。

如 2.6 节所述，我们可用不同的积分方法及更小的时步，获取更准确的结果。

2.7.2　空气阻力

我们已有一个在空气中受重力移动的球，然而这并不是一个很有趣的模拟。因为重力与质量成正比，加速度独立于质量，即羽毛和球的落下速度是一样的。要使模型更有趣一些，使不同物体类型的行为有差异，我们需要在模型中加入另一因素：空气阻力（*air resistance*）。

在此，我们仅使用一个非常简单的空气阻力模型。真实的空气阻力实际上是非常复杂的物理效果，涉及物体的线性和旋转速度、物体几何形状及坐向，以及物体所在流体（如空气）的特性。设计飞机的工程师需要考虑所有这些因素，但对我们来说，一个非常基本的模型已足够。这个模型能帮助我们了解动画师如何创造一些力，以获得想要的效果。

空气阻力是一种力，将球向当前运动的相反方向推。因此，这种力的方向是当前速度的反方向，即 $-\hat{\mathbf{v}}$。而这种力的模（magnitude）则受两个因子影响。首先，移动速度越快，空气阻力会越高。所以，在第一个近似计算中，我们令空气阻力与速度的模 $\|\mathbf{v}\|$ 成正比。当速度变成双倍，风阻变成双倍时，我们也假设有一个常数 d 代表物体影响空气阻力的整体因素（例如物体的几何形状）——对流线圆滑的物体，d 值较小；对粗糙而且能挡风的物体，d 值较大。动画师使用这个可调的常数能直接控制想要的空气阻力大小。

因此，空气阻力就是 $\mathbf{F}_{\text{air}} = -d\|\mathbf{v}\|\hat{\mathbf{v}} = -d\mathbf{v}$。[1] 若我们把这个力与重力 $\mathbf{F}_{\text{gravity}} = m\mathbf{g}$ 结合，就得到：

$$\mathbf{F} = \mathbf{F}_{\text{gravity}} + \mathbf{F}_{\text{air}}$$
$$m\mathbf{a} = m\mathbf{g} - d\mathbf{v}$$

或

$$\mathbf{a} = \mathbf{g} - \frac{d}{m}\mathbf{v}$$

此加速度同时考虑了重力和空气阻力。

我们使用例子看看效果。沿用上一个例子的设定，另假设 $d = 0.4$ 及 $m = 1$。因此，加速度公式为 $\mathbf{a} = \begin{bmatrix} 0 & -10 & 0 \end{bmatrix}^{\text{T}} - 0.4\mathbf{v}$。使用基本的欧拉模拟能得到以下的结果：

1　注意这里的记法 $d\mathbf{v}$ 是指常数 d 与矢量 $\mathbf{v}$ 的积，不要误会是微分 $d\mathbf{v}$。

t	0	1	2	3	4	5
v	$\begin{bmatrix} 10 \\ 0 \\ 30 \end{bmatrix}$	$\begin{bmatrix} 6 \\ -10 \\ 18 \end{bmatrix}$	$\begin{bmatrix} 3.6 \\ -16 \\ 10.8 \end{bmatrix}$	$\begin{bmatrix} 2.2 \\ -19.6 \\ 6.5 \end{bmatrix}$	$\begin{bmatrix} 1.3 \\ -21.8 \\ 3.9 \end{bmatrix}$	$\begin{bmatrix} 0.8 \\ -23.1 \\ 2.3 \end{bmatrix}$
x	$\begin{bmatrix} 0 \\ 100 \\ 0 \end{bmatrix}$	$\begin{bmatrix} 10 \\ 100 \\ 30 \end{bmatrix}$	$\begin{bmatrix} 16 \\ 90 \\ 48 \end{bmatrix}$	$\begin{bmatrix} 19.6 \\ 74 \\ 58.8 \end{bmatrix}$	$\begin{bmatrix} 21.8 \\ 54.4 \\ 65.3 \end{bmatrix}$	$\begin{bmatrix} 23.1 \\ 32.6 \\ 69.2 \end{bmatrix}$

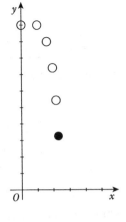

在此例子中,水平及垂直运动都被空气阻力减慢了。

若继续模拟下去,速度的 x 和 z 分量会逐渐接近 0,而垂直速度则会逐渐接近一个常数。因此,处理空气阻力令我们可以模拟终极速度(terminal velocity)这个概念。之所以会出现终极速度,是因为当空气阻力刚好抵消重力时,物体不会再向下加速,而保持一个常数速率落下。只要设 $\mathbf{a} = 0$ 求解 $\mathbf{v}$,就能容易地看到终极速度会在 $\mathbf{v} = \frac{m}{d}\mathbf{g}$ 时出现。在上例中,终极速度在 y 方向为 -25。我们可以预测,只要在表中再加几个时步,就会接近终极速度。

2.7.3 风

关于空气阻力,我们再讨论最后一个要点。在许多动画中,动画师希望施加一些力以某种方式操纵模拟,其中的一个方法是使用"风"力。图 2.1 展示了一帧落叶动画,它使用了风力来模拟。在前面描述的空气阻力模型中,并没有区分是哪里的空气施压于物体,因此风力也可以如空气阻力般处理。换言之,风往静止物体的某个方向吹,等同于该物体以相反方向往静止空气移动。在这两种情况

图 2.1 被风吹拂的落叶(由 Lana Sun 提供)

下，都是相对于风的方向施力减慢物体。因此风力可写作：

$$\mathbf{F}_{\text{wind}} = d\mathbf{v}_{\text{wind}}$$

所以整体的加速度为：

$$\mathbf{a} = \mathbf{g} + \frac{d}{m}\left(\mathbf{v}_{\text{wind}} - \mathbf{v}\right)$$

此公式中的 $\mathbf{v}_{\text{wind}} - \mathbf{v}$ 项就是物体相对于风的速度。

　　在上一个例子的基础上，我们加入风速 $\begin{bmatrix} -12.5 & 0 & 0 \end{bmatrix}^{\text{T}}$，模拟结果如下：

t	0	1	2	3	4	5
$\mathbf{v}$	$\begin{bmatrix} 10 \\ 0 \\ 30 \end{bmatrix}$	$\begin{bmatrix} 1 \\ -10 \\ 18 \end{bmatrix}$	$\begin{bmatrix} -4.4 \\ -16 \\ 10.8 \end{bmatrix}$	$\begin{bmatrix} -7.6 \\ -19.6 \\ 6.5 \end{bmatrix}$	$\begin{bmatrix} -9.6 \\ -21.8 \\ 3.9 \end{bmatrix}$	$\begin{bmatrix} -10.8 \\ -23.1 \\ 2.3 \end{bmatrix}$
$\mathbf{x}$	$\begin{bmatrix} 0 \\ 100 \\ 0 \end{bmatrix}$	$\begin{bmatrix} 10 \\ 100 \\ 30 \end{bmatrix}$	$\begin{bmatrix} 11 \\ 90 \\ 48 \end{bmatrix}$	$\begin{bmatrix} 6.6 \\ 74 \\ 58.8 \end{bmatrix}$	$\begin{bmatrix} -1.0 \\ 54.4 \\ 65.3 \end{bmatrix}$	$\begin{bmatrix} -10.6 \\ 32.6 \\ 69.2 \end{bmatrix}$

　　在 y 和 z 方向上的运动与上个例子相同，但因为加入了 $-x$ 方向的风力，它会压制球原来向 $+x$ 方向的速度，令球向后运动。

　　如同垂直终极速度会抵消重力，常数风力也会产生水平终极速度，以匹配水平风速 -12.5。因此，若无限期地模拟下去，该球最终会逼近常数速度 $\begin{bmatrix} -12.5 & -25 & 0 \end{bmatrix}^{\text{T}}$。

　　图 2.2 并列展示了之前 3 个例子，以比较它们的效果。

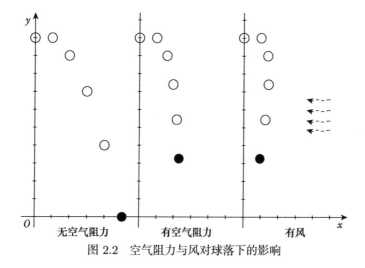

图 2.2　空气阻力与风对球落下的影响

2.8 总结

以下简要回顾了本章的一些主要概念：

- 模拟的通用过程包括三步：定义模型、设置初始条件和模拟。

- 典型的模拟需要基于系统的当前状态来计算力。

- 使用牛顿第二定律 $\mathbf{a} = \frac{1}{m}\mathbf{F}$，便能从力获知加速度。

- 利用这些加速度，预测未来的速度和位置。这个预测过程就是数值积分。

- 欧拉积分（见公式 2.3）是一个简单的数值积分方法。

- 有两个方法可以改进积分结果：缩小时步（以增加模拟时间为代价）或使用更好的积分方法。

- 简单的重力模型掩盖了质量对加速度的作用，因为重力产生的力与物体加速所需的力都是与质量成正比的。

- 在重力模型中加入空气阻力可令质量再起作用，并能方便地为模拟引入风的效果。

第 3 章　追踪弹跳球

在第 2 章中，我们了解了如何创建模型，以及基于该模型来模拟的基础知识，并且专门介绍了如何建模及模拟一个落下的球，包括重力、三维运动及风阻等概念。然而，现实世界中的物体不会无止境地自由落下，在某时刻物体会碰到其他物体。球最终落下时会碰到地面并反弹。我们通过学习处理这些碰撞的方法，可以模拟一个球在箱子里反弹。然后我们可以扩展这些概念，以处理球从空间中其他物体反弹。

3.1　与平面碰撞

为了更好地模拟球在真实三维环境中的移动，我们首先看看如何处理球与无限地平面的碰撞。这些碰撞会"打破"标准的模拟过程：当球碰到另一个物体时，它不再遵循之前描述的通用方程所给出的路径。相反，模拟必须处理因碰撞而几乎瞬时改变的物体运动。

真实的碰撞涉及短时间施加的非常大的力。即使两个"刚"体碰撞，它们也都会在碰撞一刻轻微变形，然后物体内在的力使它们反向变形，回复到原来的形状。这些回复力导致两个物体分离。其中一个好例子是高尔夫球受击的高速摄影。如果我们要准确地为这些内在力建模，则需要采用极小的时步，才可能精确模拟碰撞过程。然而，相对于我们想捕捉的运动时间帧来说，此碰撞过程很快，那个效果好像是瞬时的：看上去物体在受击后，没经过变形就立即"反弹"回来。因此，在基于物理的动画中，通常把刚体之间的碰撞当作瞬时事件，其导致速度突变，而不涉及变形力和加速度的连续变化过程。

我们可以使用不同的模型处理碰撞，而当涉及可旋转物体时，过程会更复

杂。我们以球的模拟为例，尽量使用简单的模型。假设球并不会旋转，因此实际上它只是一个点加上半径。10.1 节会讨论涉及旋转的碰撞。

在处理碰撞时，涉及 3 个不同阶段。有时会同时处理这 3 个阶段，但我们应该明白它们是独立的阶段。在不同的情况下，每个阶段可能会采用不同方法，而且这些阶段出现在模拟中不同的时间点。这 3 个阶段为

1. 碰撞检测（*collision detection*）：碰撞是否出现？
2. 碰撞测定（*collision determination*）：碰撞具体在什么地方和时间出现？
3. 碰撞响应（*collision response*）：碰撞产生什么效果？

接下来，我们首先介绍球与无限平面之间的碰撞检测及碰撞测定两个阶段。然后讲述碰撞怎样影响模拟循环。之后 3.2 节将分析碰撞响应，并在 3.3 节讨论实现方法。最后在 3.5 节中，讨论如果碰撞的不是无限平面，而是有限的多边形，则处理有何区别。

3.1.1 碰撞检测

碰撞检测判断碰撞有没有发生。在一些情况下，我们只关心检测过程，例如在游戏中判断子弹是否击中目标。然而，在动画中，碰撞检测只是碰撞处理的第一阶段。如果没发生碰撞，就不需执行之后的阶段。

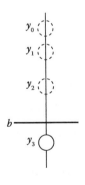

我们从简单的一维情况开始，再扩展至任意无限平面。假设一个移动球的中心位于 y，屏障（barrier）位于 b。我们先不考虑球的半径，仅把球心当作空间中移动的点。在模拟的过程中，可通过 $y - b$ 的符号，轻易判断球心位于屏障哪一方。若符号为正，则 y 在一方；若为负，则 y 在另一方；若为零，则刚好在屏障上。现在我们先假设 $y > b$，那么符号为正，同时假设 y 的变化率为负，即球正在移向屏障。在每个时步中，我们检查 $y - b$ 的符号。只要符号保持为正，就没有碰撞发生。而当符号变成负的时候，就意味着在这个时步中，球从屏障一方移动至另一方，因此发生了碰撞。右图展示了球在几个时步的位置，并且球与屏障的碰撞发生于第三个时步中间的某时间点。我们称此情况为检测到碰撞，之后在碰撞测定步骤会计算出碰撞的精确时间及位置。

那么，我们再把例子扩展至三维，以任意平面（plane）作为屏障。大家应该学过像 $Ax + By + Cz + D = 0$ 这样的平面方程。当把一个点 $\mathbf{x} = (x, y, z)$ 代入此方程的左侧时，若得出的值为 0，那么该点就位于平面中。否则，通过该值的

符号判定该点在平面的哪一侧。然而，进行碰撞检测和测定时，另一个更有用的平面表示方法是使用平面法线（normal vector）及平面上的一点 $\mathbf{p} = (p_x, p_y, p_z)$。平面法线矢量 $\hat{\mathbf{n}} = \begin{bmatrix} n_x & n_y & n_z \end{bmatrix}^{\mathrm{T}}$ 是垂直于平面的方向矢量，其指向平面的正数侧。这些变量可构造出 $n_x x + n_y y + n_z z - \hat{\mathbf{n}} \cdot \mathbf{p} = 0$ 这种形式的平面方程，或更简洁的：

$$(\mathbf{x} - \mathbf{p}) \cdot \hat{\mathbf{n}} = 0$$

右图以图形方式展示了此概念。这里 $\mathbf{x}$ 表示空间中想检测的任意位置。矢量差 $\mathbf{x} - \mathbf{p}$ 从平面上一点指向 $\mathbf{x}$。把此矢量点乘以平面法线 $\hat{\mathbf{n}}$ 就得到 $\mathbf{x}$ 在法线方向的投影距离：

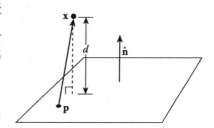

$$d = (\mathbf{x} - \mathbf{p}) \cdot \hat{\mathbf{n}} \qquad (3.1)$$

因此，d 的绝对值为 $\mathbf{x}$ 与平面之间的距离，d 的符号为正表示在平面上侧，为零表示在平面中，为负表示在平面下侧。那么，要对任意平面进行碰撞检测，只要在每个时步计算 d，并判断 d 的符号是否异于上个时步即可。

现在我们已知道了如何检测球心与任意平面的碰撞，那么就可把它扩展至处理非零半径 r 的球，并检测球表面与平面的碰撞。注意，当球的表面与平面接触时，球心与平面的距离为 r。因此，可通过检测球心与向法线方向偏移 r 后的平面来检测球与

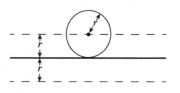

平面的碰撞。为了正确地检测，需考虑球位于平面的哪一侧。若球位于平面的正数侧（即法线指向球），那么检测方法为 $d = (\mathbf{x} - \mathbf{p}) \cdot \hat{\mathbf{n}} - r$；若球位于平面的负数侧，就采用 $d = (\mathbf{x} - \mathbf{p}) \cdot \hat{\mathbf{n}} + r$。

3.1.2　碰撞测定

若在一个时步中检测到碰撞发生，则在下一阶段中，我们需要精确地测定该碰撞发生在时步中的哪一个时间点。如果模拟中采用了欧拉积分，则我们可获取球在时步前后的位置，然后通过在这两个位置线性插值求碰撞点。

上节中的计算能得出球与平面的距离 d。设 $d^{[n]}$ 为时步开始时的距离，而 $d^{[n+1]}$ 为时步结束时的距离。若假设时步中球的速度不变（对欧拉积分来说这总是对的），则时间与移动距离成正比，并且

$$f = \frac{d^{[n]}}{d^{[n]} - d^{[n+1]}} \tag{3.2}$$

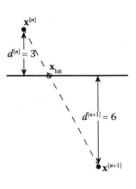

为发生碰撞的时步分数。参考右图中的例子，时步开始时球位于平面之上 3 个单位，结束时距离平面之下 6 个单位，那么 $d^{[n]} = 3$，$d^{[n+1]} = -6$ 及 $f = \frac{1}{3}$，即碰撞发生在时步开始后 1/3 的时间点。

为了求出精确的碰撞点，我们必须从之前的位置重新积分，但需要用分数时步 fh 而不是整个时步 h。这样，所求出的位置应该刚好在平面之上。而且，我们同时获得了碰撞的时间 $t_{\text{hit}} = t + fh$ 及位置 $\mathbf{x}_{\text{hit}}$。之后，我们应该确定碰撞响应，再积分余下的时间步。

3.1.3 更改模拟循环

在碰撞测定之后，必须计算碰撞响应。我们稍后讨论碰撞响应的细节，现在假设已得到回应，那么我们应如何修改模拟循环来处理碰撞？

2.5 节曾讲述过，模拟循环可以模拟连续运动的物体。然而，碰撞引入了不连续的运动，"打破"了标准的模拟方式。为了处理碰撞，我们须先检测碰撞，然后当碰撞发生时，便要回退，并进行部分时步的模拟，以得到碰撞时刻及位置。之后为了处理碰撞，我们按需修改位置和速度，再继续模拟余下的时步。图 3.1 展示了更改后的模拟算法结构。

我们看看此算法如何运作。最关键的是，我们希望模拟时步 h，但因碰撞我们需要把这个时步分拆。`TimestepRemaining` 变量记录还剩多少时间才能模拟一个完整时步 h。`Timestep` 变量控制积分时所需要模拟的时间。起初 `TimestepRemaining` 和 `Timestep` 都等于 h，如之前的模拟。若没有碰撞发生，则整个过程与之前的模拟循环相同。跳过 `if` 之后，`while` 循环的内部只执行一次。

另一方面，若检测到碰撞，便计算碰撞发生的时间，并重新积分那部分的时步。重新积分所得的新状态刚好位于碰撞的时间点。然后施加碰撞响应，改变新状态。由于我们还没完成整个时步，所以要更新 `TimestepRemaining`，将其设为完成整个时步所需的时间。因为在余下的时步中，我们还可能会遇到新的碰撞，所以必须继续此过程，直至完成整个原始时步 h。

```
// h 为时间步，n 为步数，t 为当前时间，s 为"工作"状态（位置及速度）
s = s₀;                                              // 设置初始位置及速度
n = 0; t = 0;
while t < t_max do                                   // 循环不变量：s 为时间 t 时的状态
    // 在此输出第 n 步的状态
    TimestepRemaining = h;
    while TimestepRemaining > 0 do
        Timestep = TimestepRemaining;                // 尝试模拟完整的时步
        ṡ = GetDeriv(s);                             // 获得加速度
        s_new = Integrate(s, ṡ, Timestep);       // 利用 ṡ 积分 s，时间为 Timestep
        if CollisionBetween(s, s_new) then
            // 计算首个碰撞并重新积分
            ;                                        // 使用公式 3.2 计算 f
            Timestep = fTimestep;
            s_new = Integrate(s, ṡ, Timestep);
            s_new = CollisionResponse(s_new);
        end
        TimestepRemaining = TimestepRemaining − Timestep;
        s = s_new;
    end
    n = n + 1; t = nh;
end
```

图 3.1　含碰撞处理的模拟循环

右图中展示了在碰撞检测过程中必须考虑的一个情况。物体有可能在单个时步中穿过多个平面。在此情况下，碰撞检测算法必须检测所有可能的碰撞，然后选取最早发生的碰撞。方法是，对每个潜在碰撞使用公式 3.2 计算。具有最小 f 值的便是最早的碰撞，应该首先处理该碰撞。

$\mathbf{x}^{[n]}$

$\mathbf{x}^{[n+1]}$

由于单个时步内可能发生多次碰撞，因此 while 循环体可能会执行任意次数。这种做法可产生精确的模拟，但有时候，动画师宁可让每个时步以固定时间计算。对于实时图形（如游戏），或需同步多个模拟线程来说，这是非常重要的。在这些情况下，动画师会牺牲精确性，采用一些捷径方式来模拟关键的碰撞行为。在 4.4.3 节我们会讨论其中一个方法。

这类循环还会带来一个问题，当 Timestep 的值太小时，它的浮点表示会舍入为零。这样，TimestepRemaining > 0 永远不会变成 false，因为 TimestepRemaining 不递减，令我们陷入死循环。可行的解决方法是把条件改为 TimestepRemaining > ϵ，其中 ϵ 为很小的正常数，它通常小于时步几个数量级。在 3.3.1 节中我们会更深入地讨论这个问题及其他数值精度误差问题。

3.2　碰撞响应

我们测定了碰撞的发生时间及位置后，就可以计算碰撞响应，它会被当作物体[1]状态的瞬时改变。记住，我们一直讲述的例子只是一个简单的情况。我们的球不会旋转，而它碰上的无限平面是固定的。因此，在碰撞响应中，只需计算球因碰撞而造成的速度改变。球的位置不变，环境也没有任何改变。之后，当我们处理两个球的碰撞时，就需要考虑动量，以及多个物体的响应。

我们把碰撞响应拆分成两部分：弹性（elasticity）及摩擦力（friction）。将这两部分分开计算，最后才结合起来。我们用上标 $^-$ 表示刚刚碰撞前的状态，用上标 $^+$ 表示之后的状态。因此，由于球的位置不变，故 $\mathbf{x}^- = \mathbf{x}^+$，而我们的目标是从 $\mathbf{v}^-$ 求 $\mathbf{v}^+$。

弹性作用于法线方向。记得 $\hat{\mathbf{n}}$ 是与球碰撞的平面法线。由于球与该平面碰撞，故球的速度 $\mathbf{v}^-$ 应该移向该平面。在碰撞前，速度在平面法线方向的分量为：

$$\mathbf{v}_n^- = (\mathbf{v}^- \cdot \hat{\mathbf{n}})\hat{\mathbf{n}} \qquad (3.3)$$

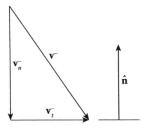

摩擦力则作用于切线方向，对应于碰撞表面上的碰撞点。若我们移除速度在法线上的分量，则余下的便是切线速度：

$$\mathbf{v}_t^- = \mathbf{v}^- - \mathbf{v}_n^- \qquad (3.4)$$

这两个正交的（orthogonal）速度分量将会分别用于计算弹性及摩擦力。

3.2.1　弹性

我们用"弹性"一词，表示物体与其他物体碰撞后的"反弹（bounce）"。弹性还有一个更准确及正式的定义，它描述物体在应力撤销后对应变（strain）的响应，但在此我们使用较简单的模型，因为它已能做出我们想要的行为。虽然我们用弹性这个术语，但我们的定义基于恢复（restitution）的概念，即碰撞后能返回多少能量。

在弹性计算中，我们假设有部分能量会返回碰撞过程中，因此若球在碰撞前以某速率移向平面，则碰撞后会以某比率的速率移离平面。这个给定比率称为恢复系数（*coefficient of restitution*）c_r。因此，在碰撞后，平面法线方向的新速度

1　译注：原文在此处用 particle（粒子）一词应为笔误，因为之前一直未提及粒子的概念。

只不过是:

$$\mathbf{v}_n^+ = -c_r\mathbf{v}_n^- = -c_r(\mathbf{v}^- \cdot \hat{\mathbf{n}})\hat{\mathbf{n}} \tag{3.5}$$

当 $c_r = 1$ 时,表示完全弹性碰撞,球在法线方向的所有能量都会返回,使球以相同速率往相反方向移动。在没空气的情况下,球落下后会弹至原来的高度。当 c_r 接近 0 时,表示非弹性碰撞,碰撞中球在法线方向失去大量动量,落下的球几乎不会弹离地面。在 0 与 1 之间的值表示不同程度的弹性。低于 0 会完全不真实,它造成的碰撞响应会令球穿过平面,而不是反弹离开。高于 1 会令碰撞将更多能量加入系统中。虽然这样完全不真实,但这就是为什么 1961 年电影《飞天老爷车》(*The Absent-Minded Professor*) 中的 "Flubber" [1] 是一项伟大发明的原因。

现实中,c_r 是涉及碰撞的两个物体的函数,一个球跌在橡胶地面与跌在混凝土地面,行为上会有差异。更进一步,像温度及湿度这些因素,也会影响恢复系数。人们已能使用实验方式量度多种场合下的 c_r 值。例如,棒球碰撞木质表面的 c_r 值稍高于 0.5 [Kagan and Atkinson, 2004],网球落在场地上时 c_r 应介于 $0.73 \sim 0.76$ [ITF Technical Centre, 2014],棒球落在场地上需要其 c_r 介于 $0.82 \sim 0.88$ [FIBA Central Board, 2014]。

3.2.2　摩擦力

除了弹性,碰撞响应的另一因素便是摩擦力了。当物体互相擦过时,就会出现摩擦力这种阻力。对球的碰撞响应来说,摩擦力应减慢物体平行于平面的运动。再次重申,此效应的真实模型更为复杂,需考虑球的旋转运动等问题,而在我们的简单例子里会忽略这些问题。我们描述两个基本的摩擦力模型。

摩擦力是施于表面上切线方向的力。

我们从一个非常简单的摩擦力模型开始。假设摩擦力减慢物体的切线方向运动,减慢的程度与切线速度成正比。我们称此比率为摩擦系数 (*coefficient of friction*) c_f,它介于 $0 \sim 1$,表示切线速率在碰撞时失去的比例。因此,碰撞前后的切线速度关系为:

$$\mathbf{v}_t^+ = (1-c_f)\mathbf{v}_t^- = (1-c_f)(\mathbf{v}^- - \mathbf{v}_n^-) \tag{3.6}$$

当 $c_f = 0$ 时,表示没有摩擦力,所以切线速度不变。对于这种情况,可想象非常光滑的表面。越大的 c_f 值表示失去越多切线速度,对应于越粗糙的表面。当

1　译注: Flubber 是一种难以置信的材料,每当它撞击到坚硬的表面时,它就能获得能量。

$c_f = 1$ 时，表示切线速度被完全抹除。

注意，这实际上并不是非常真实的摩擦力物理模型。然而，它抓住了摩擦力的要点——减慢切线运动，并且容易实现。因此，在动画中处理碰撞的摩擦力时，此模型是流行的选择。

真正的摩擦力不单是切线速度的函数，还和物体压在表面的力相关。想象有两个形状相同、重量不同的物体，它们在粗糙的表面上滑行。较重的物体明显会受到更大的摩擦力。因为减慢较重的物体的运动也需要更大的力，所以两个物体虽然受到的摩擦力大小不同，但是摩擦力所造成的实际速度变化可能是相同的。此模型称为库仑摩擦模型（*Coulomb model of friction*）。库仑摩擦模型认为切线方向的摩擦力与法线方向的力成正比，$\|\mathbf{F}_t\| = \mu \|\mathbf{F}_n\|$。摩擦系数 μ 的作用与之前定义的 c_f 相似，但由于 μ 是实际测量的值，故定义它为另一个系数。

类似于弹性系数，摩擦系数也是涉及两个碰撞材质的函数。我们可以按多种材质组合查找 μ 的值，具体的值与多个因素相关，例如材质是否湿润。为了了解它的范围，我们举一些例子。非常平滑的材质，例如特富龙[1]在特富龙上移动时，μ 大约小于 0.05。木对木的 μ 介于 $0.25 \sim 0.5$。钢对钢的 μ 介于 $0.5 \sim 0.8$。有些金属组合，例如银对银，μ 会超过 1.0 [The Engineering Toolbox, 2016]。

在碰撞中，我们假设施力持续（非常非常短的）一段时间。力对时间积分得到冲量[2]，因此我们对碰撞响应的摩擦力作用建模时，可用动量 $m\mathbf{v}$ 代替力 $m\mathbf{a}$。所以，切线动量的变化是正比于物体在碰撞表面法线方向的动量的。由于物体碰撞前的动量为 $m\mathbf{v}_n^-$，故摩擦力应该正比于 $m\|\mathbf{v}_n^-\|$。注意，这是施于切线方向的摩擦力，它不应该大于阻止切线运动所需的力，尽管它可以刚好停止切线运动。考虑到这一点，我们需要检测摩擦力所造成的切线速度变化，确保它不会大于原来的切线速度。综合考虑这些因素，并把动量除以质量求速度变化，就得到新的切线速度：

$$\mathbf{v}_t^+ = \mathbf{v}_t^- - \min\left(\mu\|\mathbf{v}_n^-\|, \|\mathbf{v}_t^-\|\right)\hat{\mathbf{v}}_t^- \tag{3.7}$$

注意，min 运算确保了切线速度永不会被反转，当摩擦力高的时候它被设为 0。虽然这个模型明显更真实，但在动画中，方程 3.6 和方程 3.7 的行为可能不易区分，动画师可选用较简单的模型。

1　译注：特富龙（Teflon，又译作特氟龙、铁氟龙、特夫纶）是聚四氟乙烯（polytetrafluoroethylene，PTFE）的商标，常用作不沾锅的涂层。
2　译注：原文为动量，但力对时间的积分应为动量的增量，也就是冲量。

3.2.3　把所有结合起来

右图中展示了碰撞后的反弹速度 $\mathbf{v}^+$，它是简单弹性及摩擦模型的结果。比较此速度与"镜面反射"的速度 $\mathbf{v}^m$，后者无任何因弹性及摩擦力所造成的能量损失。我们可总结完整的碰撞响应过程如下：

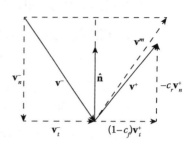

1. 利用方程 3.3 和方程 3.4，把碰撞前的速度 $\mathbf{v}^-$ 拆分成法线速度 $\mathbf{v}_n^-$ 和切线速度 $\mathbf{v}_t^-$。

2. 利用方程 3.5 计算弹性响应 $\mathbf{v}_n^+$，利用方程 3.6 或方程 3.7 计算摩擦力响应 $\mathbf{v}_t^+$。

3. 把物体速度改为新速度 $\mathbf{v}^+ = \mathbf{v}_n^+ + \mathbf{v}_t^+$。

3.3　实现弹跳球

此前我们已讲解了全部所需的工具，下面实现在盒子里弹跳的球。强烈建议读者在这时候尝试实现这样的模拟。当你完成实现后，很快就会发现有些问题，其行为与所想有点出入。在此我们会详细讨论两个概念：数值精度（numerical precision）及静止条件（resting condition）。

3.3.1　数值精度

大部分人都熟悉浮点数的修约误差（round-off error）概念。修约误差源自使用二进制浮点数格式表示数字，其并不能准确地表示大部分实数。相反，我们想使用的数字会被修约至电脑能表示的最接近数字。通常对数字做出的改动非常小，但对于需要完全精确的测试而言这会造成大混乱。修约误差是一类问题的例子之一，这类问题称为数值精度问题，或简单地称为*数值误差*（*numerical error*）。

在模拟中，数值误差可能来自多种多样的源头。在表示位置、矢量、矩阵等，以及存储这些对象的运算结果时，也会造成修约误差。除修约误差外，还有积分误差（integration error）——积分过程产生的误差。积分误差来自使用离散的时步，而非连续时间，再加上时步中使用不精确的运动表示方法（例如假设时步中速度为常数）。此外，另一误差来源为几何的离散化，例如以个别多边形近似地表示圆滑的表面，以体素（voxel）近似地表示立体等。无论误差的来源是什么，我们永远不能假设在模拟中能获得"完全精确"的数值结果。

即使是我们所说的简单模拟，也会出现数值误差及相关的问题：

- 点与平面之间的距离计算（公式 3.1）会出现修约误差。

- 计算时步分数 f 时（公式 3.2），此误差将进一步加大。

- 由于假设了时步中速度不变，故 f 的计算含有数值误差。此假设对于欧拉积分来说是正确的，但对其他积分技术就不是。

- 当把 f 乘以时步来获取模拟时长时，也会有两个问题（算法见 3.1.3 节）。
  - f 的误差将继续传递至时步，估算的碰撞时间变得不精确。
  - 时步可能修约至 0 或很小的值，当 `TimestepRemaining` 减去这个值时其大小可能毫无变化。尤其是球接近静止时会出现此情况，这有可能导致死循环。

- 即使能精确地表示时步，积分误差令球的位置不能准确计算。

- 因此，球在碰撞时间的位置很可能不是刚好在平面之上，它可能稍在平面上方或下方。

球落在平面略上方、略下方，或刚好在平面之上，似乎是一个小事情，通常不会导致问题。然而，当球的位置被错误地计算至表面之下时，可能会在下一时步引起重大问题，因为碰撞响应所产生的运动可能令球再次与平面的"背面"碰撞。结果可能令球直接穿过盒子的墙。

这告诉我们，非常简单的模拟也很容易出现数值误差并传递下去。在更复杂的模拟中，发生数值误差的机会只会更多，后果只会更严峻。处理数值误差的各种问题本身就是一门完整的学问，有许多论文及书籍探讨关于数值分析、鲁棒计算等问题。当需要面对基于物理的动画中的更复杂问题时，处理数值误差问题也会变得更重要，在此我们介绍一种简单方法，该方法可处理大部分数值误差问题：公差。

公差

公差（tolerance）用于表示数值计算的"缓冲"范围。缓冲范围内的任何东西都等同于缓冲表示的东西。典型的公差就是一个很小的值，使用它的意

图是，它足够大，可以捕捉任何数值误差，同时足够小使得不同的东西不会被捕获在缓冲范围里。按照一般约定，我们选择使用 ϵ 符号表示公差（另一个选择是 δ）。需要用公差的地方，不要用相等判断，判断两个数字是否相等的方法是比较

它们相差是否在 ϵ 之内。

　　当实现公差时，比较两个数字的最高效的方法，通常是计算两者之差。若没有公差，比较两个数字的方法是（计算机硬件通常这样实现）$a - b = 0$。若有公差，可写作 $a > b - \epsilon$ AND $a < b + \epsilon$，或简单写为 $|a - b| < \epsilon$。

　　必须小心编写公差比较。例如，要检查 $a > b$，必须检查 $a - b > \epsilon$；要检查 $a < b$，必须检查 $a - b < -\epsilon$。右图能清楚地显示此关系。虽然这好像是个简单的方法，但在公差比较中很容易造成符号错误，因此比较两个数值时，必须谨慎地处理相等性。

公差的局限

　　虽然公差很有用，但它并不是万能方案，仅使用公差有时候不能解决所有数值误差问题。公差有两个主要局限。

　　首先，我们很难设置一个"好"公差。当公差变大时，便能捕获更多数值错误，但也有可能错误判断两个不同的数值是相等的。我们不可能找到一个公差，既可以捕获所有误差，又不会造成相等性误判。一般来说，实现公差时，我们会定义一些全局公差常数，而这些常数会用在整个程序内，以处理所有数值误差。然而，即使我们能找到"好"公差，而计算过程中不同部分可能需要不同的公差值。虽然可以这样做，但开发的代码会变得很复杂。

　　公差的第二个问题称为关联不传递性（*incidence intransitivity*）。传递性是关联运算的一个数学特性，例如当 $a = b$ 并且 $b = c$ 时，则 $a = c$。当使用公差时，我们很容易就能展示它不一定能保持传递性。例如有三个值，$A = 1.5$，$B = 1.7$ 和 $C = 2.0$，设公差值为

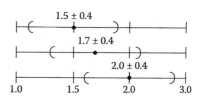

$\epsilon = 0.4$。我们发现，$|1.5 - 1.7| < 0.4$，所以 $A = B$，并且类似地，$B = C$。但 $A = C$ 是不成立的，因为 $|1.5 - 2.0| > 0.4$，那么这违返了传递性。通常，我们开发的算法都假设满足传递性，因此，公差可能对算法行为造成根本的问题，导致整个程序错误。要避免发生这类问题，必须仔细检验所有算法及程序中的假设，确保不会错误地假设传递性。

　　当公差不足以解决数值误差，使数值误差成为足够大的问题时，需要使用更系统的方法。第一步是分析哪些地方产生数值误差，并且模拟中怎样传播这些误差，然后找出算法中哪些地方依赖数值精度。通常算法中的条件检测（如物体在

平面之上或之下）是产生正确结果的最关键地方，因为这些地方会令"错误"决策产生明显不同的结果。找到这些关键点后，开发者可以寻求方法来减少或消除这些关键点的数值误差。使用替代技术，如更好的积分法、更高精度的数字、重构公式或计算、完全准确的计算断言（predicate）、不同的离散化等有用技术，都可以减少数值误差问题。

3.3.2 静止条件

模拟弹跳球时，假设碰撞为非完全弹性的，球的回弹会越来越小。在现实中，我们期望球最终会停下来。然而，若考查我们的运动方程，你会发现我们的模型不允许出现这种结果！球会不断地以更小的速度回弹，每次失去一些能量，但实际上永不会停下来。此效果有几个问题。首先，会遇到上文提及的数值误差问题，因为速度会变得极小。然后，即使我们可以解决数值误差问题，但当模拟继续进行时，球看上去像是在抖动或振动，而不是静止下来，造成很不真实的样子。此外，我们要浪费计算资源去模拟这些非常小、无关紧要的移动。对于单个球来说这不是问题，但要模拟大量物体的行为时，这种计算浪费可能是一个问题。最后，当我们采用比欧拉积分更好的方法时，例如将在第 7 章介绍的积分法，球可能在单个时步内重复地与地面碰撞，令单个时步的计算过程变得太长。由于这些原因，我们希望能找到一个方法来检测物体是否非常接近静止。当物体接近静止时，我们便简单地停止对它模拟，让它位置固定不变，直至它遇到一些新的外力。我们需要面对的问题是，如何检测球接近静止？

判断球是否静止，显然可以根据球的速度。若 $\|\mathbf{v}\|$ 足够小，则可假设球已（至少临时）"停止"，这显然是静止的必然条件之一。然而，当球在反弹的最高点时，其瞬时速度会是零，但此刻它显然不是静止的。因此我们必须加入另一个条件：球正与地面接触。若我们计算出球与地面的碰撞距离 d（接近）为零，那么球不仅没有速度，而且它也触碰到地面。再一次强调，这只是此例子的必要条件，非充分条件。想象球反弹至一面垂直的墙，或是在最高点碰到盒子上方。在这些情况下，球没有速度并且碰到墙，但力会令球移离墙。因此，我们需要考虑施于物体的合力 $\mathbf{F}$，并确保该力指向平面（即力与平面法线的点积为负数）。

虽然上述的方法通常足以模拟盒子里的球，但为了获得更真实的效果，我们还要确保物体的切向力不足以克服静态摩擦力。换句话说，当有足够的力时，我们允许物体在斜面上向下滑行，而不认为它是静止的。为此，需要计算物体在切线方向的力，并与之前讨论过的库仑摩擦力作比较。若我们把力分解为法线和切线分量（$\mathbf{F}_n$ 及 $\mathbf{F}_t$），那么摩擦力 $-\mu\|\mathbf{F}_n\|$ 必须足够大以至于能够克服 $\mathbf{F}_t$，才能令物体维持静止。

上面描述怎样判断物体完全静止。有时候我们希望判断出物体不是在"弹跳中"，但可能仍然在滑行，即它在法线方向"静止"但仍有切线运动。这时候，在第一个检测中考查 $\|\mathbf{v}_n\|$ 而不是 $\|\mathbf{v}\|$，并忽略摩擦力检测。

注意，在这些比较中，由于不太可能得到准确的值，如 3.3.1 节所述，因而我们需要使用公差做比较。因此，物体静止测试需要 4 步比较：

1. $\|\mathbf{v}\| < \epsilon_1$ 是否成立？若然，则

2. 是否有平面使 $d < \epsilon_2$ 成立？若然，则

3. $\mathbf{F} \cdot \hat{\mathbf{n}} < \epsilon_3$ 是否成立？若然，则

4. $\|\mathbf{F}_t\| < \mu\|\mathbf{F}_n\|$ 是否成立？

若然，则物体处于静止状态。注意，$\hat{\mathbf{n}}$ 为平面法线，我们假设物体位于平面的正方向，并且物体的合力 $\mathbf{F}$ 被分解成法线分量 $\mathbf{F}_n = (\hat{\mathbf{n}} \cdot \mathbf{F})\hat{\mathbf{n}}$ 及切线分量 $\mathbf{F}_t = \mathbf{F} - \mathbf{F}_n$。

虽然计算过程仍然挺简单，但在复杂的模拟中，多个物体可能堆积如山，在这种情况下，要判断各物体是否静止需分析所有的力，以检测它们是否在平衡状态。使用这种方法来准确地计算一大堆物体，已被证实是一个难以完成的任务（此为 NP 完全问题）。有多种近似方法可处理这个问题，但这已超出本章的讨论范围，我们会在第 9 章讨论刚体力的平衡。

3.4　多边形的几何学

之前我们只考虑与无限平面碰撞。为了做出更有用的模拟器，需要检测对场景中有限几个物体的碰撞。在计算机图形系统中，这几个物体常会被表示为有限的多边形面，而非无限平面。下面讨论对几个物体的碰撞。

对一个几何物体以多边形集合逼近，我们称此为多边形模型（*polygonal model*）。要定义多边形模型中的多边形，使用其顶点的三维坐标，并连接这些顶点组成棱及面。例如，右图的立方体由 8 个顶点 $\mathbf{p}_0 \ldots \mathbf{p}_7$、相邻顶点所组成的 12 条棱，以及连接棱所组成的 6 个面所定义。给定这些顶点坐标，我们知道该立方体的中心位于原点，其面与 $x-y$、$y-z$ 及 $z-x$ 平行，而且每个面是 2×2 的正方形。

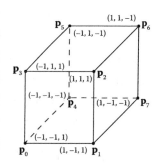

若我们希望弹跳球与多边形模型碰撞，而不是与无限平面，则至少需要做两件事：

1. 检测移动点与几何体的多边形之间的碰撞。

2. 测定每个相交的表面法线。

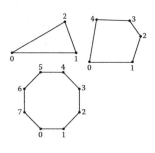

在点与多边形的相交中，首先考虑简单多边形（*simple polygon*）的定义。简单多边形是一个有序的顶点集合，全部顶点都在同一平面上，并且按序连接顶点会组成一个无棱相交的闭环。右图展示了一些简单多边形。这些多边形都是凸多边形（*convex polygon*），因为由顶点连接得出的各边，它们形成的所有内角都小于180°。

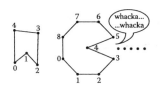

左图也是一些简单多边形，而且都是凹多边形（*concave polygon*），因为至少有一对边所形成的内角大于180°。注意，那个吃豆人（*Pac Man*）也是一个多边形！

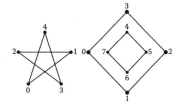

根据定义，右图中的星形和钻石形并不是简单多边形。星形含有交叉的边，而钻石形则有两个分开的环，内环成为外环中的一个洞。我们可以扩展多边形的定义，以包含这类图形。事实上，这些图形通常称为复杂多边形（*complex polygon*）。本书不会再进一步考虑复杂多边形，本书所说的多边形就是指简单多边形。

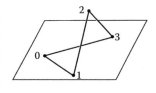

最后，右图中由顶点 0、1、2、3 连成的四边形并不是一个多边形，因为顶点 2 并不在顶点 0、1、2 所在的平面上。当使用四边形（*quadrilaterial*，建模师喜欢称作 *quad*）建模复杂形状时，常会出现这种情况。我们注意到，由于三角形只有三个顶点，故三角形总是在单个平面上，也就是说三角形总是平的。基于这个原因，所有渲染系统都会预处理模型，把每个四边形分割成两个三角形。这么做需要在四边形的一对对角中加入额外的边，而渲染器的用户通常是看不到这种边的。例如，在上图中，我们可以在顶点 0 和顶点 2 之间加入一条边，那么四边形便会被表示为 0-1-2 和 0-2-3 两个三角形。同样的手法也可用在基于物理的动画的碰撞系统中，以确保容易计算点与平面的碰撞。

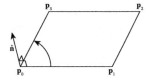

每个平面可独一无二地由其平面法线 $\hat{n}$ 和一个在平面上的点 **p** 来定义。因为按照定义，多边形是平面的，要获取其表面法线，我们可以计算任意两条不平行

边的叉积，并把结果归一化。例如：

$$\hat{\mathbf{n}} = \frac{(\mathbf{p}_1 - \mathbf{p}_0) \times (\mathbf{p}_3 - \mathbf{p}_0)}{\|(\mathbf{p}_1 - \mathbf{p}_0) \times (\mathbf{p}_3 - \mathbf{p}_0)\|}$$

并且，可以用任意一个多边形顶点完成平面的定义，例如：

$$\mathbf{p} = \mathbf{p}_0$$

如 3.1 节所述，点 $\mathbf{x}$ 与三角形平面的距离为

$$d = (\mathbf{x} - \mathbf{p}) \cdot \hat{\mathbf{n}} \tag{3.8}$$

并且所有位于平面上的点都满足平面方程

$$(\mathbf{x} - \mathbf{p}) \cdot \hat{\mathbf{n}} = 0 \tag{3.9}$$

3.5　点与多边形的碰撞

检测一个移动的点与多边形相交，有三个步骤：

1. 求多边形的平面方程。

2. 进行碰撞检测及（如需要）碰撞测定，求出粒子与该平面的相交点 $\mathbf{x}_{\text{hit}}$。

3. 判断 $\mathbf{x}_{\text{hit}}$ 是否在多边形之内。

3.4 节已阐明了第一步。3.1 节讨论过一个点（即一个粒子）和平面的碰撞测定。但在此我们稍微改动一下，把粒子运动表示为时间 t 的参数方程，并求解当粒子击中平面时 t 的值。

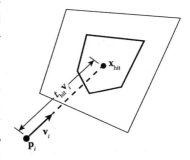

我们假设粒子的速度在时步中维持不变。为了检测粒子与平面的相交，我们把粒子从当前位置 $\mathbf{p}_i$ 按速度 $\mathbf{v}_i$ 向未来时间 t 投射，即 $\mathbf{x} = \mathbf{p}_i + t\mathbf{v}_i$，并代入平面方程（公式 3.9）中的 $\mathbf{x}$。然后求出满足以下方程的时间 t_{hit}：

$$t_{\text{hit}} = \frac{(\mathbf{p} - \mathbf{p}_i) \cdot \hat{\mathbf{n}}}{\mathbf{v}_i \cdot \hat{\mathbf{n}}} \tag{3.10}$$

若 $0 \leqslant t_{\text{hit}} < h$，则会在时步中 t_{hit} 处发生碰撞；否则粒子不是正在离开平面，便是在当前时步之后发生碰撞。注意，t_{hit} 完全等同公式 3.2 中的 f，只不过是用另一种形式表示。

若在时步中发生碰撞，将发生在位置

$$\mathbf{x}_{\text{hit}} = \mathbf{p}_i + t_{\text{hit}}\mathbf{v}_i$$

判断 $\mathbf{x}_{\text{hit}}$ 是否在多边形之内，由此便能得知碰撞是否在多边形之内。

虽然内外检测看似是一个三维问题，实际上是平面问题，因为 $\mathbf{x}_{\text{hit}}$ 和多边形的所有顶点都共面。再进一步，把这些点简单地正射投影（*orthographic projection*）至 3 个二维坐标平面之一，并不会改变 $\mathbf{x}_{\text{hit}}$ 和多边形的内外关系，只要多边形不是刚好投影成一条二维直线。

要避免把多边形投影成一条直线，我们应该把多边形投影至其中一个平面，这能令多边形的投影（像）最大。可通过检查表面法线 $\hat{\mathbf{n}}$ 以选择最好的坐标平面。$\hat{\mathbf{n}}$ 的最大分量表示法线方向垂直于该平面。因此，投影应为：

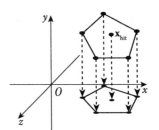

$|\hat{n}_x|$ 投影至 y-z 平面：$(x, y, z) \Longrightarrow (y, z)$

$|\hat{n}_y|$ 投影至 z-x 平面：$(x, y, z) \Longrightarrow (z, x)$

$|\hat{n}_z|$ 投影至 x-y 平面：$(x, y, z) \Longrightarrow (x, y)$

注意，在所有情况下，重新标示坐标为 (x, y)，这样我们总是在二维中使用 (x, y) 框架。

这里提供一个对所有凸多边形有效的内外检测算法[1]。此算法应该编写成一个循环，当发现有符号变化时直接离开循环。

1. 通过投影所有点至二维坐标平面，令问题变成二维。
2. 对每个顶点计算二维边线矢量，即以当前顶点减去下一个顶点。
3. 对每个顶点计算二维碰撞矢量，即 $\mathbf{x}_{\text{hit}}$ 减去当前顶点。
4. 对每个顶点构造一个 2×2 矩阵，第一行是边线矢量，第二行是碰撞矢量。
5. 计算每个上述矩阵的行列式（determinant）。
6. 若所有行列式的符号都相同，那么 $\mathbf{x}_{\text{hit}}$ 必定在多边形之内。

我们可以这样理解此算法：上述所计算的行列式，等同于边线矢量（设置 $z = 0$ 扩展成三维矢量）与顶点至 $\mathbf{x}_{\text{hit}}$ 矢量叉积后的 z 分量。例如，由 $\mathbf{p}_0$ 连至 $\mathbf{p}_1$ 的边，与 $\mathbf{x}_{\text{hit}}$ 构成行列式：

---

1 此算法对凹多边形无效。这很少会造成问题，因为三维图形中的几何体几乎都是由凸多边形构成的。

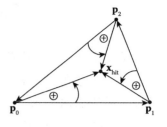

$$\begin{vmatrix} x_1 - x_0 & y_1 - y_0 \\ x_{\mathrm{hit}} - x_0 & y_{\mathrm{hit}} - y_0 \end{vmatrix}$$

$$= \quad (x_1 - x_0)(y_{\mathrm{hit}} - y_0) - (y_1 - y_0)(x_{\mathrm{hit}} - x_0)$$

类似地，将从 $\mathbf{p}_0$ 连至 $\mathbf{p}_1$ 的矢量，与从 $\mathbf{p}_0$ 连至 $\mathbf{x}_{\mathrm{hit}}$ 的矢量，分别扩展成三维矢量后的叉积为：

$$\begin{bmatrix} x_1 - x_0 \\ y_1 - y_0 \\ 0 \end{bmatrix} \times \begin{bmatrix} x_{\mathrm{hit}} - x_0 \\ y_{\mathrm{hit}} - y_0 \\ 0 \end{bmatrix} = \begin{bmatrix} 0 \\ 0 \\ (x_1 - x_0)(y_{\mathrm{hit}} - y_0) - (y_1 - y_0)(x_{\mathrm{hit}} - x_0) \end{bmatrix}$$

只要 $\mathbf{x}_{\mathrm{hit}}$ 位于三角形之内，这些叉积必然会全部指离平面或指向平面。

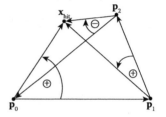

　　相反，若该点在三角形之外，如右图所示，则所有叉积不可能指向相同方向。图 3.2 展示了此方法的实例。

假设有一个三角形

$$\mathbf{p}_0 = (3, 1, 1), \ \mathbf{p}_1 = (2, 2, 4), \ \mathbf{p}_2 = (1, 4, 2), \ \overline{m} \ \mathbf{x}_{\mathrm{hit}} = (1.9, 2.5, 2.3)$$

三角形的法线为（无须归一化）

$$\mathbf{n} = (\mathbf{p}_1 - \mathbf{p}_0) \times (\mathbf{p}_2 - \mathbf{p}_0) = (-8, -5, -1)$$

法线的最大分量为 x，因此我们将 y 及 z 分量投影至二维空间中的 x 和 y，得出

$$\mathbf{p}_0 = (1, 1), \ \mathbf{p}_1 = (2, 4), \ \mathbf{p}_2 = (4, 2), \ \overline{m} \ \mathbf{x}_{\mathrm{hit}} = (2.5, 2.3)$$

边线矢量为

$$\mathbf{e}_0 = \begin{bmatrix} 1 \\ 3 \end{bmatrix}, \ \mathbf{e}_1 = \begin{bmatrix} 2 \\ -2 \end{bmatrix}, \ \mathbf{e}_2 = \begin{bmatrix} -3 \\ -1 \end{bmatrix}$$

由这些顶点连至 $\mathbf{x}_{\mathrm{hit}}$ 的矢量为

$$\mathbf{h}_0 = \begin{bmatrix} 1.5 \\ 1.3 \end{bmatrix}, \ \mathbf{h}_1 = \begin{bmatrix} 0.5 \\ -1.7 \end{bmatrix}, \ \mathbf{h}_2 = \begin{bmatrix} -1.5 \\ 0.3 \end{bmatrix}$$

边线和碰撞矢量构成矩阵

$$M_0 = \begin{bmatrix} 1 & 3 \\ 1.5 & 1.3 \end{bmatrix}, \ M_1 = \begin{bmatrix} 2 & -2 \\ 0.5 & -1.7 \end{bmatrix}, \ M_2 = \begin{bmatrix} -3 & -1 \\ -1.5 & 0.3 \end{bmatrix}$$

而这些矩阵的行列式为

$$|M_0| = -3.2, \ |M_1| = -2.4, \ |M_2| = -2.4$$

　　由于所有行列式皆为负数，我们得出 $\mathbf{x}_{\mathrm{hit}}$ 位于此三角形之内的结论。可绘图确认。

图 3.2　粒子与三角形碰撞算法的实例

3.6 特例：三角形相交

前文提及，三角形总是平的。再者，三角形总是一个多边形，因为它的三个有序顶点总在一个平面上，边线不相交，而且不会有洞。这就是为什么图形系统在渲染表面图元，以及做多边形相关的计算之前，要尽可能把它们三角化（triangulation）的原因。

三角形特别方便做与多边形的碰撞测试，因为按附录 F 中的算法，可把三角形平面上的任意一点表示为重心坐标（barycentric coordinate）(u, v, w)。给定一个三角形，以及其平面上的一个位置 $\mathbf{x}_{\text{hit}}$，我们可以利用 $\mathbf{x}_{\text{hit}}$ 的重心坐标简单地实现内外测试：

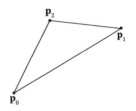

$$u \geqslant 0, \; v \geqslant 0, \; u + v \leqslant 1$$

若以上三个条件都成立，那么 $\mathbf{x}_{\text{hit}}$ 在三角形之内，否则在外。

3.7 总结

本章介绍了以下主要概念：

- 在基于物理的系统中，处理碰撞的过程涉及三个阶段：碰撞检测（碰撞是否发生）、碰撞测定（何时及在哪里发生）及碰撞响应（怎样依据碰撞改变速度）。

- 必须修改模拟循环以处理碰撞。在循环中仍然用离散时步迭代，但每个时步可能被碰撞打断。这种情况可能重复发生，所以碰撞逻辑必须考虑到在一个时步中发生多次碰撞的可能性。

- 最简单的碰撞检测是测试一个移动点是否碰到一个无限平面，只需要判断该点在时步前后位于平面的哪一面即可。

- 移动点和无限平面的碰撞测定方法是，求解以隐方程表示的平面，并配合使用以时间为参数的移动点路径。

- 碰撞响应需同时考虑碰撞体与平面之间的恢复和摩擦力。恢复影响速度在法线方向的反弹程度，而摩擦力则影响切线方向的减速情况。

- 几何物体的表面通常由有限数量的多边形构成，而非无限平面，因此处理与多边形的碰撞是一项重要任务。

- 处理移动点与多边形（而非无限平面）的碰撞时，需要先检测及测定该点与多边形所在平面的碰撞，然后再检测碰撞点是否在多边形之内。

第 2 部分

基于粒子的模型

第 4 章　粒子系统

上一章我们讨论了单个球受引力掉落中风的影响，以及从平面反弹的行为。通过这些行为，我们了解到一些计算机物理模拟的相关重要理念，包括以离散时步向前步进；使用数值积分以加速度更新速度，以速度更新位置；检测及响应时步内的现象，如时步中的碰撞；把演变中的模拟可视化为动画帧序列。在本章中，我们从单个球的问题进入粒子系统（particle system）的处理问题。

4.1　什么是粒子系统

典型的粒子系统通常包含大规模的粒子集合，这些粒子从一或多个地点生成，由外力决定其运动。这些力可能来自环境，如现实效果中的风和重力，也可以是奇异效果中的人造力。粒子通常可检测及响应碰撞，也可与场景几何体交互。粒子系统特别适合表示一些现象，如雨、雪、火、烟、尘、沙尘暴、烟花、水花及喷雾等。图 4.1 展示了几个例子。在 Reeves [1983] 的经典论文 *Particle systems – A technique for modeling a class of fuzz objects* 中，他把这些事物称为无定形现象（*amorphous phenomena*），因为它们缺乏具体的几何形状，而且会在一定范围内扩散。

在弹跳球问题中，我们处理单个半径一定的球，而在粒子系统中，我们尝试处理非常大量的粒子，通常达十万至百万个，但容许这些粒子的半径小至零，这使我们可以把每个粒子当作单点。我们通常希望这些粒子与复杂的场景几何体交互，因此，相对于处理单个球和几个多边形的碰撞，我们可能会处理几百万个粒子与几十万个多边形的碰撞。例如瀑布拾级而下，雪花飘到屋顶上。虽然要处理大量的粒子，但粒子之间不做交互，因此可忽略粒子之间的碰撞。简单地创建粒子并令它们能移动，本身并不有趣，我们很难称能做这样事情的系统为粒子系统。当粒子的运动具有一致性时，我们会觉得这些粒子好像是某种物理现象的点采样，这样才变得有趣。

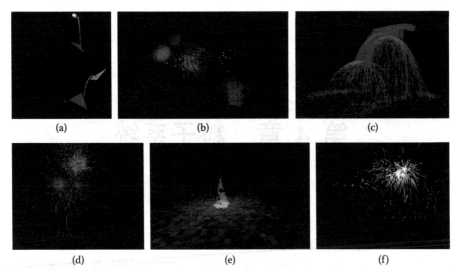

图 4.1　粒子效果的例子。来自 (a) Justin Kern (b) Gowthaman Ilango (c) Meng Zhu (d) Heitan Yang (e) Dan Lewis (f) Jon Barry

　　粒子系统要达到我们所期望的一致性，以及把它放置在三维空间中，我们需要在每个粒子系统中加入粒子生成器（ *particle generator* ）。粒子生成器是一个几何物体，可放置在场景中，其中的程序可生成粒子，并把粒子注入场景中。当每个粒子被生成时，它从粒子生成器获取初始位置与速度，以及一套影响外观、行为和时长的参数。粒子生成器有许多选项，我们通过配置这些选项可创造出想要的粒子效果。图 4.2 展示了一些粒子生成器的例子，包括从单点向所有方向发射粒子，从单点集中向某矢量方向发射粒子，从二维表面（如圆盘或多边形）向表面发射方向发射粒子，从三维形状的表面上或体积内发射粒子等。

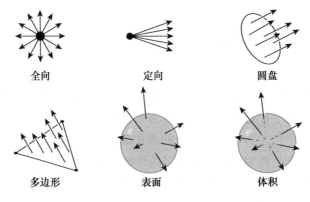

图 4.2　各种粒子生成器

　　需按特定的粒子系统结构来表示每个粒子的数据结构。数据结构总会包含粒子的位置及速度。除此之外，粒子通常还具有任意多个影响其外观和行为的特性。影响粒子行为的物理参数有质量、恢复系数、摩擦系数和寿命等。影响粒子外观的参数有颜色和不透明度等。另外，当生成粒子时，通常会记录它的时间戳，以在之后计算其年龄。通常根据年龄改变粒子的行为或更新参数。例如我们用粒子表示烟花爆发时的火花。当火花粒子刚生成时，它是有重量的并具有非常光亮的颜色。随着它不断老化，在燃烧过程中改变它的重量及颜色，直至它完全熄灭，只留下浅色的灰烬并降落到地上。有时候我们也会存储粒子的历史，包括粒子在过去几个时步里的位置，或最近碰撞时的位置。粒子历史最常用于渲染，提供信息来进行运动模拟，或根据上次碰撞的时长来调整粒子的颜色。

4.2　随机数、随机矢量及随机点

当粒子生成器创建一个新粒子时，会初始化其位置、速度及参数，有时候需要在这些地方加入随机性。虽然在特定情况下，我们希望所有粒子有相同特性，但一般来说，我们会用随机过程去描画粒子参数以赋予粒子独特个性。在随机化参数时，应避免简单地调用系统的 `rand()` 函数生成随机数，因为它只是用来生成均匀分布的随机数。均匀分布（*uniform distribution*）是指在分布范围内每个值的出现机会是一样的。我们应该要问，希望参数具有什么随机特性？例如，我们考虑一批苹果的重量。若设苹果的平均重量是 80 克，范围是 50 ~ 110 克，那么能否合理地假设 52 克的苹果和 82 克的苹果一样多？肯定不能！苹果更可能接近平均重量，而不是接近极端低或高的重量。

右图中展示的实线曲线称为高斯分布（*Gaussian distribution*）或正态分布（*normal distribution*），由以下的概率密度函数得出：

$$p(x) = \frac{1}{\sigma\sqrt{2\pi}} e^{\frac{(x-\mu)^2}{2\sigma^2}}$$

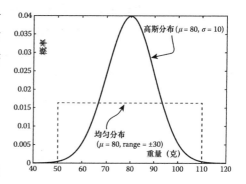

均值 μ 为分布中心，大部分数值在它附近；而标准差 σ 决定了分布分散的程度，也可以说是数值偏离均值的宽度。粗略地说，68% 的值在 $\pm\sigma$ 范围内，95% 的值在 $\pm 2\sigma$ 范围内，99.7% 的值在 $\pm 3\sigma$ 范围内。注意，真正的高斯分布是无界的，取值有可能远超 $\pm 3\sigma$ 之外，只是机会很低[1]。图中的高斯曲线，$\mu = 80$ 克及 $\sigma = 10$ 克。纵轴量度一个值落入

1　译注：由于重量不会是负数，所以这个例子在左方是有界的。

其横轴小范围内的可能性。这种分布似乎接近我们期望的一批苹果的重量分布。对比这个分布与图中以虚线表示的均匀分布（均值 $\mu = 80$ 克及范围在 ± 30 克之间），后者的重量在 ± 30 克范围内的出现机会是相等的，并且不会出现在范围以外。对于大部分自然的参数，例如重量，高斯分布会给出最好的结果。在设计粒子生成器时，我们需要小心地选择每个随机参数使用的分布。

为了方便继续讨论，我们定义函数 $U(u_{\min}, u_{\max})$ 返回 $[u_{\min} \ldots u_{\max}]$ 范围内的均匀分布的随机标量，而函数 $G(\mu, \sigma)$ 则返回均值为 μ、标准差为 σ 的正态分布随机标量。可使用 C++11 标准库 [cplusplus.com, 2014] 提供的均匀及正态分布随机数生成器实现这些函数，标准库里也有其他分布的生成器。

需要为每个粒子计算初始位置 $\mathbf{x}_0$ 及初始速度 $\mathbf{v}_0$。为了计算这些值，不但需要计算随机标量，也需要计算随机矢量和随机点。我们需要两种随机矢量，一种是指向任意方向的单位矢量，另一种是从某单位矢量旋转偏移而来的单位矢量。我们定义 $\mathbf{S}()$ 为无参数的随机矢量生成器，返回单位球面所有方向上均匀分布的单位矢量。定义 $\mathbf{D}_U(\mathbf{w}, \delta)$ 和 $\mathbf{D}_G(\mathbf{w}, \delta)$ 为另外两个随机矢量生成器，返回单位矢量，其偏离自方向矢量 $\mathbf{w}$，而偏离的范围则由 δ 决定。$\mathbf{D}_U$ 返回均匀分布的矢量，其最大偏离角度为 δ，而 $\mathbf{D}_G$ 返回以 $\mathbf{w}$ 为中心的正态分布，偏离角度的标准差为 $\sigma = \delta/3$。最后，定义两个随机位置生成器 $\mathbf{C}_U(\mathbf{c}, \hat{\mathbf{n}}, R)$ 及 $\mathbf{C}_G(\mathbf{c}, \hat{\mathbf{n}}, R)$，它们返回圆盘上的随机位置，圆盘的圆心为 $\mathbf{c}$，表面法线为 $\hat{\mathbf{n}}$，半径为 R。$\mathbf{C}_U(\mathbf{c}, \hat{\mathbf{n}}, R)$ 返回圆盘表面均匀分布的点，而 $\mathbf{C}_G(\mathbf{c}, \hat{\mathbf{n}}, R)$ 则返回以圆盘中心正态分布的点，半径 R 则对应为离中心点三个标准差的长度。

下面我们计算方向矢量 $\hat{\mathbf{v}} = \mathbf{S}()$，它指向球面上任意方向。首先，生成两个均匀分布的随机变量 $\theta = U(-\pi, \pi)$ 及 $y = U(-1, 1)$。在球体坐标中，θ 为方位角，y 为高度，后者用于决定仰角 $(\sin \phi = y)$。若定义 $r = \sqrt{1 - y^2}$（即 $r = \cos \phi$），那么

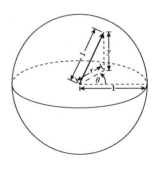

$$\hat{\mathbf{v}} = \begin{bmatrix} r \cos \theta \\ y \\ -r \sin \theta \end{bmatrix}$$

注意，此方法使用了球坐标，却使用 x-z 平面上的高度确定仰角。这样调整方向的分布后，生成的方向就不会集中在两极，由此便能获得均匀分布在单位球面上的方向。

要证明均匀随机的 θ 和 h 能生成球面均匀分布的方向，我们可分析单位球面上的微分面积 $\mathrm{d}A$。沿单位球面经度方向的距离 s 可由仰角 ϕ 表示，关

系简单表示为 $s = \phi$。另外 h 和 ϕ 的关系为 $h = \sin\phi$，即 $\phi = \sin^{-1} h$。因此，s 随 h 的变化为：

$$\frac{\mathrm{d}s}{\mathrm{d}h} = \frac{\partial s}{\partial \phi}\frac{\partial \phi}{\partial h} = \frac{\partial \sin^{-1} h}{\partial h} = \frac{1}{\sqrt{1 - h^2}}$$

或简单写成：

$$\frac{\mathrm{d}s}{\mathrm{d}h} = \frac{1}{r}$$

沿单位球面纬度方向的距离 t 可由方向位角 θ 表示，关系为 $t = \theta\cos\phi$。因此，t 随 θ 的变化为：

$$\frac{\mathrm{d}t}{\mathrm{d}\theta} = \cos\phi$$

现在，球面上的微分面积就可表示为：

$$\mathrm{d}s = \frac{1}{r}\mathrm{d}h$$

$$\mathrm{d}t = \cos\phi\,\mathrm{d}\theta$$

$$\mathrm{d}A = \mathrm{d}s\,\mathrm{d}t = \frac{1}{r}\cos\phi\,\mathrm{d}h\,\mathrm{d}\theta$$

然而，由于 $r = \cos\phi$，故：

$$\mathrm{d}A = \mathrm{d}h\,\mathrm{d}\theta$$

因为 $\mathrm{d}A$ 对 h 积分得出 $h\,\mathrm{d}\theta$，而对 θ 积分得出 $\theta\,\mathrm{d}h$，所以我们得知该面积随 h 和 θ 线性变化。因此，如果 h 和 θ 采样自均匀分布，我们就会获得球面上均匀分布的粒子。

　　均匀分布矢量 $\hat{\mathbf{v}} = \mathbf{D}_U(\mathbf{w}, \delta)$ 指往一个方向，若该方向偏离 $\mathbf{w}$ 矢量 δ 角度，则计算方法如下。首先生成角度偏离 z 轴的矢量，然后旋转该矢量至一个坐标系（coordinate frame）中，该坐标系的 z 轴与方向 $\hat{\mathbf{w}} = \mathbf{w}/\|\mathbf{w}\|$ 对齐。以下我们定义矢量的坐标系。首先需要任意选一个不与 $\mathbf{w}$ 平行的矢量 $\mathbf{a}$。$\mathbf{a} = \begin{bmatrix} 1 & 0 & 0 \end{bmatrix}^{\mathrm{T}}$ 是一个好选择，除非 w_y 和 w_z 都等于零，如果出现这种情况，我们就选 $\mathbf{a} = \begin{bmatrix} 0 & 1 & 0 \end{bmatrix}^{\mathrm{T}}$。我们希望原始方向矢量 $\hat{\mathbf{w}}$ 成为 z 轴，因此设 z 轴为 $\hat{\mathbf{u}}_z = \hat{\mathbf{w}}$，$x$ 轴为 $\hat{\mathbf{u}}_x = (\mathbf{a} \times \hat{\mathbf{u}}_z)/\|\mathbf{a} \times \hat{\mathbf{u}}_z\|$，以及 y 轴为 $\hat{\mathbf{u}}_y = \hat{\mathbf{u}}_z \times \hat{\mathbf{u}}_x$。那么矩阵 $M = \begin{bmatrix} \mathbf{u}_x & \mathbf{u}_y & \mathbf{u}_z \end{bmatrix}$

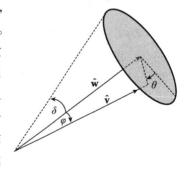

便会把一个矢量旋转至这个新框架。现在我们要生成一个偏离 z 轴 $\begin{bmatrix} 0 & 0 & 1 \end{bmatrix}^{\mathrm{T}}$ 的单位矢量 $\hat{\mathbf{v}}'$，其再被 M 旋转后就获得偏离 $\mathbf{w}$ 的矢量 $\hat{\mathbf{v}}$。设随机分数 $f = U(0,1)$，并设 $\phi = \sqrt{f}\delta$ 及 $\theta = U(-\pi,\pi)$。把 δ 以 f 的开平方来缩放，能令角度偏移量 ϕ 均匀分布，否则方向便会集中在较小的角度。现在，定义：

$$\hat{\mathbf{v}}' = \begin{bmatrix} \cos\theta\sin\phi \\ \sin\theta\sin\phi \\ \cos\phi \end{bmatrix}$$

最后，偏移矢量 $\hat{\mathbf{v}} = M\hat{\mathbf{v}}'$。以几乎同样的方式计算正态分布的单位矢量 $\hat{\mathbf{v}} = \mathbf{D}_G(\mathbf{w}, \delta)$，唯一不同的地方是使用高斯分布来生成分数 f，$f = G(0, \delta/3)$。

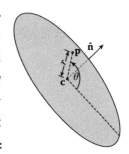

以下我们计算圆盘上的均匀分布位置 $\mathbf{p} = \mathbf{C}_U(\mathbf{c}, \hat{\mathbf{n}}, R)$，其中 $\mathbf{c}$ 为圆盘中心，$\hat{\mathbf{n}}$ 为圆盘表面法线，R 为圆盘半径。我们使用本质上与计算 $\mathbf{D}_U$ 相同的方法。首先，令表面法线担当 $\mathbf{w}$ 的角色，用上述方式计算矩阵 M，但这次我们用 x-y 平面上的径向坐标来表示盘上一个点的位置，而非球面上一个点的位置。要生成这个点，设随机分数 $f = U(0,1)$，半径 $r = \sqrt{f}R$，以及 $\theta = U(-\pi,\pi)$。在 x-y 平面上的三维点便是：

$$\mathbf{p}' = \begin{bmatrix} r\cos\theta \\ r\sin\theta \\ 0 \end{bmatrix}$$

然后把 $\mathbf{p}'$ 旋转至圆盘的平面，再以圆盘的中心平移，就能获得所需的点 $\mathbf{p} = \mathbf{c} + M\mathbf{p}'$。正态分布的位置 $\mathbf{p} = \mathbf{C}_G(\mathbf{c}, \hat{\mathbf{n}}, R)$ 也使用相同的计算方法得出，只是在生成分数时用高斯分布 $f = G(0, R/3)$。

为了证明均匀分布随机数 $[0,1]$ 的开方乘以半径能生成圆盘上均匀分布的点，我们考察单位圆盘上微分面积 $\mathrm{d}A$ 的大小。沿径向方向的距离 s 可被半径参数化，$s = r$。沿角度方向的距离 t 可被参数化为 $t = r\theta$。因此，圆盘上的微分面积为：

$$\mathrm{d}s = \mathrm{d}r,$$
$$\mathrm{d}t = r\,\mathrm{d}\theta$$
$$\mathrm{d}A = \mathrm{d}s\,\mathrm{d}t = r\,\mathrm{d}r\,\mathrm{d}\theta$$

由于 dA 对 r 的积分是 $\frac{1}{2}r^2 d\theta$，而对 θ 的积分为 $r\theta\,dr$，我们得知面积随半径 r 的开方变化，但随 θ 线性变化。因此，这说明若我们以均匀分布采样 θ，并且采样 r 时能令 r^2 均匀分布，那么就能把粒子均匀分布在圆盘上。当要计算一个随机矢量偏离某个指定方向时，我们将相同的逻辑，应用到偏向角 ϕ 的采样。

4.3　粒子生成器

　　按照所需的效果，粒子生成器可使用任何策略将粒子注入系统中。有时候需要在非常短的时间内生成所有粒子（如枪击时的闪光）；有时候需要在长时间内生成连续的一连串粒子（如水管喷出的水）；有时候需要定期发射分离的粒子（如罗马焰火筒[1]）。通常可行的方法是设置生成器的启动 / 停止时间，以及粒子生成频率。若需要定期发射，可在每次发射后重置启动 / 停止时间。粒子生成频率应该设置为每秒粒子数目。在每个时步中，生成器检测当前时间 t 是否在启动 / 停止时间范围内，以决定应否生成粒子。若要生成，则以生成频率 r 乘以时步 h，得到这时刻应生成的粒子数目 $n = rh$。这样做，即使在开发期间改变时步，每秒生成的粒子数目仍是不变的。然后我们启动所需数量的粒子，为每个粒子赋予初始位置及速度，以及其他所需的设定参数。

　　但这里有一个问题，rh 不一定是整数。因此为了保持所需的频率，最好在每时步中维护累积粒子数量的分数 f，当它达到 1 时，就将此时步的发射粒子数目加 1，并重置分数。

$$
\begin{aligned}
&n = \lfloor rh \rfloor; \\
&f = f + (rh - n); \\
&\textbf{if } f > 1 \textbf{ then} \\
&\quad n = n + 1; \\
&\quad f = f - 1; \\
&\textbf{end}
\end{aligned}
$$

　　每个粒子的初始位置及速度是依据所用的粒子生成器的类型来决定的。图 4.2 展示了一般的策略：从一点发射至所有方向，从一点发射至某方向，从圆盘或平面上的多边形区域发射，或从三维实体的表面或内部发射。对于任何一种粒子生成器，我们都可定义以下的参数：设 μ_s 为粒子的平均速率，并以 σ_s 指定速率的范围。我们称粒子的初始位置为 $\mathbf{x}_0$，其初始速度为 $\mathbf{v}_0$。注意，在计算速度时，通常最方便的方法是分开计算初始速率 s_0 及初始方向 $\hat{\mathbf{v}}_0$，然后得出 $\mathbf{v}_0 = s_0\hat{\mathbf{v}}_0$。粒子的初始速率是标量，而我们通常假设它是正态分布的，其标准差为三分之一的预期速率范围[2]，因此 $s_0 = G(\mu_s, \sigma_s/3)$。我们通常希望初始方向偏离目标方向一个随机角度，因此大部分随机数生成器都会有 σ 参数来限制这些角度偏移。当粒子生成器决定了每个粒子的基础方向 $\hat{\mathbf{d}}$

1　译注：罗马焰火筒（roman candle）是一种烟花，会连续发射多个彩色火球。
2　我们这样做会使最大值接近 3 个标准差。结果包含高斯分布中 99.7% 的数值。

后，其最终方向按 $\hat{\mathbf{d}}$ 使用 $\hat{\mathbf{v}}_0 = \mathbf{D}_G(\hat{\mathbf{d}}, \delta/3)$ 或 $\hat{\mathbf{v}}_0 = \mathbf{D}_U(\hat{\mathbf{d}}, \sigma)$ 进行随机偏移。

有了这些约定，我们从无限种可行组合中，考虑图 4.2 中最常用的粒子生成器。

- **全向（omnidirectional）**：此粒子生成器在几何上位于单个发射点 $\mathbf{p}$。往所有方向发射粒子的可能性是相同的。因此，$\mathbf{x}_0 = \mathbf{p}$ 及 $\hat{\mathbf{v}}_0 = \mathbf{S}()$。

- **定向（directed）**：此粒子生成器也是位于单个发射点 $\mathbf{p}$，但是它具有固定的首选方向 $\hat{\mathbf{d}}$。因此，$\mathbf{x}_0 = \mathbf{p}$，粒子发射方向从 $\hat{\mathbf{d}}$ 做角度偏移。

- **圆盘**：此粒子生成器是一个圆形的扁平区域，在该区域中每个点以同等可能性发射粒子。圆盘以圆心 $\mathbf{c}$、半径 R 及表面法线 $\hat{\mathbf{n}}$ 指定。要在圆盘上生成随机的点，只需用随机位置生成器，因此 $\mathbf{x}_0 = \mathbf{C}_U(\mathbf{c}, \hat{\mathbf{n}}, R)$。粒子发射方向从表面法线 $\hat{\mathbf{n}}$ 做角度偏移。

- **三角形**：有多种方法可以在任意多边形上生成随机粒子，但我们先考虑三角形这个特例，因为通常我们可以简单地把几何形状转换成三角形。我们以三个顶点 $\mathbf{p}_0$、$\mathbf{p}_1$、$\mathbf{p}_2$ 来指定三角形，通过计算任何两对非平行边的叉积，就能获得表面法线 $\hat{\mathbf{n}}$。可以用均匀随机数生成器生成候选的重心坐标（barycentric coordinate）$u = U(0,1)$ 及 $v = U(0,1)$（见附录 F）。若这些坐标位于三角形内，即测试 $u+v \leqslant 1$，那么就使用它们，否则再次生成候选坐标直至通过测试[1]。给定一对好的 (u, v)，$\mathbf{x}_0 = u\mathbf{p}_0 + v\mathbf{p}_1 + (1-u-v)\mathbf{p}_2$。粒子发射方向从表面法线 $\hat{\mathbf{n}}$ 做角度偏移。

- **球**：此粒子生成器是一个球面，球心为 $\mathbf{c}$，半径为 R。我们可以首先用球面随机矢量生成器生成随机方向 $\hat{\mathbf{u}} = \mathbf{S}()$。若我们想要从球面发射粒子，则设 $\mathbf{x}_0 = \mathbf{c} + R\hat{\mathbf{u}}$。若我们想要从球内发射粒子，则生成随机分数 $f = U(0,1)$。设半径为 $r = 3\sqrt[3]{f}R$，那么 $\mathbf{x}_0 = \mathbf{c} + r\hat{\mathbf{u}}$。粒子发射方向从表面法线 $\hat{\mathbf{u}}$ 做角度偏移。

对所有的粒子生成器，我们都需要考虑一个问题。我们通常希望模拟粒子在连续时间内生成的过程，而不只是模拟在离散时间点上生成的过程。例如，我们在一个平面上生成粒子。若所有粒子都在平面上开始模拟，那么效果便会是每个时步在平面上爆发粒子，而不是连续的粒子流。要避免此问题，一个简单的方法是对每个粒子，沿粒子速度矢量计算一个偏移量。设 $f = U(0,1)$ 为均匀分布的随机正分数。若粒子的初始速度为 $\mathbf{v}_0$，而它在表面上的初始位置为 $\mathbf{x}_0$，那么 $\mathbf{x}'_0 = \mathbf{x}_0 + f h \mathbf{v}_0$ 为偏移后的位置，即在时步中模拟粒子生成需 fh 秒。

　　1　译注：此乃拒绝采样（rejection sampling），但有性能更优的方法。注意，(u, v) 是平行四边形上的均匀采样，当 $u+v \leqslant 1$ 时就是旋转对称的三角形，我们可以把它变换到原来的三角形，以 $(1-u, 1-v)$ 作采样点。

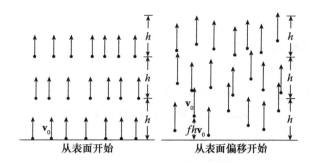

从表面开始　　　　　　　　　　　从表面偏移开始

4.4　粒子模拟

4.4.1　运算的编排

我们希望在粒子系统中能够处理非常大量的粒子，因此时间和空间效率都是重要的考虑因素。粒子创建和销毁过程必须高效，因为典型的粒子系统会在每个时步中创建及销毁几百上千个粒子。通过操作系统调用进行内存分配（C++之类的语言中的new 和delete，或 Java 语言中的自动管理[1]）这种方法是非常通用的，但是偏慢。因此，我们希望尽量避免在模拟循环中使用这些内存方配方法。幸运的是，在粒子系统中，每个粒子对象的结构在根本上是相同的，所以这是一个高度统一的内存分配问题，比较容易开发出高效的分配方案。另一个要考虑的因素是，在每个时步中我们需要对所有粒子进行一次或多次迭代，因此迭代粒子也应该高效。结合这两个考虑点，我们认为所有粒子应该存储在预分配的（或大批分配的）类似数组的数据结构中，而这些数据结构被封装在一个称为 `ParticleList` 的对象中。`ParticleList` 需要高效地激活和撤销粒子，并能够检测一个给定的粒子是否在活跃状态。

回归到基本的要素，粒子系统的模拟就如以下算法那样简单：

1　译注：这些例子也不算是操作系统调用。

$t = 0; n = 0;$
ParticleList.Clear();
while $t < t_{\max}$ **do**

> **foreach** particle generator k **do**
>> Generator[k].**Generateparticles**(ParticleList, t, h);
>
> **end**
> ParticleList.**TestAndDeactivate**(t);
> ParticleList.**ComputeAccelerations**(t);
> **if** OutputTime(t) **then**
>> ParticleList.**Display**();
>
> **end**
> ParticleList.**Integrate**(t, h);
> $n = n + 1;$
> $t = nh;$

end

此算法假设有一个可迭代所有粒子生成器的数据结构。每个粒子生成器都具有 Generateparticles() 方法，在生成每个粒子时，它会通知 ParticleList 对象去激活及初始化一个非活跃的粒子。ParticleList 具有以下这些方法：Clear() 把全部粒子转为非活跃的；TestAndDeactivate() 检测每个活跃粒子应否被销毁，如需销毁则把它变成非活跃的；ComputeAccelerations() 对每个活跃粒子，按其受到的任何力计算及存储加速度；Display() 渲染所有活跃粒子；而Integrate() 执行数值积分，利用每个粒子的加速度去更新其位置和速度。

右图展示一种简单的数据编排方式，用于编排ParticleList 的内部存储及所需的簿记工作。图中只有 3 个活跃粒子，其余都是非活跃的。粒子的所有信息都存储在 particles 数组中。此数组的长度为 N，我们选取一个合适的 N，足以存储我们期望的任何时间里最大数量的活跃粒子。图中数组 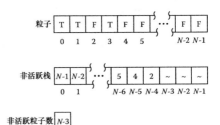 的每个格子中，当对应的粒子为活跃时标记为 T（true），非活跃时标记为 F（false）。而 inactivestack 是一个长度为 N 的数组，将其维护成堆栈的形式存储所有非活跃元素的索引。变量 inactivecount 存储现在非活跃粒子的数量，并用作堆栈顶端的索引。在这组数据结构下，当粒子生成器要激活一个粒子时，只需弹出堆栈顶端中的索引，把 particles 数组中的该元素标记为活跃的，并把

inactivecount 减 1 即可。而当粒子从活跃的变成非活跃的时，我们在 particles 中标记它为非活跃的，并把其索引压入堆栈，最后把 inactivecount 加 1。此数据结构无法只迭代活跃的粒子，在每个模拟步中都要访问数组中所有粒子。

有时也需要访问非活跃的粒子，这似乎是比较慢和昂贵的做法，但以今天的计算机架构来说，其实颇为高效。由于内存预读及缓存功能，循环访问连续内存比访问非连续的元素高效得多。这里想表达的信息是，当要寻找能达到最大粒子吞吐量的方案时，必须考虑处理器的架构。

一个很显然的提升效率的方法是使用并行处理。由于粒子全都是互相独立的，若我们有足够的处理器，便可以让每个处理器负责处理一个粒子，理论上整个粒子系统可以像单个粒子那么快地运行。即使我们不能达到这个极限，但使用 CPU 中的多个核心，或是更理想地把整个粒子模拟过程移到 GPU，速度都能得到相当大的提升。若高性能是目标之一，这种工作是值得去做的。[1]

4.4.2　撤销粒子

若模拟期间不断激活新粒子并且不撤销粒子，那么很快就会把 *ParticleList* 数据结构填满，导致不能生成更多粒子。即使采用会扩容的数据结构，模拟也会随粒子数量不断增长而变得极慢。因此，当一些粒子不再对场景有贡献时，我们需要让粒子自行撤销。决定是否撤销粒子的策略，应该归属于每个个体粒子，而撤销策略是在粒子生成器激活粒子时建立的。

有几种可以使用的撤销策略，我们可依粒子系统之用途来进行选择。最常用的条件是粒子年龄、粒子速度、粒子位置及粒子碰撞。以下展示一些例子来说明如何做出这些选择。表示烟花火花的粒子，当燃尽（基于年龄）或碰到地面（基于高度）时就该被撤销。表示破浪所产生的水花粒子，当再进入水中时（基于碰撞）就该被撤销；表示烟尘的粒子，当离开场景的可视范围时（基于位置）就该被撤销；表示雪崩中的雪粒子，当回归静止后（基于速度）就该被撤销。在任何情况下，每个粒子都应该实现某种撤销策略。

4.4.3　碰撞

在第 3 章中我们模拟单个弹跳球时，处理碰撞的方法是，检测时步中有没有出现碰撞，如有，将球推进至刚刚碰撞的时间，计算反射速度，然后继续模拟至

---

[1] 译注：若使用 CPU，还可考虑用 struct-of-array（SOA）结构存储粒子数据，然后使用 SIMD 指令计算。以 AVX-512 为例，单个指令可计算 16 个单精度浮点数。

时步结束。这种做法，使我们可使用刚刚碰撞时的速度去计算反射速度，并能处理碰撞时可能出现的加速度变化。若我们在粒子系统中沿用这种处理过程，模拟可能迅速停止，因为很可能在一个时步中会有多个碰撞发生。每次碰撞都暂停和恢复时钟，烦琐、易错又低效。而粒子系统其实含有大量细节，碰撞计算的小误差不容易被发现，我们可利用此特性。

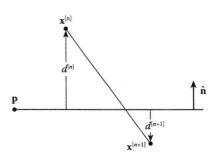

只要保证在粒子系统中，粒子往正确的方向反弹以离开表面，不会插进表面以下，便已足够。为此，在数值积分后，我们检查粒子在时步前的位置 $\mathbf{x}^{[n]}$ 及时步后的位置 $\mathbf{x}^{[n+1]}$。粒子的路径为一条线段 $(\mathbf{x}^{[n]}\mathbf{x}^{[n+1]})$。参考右图，设 $\mathbf{p}$ 为表面上已知的点，$\hat{\mathbf{n}}$ 为表面法线。欲检测线段是否穿过表面，只需比较起始点与表面的带符号距离 $d^{[n]} = (\mathbf{x}^{[n]} - \mathbf{p}) \cdot \hat{\mathbf{n}}$，以及结束点与表面的带符号距离 $d^{[n+1]} = (\mathbf{x}^{[n+1]} - \mathbf{p}) \cdot \hat{\mathbf{n}}$。若它们的符号不同，则表示 $\mathbf{x}^{[n]}$ 和 $\mathbf{x}^{[n+1]}$ 分别位于表面的两侧，即时步中必然出现了碰撞。

现在，若我们把粒子的结束位置 $\mathbf{x}^{[n+1]}$ 往表面法线方向移动 $|d^{[n+1]}|$ 距离，粒子便能回到表面。c_r 为恢复系数，若我们再把粒子往表面法线方向移动 $c_r|d^{[n+1]}|$ 距离，则粒子便会接近它应该被反射的位置，而它的速度也需要衰减至 ρ。按此方法，经过碰撞响应后的粒子更新位置为：

$$\mathbf{x}'^{[n+1]} = \mathbf{x}'^{[n]} - (1 + c_r)d^{[n+1]}\hat{\mathbf{n}}$$

这里的减法用于确保粒子向表面法线方向偏移。右图展示了最终的位置 $\mathbf{x}'^{[n+1]}$，可以将它与图中的虚线圆形比较，其表示用更精确的反射计算所得的粒子位置。

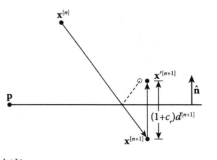

如同弹跳球的情况，我们也必须更新粒子速度，以模拟反射、恢复系数和表面摩擦力。但我们这里是更改时步结束的速度 $\mathbf{v}^{[n+1]}$，而不是碰撞速度。因此，用以下的方式获取更新速度：

$$\mathbf{v}_n = (\mathbf{v}^{[n+1]} \cdot \hat{\mathbf{n}})\hat{\mathbf{n}}$$
$$\mathbf{v}_t = \mathbf{v}^{[n+1]} - \mathbf{v}_n$$
$$\mathbf{v}'^{[n+1]} = -c_r\mathbf{v}_n + (1 - c_f)\mathbf{v}_t$$

其中 $\mathbf{v}_n$ 和 $\mathbf{v}_t$ 为速度的法线和切线分量，而 c_f 为碰撞的摩擦系数。

4.4.4　几何

现在我们知道了如何检测及响应粒子与表面的碰撞，但如果我们的场景是由复杂的几何模型组成的，而这些模型有上千个多边形面，怎样才能高效地做出碰撞呢？显然我们不想在每个时步逐个粒子地对所有多边形进行检测。幸好有多种方法，可大幅度降低检测多边形的数量。任何包含光线追踪的计算机图形学图书，都会列出多种相关方法，包括把场景中的多边形组织为一些树形结构，如 kd 树（kd-tree）、八叉树（octree）、BVH 树等。在此，我们只讨论一种较简单的方法——在固定大小剖分上的空间哈希方法。第 9 章在谈及刚体模拟时，会介绍一些更高级的方法。

该方法是把空间分割为小立方体的三维栅格，这些小立方体通常称作体素（voxel），与坐标轴对齐。然后，分配一个三维数组，其每个元素对应一个体素，用于存储与之相交的多边形列表。此数组通常按深度平面 p、行 r、列 c 排列。再按以下方法建立多边形的列表。对于每个多边形，构建其三维包围体，即获得每个多边形在 x、y、z 坐标的最小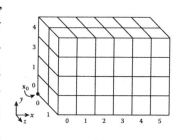
和最大值。设 $\mathbf{x}_0 = (x_0, y_0, z_0)$ 为场景中最小的 x-y-z 坐标，它需要被栅格覆盖。此点应该对应数组单元 $[0, 0, 0]$ 的外顶点。若每个小立方体的宽度为 δ，那么点 $\mathbf{x} = (x, y, z)$ 的空间哈希值为：

$$\mathbf{h}(\mathbf{x}) = (\lfloor (z - z_0)/\delta \rfloor, \lfloor (y - y_0)/\delta \rfloor, \lfloor (x - x_0)/\delta \rfloor)$$

它提供了包含点 $\mathbf{x}$ 的单元的三维数组索引 (p, r, c)。然后，求出多边形包围体顶点的空间哈希索引，并把这个范围内的单元都加入该多边形。注意，一些经哈希获得的单元可能没有与多边形相交，但此方法能确保不遗漏任何多边形。

下图中的二维例子展示如何计算一个多边形的空间哈希值。此栅格是 8×8 的，其单元宽度 $\delta = 2.0$。栅格的左下角坐标为 $(6.0, -4.0)$。浅灰矩形为三角形在此栅格内的哈希范围。而三角形的包围体则以虚线展示，其边界为：

$$x_{\min} = 8.4, \qquad\qquad x_{\max} = 16.8,$$
$$y_{\min} = 0.2, \qquad\qquad y_{\max} = 8.2.$$

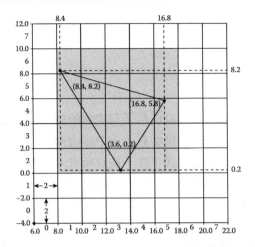

然后，覆盖包围体的数组行索引 $r_{\min}$ 和 $r_{\max}$，以及列索引 $c_{\min}$ 和 $c_{\max}$，即：

$$r_{\min} = \lfloor (8.4 - 6.0)/2.0 \rfloor = 1, \qquad r_{\max} = \lfloor (8.2 - (-4.0))/2.0 \rfloor = 6,$$

$$c_{\min} = \lfloor (0.2 - (-4.0))/2.0 \rfloor = 2, \qquad c_{\max} = \lfloor (16.8 - 6.0)/2.0 \rfloor = 5.$$

最后把此三角形的索引加进栅格范围中每个单元所管理的三角形列表中：

for i in $r_{\min}$ to $r_{\max}$ **do**
    for j in $c_{\min}$ to $c_{\max}$ **do**
        grid[i][j].AddTriangleToList(triangle.index);
    end
end

检测粒子与几何模型的碰撞时，我们找出时步内粒子路径经过的体素，并与体素所含的多边形做碰撞检测。高效地找出与线段相交的体素的方法较复杂，不在此详述。最一般的方法细节及优化，请参考光线追踪的书籍 [Watt and Watt, 1992]。我们在此仅描述一个简化、正确的版本，但它不是最优的。

首先，求出起始点 $\mathbf{x}^{[n]}$ 及结束点 $\mathbf{x}^{[n+1]}$ 哈希后的体素。这两个体素的轴对齐包围体，其包含了粒子路径所经过的体素。之后，找出包围体里的所有体素，检测哈希到这些体素的三角形，并求出与三角形的首个碰撞点（如有）。

通常，体素的尺寸远大于粒子在一个时步中的运行距离，所以一般每个粒子在时步中都会留在同一个体素中，偶尔会跨越到某个方向相邻的体素中。因此，包围体通常只覆盖一个体素，有时候覆盖两个，很少覆盖 4 个，覆盖 8 个更罕见。在 4 个、8 个体素的情况下，多了一个额外的检测，因为实际的粒子路径只会分别穿越 3 或 4 个体素。然而，因为这些情况很罕见，所以检查额外体素只增加很小的工作量。

4.4.5　高效的随机数

在粒子模拟中，使用随机数也会导致性能问题。随机数生成器使用相对较慢的数值处理方法。此外，当激活每个粒子时，通常需要为位置和速度生成至少 4 个随机数，一般还要为粒子参数生成更多随机数。因此，当粒子生成率高时，生成随机数的耗时是一个真实影响性能的因素。

在粒子模拟中，为了降低生成随机数的时间成本，最简单的方法，是在模拟之始生成随机数的大数组。然后每次需要随机数时，只需简单地从数组读取当前索引的数字，再把索引加 1 即可。若索引到了数组末端，则重设索引为 0。还可以创建两个数组 U 和 G，前者存储均匀随机数生成器 $U(0,1)$ 生成的随机数，后者则存储高斯随机数生成器 $G(0,1)$ 生成的随机数。那么，当需要一个介于 u_{min} 与 u_{max} 的随机数 u 时，使用索引读取 U 数组，并把返回值如下缩放、平移：

$$u = (u_{max} - u_{min})U[i] + u_{min}$$

当需要均值为 μ、标准方差为 σ 的正态分布的随机数 g 时，我们使用索引读取 G 数组，并把返回值如下缩放、平移：

$$g = \sigma G[j] + \mu$$

4.5　粒子渲染

粒子实际上无几何形状，它仅是一个空间上的位置，这意味着，粒子系统的渲染方法仅受限于你的想象力及运算时间。若你的粒子系统是互动体验的一部分，如电子游戏，那么时间资源是每帧毫秒级。但若是用于电影中的视觉特效，那么时间资源可能以每帧小时来量度。

我们第一个想到的方法，很可能就是把粒子表示为球体，并用我们喜爱的渲染器生成一幅图像。图 4.3 展示了用这种方法渲染的一个粒子系统。虽然这个图片看上去没什么问题，但我们一般会避免使用这种方法。有几个原因。首先，一个正常精度的球体模型至少需要 96 个三角形[1]。因此，针对每个粒子要渲染近百

1　这里假设有 8 个经度划分、7 个纬度划分，得 8×5 个四边形 $= 80$ 个三角形，再加上两极点 $2 \times 8 = 16$ 个三角形。

个三角形。由于多数粒子都渲染至很小的屏幕面积，故这些计算其实远超过高质影像所需。其二，作为一般粒子系统，对数十万个粒子逐一做这些计算也是不必要的，即使采用性能强劲的显卡，仍需付出很大的性能代价。其三，渲染几千个细小的球体颇为沉闷。我们可以用更少的计算成本做得更好看。

图 4.3 以彩色球体去渲染一个粒子系统（由 Thomas Grindinger 提供）

4.5.1 点及划痕

现时最简单的粒子系统渲染方法，就是把每个粒子直接以点的形式渲染至影像中。此方法假设，可以计算粒子投射至虚拟摄像头的影像平面。若使用光线追踪，则可从摄像头视点投射光线至粒子，然后求出射线与影像平面的交点。若使用三维图形 API，如 *OpenGL* 或 *Direct3D*，就可以调用 API 按粒子的三维坐标绘画一个点。由于粒子没有表面及表面法线，因此用标准光照算法渲染粒子并不直观。而通常的做法是忽略场景光照，并直接指定粒子的渲染颜色。这个方法对于自发光的粒子渲染效果很自然，例如用于表现火花的粒子。但其实，若能谨慎地调和粒子颜色和场景的光照颜色，此方法能用于任何类型的粒子。若需使用场景的光照，便需要为每个粒子设置一个方向矢量，以代替其表面法线。

把粒子渲染为点的一个问题是，失去了粒子按距离改变的自然尺寸视觉特征。近摄像机的粒子和远离的粒子总是以相同尺寸渲染，从而失去透视远小近大的视觉深度特征。解决方法之一是，当粒子合成到影像时，以粒子与屏幕距离的函数控制不透明度（*opacity*）。这么做的结果是，近的粒子以全亮度渲染，与背景形成高反差，而远的粒子则偏向背景的颜色，从而减弱了亮度和反差。其整体效果接近大气透视（*atomspheric perspective*），即使粒子渲染尺寸相同，也可造成有距离差异的错觉。要进一步增强距离错觉，可把粒子以面元（splat）方式渲染至影像，而面元半径是距离的函数。所谓面元，是把点以圆形方式渲染至影像。给定了半径，各像素的不透明度按与圆心的距离递减 [Zwicker et al., 2001]。图 4.4 使用了面元来渲染表现星场的粒子系统，其中的星星距离摄像头有近有远。

图 4.4　以面元去渲染一个粒子系统（由 Christian Weeks 提供）

　　把粒子渲染为点的第二个问题是，会移动的粒子在每帧之间离散地横跨屏幕，这影响了平滑移动动画的效果。在动画中常见的解决方法是使用动作模糊（motion blur）。然而，在光线追踪渲染中动作模糊的计算开销高，使用三维图形 API 计算则较复杂。好在当渲染粒子时，可以用简单的方法制造动作模糊的错觉。我们从直接渲染粒子成点，改为渲染粒子成线段或划痕（streak）[1]。最简单的实现方式，是保存上一时步的粒子位置，然后画线时把该位置连至当前粒子位置。更好的方式是指定划痕动作模糊的时长，然后记录时长中粒子的所有位置来渲染划痕。按距离渲染点的方法，也同样可用于渲染划痕，我们可按摄像机与粒子的距离来调整划痕的不透明度及宽度。进一步的改善方法是为划痕两端设置不透明度，令划痕起点最不透明，终点最透明，以产生随时间消退的错觉。图 4.5 展示了以此方法把一组粒子渲染为划痕的例子。

1　译注：有些工具称之为 line trail。

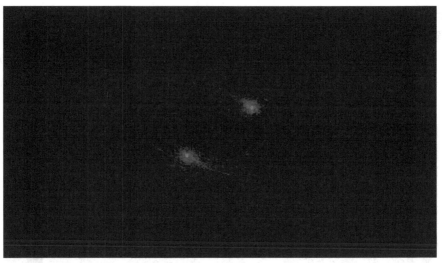

图 4.5 以划痕去渲染一个粒子系统（由 Sam Casacio 提供）

4.5.2 精灵

如果需要把粒子渲染为更精致的外观，常见的方法是使用精灵（*sprite*）。精灵由矩形及相联系的纹理贴图组成。在每帧里，我们把矩形以粒子为中心，旋转至其表面法线面向摄像头视点。也就是说，我们将粒子位置至摄像头视点的矢量作为法线方向。而纹理贴图通常包含不透明和透明的区域，这令粒子通过纹理贴图所投影出来的形状可以不是矩形的。然后，无论现在用什么渲染器或光照系统，我们都采用正常贴上纹理的几何图形渲染方式渲染精灵。在图 4.6 所示的示例中，使用精灵来大幅改善粒子系统的外观。精灵的优点在于，只花费非常少的计算成本（每粒子只渲染两个三角形）便能产生复杂丰富的外观。

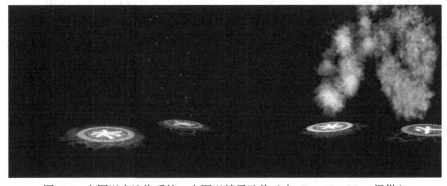

图 4.6 左图以点渲染系统，右图以精灵渲染（由 Cory Buckley 提供）

4.5.3　几何图形

前面我们谈过，为每个粒子绑定一个球体不是好的做法，但在计算时间无所谓的情况下，我们可用几何图形表示粒子。例如，在一个秋季场景中我们可把每个粒子表示为一片落叶，或是把每个粒子表示为太空舰队中的巡洋舰。在这些情况下，以几何图形表示粒子是合理的，但除了粒子的位置外我们还需要其他信息。除了需要定位几何形状的位置，还需决定其方向。常用的方法是建立旋转矩阵旋转几何图形，且以粒子的速度矢量决定局部坐标系的其中一个方向。若我们选取世界坐标系的垂直坐标轴为第二个方向，就可以用叉积设计粒子的坐标系，然后获得旋转几何形状至对齐此坐标系的旋转矩阵。另一个选择是用粒子的加速度作为第二矢量，计算其与速度矢量的叉积。

4.5.4　体积渲染

体积渲染（volume rendering）已成为电影视觉特效中粒子渲染的主要方法。这种方法把粒子所在的三维空间切割成三维体素栅格。随着粒子在空间中的移动，它们所经过的体素会沉淀密度。体积中的此密度通常会随时间消失或耗散，使得在粒子的轨迹中，当前位置密度最高，之前的历史位置密度较低。还可用不同方法进一步扰动密度轨迹，例如用 Perlin 噪音，或是用流模拟制造有趣的细节。最后，可用直接体积渲染器（*direct volume renderer*）渲染体积里的密度分布。此方法已被用于建模众多不同的效果。例如爆炸、火山爆发、水的喷射、雪崩、蒸气轨迹、火箭喷射、落雪等。图 4.7 是一个好例子，展示了一艘飞船的降落。

图 4.7　左图以点渲染粒子系统，右图采用体积渲染并加入额外元素（由 Hugh Kinsey 提供）

4.6　总结

本章介绍了以下主要概念：

- 粒子系统包含大量离散的质点，可使用它们模拟各种无连贯结构的现象。

- 粒子系统中的粒子与场景交互，但粒子间不交互。

- 粒子系统中的粒子来自粒子生成器。这些粒子生成器通常为几何形状，并可以被操控及在场景中移动。

- 粒子系统中的粒子特征、初始位置及速度都来自于粒子生成器，通常会使用随机分布描述它们。

- 由于系统中的粒子数量通常很多，所以需要使用高效的处理方法。更重要的是，应避免直接使用操作系统的内存管理方式，应预分配并维护粒子列表，其中的粒子可被激活及失效。

- 此外，为提升效率，可使用简化的碰撞检测及响应，以避免细分时步。

- 空间细分是一种简单并且高效的方式，能降低一个时步中粒子与三角形碰撞检测的次数。

- 有多种渲染粒子至场景的方法，包括点、划痕、精灵和体积方法。

第 5 章　粒子编排

　　建立粒子系统模拟的主要目的，在于创造有趣的视觉特效，以粒子系统作为整体实现协调的批量运动。为此，我们要像动画师那样思考，同时又要从工程师的角度思考，因为我们希望完成的目标已超过创作、模拟与渲染粒子的技术问题。我们也需要编排（choreograph）粒子以创造所需的运动。图 5.1 展示了一些经高度编排的序列帧，其中的粒子受动画师操控。

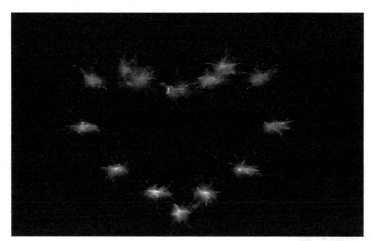

图 5.1　编排烟花粒子系统创造一个心形（由 Chen-Jui Fang 提供）

　　Sims 的开创性论文 *Particle Animation and Rendering Using Data Parallel Computation* [1990] 奠定了并行计算环境中高性能粒子系统模拟的基础，当中也谈及许多关于编排的技术。他引入了一个关键的概念，一直影响至今，那就是把粒子编排理解为一组影响粒子的操作（operator）。这些操作可分类为*初始化操作*（*initialization operator*）、*加速度操作*（*acceleration operator*）及*速度操作*（*velocity operator*）。另外，他也引入了反弹（bounce）的概念，即粒子碰撞响应。

　　第 4 章介绍了创建和运行粒子系统的机制，包括初始化及反弹。本章主要讨论粒子编排，涉及加速度和速度操作，以及如何引导粒子绕过物体以避免碰撞，如何制造风场。

5.1 加速度操作

加速度操作是一种能改变粒子速度的编排方法。速度的改变由合力引起，力除以质量得到加速度，再加上直接施加的加速度合成净加速度。我们称这些加法加速度操作为 $\mathbf{a}^{+\mathrm{op}}$，例如在第 3 章学习的引力加速度及空气阻力。另一种方法是利用操作改变数值积分中获得的速度。这些操作通常以积分前后的速度作为参数，然后返回更新后的速度。例如，4.4.3 节描述的在碰撞后更新速度，就是这种操作。我们称这些操作为 $\mathbf{a}^{\mathrm{op}}()$，表示它们为函数。在模拟循环中，我们把所有活跃的加法加速度操作 $\mathbf{a}_k^{+\mathrm{op}}$ 对粒子 i 的作用加总，再把净加速度用于积分步骤以更新粒子 i 的速度。然后，任何功能性的加速度操作则连续地施于其速度，以获得最终速度：

$$\mathbf{a}_i^{\mathrm{net}} = \sum_k \mathbf{a}_{ki}^{+\mathrm{op}}$$
$$\mathbf{v}_{\mathrm{new}} = \mathbf{v}_i^{[n]} + \mathbf{a}_i^{\mathrm{net}} h$$
$$\mathbf{v}_{\mathrm{new}} = \mathbf{A}_1^{\mathrm{op}}(\mathbf{v}_{\mathrm{new}}, \mathbf{v}_i^{[n]}), \quad \mathbf{v}_{\mathrm{new}} = \mathbf{A}_2^{\mathrm{op}}(\mathbf{v}_{\mathrm{new}}, \mathbf{v}_i^{[n]}), \quad \cdots$$
$$\mathbf{v}_i^{[n+1]} = \mathbf{v}_{\mathrm{new}}$$

以下介绍几个加速度操作的例子。我们鼓励读者运用创意，把这些例子作为自主设计的起点。

5.1.1 引力吸引器

我们已见过一种引力吸引器（gravitational attractor），就是一个非常大的物体与非常小的物体在一个有限分离距离之间的吸引力，例如一个球与地球之间的引力效应。在这种情况下，就有了一个最简单的加法加速度操作，即一个常数矢量：

$$\mathbf{a}^{+\mathrm{op}} = \mathbf{g}$$

大的物体不移动，但小的物体往矢量 $\mathbf{g}$ 的方向移动，并且其速率以 $\|\mathbf{g}\|$ 增长。

当两个物体之间的距离增加时，引力变得更加有趣，距离的改变会改变引力的大小。这类力产生了天体的移动编排。行星绕太阳运行；彗星沿椭圆的路径接近和远离太阳；星际天体沿抛物线路径冲入我们的太阳系，然后被弹弓效应抛回去。

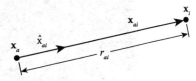

　　在粒子系统中，可设一个处于固定位置的几何体，而另一个物体则是可移动的粒子。我们称固定物体为吸引器 a，设其质量为 m_a，位置为 $\mathbf{x}_a$。现在，考虑此吸引器对位于 $\mathbf{x}_i$ 的粒子 i 的影响。我们设吸引器至粒子的矢量为 $\mathbf{x}_{ai} = \mathbf{x}_i - \mathbf{x}_a$，模为 $r_{ai} = \|\mathbf{x}_{ai}\|$，方向为 $\hat{\mathbf{x}}_{ai} = \mathbf{x}_{ai}/r_{ai}$。根据牛顿物理定律，吸引器对粒子 i 产生的吸引力为：

$$\mathbf{f}_{ai} = -G\frac{m_a m_i}{r_{ai}^2}\hat{\mathbf{x}}_{ai}$$

其中，G 为万有引力常数（universal gravitational constant）。我们将力除以粒子的质量 m_i，得到粒子 i 的加速度，为了方便，我们把 G 和 m_a 相乘得到单个常数 G_a。这样就得到最终的加法加速度操作：

$$\mathbf{a}_{ai}^{+\mathrm{op}} = -G_a\frac{1}{r_{ai}^2}\hat{\mathbf{x}}_{ai}$$

此操作的效果就是把粒子 i 加速移动至吸引器 a，其加速度与粒子的质量无关，而只与粒子至吸引器的平方距离成反比。可以把常数 G_a 当作一个强度常数，动画师通过调整它改变引力效果。

　　我们也可以稍偏离牛顿物理定律，让动画师有更多的控制能力。方法是把分母的 2 次幂改为常数 p，得到如下的加法加速度操作：

$$\mathbf{a}_{ai}^{+\mathrm{op}} = -G_a\frac{1}{r_{ai}^p}\hat{\mathbf{x}}_{ai}$$

当 $p = 2$ 时能得到正常的引力效果。令粒子 i 以抛物线或椭圆轨道绕吸引器 a 移动，具体是哪一种轨道视粒子 i 的速度而定。$p = -1$ 时这个操作变成一个弹簧，对粒子 i 产生的加速度正比于它至吸引器的距离。它能把粒子拉往吸引器，但也会被吸引器弹开，如球被橡皮筋弹开一样。p 为其他值时会获得不同的效果，最好通过试验来设其值。图 5.2 展示了如何使用引力吸引器来令粒子螺旋移动。

　　既然引力可以拉动粒子移往一个点，我们也可以定义一种吸引器，把粒子拉往一条线，吸引力的大小与粒子和线的距离有关。可以是无限长的线，也可以是有限长的线段。下面我们看看如何在线段上实现。首先，设线段的起点为 $\mathbf{x}_a$，方向为

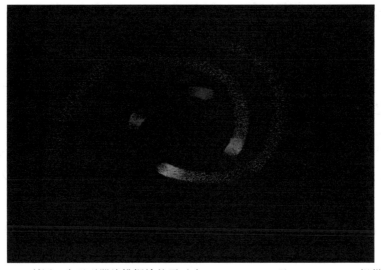

图 5.2　利用一个吸引器编排螺旋粒子（由 Kevin Smith 及 Adam Volin 提供）

单位矢量 $\hat{\mathbf{a}}$，长度为 L。自线段起点至粒子 i 的矢量为 $\mathbf{x}_{ai} = \mathbf{x}_i - \mathbf{x}_a$。此矢量投影在线段方向的长度为 $l_{ai} = \mathbf{x}_{ai} \cdot \hat{\mathbf{a}}$。此时，我们可以检测 l_{ai} 是否在线段的范围之内。若 $0 \leqslant l_{ai} \leqslant L$，那么粒子 i 位于线段的范围里，否则在外。如果我们想用无限长的线取代线段，就可忽略这个检测，结果如下。若粒子在线段范围内，那么点 $\mathbf{x}_i$ 垂直伸延至线段的矢量为 $\mathbf{r}_{ai} = \mathbf{x}_{ai} - l_{ai}\hat{\mathbf{a}}$，粒子至线段的距离便是 $r_{ai} = \|\mathbf{r}_{ai}\|$。若粒子在线段外的范围里，我们有两个选择：完全忽略线段的引力效应，或计算粒子与最近点的距离：

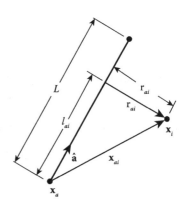

$$\mathbf{r}_{ai} = \begin{cases} \mathbf{x}_i - (\mathbf{x}_a + L\hat{\mathbf{a}}) & \text{如果 } l_{ai} > L \\ \mathbf{r}_{ai} & \text{如果 } 0 \leqslant l_{ai} \leqslant L \\ \mathbf{x}_{ai} & \text{如果 } l_{ai} < 0 \end{cases}$$

$$r_{ai} = \|\mathbf{r}_{ai}\|$$

$$\hat{\mathbf{r}}_{ai} = \mathbf{r}_{ai}/r_{ai}$$

现在，就可以如之前那样按两点的方式定义加法加速度操作了：

$$\mathbf{a}_{ai}^{+\mathrm{op}} = -G_a \frac{1}{r_{ai}^p} \hat{\mathbf{r}}_{ai}$$

66

虽然最终的公式很像点吸引器，但它们的效果不同。当粒子位于线段的范围内时，就不会有平行于线段的加速度，因此粒子在平行方向上的运动不受线段的影响。如果粒子会正常地绕一个点作椭圆轨道移动，它也会绕一个线段作椭圆轨道移动。若我们忽略粒子在线段范围外的效应，粒子便会绕线段而行，但当离开线段范围时就会被抛开。

5.1.2　随机加速度

要想粒子的运动更有趣，方法之一是加入随机性的加速度操作。这个方法可用于模拟一些混乱的过程，例如微风作用于飘落的雪花、原子的布朗运动等。

要实现这种运动，我们可使用 4.2 节中的随机矢量生成器 $\mathbf{S}()$，再把它乘以缩放因子 S_i，在每个时步为粒子 i 的速度添加小量扰动。这种做法有一些问题，在积分时扰动量会按时步缩放，而且扰动的次数受摸拟时步影响。为了产生独立于时步的随机扰动，可按时步缩放 S_i：

$$\mathbf{a}_{ai}^{+\mathrm{op}} = \frac{S_i}{h}\mathbf{S}()$$

例如，我们可能希望动画中每帧有一次随机加速，如动画以每秒 30 帧进行，我们在时间经过 1/30 s 的倍数时产生一次随机加速。

5.1.3　拖拽与反拖拽

加法加速度操作不一定是基于位置的。在第 3 章的弹跳球问题中，我们看到过空气阻力及风对球的效应。对于这类效果，我们可通过对粒子的加速度操作来实现。我们称这类操作为拖拽（drag）操作。设粒子速度为 $\mathbf{v}_i$，其质量为 m_i，而 $\mathbf{w}$ 为风的速度矢量常量，那么最简单的拖拽操作便是：

$$\mathbf{a}_{wi}^{+\mathrm{op}} = \frac{D}{m_i}(\mathbf{w} - \mathbf{v}_i)$$

其中，D 为拖拽的强度常数，动画师可调整它获得所需效果。

改变 D 的符号可实现反拖拽（undrag）操作。应用反拖拽操作时，粒子的速率会上升，因此通常只会在一小段时间内应用这个加速度操作，或在粒子达到所需的速度前应用。这是一个很好的顺滑地提升粒子速率的方法。

5.1.4 速率限制器

有时候我们希望粒子的速率保持在最低速率以上，或有一个最大速率限制。Sims 提出了一个方法，可确保粒子的速率提升至最低速率 V_τ，然后保持在该最低速率以上。这个操作在数值积分之后执行，因此它不是一个加法加速度操作，而是通过最新的和之前的速度来获得一个更新后的速度：

$$\mathbf{A}_{\mathrm{op}}(\mathbf{v}_i^{[n+1]}, \mathbf{v}_i^{[n]}) = \max[\mathbf{v}_i^{[n+1]}, \min(\mathbf{v}_i^{[n]}, V_\tau \hat{\mathbf{v}}_i^{[n]})]$$

在这个操作中，max 和 min 函数从两个矢量参数里，选择模最大或最小的矢量。只要粒子的新速率 $\|\mathbf{v}_i^{[n+1]}\|$ 大于 V_τ，就会选择新速度，因为第二个参数的模永远不会超过 V_τ。同样的道理，若速率高于之前的速率 $\|\mathbf{v}_i^{[n]}\|$，仍会选择新速率。在其他情况下，若之前的速率大于 V_τ，则速率便会是 V_τ，而方向会依随之前的速度；若小于 V_τ 则选用之前的速率。我们也可使用类似的方法来确保粒子永远不超越给定的最大速率。

5.2 速度操作

相对于加速度操作，速度操作脱离了物理定律，它在单个时步中更新速度，而没有改变粒子的动量。其效果就好像有一个速度去改变粒子的位置，但实际上并不改变速度本身。这么做，多个加速度操作和速度操作可以共同作用在一个粒子上，而不会互相干扰。实现方法就是在使用数值积分计算新位置时，改变其中的速度。Sims 把以下计算新位置的积分器进行了改造：

$$\mathbf{x}_i^{[n+1]} = \mathbf{x}_i^{[n]} + \frac{\mathbf{v}_i^{[n+1]} + \mathbf{v}_i^{[n]}}{2} h$$

我们可以想象速度操作 $\mathbf{V}^{\mathrm{op}}$ 为作用于速度的函数，其返回新的位置。在积分的过程中应用速度操作时，位置的更新为：

$$\mathbf{x}_i^{[n+1]} = \mathbf{x}_i^{[n]} + \mathbf{V}^{\mathrm{op}}\left(\frac{\mathbf{v}_i^{[n+1]} + \mathbf{v}_i^{[n]}}{2}\right) h$$

若想在单个时步中应用多个速度操作，则可以认为，在 $\mathbf{V}^{\mathrm{op}}$ 里会按顺序应用所有的速度操作。

5.2.1　仿射速度操作

所有的仿射变换都可用作速度操作，其中最有用的 3 个操作，分别以偏移量 $\Delta\mathbf{v}$ 作平移：

$$\mathbf{V}^{\text{op}}(\mathbf{v}) = \mathbf{v} + \Delta\mathbf{v}$$

绕轴 $\hat{\mathbf{u}}$ 旋转角度 θ[1]：

$$\mathbf{V}^{\text{op}}(\mathbf{v}) = R(\mathbf{v} : \theta, \hat{\mathbf{u}})$$

以及按缩放因子 s 进行缩放：

$$\mathbf{V}^{\text{op}}(\mathbf{v}) = s\mathbf{v}$$

可以在每个时步给这些操作的参数加入少量随机性，使操作产生有趣的变化。在图 5.3 中，粒子合成了直升机，然后直升机被抛射物破坏。合成动画由速度操作引领，它把粒子吸引至一个潜在、不可见的几何模型。

在使用速度操作时，必须谨记它们在每时步更新位置时，效果按时步 h 缩放。例如，平移操作令粒子在每时步中移动 $\Delta\mathbf{v}h$。如果想要的是总平移量 $\Delta\mathbf{v}$，那么速度操作需要在 $1/h$ 个时步内生效（如 $h = 1/30$，那么操作需要在 30 个时步里生效）。这样能在所要求的时间内进行平滑平移。如果想要骤变，则可以在单时步内进行 $\Delta\mathbf{v}/h$ 的平移。

图 5.3　编排粒子形成一架直升机，然后消灭它（由 Hongyuan Johnny Jia 提供）

1　可使用 Rodrigues 公式实现，见附录 D.6。

5.2.2 旋涡

旋涡（vortex）操作是一种最有趣的速度操作。物理上的旋涡是一种流体现象，如龙卷风或水槽排水。在这种现象中，流体绕一个轴旋转，接近旋转轴的流体具有接近物理极限的角速度，远离旋转轴则会减慢。按与旋转轴的距离 r 衰减，通常以 $1/r^2$ 的缩放因子衰减。图 5.4 展示了运行中的旋涡，其中的粒子以类似火焰的方式渲染。

图 5.4　利用旋涡编排螺旋粒子（由 Ashwin Bangalore 提供）

我们可以使用速度操作为粒子系统创造旋涡效果。若使用加速度操作来实现这个效果，则近旋转轴的粒子会因为高速旋转产生动量，从而将它们甩出旋涡，而不是被旋涡困住。采用速度操作可避免这个问题。

旋涡操作由空间中的圆柱范围定义，如右图所示，我们设其基底中心位置为 $\mathbf{x}_v$、轴方向为 $\hat{\mathbf{v}}$、长度为 L、半径为 R。我们可想象其为旋涡体积。位于 $\mathbf{x}_i$ 的粒子 i，若在此体积内则受旋涡影响，在外则不受影响。从旋涡基底中心至粒子 i 的矢量为：

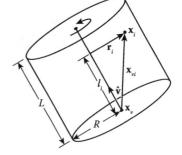

$$\mathbf{x}_{vi} = \mathbf{x}_i - \mathbf{x}_v$$

把这个矢量投影在旋涡方向上，长度为：

$$l_i = \hat{\mathbf{v}} \cdot \mathbf{x}_{vi}$$

若 $0 \leqslant l_i \leqslant L$，那么粒子 i 位于旋涡轴上，否则不在。粒子 i 在轴上的垂直矢量为：

$$\mathbf{r}_i = \mathbf{x}_{vi} - l_i \hat{\mathbf{v}}$$

因此粒子与轴的距离为：

$$r_i = \|\mathbf{r}_i\|$$

若 $r_i > R$ 则粒子在旋涡的径向范围外，否则它在旋涡内。现在，设 f_R 为旋涡在半径 R 的旋转频率，量度单位为每秒周期数（Hz）。那么，粒子在距离 r_i 的旋转频率为

$$f_i = \left(\frac{R}{r_i}\right)^{\tau} f_R$$

可想象次幂 τ 为松紧参数，控制旋涡从轴心衰减多快。对于物理上的旋涡，$\tau = 2$。为避免非常接近轴心而造成的数值问题，我们可设置频率极限 $f_{\max}$，把公式改为 $f_i = \min\left(f_{\max}, \left(\frac{R}{r_i}\right)^{\tau} f_R\right)$。现在，我们需以一个角度旋转粒子的速度矢量，以达到旋转频率 f_i。若设粒子的角速度为：

$$\omega = 2\pi f_i$$

那么在单个时步内的实际旋转便是 ωh，也就是 1 s 模拟时间内刚好 $2\pi f_i$ 弧度。

5.3　避障

在第 3 章我们处理过球与几何物体的碰撞，但有时候我们希望避开碰撞，让粒子绕过环境物体，不产生碰撞。想象空气流经一条柱子。在空气压力作用下，气流会绕过柱子，只有非常少量的空气分子会实际碰到柱子。在粒子系统中，避障（collision avoidance）是一种让粒子流模拟这类行为的方法。我们在第 6 章学习鸟群和鱼群的行为模拟时，会再次讨论这个话题。

5.3.1　势场

实现避障的最简单方法是，为每个环境障碍物建立一个势场（potential field），它为粒子提供远离障碍物的加速度。5.1.1 节描述的点或线引力加速度操作可以做到这一点。去除这些操作中的负号后，它们的行为会从吸引物体变成排斥物体，变成反引力操作。若要避开的物体具有

比较规则的形状，如球体或立方体，则把单个反引力点置于其中心可能就足够了。若物体是长条形的，如柱子或摩天大楼，那么可以用反引力线。对于复杂的形状，可能需要使用一组点及线。

这里提供一个有用的方法，就是为每个这种操作设立一个范围，在极限距离外不给粒子施予加速度。那么，我们就可以避免在每个时步叠加多个操作。只有接近粒子的操作会影响粒子。

有时我们想约束粒子系统，让它保持在一个几何物体内。在这种情况下，可以让容纳物体的整个表面成为场发生器，使粒子从物体表面向内推。举一个简单例子，把一个球面 s 作为容器，设其球心为 $\mathbf{c}_s$，半径为 r_s。那么其加速度操作可如下计算：

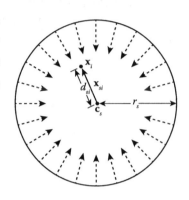

$$\mathbf{x}_{si} = \mathbf{x}_i - \mathbf{c}_s$$
$$d_{si} = \|\mathbf{x}_{si}\|$$
$$\mathbf{a}_{si}^{+\mathrm{op}} = -G_s \frac{1}{(r_s - d_{si})^{p_s}} \hat{\mathbf{x}}_{si}$$

其中 G_s 为可调整的强度常数，p_s 控制反引力按球面距离衰减的速度。

虽然势场很容易实现，使用它也可有效地避免碰撞，但使用它的效果可能不那么真实。当粒子移向反引力点时会被减速并被推回去，但不会转向。另一个问题是，接近反引力点的粒子会被推回去，无论它是否有机会与物体发生碰撞。总体的效果变成粒子受净力场影响，从而避免了与障碍物碰撞，但它的行为可能表现得不真实。然而，可能非常像"打开防护罩，舰长！"[1]。

5.3.2 操控

更复杂但更有趣的避障方法是粒子操控（*steering*）[2]。这里我们把粒子当作智能行动者，想象它有眼睛观察前方，有能力通过规划路径绕开障碍物，就是说它能操控自己。此方法在粒子位置设置一个观察坐标系，其中的 z 轴与其速度矢量对齐。我们在这个坐标系中关联一个视野角度，这个角度范围可由动画师调节。最后，我们要设置最大观察距离，该距离应该由粒子的速率，以及回避所需的预计时长来决定。粒子移动得越快，需要的距离越长。我们想象粒子可以看见视锥内的每个物体，粒子通过物体的成像来规划是否需要回避。若粒子以当前的

---

1 译注：原文 "Shields up Captain!" 是《星际迷航》中的名句。
2 译注：这里 steering 主要指使粒子从原来的直线运动转向。

速度会与物体发生碰撞，它便估计碰撞时间，并检测障碍物最近边缘的角距离。然后它计算一个加速度，这个加速度足以让它在规定时限内转向从而避开障碍物。我们用一个例子说明此过程。

　　最简单的例子是单个球体障碍物。在实践中这个例子也非常有用，因为在避障时我们常以简单的凸包围体表示几何形状。在以下的分析中，设球心的世界坐标为 $\mathbf{c}_s$，半径为 r_s；粒子 i 的位置为 $\mathbf{x}_i$，速度为 $\mathbf{v}_i$。由于我们希望粒子绕过球体而不碰撞它，所以也定义一个与碰撞球的安全距离 r_p，想象粒子在此半径的球体内受到保护。结果路径为操控粒子擦过半径为 $R = r_s + r_p$ 的球体的路径。

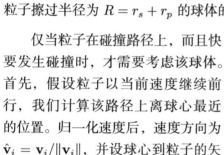

　　仅当粒子在碰撞路径上，而且快要发生碰撞时，才需要考虑该球体。首先，假设粒子以当前速度继续前行，我们计算该路径上离球心最近的位置。归一化速度后，速度方向为 $\hat{\mathbf{v}}_i = \mathbf{v}_i / \|\mathbf{v}_i\|$，并设球心到粒子的矢量为：

$$\mathbf{x}_{is} = \mathbf{c}_s - \mathbf{x}_i$$

依据粒子位置和速度方向矢量来发射射线。此射线与球心最近距离为：

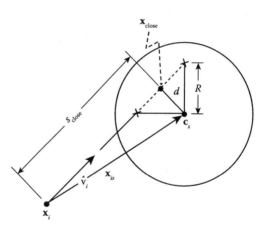

$$s_{\text{close}} = \mathbf{x}_{is} \cdot \hat{\mathbf{v}}_i$$

若 $s_{\text{close}} < 0$，那么球体在粒子之后，可忽略它。若球体在粒子前很远的地方，也可以忽略它，直至粒子移近它，因此我们计算关切距离（distance of concern）：

$$d_c = \|\mathbf{v}_i\| t_c$$

其中 t_c 为碰撞时间阈值，可由动画师设置。若 $s_{\text{close}} > d_c$，则忽略球体。如果该球体仍然不可忽略，则计算最接近点：

$$\mathbf{x}_{\text{close}} = \mathbf{x}_i + s_{\text{close}} \hat{\mathbf{v}}_i$$

而此点与球心的距离为：

$$d = \|\mathbf{x}_{\text{close}} - \mathbf{c}_s\|$$

若 $d > R$，则射线到最近球心的距离会超过膨胀后的球体半径，所以预测不会有碰撞，可忽略该球体。否则，粒子会逼近球体，需修正行动。

修正行动的方法是，通过加速度调整粒子路径，以曲线绕过球体。为了达到转向的目的，首先求出一个空间目标，来引导粒子前进。球心至最接近点的矢量，垂直于速度矢量，其也在速度矢量和 $\mathbf{x}_{si}$ 的平面上。此矢量可表示为：

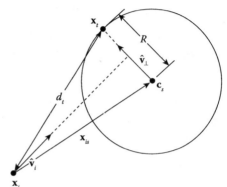

$$\mathbf{v}_\perp = \mathbf{x}_{\text{close}} - \mathbf{c}_s$$

因此球心到速度的垂直方向为 $\hat{\mathbf{v}}_\perp = \mathbf{v}_\perp / \|\mathbf{v}_\perp\|$。从球心沿此矢量至膨胀球边界为转向目标：

$$\mathbf{x}_t = \mathbf{c}_s + R\hat{\mathbf{v}}_\perp$$

而粒子至此目标的距离为：

$$d_t = \|\mathbf{x}_t - \mathbf{x}_i\|$$

那么往此点的速率为：

$$v_t = \mathbf{v}_i \cdot (\mathbf{x}_t - \mathbf{x}_i)/d_t$$

而到达此点的时间为：

$$t_t = d_t/v_t$$

为了使粒子能在限定时间内到达该点，我们沿垂直于当前速度的方向增加平均速率：

$$\Delta v_s = \|\hat{\mathbf{v}}_i \times (\mathbf{x}_t - \mathbf{x}_i)\|/t_t$$

为了在 v_s 方向上，并且在指定时长中维持平均速率的增量，所需的加速度大小为：

$$a_s = 2\Delta v_s/t_t$$

所需的加速度为：

$$\mathbf{a}^{+\text{op}} = a_s\hat{\mathbf{v}}_\perp$$

使用此方法操控粒子绕过球体，要注意一点，就是它仍有可能与物体发生碰撞。若有其他加速度来抵消操控加速度，那么该操作会变成无效的操作。解决方法是令操控操作覆盖任何对抗的加速度。若设 $\mathbf{a}_{\text{total}}$ 为其他加速度操作总和，则操控加速度的分量为：

$$e = \hat{\mathbf{v}}_\perp \cdot \mathbf{a}_{\text{total}}$$

若 e 为负数，则它在对抗操控加速度，因此我们需要强化操控以抵消其效果。若 e 为正数，那么已有转向加速度，我们可以从操控加速度减去此加速度。无论是哪种情况，都可以使用修正后的加速度：

$$\mathbf{a}^{+\text{op}} = \max(a_s - e, 0)\hat{\mathbf{v}}_\perp$$

另一个操控未能避免碰撞的情况，如上图所示。在 $\mathbf{x}_t$ 和 $\mathbf{x}_i$ 之间的矢量实际上穿过了膨胀后的球体，因此若只应用一次 $\mathbf{a}^{+\text{op}}$，则可能会发生碰撞（基于安全因子 r_p）。在模拟中，这通常不是问题，因为在每个时步都会重新计算修正加速度，迭代地改进结果。然而，若粒子的速率很大，以至于它在一两个时步就可到达球体，就可能发生碰撞。更完美的解决方案是计算粒子位置到球体的切线，该切线位于粒子速度及球心的公共平面上，并与接近点 $\mathbf{x}_{\text{close}}$ 的距离最近。这些细节留给学生作为练习。

5.4　总结

本章介绍了以下几个主要概念：

- 虽然粒子系统可通过选择粒子生成器制造出很多效果，但要控制运动，需要能够编排粒子，以达到所需的外观或效果。

- 要仔细地思考粒子编排，其中一个方法是从操作的角度去思考，考虑这些操作如何影响粒子的位置和速度。

- 加速度操作通过施予粒子加速度影响粒子的速度。这等价于施力。这种操作可以产生多种效果，如引力吸引、随机扰动、拖拽等。

- 速度操作通过给粒子施予速度增量来影响粒子的位置。不像施力，速度操作不会改变粒子动量，只简单地影响粒子的位置。这可用于产生各种效果，如旋涡及粒子的仿射变换等。

- 势场通过施力令粒子推离物体，这可用于避免粒子碰撞。

- 更精准的避障方法，是计算操控力以引导粒子绕过物体。

第 6 章　交互粒子系统

　　构造、编排一个由无交互性的粒子组成的粒子系统，已经能够实现许多富有视觉冲击的特效了。但对于有些粒子系统来说，粒子之间必须是可交互的，这样才能模拟出真实的效果。最明显的例子就是我们的宇宙。在天文尺度下，所有的小行星、卫星、行星、恒星甚至于星系，都可视作粒子。相比宇宙的规模，它们巨大的体形都是可以被忽略的。然而正如上图所示的星系，它们的行为绝不可能用标准的粒子系统来建模。原因很简单，这些行为是由复杂的引力相互作用引起的，所有天体之间都会彼此施加引力。正是由于这种吸引，才有卫星围绕行星运动，行星围绕恒星运动，恒星聚集，形成螺旋状或球状的星系。相应地，星系的引力也相互作用。最终形成的这套复杂的、跨越若干数量级的运动模式，如果没有力的相互作用，就不可能产生。

　　在着手处理交互粒子（*interacting particles*）时，需要明确的一点是，我们必须保持整个系统状态一致的表示方式，且该状态在每个模拟时步内只更新一次。之所以这么做，是因为我们不再把粒子看作独立的个体。如果我们只更新一个粒子的状态，如改变其位置和速度，势必会影响到这个粒子作用在该系统中其他所有粒子上的力。我们需要令所有粒子的位置和速度在一段时间内保持停滞，并在此时计算作用在每个粒子上的每个力。只有在所有力都计算好了之后，我们才能利用数值积分方法来更新单个粒子的状态。

　　在非交互粒子系统中，我们会写这样的循环：

```
foreach 粒子 i do
    根据环境确定 i 上的合力;
    i 的新状态 = i 的合力在时步 h 上的积分;
end
```

然而，对于交互粒子系统，代码应该更类似这种形式：

```
foreach 粒子 i do
    根据环境确定并记录 i 上的合力;
    foreach 粒子 j do
        把粒子 j 对 i 的影响累加到 i 的合力上
    end
end
foreach 粒子 i do
    i 的新状态 = i 的合力在时步 h 上的积分;
end
```

在处理交互粒子时的另一个关键问题是，力的计算复杂度随着粒子数的平方上升。对于非交互粒子系统，计算复杂度为粒子数的 $O(N)$。因为每个粒子是单独处理的，所以计算中的所有循环只是简单地按照粒子总数迭代。然而，对于交互粒子系统，要计算粒子总数为 N 的系统中每个粒子的受力，我们必须考虑所有其余的 $N-1$ 个粒子，所以相互作用的力的总数为 $N(N-1) = N^2 - N$。我们可以引入牛顿第三定律——每个作用力总是有一个大小相等、方向相反的反作用力——从而可省去一半的运算，因为粒子 i 作用在粒子 j 上的力，一定与 j 作用在 i 上的力大小相等、方向相反。可尽管如此，我们仍有 $\frac{1}{2}(N^2 - N)$ 个相互作用的力需要计算。因此交互粒子问题的计算复杂度为 $O(N^2)$。处理少量粒子时，这不是什么大问题，然而在实际的粒子系统模拟中，我们通常要处理非常大量的粒子，因此开销也会非常之高。

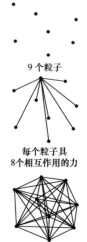

9 个粒子

每个粒子具
8 个相互作用的力

(9×8)/2 = 36 次运算

在第 4 章和第 5 章中，我们了解了如何创建并编排简单的非交互粒子系统。本章将为应对一些存在粒子间相互作用的大型系统打下基础。两个主要的概念和技术问题分别是：保持整个系统状态的一致表示方式，因为粒子不再被视为独立的个体；控制模拟的计算复杂度，从而达到合理的性能。我们将以天文模拟和群集系统为主要示例。

6.1　状态向量

6.1.1　单一粒子的状态向量

在非交互系统中，在计算单一粒子的运动时，粒子的状态由它当前的位置与速度组成。我们可以将粒子 i 的状态抽象成向量表示。

$$\mathbf{s}_i = \begin{bmatrix} \mathbf{x}_i \\ \mathbf{v}_i \end{bmatrix} \tag{6.1}$$

也许这看起来像一个奇怪的数学问题，因为我们通常所见的向量只有标量元素。然而向量代数允许元素自身也是向量。它们依然适用加法、标量乘法、点积等向量运算：

$$\mathbf{s}_i + \mathbf{s}_j = \begin{bmatrix} \mathbf{x}_i + \mathbf{x}_j \\ \mathbf{v}_i + \mathbf{v}_j \end{bmatrix}$$

$$\mathbf{s}_i - \mathbf{s}_j = \begin{bmatrix} \mathbf{x}_i - \mathbf{x}_j \\ \mathbf{v}_i - \mathbf{v}_j \end{bmatrix}$$

$$a\mathbf{s}_i = \begin{bmatrix} a\mathbf{x}_i \\ a\mathbf{v}_i \end{bmatrix}$$

$$\mathbf{s}_i \cdot \mathbf{s}_j = \mathbf{x}_i \cdot \mathbf{x}_j + \mathbf{v}_i \cdot \mathbf{v}_j$$

正因为如此，向量表示法可以有效地简化粒子操作的描述记号，使得我们能够以简洁的方式编写操作粒子的数据类型和方法。要了解这一点，让我们首先来看看，如何使用这套表示法来描述非交互粒子的模拟。

在模拟的每次迭代中，我们需要计算粒子位置和速度的变化率。首先，我们对作用在粒子上的 m 个独立的力求和，得到合力：

$$\mathbf{f}_i = \sum_{j=0}^{m-1} \mathbf{f}_i^j$$

其中记号 $\mathbf{f}_i^j$ 表示第 j 个作用在粒子 i 上的力。其除以粒子的质量 m_i 后，得到粒子的加速度：

$$\mathbf{a}_i = \frac{1}{m_i}\mathbf{f}_i$$

粒子位置的变化率简单来说就是它的速度，我们可以直接拿来使用。至此，粒子状态变化率的向量表示如下：

$$\dot{\mathbf{s}}_i = \begin{bmatrix} \dot{\mathbf{x}}_i \\ \dot{\mathbf{v}}_i \end{bmatrix} = \begin{bmatrix} \mathbf{v}_i \\ \mathbf{a}_i \end{bmatrix} \tag{6.2}$$

关于力的计算，需要指出的关键点是，每个作用在粒子上的独立的力 $\mathbf{f}_i^j$，可被视作一个关于粒子状态和时间的函数。要了解这一点，可以回顾 5.1 节讨论过的加速度操作。你会发现，每个力都受到场景和粒子的一组参数影响，而且有些力取决于粒子当前的位置、速度，或两者皆有。如果所有的参数都是固定的，则力只随粒子的状态而变化。倘若有任一参数是随时间变化的，那么力也是随时间变化的，力的函数也是随时间变化的。所以，每个作用在粒子 i 上的力 $\mathbf{f}_i^j$ 可被表示为函数 $\mathbf{f}_i^j(\mathbf{s}_i, t)$。因此，粒子的加速度同样是其状态和时间的函数：

$$\mathbf{a}_i = \mathbf{a}_i(\mathbf{s}_i, t) = \frac{1}{m_i}\mathbf{f}_i(\mathbf{s}_i, t) = \frac{1}{m_i}\sum_j \mathbf{f}_i^j(\mathbf{s}_i, t) \tag{6.3}$$

6.1.2 交互粒子的状态向量

建立上述概念后，易证粒子整体状态的变化率是关于当前状态和时间的函数。观察式 (6.2)，我们知道，状态向量关于时间的导数，第一项正是粒子的速度，恰好也是状态向量的元素。第二项是加速度，通过式 6.3 可知，它也是关于粒子的状态和时间的函数。我们可将其归纳并记作：

$$\dot{\mathbf{s}}_i = \mathbf{F}_i(\mathbf{s}_i, t) \tag{6.4}$$

其中

$$\mathbf{F}_i(\mathbf{s}_i, t) = \begin{bmatrix} \mathbf{v}_i \\ \mathbf{a}_i(\mathbf{s}_i, t) \end{bmatrix} \tag{6.5}$$

我们称函数 $\mathbf{F}_i$ 为粒子 i 的粒子动力学函数 (*particle dynamics function*)，因为它解释了系统中一切能够改变粒子 i 状态的事物。

计算完加速度后，模拟的下一步就是数值积分。使用粒子状态的向量表示，积分过程不再需要拆分成速度和位置各自的更新。比如，从时步 n 到时步 $n+1$ 的欧拉积分可以写成：

$$\mathbf{s}_i^{[n+1]} = \mathbf{s}_i^{[n]} + \dot{\mathbf{s}}_i^{[n]} h$$

使用粒子动力学函数，欧拉积分也能写成：

$$\mathbf{s}_i^{[n+1]} = \mathbf{s}_i^{[n]} + \mathbf{F}_i(\mathbf{s}_i^{[n]}, t)h$$

采用这种方式描述积分,将为我们在第 7 章中开发改进的数值积分方法提供重要的启示。

在非交互粒子系统中,围绕状态的概念,我们建立了全新的概念体系。接下来让我们看看,在考虑交互粒子系统时,这套概念体系需要有哪些改变。变化最显著的是式 6.3～ 式 6.5。在交互粒子系统中,单一粒子上的受力需要包含其他所有粒子的作用。因此,粒子的受力和加速度需要表示为关于系统中所有粒子状态的函数。如果一个粒子的受力中,有 m 个不是来自其他粒子,且共有 n 个粒子,那么粒子 i 上的合力的表达式必须被重写为:

$$\mathbf{f}_i(\mathbf{s}_0,\cdots,\mathbf{s}_{n-1},t) = \sum_{j=0}^{m-1} \mathbf{f}_i^j(\mathbf{s}_i,t) + \sum_{k=0}^{n-1} \mathbf{g}_i^k(\mathbf{s}_i,\mathbf{s}_k,t)$$

项 $\mathbf{g}_i^k$ 是新的粒子间的力,表示粒子 k 作用在粒子 i 上的力。注意,每一项都是粒子 i 的状态和粒子 k 的状态的函数,所以它们的合力就是全体粒子状态的函数。然而这种记法相当笨重,我们下面使用另一种飞跃式的记法和概念来避免这个问题。

我们可以构造一个系统状态向量($\mathbf{S}$)[1]来取代单一粒子的状态。它包含了整个粒子系统的状态:

$$\mathbf{S} = \begin{bmatrix} \mathbf{s}_0 \\ \mathbf{s}_1 \\ \vdots \\ \mathbf{s}_{n-1} \end{bmatrix}$$

尽管向量元素可以任意排列,但通常,我们把粒子的位置元素作为一组,放在状态向量的最上面,速度元素放在最下面。因此,对于 n 个粒子,系统状态向量就有 $2n$ 个元素,每个元素是一个三维向量。这种方法对高级应用有优势,比如使用不同的策略处理位置与速度时。综上所述,n 个粒子的系统向量可写作:

$$\mathbf{S} = \begin{bmatrix} \mathbf{x}_0 \\ \mathbf{x}_1 \\ \vdots \\ \mathbf{x}_{n-1} \\ \mathbf{v}_0 \\ \mathbf{v}_1 \\ \vdots \\ \mathbf{v}_{n-1} \end{bmatrix} \tag{6.6}$$

1　系统状态向量采用粗体大写字母来表示。

现在，作用在单一粒子上的合力可写作：

$$\mathbf{f}_i(\mathbf{S}, t) = \sum_{j=0}^{m-1} \mathbf{f}_i^j(\mathbf{s}_i, t) + \sum_{k=0}^{n-1} \mathbf{g}_i^k(\mathbf{s}_i, \mathbf{s}_k, t)$$

那么加速度可写作：

$$\mathbf{a}_i = \frac{1}{m_i} \mathbf{f}_i(\mathbf{S}, t)$$

最终，系统状态的变化率可写作向量

$$\dot{\mathbf{S}} = \begin{bmatrix} \mathbf{v}_0 \\ \mathbf{v}_1 \\ \vdots \\ \mathbf{v}_{n-1} \\ \mathbf{a}_0 \\ \mathbf{a}_1 \\ \vdots \\ \mathbf{a}_{n-1} \end{bmatrix}$$

综合所有的标记结构，我们可以构造系统动力学函数

$$\dot{\mathbf{S}} = \mathbf{F}(\mathbf{S}, t) \tag{6.7}$$

系统动力学函数返回所有作用于粒子系统的力的和，从来自环境的到粒子之间的。接下来，我们看如何将其整合进系统模拟的代码中。

6.1.3 实现

现在我们来实现交互粒子的模拟，模拟的主循环从代码结构上看与单个粒子的几乎一样，正如第 2 章所描述的。

在下面的代码中，假设我们已经定义了类型 Vector3D，一个由三个浮点数组成的数组。也假设我们已经定义了类型 StateVector，且定义了其与标量的乘法操作，以及与 StateVector 之间的加法操作。对于 N 个粒子，StateVector 的内部表示是一个以 Vector3D 为元素、长度为 $2N$ 的数组。前 N 个元素，$0, \cdots, (N-1)$，是粒子的位置，以粒子的索引顺序排列。后 N 个元素，$N, \cdots, (2N-1)$，是粒子的速度，顺序相同。StateVector 也必须记录自己所拥有的粒子的数量 N。

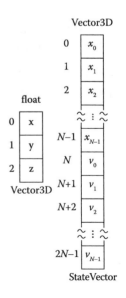

给定以上数据结构, 主模拟算法如下:
StateVector $\mathbf{S}, \dot{\mathbf{S}}$;

$n = 0; t = 0$;
$\mathbf{S} = \mathbf{S}_0$;
while $t < t_{\max}$ **do**
　$\dot{\mathbf{S}} = \mathrm{F}(\mathbf{S}, t)$;

　状态与加速度都是已知的。辅助变量的计算与显示在这里实现。

　$\mathbf{S}^{\mathrm{new}} = \mathtt{NumInt}(\mathbf{S}, \dot{\mathbf{S}}, h)$;

　新旧状态已知了。碰撞检测及其他后置积分操作在这里实现。

　$\mathbf{S} = \mathbf{S}^{\mathrm{new}}$;
　$n = n + 1; t = nh$;
end

通过欧拉方法, 整个交互粒子系统的积分, 在数值积分函数 `NumInt` 中只需要以下语句:
StateVector $\mathtt{NumInt}$(StateVector $\mathbf{S}$, StateVector $\dot{\mathbf{S}}$, float h)
begin
　StateVector $\mathbf{S}^{\mathrm{new}}$;
　$\mathbf{S}^{\mathrm{new}} = \mathbf{S} + \dot{\mathbf{S}}h$;
　return $\mathbf{S}^{\mathrm{new}}$
end

系统动力学函数有以下简单结构:
StateVector F(StateVector $\mathbf{S}$, float t)
begin
　StateVector $\dot{\mathbf{S}}$;

　for $i = 0$ **to** $N - 1$ **do**
　　从状态向量中复制速度值
　　$\dot{\mathbf{S}}[i] = \mathbf{S}[i + N]$;
　　计算加速度
　　$\dot{\mathbf{S}}[i + N] = \frac{1}{m_i}\mathbf{f}_i(\mathbf{S}, t)$;
　end
　return $\dot{\mathbf{S}}$
end

在这个函数中, 每个粒子的受力函数 $\mathbf{f}_i$ 可以独立实现, 亦可利用任意常用的结构实现。一个通用的粒子受力函数的实现方式是, 将粒子序号作为额外参数传入, 并返回作用在该粒子上的合力。

如果我们的系统满足牛顿第三定律，便能以更高效的组织方式构造一个函数，令其根据受力计算所有加速度，方法如下：

StateVector **Accelerations**(StateVector **S**, float t)
begin
 StateVector $\dot{\mathbf{S}}$;
 Vector3D $\mathbf{f}_i^j$;

 计算所有粒子来自环境的加速度
 for $i = 0$ to $N - 1$ **do**
  $\dot{\mathbf{S}}[i + N] = \frac{1}{m_i}\mathbf{f}_f(\mathbf{S}, i, t)$;
 end

 为所有粒子增加粒子间加速度
 for $i = 0$ to $N - 2$ **do**
  for $j = i + 1$ to $N - 1$ **do**
   $\mathbf{f}_i^j = \mathbf{f}_g(\mathbf{S}, i, j, t)$;
   $\dot{\mathbf{S}}[i + N] = \dot{\mathbf{S}}[i + N] + \frac{1}{m_i}\mathbf{f}_i^j$;
   $\dot{\mathbf{S}}[j + N] = \dot{\mathbf{S}}[j + N] - \frac{1}{m_j}\mathbf{f}_i^j$;
  end
 end
 return $\dot{\mathbf{S}}$
end

这里，函数 $\mathbf{f}_f(\mathbf{S}, i, t)$ 返回环境中作用在粒子 i 上的力的总和。函数 $\mathbf{f}_g(\mathbf{S}, i, j, t)$ 返回由粒子 j 产生的作用在粒子 i 上的力。由于牛顿第三定律，由粒子 i 产生的作用在粒子 j 上的力，恰好与之大小相等、方向相反。程序利用这些函数来累加 $\dot{\mathbf{S}}$ 向量中的每个粒子的加速度之和，并将 $\dot{\mathbf{S}}$ 作为返回值返回。采用此方法来加速计算，系统动力学函数可重新组织如下：

StateVector **F**(StateVector **S**, float t)
begin
 StateVector $\dot{\mathbf{S}}$;

 $\dot{\mathbf{S}} = $ **Accelerations**$(\mathbf{S}, t)$;
 for $i = 0$ to $N - 1$ **do**
  $\dot{\mathbf{S}}[i] = \mathbf{S}[i + N]$;
 end
 return $\dot{\mathbf{S}}$
end

6.2　扩展状态的概念

本章至此，我们一直将状态的概念限制在记录粒子的位置和速度，并以三维向量来表示。然而在某些应用场合，引入其他量会更加方便。比如我们希望记录粒子的颜色，它随时间变化。或者我们想维护一个与粒子有静止触点的表面的列表。当我们研究刚体动力学时，我们知道刚体的状态必须包含它当前的朝向和角动量。这其中，有些量是三维向量，有些不是。有些是可导的连续量，而有些是离散的。

使用状态向量的主要目的是让我们能够定义系统动力学函数 $\dot{\mathbf{S}} = \mathbf{F}(\mathbf{S}, t)$，而使用 $\dot{\mathbf{S}}$ 的主要目的在于利用数值积分更新系统状态。因此，当我们将一个变量引入状态向量时，只有在该变量对系统状态和时间可导，并可通过在时间上积分来更新时，才是有意义的。所以粒子的颜色从逻辑上来看，是可以引入状态向量的，但静止触点列表必须另行处理。

如果要往状态向量中引入非三维向量，则需要改变 StateVector 的类型定义。灵活度最大的实现是，将 StateVector 表示为一个浮点数组，同时提供一个目录表，标明数组索引与模拟对象的对应关系。这个目录可以简单地硬编码到系统动力学函数中，或者采用更通用的方法，引入一个有 N 个元素的数组。其中，N 是系统中对象的数量，数组的每个元素包含对象的标识符和一个整数，这个整数表示对象状态要占用多少个浮点数。

举例来说，某些对象的状态可能包含它的位置和速度，这些都是三维向量；同时还有质量，这是一个标量；以及一个半透明颜色，它由四个浮点数表示：红、绿、蓝、透明度 α。那么，这个对象的状态向量即可由 11 个浮点数表示，其顺序由系统动力学函数的设计者来决定。右表展示了一种可能的排列，以其在状态向量中的表示将对象的内部变量紧密聚合在一起。

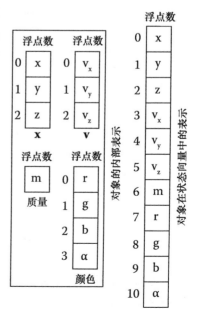

我们可以通过一个状态向量来表示整个系统的状态，从而简化系统集成。然而我们也可以采用面向对象的设计，让每个被模拟的对象都有自己的本地结构及操作方法，从而提升设计便捷度。实际上，上述两者之间是可以有折中方案的。这个两难处境的一种解决方法是，把每个对象的变量复制到状态向量中，接着开始模拟计

算。等到积分完成后，再将它们复制回原对象。这听起来可能有点低效，然而在交互粒子系统中，粒子间作用力的计算才是计算量的大头。相比之下，额外两次复杂度为 $O(N)$ 的复制循环，计算开销并不明显。为了便于状态复制，有必要为所有动态对象提供两个与状态向量有关的方法：一个是将对象的值存入状态向量，另一个是从状态向量中将值取回对象。采用此方法，我们可以重写主模拟算法如下：

StateVector $\mathbf{S}, \dot{\mathbf{S}}$;

$n = 0; t = 0$;
将所有粒子设置为初始状态；
while $t < t_{\max}$ **do**

> 基于粒子对象的计算，
> 包括一些辅助变量的计算及可能的显示，写在这里。
>
> 将粒子的状态从粒子复制到状态向量 $\mathbf{S}$;
>
> $\dot{\mathbf{S}} = \mathbf{F}(\mathbf{S}, t)$;
>
> 状态及加速度都已知了。
> 任何需要加速的计算或显示，写在这里。
>
> $\mathbf{S}^{\text{new}} = \text{NumInt}(\mathbf{S}, \dot{\mathbf{S}}, h)$;
>
> 新旧状态已知了。碰撞检测及其他后置积分操作写在这里。
>
> 将粒子的状态从状态向量 $\mathbf{S}^{\text{new}}$ 中复制回粒子中;
> $n = n + 1; t = nh$;

end

值得注意的是，状态向量内的变量顺序只会影响系统动力学函数，以及模拟对象对应的类中用来获取和存储状态向量值的方法。主模拟循环及数值积分算法，则完全不需要了解状态向量的内部顺序。

6.3 空间数据结构

每当讨论到交互粒子系统中固有的 $O(N^2)$ 计算复杂度的问题时，几乎总要用到这个概念：粒子间的效应随着物理距离的增加变得越来越弱。在众多真实世界的系统中，这是一条真理。比如磁场、电场、引力场的强度，按照平方反比定律，随距离递减。一个非物理的例子是，人在人群中行走。在规划他们的行走路径时，更多的是与直接相邻的人而不是距离较远的人群中的人有关。效应随距离递减这一准则引出了两种不同的降低计算复杂度的策略。第一种策略是，为每个粒子指定一个或多个空间区域，忽略所有临近区域外的粒子的效应。第二种策略是，总是考虑所有粒子，但估算的是大量粒子组成的粒子簇的净效应，而远非一个给定粒子的效应，只需对每个簇做一次运算。以上两种策略，都要求所使用的空间数据结构能够快速找到空间邻域粒子，或者支持空间区域内的聚类。本节，我们将介绍三种方法，来组织粒子所在的空间：均匀空间网格、八叉树、kd 树。图 6.1 中，左图显示了一个八叉树的数据结构，用来支持星系碰撞模拟，效果如右图所示。

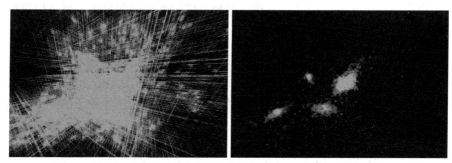

图 6.1　用八叉树来实现星系相撞的模拟（由 Shengying Liu 提供）

6.3.1　均匀空间网格

均匀空间网格是组织粒子集的最简单的数据结构。我们已经在 4.4.4 节关于加快粒子多边形的碰撞检测的内容中，介绍过这个数据结构了。出于完整性的考虑，我们将参考右图，进一步简述这个结构。我们首先构造一个由大小均匀、坐标轴对齐的体素所组成的三维网格，网格（宽为 W、高为 H、深为 D）包围住了所有的粒子。如果网格有 L 层深度、M 行、N 列，那么单个体

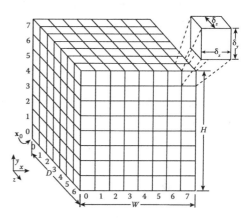

素在 x、y、z 方向上的尺寸分别是 $\delta_x = W/N$、$\delta_y = H/M$、$\delta_z = D/L$。每个体素对应一个三维数组的元素，在这个元素中，我们维护了当前驻留在体素内的粒子的列表，同时还包括其他所有算法实现所需要的信息。我们定义网格 x-y-z 坐标最小的一角的位置为 $\mathbf{x}_0 = (x_0, y_0, z_0)$，对应数组单元格 $[0, 0, 0]$。如果数组的

索引按照深度平面、行、列顺序排列的话，包含点 $\mathbf{x} = (x, y, z)$ 的单元格索引可由以下空间哈希函数给出：

$$h(\mathbf{x}) = (\lfloor (z - z_0)/\delta_z \rfloor, \lfloor (y - y_0)/\delta_y \rfloor, \lfloor (x - x_0)/\delta_x \rfloor) \tag{6.8}$$

　　任何一种采用均匀空间网格数据结构的交互粒子算法，在每个时步开始时，都要进行一次初始化。初始化从遍历系统中的每个粒子开始，并将粒子的位置哈希映射到网格单元格，然后将这个粒子添加到单元格所对应的体素的粒子列表中。在上述粒子映射过程结束后，下一步将遍历网格中所有的体素，利用数据结构计算所有算法可能需要的辅助信息。对于大型的交互粒子系统来说，这样的初始化步骤所消耗的时间，相比计算粒子间相互作用所消耗的时间，是可以忽略不计的。

　　在均匀空间网格中寻找相邻元素，就如同计算单元格索引的偏移量一样，非常简单。如果粒子在平面 p、行 r、列 c，则单元格索引为 (p, r, c)。那么，所有"邻居"粒子都被包含在 27 个单元格的体区间内，它们与这个粒子的距离不会超过两个单元格的宽度。

$$I = (p - 1 \cdots p + 1, r - 1 \cdots r + 1, c - 1 \cdots c + 1)$$

任何在区间 I 之外的单元格中的粒子，可保证距离大于一个单元格的宽度。

　　某些编程语言不是很支持多维数组的分配。这种情况下，可将 L 层深、M 行、N 列的均匀空间网格分配到一个大小为 $L \times M \times N$ 的一维数组中。按照这种方法分配，单元格 (p, r, c) 的索引为

$$i = (pM + r)N + c$$

如此一来，开发人员可以创建一个返回索引值的函数，从而方便地在任何需要的地方调用它。

6.3.2　八叉树

　　八叉树是一种空间数据结构。无论给定的粒子分布或算法要求怎样的解析度，八叉树都能够自适应地采样空间。若所有粒子均匀合理地分布在空间中，那么均匀空间网格中的每个体素拥有的粒子数量也大致相同。然而，若粒子分布有密有疏，那某些均匀空间网格的单元格就会人满为患，而某些则会一个粒子都没

有，或是只有数量很少的粒子。在这种情况下，若采用均匀空间细分的算法来加速计算，反而会损失效率，甚至可能比直接计算相互作用更慢。八叉树能够同时在多个尺度上进行空间细分，因此，空间区域检查算法无论在何种解析度下，都能得到区域内的粒子数量及其空间位置。

　　构造一个八叉树的过程如图 6.2 所示。如同均匀空间网格，我们从围绕整个空间的包围体开始。这是八叉树唯一的根节点，位于树的第 0 层。利用三个穿过单元格中心、对齐坐标轴的割平面，可将单元格细分为 8 个大小相等的子单元格（也称子卦限）。这几个子单元格便是位于树的第 1 层的 8 个节点。这样的细分可以延续任意多层，所以对任意层级 L，该层上有 8^L 个节点。假设根单元格的体积为 $V = DWH$，则第 L 层的单元格的体积则为 $V/8^L$，且单元格的尺寸为 $D/2^L$、$W/2^L$ 和 $H/2^L$。以上所描述的是满八叉树，在满八叉树中，所有不在底层的节点都恰好有 8 个子节点。然而节点的细分实际上是自适应的，有些上层的节点是完全没必要细分的。仅当位于节点单元格内的粒子数量超过一定的阈值时才需要细分。

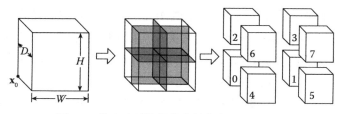

图 6.2　将八叉树的根节点划分为 8 个子卦限

　　正如在均匀空间网格中所做的，我们可以为所有节点确定一个相对于包围体最小 x、y、z 坐标 $\mathbf{x}_0$ 的空间位置。如图 6.2 所示，我们将单元格的 8 个子卦限编号为 $0, \cdots, 7$。如果我们知道一个粒子，其空间位置为 $\mathbf{x}_i$，其父单元格在树的 L 层上，且父单元格 x、y、z 坐标最小的一角的坐标为 $\mathbf{x}_p$，我们便能够快速计算出粒子所在的卦限。逻辑如下。计算父单元格的中心 $\mathbf{x}_c = \mathbf{x}_p + [W/2^{(L+1)}, H/2^{(L+1)}, D/2^{(L+1)}]^{\mathrm{T}}$，且令 $\mathbf{Dx} = \mathbf{x}_i - \mathbf{x}_c$，其分量为 $(\Delta x, \Delta y, \Delta z)$。接着，构造一个 3 位的二进制索引，当 $\Delta x > 0$ 时，第 0 位为 1；当 $\Delta y > 0$ 时，第 1 位为 1；当 $\Delta z > 0$ 时，第 2 位为 1；反之则为 0。最后将这个二进制数转换为十进制数，便得到了如图 6.2 所示的卦限的索引。

　　我们有多种方法来分配八叉树单元格的空间。对于一个满八叉树，最高效的方法是一次性分配整个树的空间，然后为每个节点构造索引结构。对于一个不满的八叉树，通常的做法是独立分配各个节点，并让每个节点存储其父子节点的指针。

至此我们归纳了满八叉树的索引策略，其存储分配方式为一整个包含所有层所有节点的数组。在 L 层，满八叉树在各个轴上有 $M_L = 2^L$ 个分支，共有 $N_L = 8^L$ 个节点。那么，最大层数为 L_{max} 的八叉树将有总计 $T = \sum_{p=0}^{L_{max}} 8^p = \frac{8^{L_{max}+1}-1}{7}$ 个节点。所在层数 $L > 0$ 的单元格的索引从 $I_L = \sum_{p=0}^{L-1} 8^p = \frac{8^L-1}{7}$ 开始。给定八叉树中一个单元格的索引为 i，则该单元格位于其所在层的索引为 $i_l = i - I_L$。对应该索引的深度平面 $d_i = \lfloor i_l/M_L^2 \rfloor$，行为 $r_i = \lfloor (i_l \bmod M_L^2)/M_L \rfloor$，列为 $c_i = (i_l \bmod M_L^2) \bmod M_L = i_l \bmod M_L$。单元格的父节点位于 $L-1$ 层。则单元格 i 的父节点的深度平面、行、列分别为 $d_p = \lfloor d_i/2 \rfloor$，$r_p = \lfloor r_i/2 \rfloor$，$c_p = \lfloor c_i/2 \rfloor$，并且它的索引号为 $i_p = I_{L-1} + (d_p M_{L-1} + r_p)M_{L-1} + c_p$。单元格的子节点位于 $L+1$ 层。则单元格 i 的首个子节点的深度平面、行、列分别为 $d_c^0 = 2d_i$，$r_c^0 = 2r_i$，$c_c^0 = 2c_i$，并且它的索引号为 $i_c^0 = I_{L+1} + (d_c^0 M_{L+1} + r_c^0)M_{L+1} + c_c^0$。单元格 i 的全部 8 个子节点的索引号，按子节点的编号排序依次为，i_c^0，$i_c^1 = i_c^0+1$，$i_c^2 = i_c^0 + M_{L+1}$，$i_c^3 = i_c^2 + 1$，$i_c^4 = i_c^0 + M_{L+1}^2$，$i_c^5 = i_c^4 + 1$，$i_c^6 = i_c^4 + M_{L+1}$，$i_c^7 = i_c^6 + 1$。

大多数基于八叉树的粒子算法只把粒子存储在叶子节点中。如果使用满八叉树，则需要提前决定最大的层数。在分配好空间来处理对应数量的层后，每个层将会是一个均匀空间网格，其解析度取决于其在树中的深度。这种情况下，将粒子赋给树的底层节点（子节点），相当于赋给相应解析度的均匀网格。若八叉树非满，则需要从顶至下构建此树。首先将每个粒子赋给根节点，再将其向下推，根据需要创建子节点，以确保每个叶子节点的粒子数量不超过最大值。换句话说，当有粒子被赋给这棵树时，才创建对应节点的数据结构。在此过程中，树被逐步构建出来。

6.3.3　kd 树

kd 树[1]是另一种空间划分结构，其常用来加速交互粒子之间的计算。kd 树是一棵二叉树。树的每一个节点对应 x、y、z 维度上的一个区间。将所有父节点中的点围绕轴上选出的点划分为两个相等的组。通常情况下，所选的点的值是父节点中所有点的中位数。所以，每次分割直接发生在某个点上，并且总是有相等数量的两组点，它们的值大于或小于这个值。从而，树总是能保持平衡。如果有 n 个点，则树中有 n 个节点，并且树的高度是 $\log_2 n$。

要构建一棵 kd 树，首先要生成一个包含所有粒子的包围体。然后，选择一个轴，找到所有点在这个轴上的中位数，如果有偶数个点，则选择较大值。如此

1　这个名称的写法有多个变体，如 kD-树和 k-d 树。这些指的都是同一个结构，它是二元空间划分的特殊形式。

一来，分割值恰好总是其中一个点的坐标，并且那个点存储在那个节点上。这个值用来将所有点划分到两个子节点中。如果父节点中有 n 个点，则左边的子节点（较小值）有 $\lceil \frac{n-1}{2} \rceil$ 个点，右边的子节点有 $\lfloor \frac{n-1}{2} \rfloor$ 个点。通常，用以划分的轴会按照固定的模式 $(x, y, z, x, y, \cdots)$ 被循环选用。

考虑下图，该图中有 15 个点（编号为 0~14）待添加进 kd 树。首先我们沿 x 轴进行分割，点 7 具有 x 轴上的中位数。因此，点 7 成为了树的根节点，并且一半的点（0~6）为左子节点，另一半点（8~14）为右子节点。接下来的分割沿着 y 轴进行。对于左边的分支，点 5 具有 y 轴上的中位数，其将作为下个父节点。一半的点（编号 0、1、4）为左子节点，另一半的点（编号 2、3、6）为右子节点。此过程将在另一个分支及其后续的层级中不断重复，直至所有节点都被放置到这棵树中。尽管这是个二维的例子，但其可直接扩展到三维。

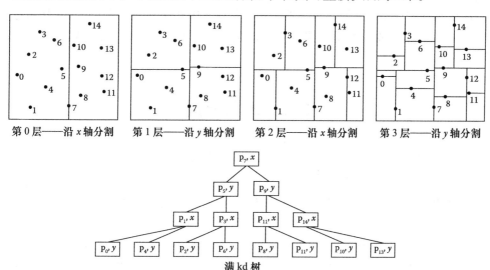

第 0 层——沿 x 轴分割　　第 1 层——沿 y 轴分割　　第 2 层——沿 x 轴分割　　第 3 层——沿 y 轴分割

满 kd 树

如果我们假设粒子数是固定的，则可以立即分配好 kd 树所有的存储空间。因为这是一棵平衡二叉树，树的结构是已知的，尽管每一层用于划分的特殊值（即哪些点存储在哪个节点中）是未知的。如果我们假设节点以数组的形式存储，其序号为 $0 \sim n-1$，那么节点 i 的子节点的索引号为 $2i+1$ 和 $2i+2$。尽管几乎用不到父节点，但仍给出其索引号，为 $\lfloor \frac{i-1}{2} \rfloor$。假设我们知道用于划分的轴的循环模式，那么对于任何一层，我们唯一需要知道的是所存储的点的序号。如此一来，一个索引数组 [7,5,9,1,3,11,14,0,4,2,6,8,11,10,13]，便足以指定上图所示的这棵 kd 树了。

kd 树通常用来查找距离指定点（也可能是另一个粒子的位置）一定范围内的粒子。可将此视作一个范围搜索问题，即找到所有包含在 x、y、z 指定范围内的节点。我们能够通过递归操作，在 kd 树中做一次范围搜索，在该操作中将检查划分点是否高于、低于或在指定轴的范围内。若在范围内，这个节点将被上报，同时其所有子节点将继续被检查。若高于或低于这个范围，那么其左子节点或右子节点将被分别检查。通过这个操作，我们即可上报所有位于指定区间的点。

值得一提的是，默认的 kd 树存在若干变体。一种方法是，每层都有针对性地选择某个轴来分割，而不是依照循环模式。这样便能找到一个更好的分割（比如，沿着最长的轴进行划分），但需要增加每层额外的数据存储和检查工作。另一种变体是树的层数为定值。这种情况下，叶子节点要存储好几个点，而不是只存储一个。这样便可通过限制树的遍历层数来加速一些计算，代价是会找到一堆重叠的点。这种方法构造的 kd 树会造成划分不均匀。区间形状会更好，但也造成了树的不平衡，常常导致遍历效率低。最终的解决方式是，树的构造基于指定值的内部节点划分，而不是基于某个点。而点，只会存储在叶子节点中。这种方法需要额外的存储，才能支持分离的内部节点（用来划分）和叶子节点（用来存储点），而且树普遍会更深一层，但这有可能使得每层的区间形状更优良。

6.4　天文模拟

在天文模拟中（如图 6.3 所示的星系碰撞），我们的目标是，给定初始配置及互相之间的引力，复现空间中物体的大型集合的表现。所以，这将是交互粒子系统的经典范例。在这样的系统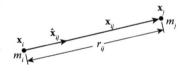中，一个粒子作用在另一个粒子上的力，与二者距离的平方成反比，与它们质量的乘积成正比。在现实世界中，比例常数正是我们熟知的万有引力常数，$G \approx 6.67 \times 10^{-11}$ N $\cdot$ m^2/kg^2。依照右侧的示意图，粒子 j，质量为 m_j，位置为 $\mathbf{x}_j$，施加力

$$\mathbf{f}_i^j = G\frac{m_i m_j}{r_{ij}^2}\hat{\mathbf{x}}_{ij}$$

于粒子 i 之上，其质量为 m_i，位于 $\mathbf{x}_i$。这个力服从牛顿第三定律，所以粒子 i 作用于粒子 j 的力为

$$\mathbf{f}_j^i = -\mathbf{f}_i^j$$

这对相互关系十分重要，因为通过两个粒子间的引力将推导出对应的两个加速度

$$\mathbf{a}_i^j = G\frac{m_j}{r_{ij}^2}\hat{\mathbf{x}}_{ij}$$
$$\mathbf{a}_j^i = -G\frac{m_i}{r_{ij}^2}\hat{\mathbf{x}}_{ij}$$

$$(6.9)$$

我们来举一个极端的粒子。假设粒子 i 的质量非常大，而粒子 j 的质量非常小，那么几乎无法察觉粒子 i 的加速度，但粒子 j 的加速度却很显著。这个效果与我们在第 5 章所见的基于点的引力加速度操作的效果是一样的。然而，如果粒子的质量处于相近的数量级，则这两个粒子都将有显著的加速度。如此的相互吸引会造成错综复杂但又令人叹为观止的表现效果，也使得我们所在的宇宙有着复杂且永不静止的组织形式。

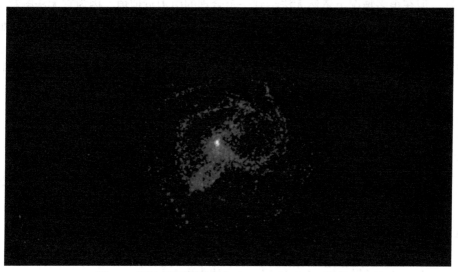

图 6.3　两个星系相撞（由 Christian Weeks 提供）

公式 6.9，以及 6.1 节给出的模拟算法，已经提供了我们构建天文模拟的所有需要的东西。问题是，当粒子超过几百个后，模拟的时间就会慢得无法忍受。这是由于交互粒子问题的时间复杂度为 $O(N^2)$，本章的前文中提到过。这个问题困扰了天体物理学家很长的时间。首个考虑此问题的重要算法是由 Appel [1985] 在其计算机科学的学士论文中提出的。他通过采用改进的 kd 树结构分层聚类遥远处粒子的引力效应，将 $O(N^2)$ 的问题转化为绝大部分情况下更快速的 $O(N \log N)$ 算法。不久之后，Carrier 等人 [1988] 开发了一种方法，称作自适应快速多级方法。该方法给出了更快的 $O(N)$ 的解决方案，同时提供可控的数值精度。首先，我们介绍一个简单的基于固定空间细分的算法，这能让我们达到 $O(N^{\frac{3}{2}})$ 的计算复杂度。对于拥有 10 000 个粒子的系统来说，这意味着 100 倍的加速。接着我们展示如何使用分层八叉树空间细分获得更大幅度的性能提升，该方法的计算复杂度降至 $O(N \log N)$，并且有着与上一个方法相当接近的数值精度。这两种方法都借鉴了上文所提到的开创性工作并以其为底层架构。通过研究这些算法，我们鼓励有兴趣的读者探究自适应快速多极方法，这是目前应对该问题的最新的成果。

6.4.1 聚簇

所有引力相互作用计算的加速算法都依赖于一个事实：万有引力关于两个物体间距离的平方衰减。如果粒子间距离很远，那么引力就会变得很弱。这使我们想到，可以简单地省略掉远距离粒子的加速度。设置一个最大距离，若超出此距离，则所有相互作用便可忽略不计。尽管对于有些系统而言，这种方法可以运转良好，但在很多情况下依然无法给到一个合理的引力近似值，因为它无法解释体效应，即大量距离很远的粒子仍然能够在很大的距离内产生强大的引力。比如，一个 10 万光年外、拥有 100 亿颗恒星的星系所产生的引力相当于一颗大小中等、距离仅一光年的恒星所产生的引力。所以，我们可以将远距离的粒子聚成一个簇来节省大量计算。

右图展示了聚簇是如何实现的。已知有粒子 i、j，分别位于 $\mathbf{x}_i$、$\mathbf{x}_j$。它俩之间距离较近，但与非常远处的位于 $\mathbf{x}$ 的粒子可谓是毫无关联。定义 R_i、R_j 为粒子 i、j 与 $\mathbf{x}$ 的距离，并且令 $\hat{\mathbf{u}}_i$、$\hat{\mathbf{u}}_j$ 为以 $\mathbf{x}$ 为起点的到各个粒子的方向向量。那么，粒子 i、j 对 $\mathbf{x}$ 产生的净加速度为

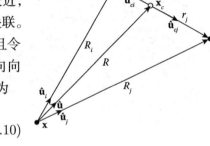

$$\mathbf{a} = G \left[\frac{m_i \hat{\mathbf{u}}_i}{R_i^2} + \frac{m_j \hat{\mathbf{u}}_j}{R_j^2} \right] \tag{6.10}$$

现在，让我们尝试将 i 和 j 聚簇到其质心并计算关于这个簇的加速度。簇的质量之和为 $M = m_i + m_j$。粒子集合的质心定义为粒子距离关于质量之和的分数的加权值。那么粒子 i、j 的质心为

$$\mathbf{x}_c = \frac{m_i \mathbf{x}_i + m_j \mathbf{x}_j}{M} \tag{6.11}$$

现在令 r_i、r_j 为粒子 i、j 到质心的距离，令 R 为 $\mathbf{x}$ 到质心的距离，并且令 $\hat{\mathbf{u}}$ 为指向质心的方向向量。如图所示，若我们创造一个质量为 M、位置为 $\mathbf{x}_c$ 的虚拟粒子，那么由于虚拟粒子的作用而在 $\mathbf{x}$ 处产生的加速度为

$$\mathbf{a}^c = G \frac{M \hat{\mathbf{u}}}{R^2}$$

从图中显然可以看出，在原来的加速度计算中，i、j 连线上的加速度分量会互相抵消，实际的加速度与估计的加速度的差值的唯一分量将沿着 $\hat{\mathbf{u}}$ 指向质心。那么加速度的误差将仅仅来自 R_i 与 R 的差值，及 R_j 与 R 的差值。如果 $\frac{r_i}{R}$ 的比值和 $\frac{r_j}{R}$ 的比值都很小，那么上述差值也会很小。只要确保粒子到聚簇的距离远大

于聚簇粒子包围球的半径，便可最小化近似加速度的误差。

下面我们从数学上展示一下加速度近似计算和精确计算的区别。可知，$\hat{\mathbf{u}} = \frac{\mathbf{x}_c - \mathbf{x}}{R}$。且通过式 6.11，将 M 和 $\mathbf{x}_c$ 展开到各自的分量中去，并重新排列，便可重写加速度为

$$\mathbf{a}^c = G\left[\frac{m_i(\mathbf{x}_i - \mathbf{x})/R}{R^2} + \frac{m_j(\mathbf{x}_j - \mathbf{x})/R}{R^2}\right]$$

将 R 替换为 $\frac{R}{R_i}R_i$ 和 $\frac{R}{R_j}R_j$，并且记 $\hat{\mathbf{u}}_i = \frac{(\mathbf{x}_i - \mathbf{x})}{R_i}$，$\hat{\mathbf{u}}_j = \frac{(\mathbf{x}_j - \mathbf{x})}{R_j}$，那么加速度便可转写为下式

$$\mathbf{a}^c = G\left[\left(\frac{R_i}{R}\right)^3 \frac{m_i\hat{\mathbf{u}}_i}{R_i^2} + \left(\frac{R_j}{R}\right)^3 \frac{m_j\hat{\mathbf{u}}_j}{R_j^2}\right] \tag{6.12}$$

对比式 6.12 表示的聚簇后的加速度，以及式 6.10 表示的精确的加速度，我们可以看出，这两个式子除标量因子 $(\frac{R_i}{R})^3$、$(\frac{R_j}{R})^3$ 不同之外，其他都是一样的。可以将这两个标量因子看作 1.0 加上一个由 $\frac{r_i}{R}$、$\frac{r_j}{R}$ 控制的偏移量。也就是说，$\frac{r_i}{R}$ 的比值很小的话，精确的加速度和近似的加速度几乎就是一样的。

总结以上，我们论证了，假设将封闭区域中一些粒子表示为其质心处的单个大粒子，那么这个大粒子对某个远距离粒子产生的加速度，与原本分散的粒子群相比，几乎有着相同的效果。这种近似方法所产生的误差由 $\frac{r}{R}$ 的比值决定，其中 r 是簇中粒子到簇质心的最大距离，R 是受影响的粒子到质心的距离。因为这个比值随着距离的增大快速接近于 0，所以聚簇造成的误差也随着到聚簇质心距离的增加而接近于 0。

由这种思想直接引出了一个算法。使用固定大小的簇，利用这样的近似来达到可观的加速，远超直接计算所有粒子的交互。更进一步，因为误差由上述的比值所控制，所以簇的大小可以随着距离的增加而成比例地增加，同时又不引起任何额外的精度惩罚。由这种想法引出另一个精妙的算法，即使用可变大小的簇。

6.4.2 一个采用均匀空间网格的简单算法

这个简单的算法是基于均匀空间划分的。首先从围绕所有粒子的包围体开始，构造一个由体素组成的三维均匀空间网格，如 6.3.1 节所述。要初始化这个算法，每个粒子需要放置在其哈希对应的体素的粒子成员列表中。当粒子映射到体素后，要计算总质量，以及质心的位置，并保存下来。如果体素内的总质量为 0，则质心在体素的中央。右图展示了二维的示例。每个实心点是一个单独的粒子，每个空心圆代表所在单元格的质心。如果单元格中只有一个粒子，则粒子和质心在同一位置。

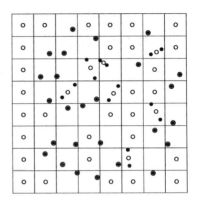

粒子初始的总加速度被设置为与该粒子直接相邻接的 27 个单元格中所有粒子产生的加速度之和。由于这些是附近的粒子，它们的影响也必须直接计算。右图中，标记为星形的粒子正是我们要计算加速度的粒子。黑色方形轮廓中所包含的是与该粒子相邻接的单元格（二维中有 9 个相邻接单元格，而三维中有 27 个）。由星形粒子引出的线段连接了需要计算直接加速度的粒子。注意，此时没有连接任何单元格的质心，只是每个独立的粒子。

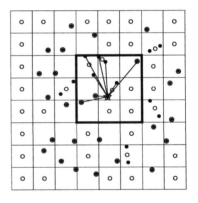

接下来，遍历所有非邻接单元格，根据单元格中虚拟粒子的总质量及质心位置计算出加速度增量。右图中，展示了前三行网格互相关联的计算。其他行的连接不展示，以免看起来杂乱无章。至此，凭借非邻接单元格的质心，所有计算便完成了。

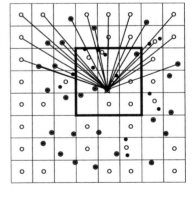

为了理解改进算法的计算复杂度，我们令粒子数为 N，体素数为 M。若假设粒子在空间中均匀分布，则每个单元格的平均粒子数为 N/M。每个粒子的加速度计算次数为 $T = (27N/M) + (M - 27)$，因为对所有相邻接的 27 个单元格我们会直接计算，而对其他的单

元格，我们只需计算一次。由于计算次数随着体素的数量而变化，因此我们需要选择一个好的 M。计算次数是关于体素数的函数，其导数为 $\frac{\mathrm{d}T}{\mathrm{d}M} = \frac{M^2 - 27N}{M^2}$，所以当 $M = \sqrt{27N}$ 时函数最优。代入这个 M 值，加速度计算的计算次数 $T = 2\sqrt{27N} - 27$。由于每个粒子都执行这么多次的计算，所以该算法的计算复杂度为 $O(N\sqrt{N}) = O(N^{\frac{3}{2}})$。当然，如果体素网格是立方体，则网格中单元格的实际数量也一定是完全立方数，那么找到单元格数量的好办法是，令每个轴的划分次数为 $D = \lfloor \sqrt[6]{27N} \rfloor$，则 $M = D^3$。表 6.1 展示了网格划分次数 D 和体素数 M 如何随着粒子数 N 变化，并且对比了基于体素的算法所计算的加速度次数 T、直接计算加速度的次数 T_D 和它们的比率 $r = T/T_D$。从表中我们可以看出，当粒子数量达到 100 000 时，改进的算法便呈现出了优势；当粒子数达到 1 000 000 时，运行时间仅占直接计算时长的 2%。

表 6.1　最优体素网格对比粒子间直接计算

N	D	M	T	T_D	r
10	2	8	1.48×10^2	4.50×10^1	3.28
100	3	27	1.00×10^4	4.95×10^3	2.02
1000	5	125	3.14×10^5	5.00×10^5	0.63
10000	8	512	1.01×10^7	5.00×10^7	0.20
100000	11	1331	3.33×10^8	5.00×10^9	0.07
1000000	17	4913	1.04×10^{10}	5.00×10^{11}	0.02

6.4.3　一个采用八叉树的自适应算法

第二个算法利用了这样的事实：如果保持聚簇大小和距离的比率为常数，则我们能够在增加聚簇大小的同时，不引起精度下降。与之前的算法一样，该方法首先构建一个囊括所有粒子的包围体。它将用来构造一个覆盖所有粒子的八叉树。有一种确定八叉树深度的方法：指定叶子节点内所能存放粒子的最大数量 $n_{\max}$，然后不断细分，直至节点满足要求。为了能够清晰地介绍，下图展示了二维中四叉树的构建过程，以代替三维的八叉树。本例中，我们假设 $n_{\max} = 1$，但这不意味着一定要求如此。

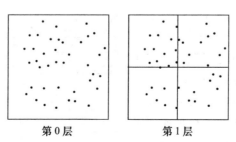

第 0 层　　　　　　　　　第 1 层

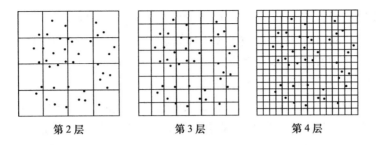

第 2 层 第 3 层 第 4 层

待这棵树构建完成，通过聚簇方法，在每个单元格内便可确定一个加速度函数。这个函数定义了一个由单元格内所有粒子产生的近似万有引力加速度，它作用于单元格远处的一个粒子上。该函数可被参数化为单元格内所有粒子的质量之和，以及单元格的质心。假设 $\mathbf{x}_i$ 为粒子 i 的位置，该粒子位于树的底层单元格 k 中，并且粒子的质量为 m_i，则单元格的总质量为

$$M_k = \sum_{\mathbf{x}_i \in k} m_i, \text{ 且它的质心 } \mathbf{c}_k = \frac{\sum\limits_{\mathbf{x}_i \in k} m_i \mathbf{x}_i}{M_k}$$

如果单元格中没有粒子，则总质量 M_k 为 0，质心为单元格的中心。单元格的加速度函数为

$$\mathbf{a}_k(\mathbf{x}) = GM_k \frac{\mathbf{x} - \mathbf{c}_k}{\|\mathbf{x} - \mathbf{c}_k\|^3}$$

值得注意的是，这个函数的结构与式 6.9 的交互粒子引力函数是一样的，但是需要计算点 x 到质心的单位向量。只要知道了树底层的每个单元格的质心及总质量，其上一层直接父单元格 p 的加速度可被参数化为

$$M_p = \sum_{i=0}^{7} M_i, \text{ 并且} \mathbf{c}_p = \frac{\sum\limits_{i=0}^{7} M_i \mathbf{x}_i}{M_p}$$

使用这个树结构，可以估算远处粒子产生的加速度，并且可以直接计算邻近粒子产生的加速度。右边的二维示意图展示了整个过程。在系统中，由粒子间作用产生的加速度，它的计算过程是从树的顶层到底层。对于每个位于 $\mathbf{x}_i$ 的粒子 i 来说，我们首先将粒子的加速度初始化为 0，再逐层向下。在每层中，对于不会对目标粒子造成影响的节点的加速度，利用单元格加速度函数累加起来。只对非邻接的单元格才

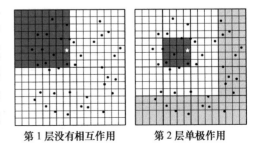

第 1 层没有相互作用 第 2 层单极作用

会这么做，这样可以保证留有足够的距离。当到达底层时，对于粒子 i 所在单元格内的其他粒子，以及所有直接邻接的单元格中的粒子，都将直接计算加速度。在三维的八叉树中，最多有 27 个邻接的单元格，即最多计算 $27n_{max}$ 次。如右图所示，星形的粒子

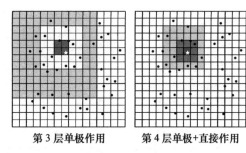

第 3 层单极作用　　　　第 4 层单极+直接作用

是待计算加速度的粒子，该粒子在每层中所在的单元格被标记为深灰色。需要使用聚簇的加速函数的单元格被标记为浅灰色，可忽略计算的单元格被标记为白色。在底层，围绕在粒子周围与粒子直接邻接的单元格，被标记为中灰。

　　我们能够做一个合理的估计，该算法所需的运行时间关于粒子的数量在 $O(N\log N)$ 的级别。为了简化参数，我们假设构造的是一个满八叉树。树的深度依赖于叶子单元格允许放置的最大粒子数量，但无论如何都不会超过 $\log_8 N$。将所有粒子放置到叶子节点需要 $O(N)$ 的时间，因为包括了哈希每个粒子到底层单元格的过程。构建底层粒子的聚簇要再花 $O(N)$ 的时间，然后将它们逐层向上传递，用来构建每层的聚簇，这又需要在 $\log_8 N$ 个层中循环执行计算。计算量以几何速度逐层减少，即 $N/8$、$N/64$、$\cdots$，如此直至树的顶层，以 $O(N)$ 封顶。最终，计算每个粒子的加速度需要 $O(\log N)$ 的时间（即每层计算时间差不多是固定的）。然而对每个粒子都要这样计算加速度，因此还需乘上一个决定性的因子，便得到了时间复杂度 $O(N\log N)$

6.5　群集系统

　　当我们观察一个大型鸟群时（如图 6.4 所模拟的），我们对其的印象是，它是一个由众多个体组成的有机整体，并且有着自己的意识，展现出了错综复杂的空中旋转、翻滚等行为。这种令人称奇的群体行为是涌现现象（*emergent phenomenon*）的绝佳范例。当众多遵循某种相互作用规则的小型"参与者"大量聚集时，产生的一种大型尺度上的群体行为，便称作涌现现象。数十亿颗独立的恒星形成的星系是涌现现象的一个范例。鸟群和鱼群是另一种，且有着极大的不同。区别在于，星系是由没有意识的天体构成的，所有天体都遵循同一个交互规则（即万有引力）。而鸟群是由众多独立并且各自具有意识、心理和生理构造的鸟组成的。我们可将这些鸟视作独立的决策者，通过一套行为指导规则系统来运转。

　　在 Reynolds[1987] 的经典论文 *Flocks, Herds, and Schools: A Distributed*

图 6.4　鸟群（由 Liang Dong 提供）

Behavioral Model 中，他研究了基于主体的编程与行为生物学，并描述了首个捕捉动物群体行为的计算机图形算法。由于这套算法具有足够的跨物种通用性，他将这套模型中的参与者统称为"boid"[1]。他的方法完全是基于单个主体的，没有整体群集的全局控制，群集的行为是涌现的。每个 boid 遵循三个简单规则，这三个规则指导其如何响应邻近 boid 的位置和速度，并调整自身的加速度。

算法如下。每个时步内，为每个 boid 维护一张邻近 boid 的列表。对于每个邻近的 boid，计算三个加速度：碰撞规避、速度匹配，以及集中。碰撞规避提供了防止其与邻近 boid 碰撞的加速度。如果距离相邻的 boid 太近，它就会加速飞走。速度匹配保持了 boid 与鸟群运动的一致性，boid 会采用这个加速度来试着修正自身速度的大小和方向，从而保持与其近邻速度的匹配。集中则通过向 boid 施加一个朝向其近邻 boid 移动的加速度，从而保持鸟群的完整。对每个 boid，将其邻近 boid 列表中的所有其他 boid 对其产生的加速度求和，便得到了作用在这个 boid 上的总加速度。至于由于其他原因产生的加速度，比如重力、风，以及需要绕飞一些环境物体，都可使用以适应动画目标。

1　"bird-oid object" 的简写，意译为"类鸟物"。

6.5.1 核心算法

右图展示了计算加速度的向量图。我们假设，有一个 boid i，位于 $\mathbf{x}_i$，以速度 $\mathbf{v}_i$ 飞行。与其相邻的是 boid j，位于 $\mathbf{x}_j$，且速度为 $\mathbf{v}_j$。从 boid i 到 boid j 的向量为 $\mathbf{x}_{ij} = \mathbf{x}_j - \mathbf{x}_i$，从 i 到 j 的距离 $d_{ij} = \|\mathbf{x}_{ij}\|$，且从 i 到 j 的方向向量 $\hat{\mathbf{x}}_{ij} = \mathbf{x}_{ij}/d_{ij}$。由于 boid j 的出现而产生的影响 boid i 的三个加速度分别如下。

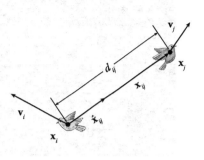

碰撞规避：$\mathbf{a}_{ij}^a = -\frac{k_a}{d_{ij}}\hat{\mathbf{x}}_{ij}$，将 boid i 推离 boid j。

速度匹配：$\mathbf{a}_{ij}^v = k_v(\mathbf{v}_j - \mathbf{v}_i)$，调整 boid i 的速度，以匹配 boid j。

集中：$\mathbf{a}_{ij}^c = k_c\mathbf{x}_{ij}$，将 boid i 拉向 boid j。

在以上公式中，k_a、k_v 和 k_c 均为控制加速度强度的、可调节的标量因子。注意，boid i 的加速度是由其内部决策所产生的，而不是直接靠 boid j。因此，没必要再考虑牛顿第三定律了，即 boid j 的加速度无须与 boid i 保持大小相等、方向相反。

我们逐个观察这些加速度。碰撞规避的强度与距离成反比，所以只有在 boid 间的距离非常近的时候，作用才会很强。这说得通，因为我们的目的是防止 boid 互相撞上，而不是令它们互相远离。由于此作用与距离成反比，因此当 boid 之间无限接近时，作用便无限大。故在实现过程中，为此项加速度设置一个强度上限会是一个不错的想法。加速度可以非常大，但有上限，从而保证模拟的稳定性。速度匹配的加速度与距离无关，但当两个 boid 的速度恰好匹配时，其值为 0。因此，这个加速度的作用是，引起邻近 boid 的转向、加速或减速，直到它们以相同的速度和方向一起运动。集中加速度的强度随着距离的增加而增加（注意这里使用的是 $\mathbf{x}_{ij}$ 而不是 $\hat{\mathbf{x}}_{ij}$），所以，boid 之间距离越远，则越趋于朝着彼此运动。应该适当调整常数 k_a、k_v、k_c 以维持群集的一致性，但又不会把所有 boid 拉回来，变成一个紧紧的球体。因此，开始最好将 k_v、k_c 设得很小，再调整 k_a 的值以保证 boid 不会相撞。然后，调整 k_v，使得运动稍微有些一致性，但是不要靠得太紧，要使得 boid 看起来是独立运动的。最后，调整 k_c，使得 boid 不会彼此疏远，但是又不会飞成紧凑的一团。

令人惊讶的是，这个简单的算法可用来支持广泛的行为模拟。图 6.5 展示了两个例子。左侧的鱼群动画与右侧的跑步者动画都是由相同的基本算法所协调、模拟出来的。鱼的动画遵循三维空间的算法，而要控制跑步者的位置，算法则被约束在了二维路面上。跑步者的肢体动画由商业软件包提供。

图 6.5　左图为鱼的群游，右图为跑步者赛跑（由 Ashwin Bangalore、Sam Bryfczynski 提供）

6.5.2　距离与视域

要让算法看起来更像真实动物的行为，仍然有两个问题有待解决。要记住的是，boid 的行为不是基于物理的，而是决策过程的一部分，必须有一些优先级策略，使得 boid 把更多的注意力放在其邻近的单元上，而不是远处的单元上。此外，由于每个 boid 是自然界的生物，其在任意时刻所产生的力量是有限的，所以需要给上述三种加速度区分优先级，将力量贡献给此时最为重要的一项。比如说，当一个 boid 马上要撞上其他 boid 的时候，它完全没必要将能量消耗在向邻近 boid 聚集上，它应当将所有的资源用于防止碰撞。

有一种以相邻距离来区分优先级的方法，即采用一个额外的、关于距离的函数作为每项加速的权重因子。右图展示了一种建议的可行方案。确定两个阈值距离 r_1、r_2，且 $r_1 < r_2$。假定 d 为到 boid 的距离，那么我们可以定义权重因子

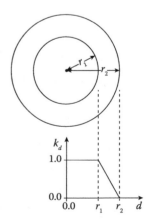

$$k_d(d) = \begin{cases} 1.0 & \text{当 } d < r_1 \text{ 时} \\ \frac{r_2 - d}{r_2 - r_1} & \text{当 } r_1 \leqslant d \leqslant r_2 \text{ 时} \\ 0.0 & \text{当 } d > r_2 \text{ 时} \end{cases}$$

若由 $d = d_{ij}$ 计算所得的 k_d，在各项加速度生效之前与其相乘，那么，boid i 便能够全力关注距离在 r_1 之内的所有其他 boid，并且无须理会所有距离大于 r_2 的 boid。而对于距离介于 r_1 与 r_2 之间的 boid，其关注程度随着距离递减。实际上，只使用一个半径阈值也可以，但当 boid 之间的距离在接近阈值的范围内摇摆时，如果引入一个关注度逐渐下降的距离区间，就能防止 boid 在处理相关

加速度时，出现"完全忽略"与"全力处理"直接切换的情况。这种情况会产生跳变的行为，完全不像真实的鸟类所展现出来的平滑的动作。

　　所有动物的视域都是有限的。东菲比霸鹟[1]（如右图左侧所示）是一种典型的非猎食性鸟类，其就是一个很好的例子。注意，它的眼睛位于头的两侧，而不是前方，这使得它有一种"环绕式"的视域。它可以看见上方、下方和后方，也能直接看到前方——这是因为需要盯紧猎食者。在鸟的正后方有一块盲区，而

东菲比霸鹟　　　　　大雕鸮

在鸟的正前方，有一个具有双目锐度的区域，此区域中，左右眼有重叠的视域。而猫头鹰一类的猎食者（如右图右侧所示），双眼位于头的前方，这使得它在向前直视时具有相当高的双目锐度，但总体的视域却窄得多——这是因为需要寻找和捕捉猎物。

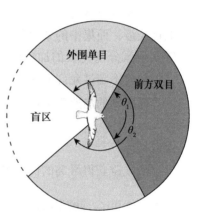

　　右图展示了典型的鸟所看到的环境，该图为一张顶视图。在前方深灰色的区域，鸟的视觉是双目的（两只眼睛都能看到），而在外围浅灰色区域，其视觉是单目的。角 θ_1 度量的是双目区域的范围，角 θ_2 度量的是包括单目区域在内的所有可视范围。比如鸽子的 θ_1 只有区区 $30°$，而 θ_2 可高达 $340°$。猫头鹰的 θ_1 可达到 $70°$ 或更高，而 θ_2 只有 $110°$。鱼的视觉系统具有类似的特征。

　　参照常数 k_d，根据距离权重，我们也可以通过视域范围定义一个权重影响因子

$$k_\theta(\theta) = \begin{cases} 1.0 & \text{当 } -\theta_1/2 \leqslant |\theta| \leqslant \theta_1/2 \text{ 时} \\ \frac{\theta_2/2-|\theta|}{\theta_2/2-\theta_1/2} & \text{当 } \theta_1/2 \leqslant |\theta| \leqslant \theta_2/2 \text{ 时} \\ 0.0 & \text{当 } |\theta| > \theta_2/2 \text{ 时} \end{cases}$$

其中 θ 表示两个 boid 之间各自速度向量的夹角。

　　在累加可互动的相邻 boid 的列表时，可以采用一种对距离和角度都敏感的两步法。如果我们假设群集算法运行在均匀空间网格中，那么，到指定 boid 的距离在一定格子数范围内的所有其他 boid，都会被添加到该 boid 的可互动列表中。然后，通过排除列表中距离不在 r_2 之内，或者在该 boid 盲区内的所有其

1　译注：一种分布于南美洲的霸鹟 (wēng) 科鸟类，英文名称为 Eastern Phoebe。

他 boid，来精简这个列表。所谓盲区，就是指与 boid 的飞行方向的角度值大于 $\theta_2/2$ 的情况。最后，boid i 关于其可交互列表中的所有 boid j 的碰撞规避、速度匹配、集中，三项加速度被逐一累加起来，并且考虑了 boid i 到 boid j 的距离 d_{ij}，及 boid i 与 boid j 之间速度向量的角度差 θ_{ij}。加速度的计算如下：

$$\mathbf{a}_i^a = \sum k_\theta(\theta_{ij})k_d(d_{ij})\mathbf{a}_{ij}^a$$

$$\mathbf{a}_i^v = \sum k_\theta(\theta_{ij})k_d(d_{ij})\mathbf{a}_{ij}^v$$

$$\mathbf{a}_i^c = \sum k_\theta(\theta_{ij})k_d(d_{ij})\mathbf{a}_{ij}^c$$

6.5.3　加速度的优先级

在 Raynold 最初关于群集系统的论文中，他建议将动物所能产生的有限的力表示为一个加速度大小的上限，其优先级由紧迫程度来区分。对于三种加速度，碰撞规避显然需要最高的优先级，速度匹配可防止潜在的碰撞，因此需要次高的优先级，而集中的紧迫程度是最低的。基于具有优先级的加速度的大小，便能够实现区分优先级的加速度限制。将这三个加速度的每一项都按顺序累加起来，但最多不超过允许的加速度上限。算法实现如下：

当前所剩的加速度余量为全部的加速度预算 $a_{\max}$

$a_r = a_{\max};$

碰撞规避获得最高的优先级

$\mathbf{a}_i = \min(a_r, \|\mathbf{a}_i^a\|)\hat{\mathbf{a}}_i^a;$

将余量设置为尚未使用的加速度预算

$a_r = a_{\max} - \|\mathbf{a}_i\|;$

速度匹配获得下一级优先级

$\mathbf{a}_i = \mathbf{a}_i + \min(a_r, \|\mathbf{a}_i^v\|)\hat{\mathbf{a}}_i^v;$

将余量设置为尚未使用的加速度预算

$a_r = a_{\max} - \|\mathbf{a}_i\|;$

集中的优先级是最低的

$\mathbf{a}_i = \mathbf{a}_i + \min(a_r, \|\mathbf{a}_i^c\|)\hat{\mathbf{a}}_i^c;$

6.5.4　绕过障碍

在 5.3.2 节中，简述了一种让粒子绕过环境障碍的算法。该算法可以直接应用于群集系统中 boid 的加速度计算，只需直接将计算好的转向加速度插入加速度优先级分级算法中即可。转向加速度应当获取最高优先级，因为防止 boid 撞向墙壁远比防止其冲撞邻近 boid 更重要。

6.5.5　转向与侧飞

如果群集系统的算法需要被用来编排鸟类或其他飞行生物的飞行行为，除了要计算每个 boid 的位置和速度，还需要获得转向时侧飞的旋转角度。考虑一架飞机，试图转向时有不侧飞的吗？由于没有任何显著的力能够抵消转向时产生的离心力，便会导致飞机向边缘侧滑。因此，在飞机转向时，飞行员总是令飞机有足够的倾斜，从而保证机翼升力的径向分量所产生的向心力能和离心力相互平衡。鸟类等飞行生物同样利用了这一机制。因此，为了让动画看起来真实，boid 所使用的模型在每次转向时，不仅要朝向速度向量的方向转向，还要以合适的倾斜度侧飞。若要有效率地完成这一过程，需要使用一个合适的坐标系来调整 boid 的朝向，以及一种机制来计算侧飞的旋转角度。

如果 boid 的加速度 **a** 没有与它的速度 **v** 对齐，那么 boid 不仅要改变它的速度，还要改变它的飞行方向。方向的改变体现为速度向量围绕一个轴发生旋转，这个轴与 boid 的速度方向和加速度方向都垂直。根据这个结论，我们来定义一个朝向坐标系。首先，令 x 轴方向与当前速度方向平行，令 y 轴为转向轴，其方向与速度和加速度的叉积平行。最后，令 z 轴的方向与 x、y 轴垂直。综上所述，构成 boid 坐标系的三个轴的单位向量为：

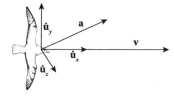

$$\hat{\mathbf{u}}_x = \hat{\mathbf{v}}$$

$$\hat{\mathbf{u}}_y = \frac{\mathbf{v} \times \mathbf{a}}{\|\mathbf{v} \times \mathbf{a}\|}$$

$$\hat{\mathbf{u}}_z = \hat{\mathbf{u}}_x \times \hat{\mathbf{u}}_y$$

如附录 D 所述，使 boid 与该坐标系对齐的旋转矩阵是：

$$R = \begin{bmatrix} \hat{\mathbf{u}}_x & \hat{\mathbf{u}}_y & \hat{\mathbf{u}}_z \end{bmatrix}$$

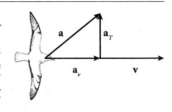

作用于 boid 上的总加速度 **a** 可以分解为两个分量：一个平行于 boid 当前速度向量的分量 $\mathbf{a}_v$，它只改变 boid 速度的大小；另一个垂直于 boid 当前速度向量的分量 $\mathbf{a}_T$，是它引起了转向。给出这两个分量如下：

$$\mathbf{a}_v = (\mathbf{a} \cdot \hat{\mathbf{u}}_x)\hat{\mathbf{u}}_x$$

$$\mathbf{a}_T = \mathbf{a} - \mathbf{a}_v$$

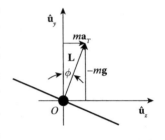

我们以飞机为例，来看看该如何计算侧飞的角度。假设飞机一开始处于水平飞行状态，然后开始准备转向。为了产生转向加速度 $\mathbf{a}_T$，飞机必须产生一个垂直飞行方向的力。通过降低一侧的机翼，飞机就能够侧飞转向。这是因为，由机翼产生的升力，在此刻会有一个朝着转向方向的分量。令机翼所产生的总升力为 **L**，飞机的倾斜角度为 ϕ。由于飞机处于水平飞行状态，其 y 轴与世界坐标的竖直方向一致，且 x 和 z 轴都与地面平行。因此，为了保持海拔高度不变，升力中与重力 **g** 相反的分量必须满足 $\mathbf{L} \cdot \hat{\mathbf{u}}_y = -m\mathbf{g} \cdot \hat{\mathbf{u}}_y$，而升力中产生转向加速度的那部分分量必须满足 $\mathbf{L} \cdot \hat{\mathbf{u}}_z = m\mathbf{a}_T \cdot \hat{\mathbf{u}}_z$。我们可计算这两个表达式的比值来得到

$$\tan\phi = -\frac{\mathbf{a}_T \cdot \hat{\mathbf{u}}_z}{\mathbf{g} \cdot \hat{\mathbf{u}}_y}$$

或

$$\phi = -\arctan\frac{\mathbf{a}_T \cdot \hat{\mathbf{u}}_z}{\mathbf{g} \cdot \hat{\mathbf{u}}_y}$$

群集算法忽略了重力，而且 boid 可以朝向任意方向，从而使得水平飞行的假设看起来很简陋。不过，我们可以把结果归纳一下，使其能够处理非水平飞行的情况。注意，上式中，项 $\mathbf{g} \cdot \hat{\mathbf{u}}_y$ 总是负数[1]，并且可以将分母整个替换成常系数 k_ϕ。这样，动画师便可以调节这个值以达到想要的侧飞效果。经过上述替换，侧飞倾斜角度可重写为

$$\phi = \arctan k_\phi \mathbf{a}_T \cdot \hat{\mathbf{u}}_z$$

最后需要注意的是，上述计算所得的侧飞倾斜角会随着转向加速度的变化立即改变。如果转向加速度突然发生变化，boid 的侧飞动作就会显得很突兀。因

---

1 因为向量夹角大于 90°，所以点积结果为负数。

此，有必要通过计算一个滑动平均值 $\phi_{\text{avg}}^{[n]}$，平滑处理角 ϕ 的变化。每个时步按如下方式更新：

$$\phi_{\text{avg}}^{[n]} = (1 - \alpha)\phi_{\text{avg}}^{[n-1]} + \alpha\phi$$

此处，$a(0 < \alpha \leqslant 1)$ 是一个平滑常数，其决定了新计算的角度 ϕ 被增加至滑动平均值的比率。动画师可以调节这个值以达到满意的侧飞平滑程度。

至此，要令 boid 在侧飞时旋转，我们只要在将 boid 变换到世界坐标之前，先让其围绕自己的 x 轴旋转 $\phi_{\text{avg}}^{[n]}$ 的角度即可。

6.6　总结

以下是本章的要点：

- 与交互粒子有关的计算复杂度，其增长远比计算独立粒子时快得多。因此，交互粒子系统与其他粒子系统相比，在范围上更小一些。

- 可以将整个系统表示为一个状态向量。状态向量描述了在指定时间点上所有物体（粒子）的状态。通过这种方式，可以更简单地表述系统的模拟。

- 利用均匀空间网格、八叉树、kd 树等空间数据结构，有助于限制交互中需要检查的粒子数量。例如，我们可以看到其在天文模拟中所发挥出的优势。

- 通过运用一些关于粒子与粒子间交互的简单规则，能够产生更为复杂的行为。这些行为被称作涌现现象。

- 要模拟群集，可令粒子遵守三个与其他粒子相关的简单规则，即碰撞规避、速度匹配和集中。

- 通过整合包括视域、障碍躲避、侧飞等行为的模型，可令群集的模拟更为真实。

第 7 章　数值积分

回头看 2.6 节，我们使用的积分方法对模拟的精度有非常大的影响。在继续学习下面的内容之前我们回顾一下 2.6 节的内容。到目前为止我们使用最简单的积分——欧拉积分来进行模拟。很快我们就会使用其他积分方法，以达到更高的精度、更好的数值稳定性或者更高的效率。本章中，我们讨论关于积分的一些重要概念，也会展示一些物理动画中最常用的积分方法。

数值积分技术已经有很长的历史，除这里总结的关键的思想和实用方法外，还有许多更深入、更严格的讲解资料。*Numerical Recipes* 系列 [Press et al., 2007] 是一个非常有用的参考资料。如果读者觉得本章的内容有趣，可以查阅这些资料以获取更详细的信息。

7.1　级数展开与积分

为了理解不同的积分方法，我们先来了解一下这些方法的目标。首先要理解积分的函数。

我们遇到的许多问题都可以被描述为这种形式的常微分方程：

$$\dot{\mathbf{s}}(t) = \frac{\mathrm{d}\mathbf{s}(t)}{\mathrm{d}t} = \mathbf{f}(\mathbf{s}, t) \tag{7.1}$$

就是说我们有一个描述状态 $\mathbf{s}$ 在某个特定时刻如何变化的函数 $\mathbf{f}$。在我们目前看到的例子中，比如 6.1 节的例子，对于一个只包含位置坐标和速度的状态，函数 $\mathbf{f}$ 给出了速度和加速度。

我们积分的目标是根据当前的时间 t 的值求解未来的某个时间 $t+h$ 的值。换句话说，给定 $\mathbf{s}(t)$，我们想得到 $\mathbf{s}(t+h)$。我们需要计算的是：

$$\mathbf{s}(t+h) = \mathbf{s}(t) + \int_t^{t+h} \dot{\mathbf{s}}(\tau)\, \mathrm{d}\tau$$

$$= \mathbf{s}(t) + \int_t^{t+h} \mathbf{f}(\tau)\, \mathrm{d}\tau$$

虽然我们知道 $\mathbf{s}(t)$，但是不幸的是我们通常不知道 $\mathbf{f}(\mathbf{s},\tau)$ 的解析形式；对于某个 $\mathbf{s}$，只有一些估计 $\mathbf{f}(\mathbf{s},\tau)$ 的方法。所以不得不对积分做近似。我们使用的各种数值积分方法都是对积分做近似。

为了理解近似的本质，需要介绍一下泰勒级数。泰勒级数是把一个函数 $f(x)$ 在某个值 $x=a$ 附近展开，写作：

$$f(x) = \sum_{n=0}^{\infty} \frac{f^{(n)}(a)}{n!}(x-a)^n$$

或者等价地写作：

$$f(x+\Delta x) = \sum_{n=0}^{\infty} \frac{f^{(n)}(x)}{n!}\Delta x^n$$

其中 $f^{(n)}$ 指的是 f 的 n 阶导数。将求和展开，有

$$f(x+\Delta x) = f(x) + f'(x)\Delta x + \frac{1}{2}f''(x)\Delta x^2 + \frac{1}{6}f'''(x)\Delta x^3 + \cdots$$

只有当 f 在 x 的邻域具有任意阶的导数时这个具有无穷项的泰勒级数才成立。这意味着函数是局部光滑的，任意阶的导数都没有间断点。令 $f=\mathbf{s}$，$x=t$，$\Delta x=h$，我们可以使用泰勒级数展开

$$\mathbf{s}(t+h) = \mathbf{s}(t) + \dot{\mathbf{s}}(t)h + \frac{1}{2}\ddot{\mathbf{s}}(t)h^2 + \cdots \tag{7.2}$$

这给出了状态 $\mathbf{s}$ 如何随着时步 h 改变。

在实际模拟中，我们不可能使用泰勒级数展开中的无穷项，我们的积分方法只用级数的截断近似。更健壮的积分方法是使用级数中的更多项。到目前为止我们使用的欧拉方法只用到了前两项：$\mathbf{s}(t+h) \approx \mathbf{s}(t) + \dot{\mathbf{s}}(t)h$。这意味着泰勒级数后面的项被忽略了，所以这个方法会有误差[1]。

这里我们假设 h 是一个非常小的数，因为随着分母阶乘式增长，项 h^n 越来越小，物理系统的高阶导数的值也不会有太多的补偿，所以级数后面的项会越来越小。这个误差的一种典型的表示方法是 $O(h^n)$，表示随着 h 变化误差会正比于 h^n 变化。对比较小的 h，n 越大越好。欧拉积分的误差是 $O(h^2)$，意思是如

---

1 译注：读者可以回顾下微积分中拉格朗日余项、皮亚诺余项等相关的知识。

果步长 h 减半，则误差只有原来的约四分之一。这个结果和我们之后将要看到的方法的结果相比并不算好。

我们可以根据使用的泰勒级数展开中导数的最高阶数，对积分方法进行分类。欧拉积分是一阶方法，因为只用到了一阶导数。一般地，n 阶方法的误差是 $O\left(h^{n+1}\right)$。

也可以将阶数理解为它可以重构的函数的形状，或者可以和已知数据匹配的函数的次数。所以一次函数可以重构按照一次多项式（即线性）变化的事物。下面左边的图是一个例子。从第 2 章中自由落体球的例子可以看到，欧拉积分完美地还原了随时间线性变化的速度，但是并不能还原位置——时间的二次函数。二阶方法（例如方程 2.5）可以正确地还原位置。中间的图是一个二阶方法可以还原的函数形状的例子。右图是一个三阶方法的结果，注意这里有了拐点，即二阶导数会变号，曲线会扭转。

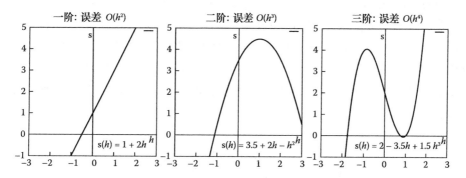

这些积分方法和你在初学微积分的时候接触的积分类似，尽管在模拟中我们使用了不同的说法。你可能还记得计算曲线下方区域面积的时候，会把曲线下方的区域分割成许多矩形，然后把这些矩形的面积相加。如果 x 轴代表时间，y 轴代表函数 f，那么模拟过程就等价于计算这个面积（这些矩形和曲线之间的"缝隙"就是我们讨论的误差）。每个矩形的宽度就是模拟的时步 h，h 越小，得到的面积和实际面积越接近。

如果令每个矩形的高度等于 f 在这个时步开始处的值，如下图所示，则这个结果就等价于欧拉积分。就是说我们取的是时步开始处的导数，然后假设在这个

时步中取值保持不变。如果积分的函数是常函数（正如第 2 章的例子中的加速度），那么结果就正好是曲线下方区域的面积。

思考在 2.6 节中学习的其他方法。在方程 2.4 中，积分中使用的是函数在时步末尾处的值，我们可以将其重写为 $\mathbf{s}(t+h) = \mathbf{s}(t) + \dot{\mathbf{s}}(t+h)h$。这等价于我们令每个矩形的高度等于 $\mathbf{f}$ 在每个区间结束处的值，如下图所示。从图中可以看出，依然有像欧拉积分一样的误差。

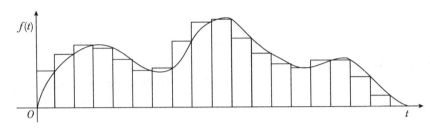

思考方程 2.5 的方法，可以将其重写为 $\mathbf{s}(t+h) = \mathbf{s}(t) + \frac{\dot{\mathbf{s}}(t)+\dot{\mathbf{s}}(t+h)}{2}h$。这个方法取的是函数 $\mathbf{f}$ 在每个区间两头值的平均值。这个形状是梯形，所以这个方法也叫梯形法。从图中看，梯形似乎更接近曲线形状（即误差更小），实际上也是这样的——这是一个二阶方法。梯形方法可以准确地积分线性函数（积分后是二次函数）。第 2 章中的例子，速度是线性变化的。所以梯形法可以完美地积分速度得到位置。

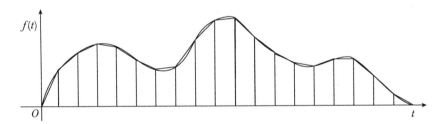

还有很多其他积分方法。另一种二阶方法是中点法，写作：

$$\mathbf{s}(t+h) = \mathbf{s}(t) + \dot{\mathbf{s}}(t+0.5h)h \tag{7.3}$$

辛普森方法是一种三阶方法，是梯形法（权重为 $\frac{1}{3}$）和中点法（权重为 $\frac{2}{3}$）的加权求和。写作：

$$\begin{aligned} \mathbf{s}(t+h) &= \frac{1}{3}\left(\mathbf{s}(t) + \frac{\dot{\mathbf{s}}(t)+\dot{\mathbf{s}}(t+h)}{2}h\right) + \frac{2}{3}\left(\mathbf{s}(t) + \dot{\mathbf{s}}(t+0.5h)h\right) \\ &= \mathbf{s}(t) + \frac{h}{6}\left(\dot{\mathbf{s}}(t) + 4\dot{\mathbf{s}}(t+0.5h) + \dot{\mathbf{s}}(t+h)\right) \end{aligned} \tag{7.4}$$

这些方法的问题是，未来时刻的导数通常是未知的。在第 2 章的例子中，加速度是常量。通常我们能够知道给定状态的导数。正因如此，我们需要可以估计未来状态的积分方法。下面我们讨论其中最常用的方法。

7.2　韦尔莱积分与蛙跳积分

正如前面提到的，为了计算我们的问题中未来某个时刻的加速度，我们需要知道那个时刻的状态。然而大多数直接积分方法都需要知道那个时刻的加速度，然后才能计算那个时刻的状态。这就成了一个先有鸡还是先有蛋的问题，只有通过其他积分方法才能解决。

韦尔莱积分（类似蛙跳积分）就是这样一种方法。该方法假设加速度仅由位置（而不是速度）决定。也就是说，假设力是位置的函数，即 $\mathbf{f}(\mathbf{x})$，可以通过除以质量得到加速度：$\mathbf{a} = \frac{1}{m}\mathbf{f}(\mathbf{x})$。因此这个方法很适合只有重力或者弹簧弹力的系统，但是在处理空气阻力或者群集的速度匹配等问题时则会出现问题。

韦尔莱积分的基础想法是，利用加速度和速度是独立的这一事实，把计算速度和计算位置分离开，得到更高的计算精度。

7.2.1　基础韦尔莱积分

在韦尔莱积分中，我们单独计算位置和速度，而不是把它们当作整体。基础韦尔莱积分只计算位置。随后我们可以看到如何引入速度的计算。

在韦尔莱积分中，我们假定已经知道两个位置和加速度（不显式地使用速度）。也就是说，假设 $\mathbf{x}^{[i]}$、$\mathbf{x}^{[i+1]}$ 和 $\mathbf{a}^{[i+1]}$ 已知，需要计算 $\mathbf{x}^{[i+2]}$。我们可以利用两个前置位置把速度估计为：$\mathbf{v} \approx \frac{\mathbf{x}^{[i+1]} - \mathbf{x}^{[i]}}{h}$。

我们可以通过在只知道位置的情况下计算加速度的过程来理解韦尔莱积分。假设某一刻我们知道位置 $\mathbf{x}(t)$、$\mathbf{x}(t+h)$ 和 $\mathbf{x}(t+2h)$，则可以把前两个位置之间的速度估计为 $\mathbf{v}(t+0.5h) = \frac{\mathbf{x}(t+h)-\mathbf{x}(t)}{h}$，后两个位置之间的速度估计为 $\mathbf{v}(t+1.5h) = \frac{\mathbf{x}(t+2h)-\mathbf{x}(t+h)}{h}$，然后可以把这两个速度间的加速度估计为：

$$\begin{aligned}\mathbf{a}(t+h) &= \frac{\mathbf{v}(t+1.5h) - \mathbf{v}(t+0.5h)}{h} \\ &= \frac{\frac{\mathbf{x}(t+2h)-\mathbf{x}(t+h)}{h} - \frac{\mathbf{x}(t+h)-\mathbf{x}(t)}{h}}{h} \\ &= \frac{\mathbf{x}(t+2h) - 2\mathbf{x}(t+h) + \mathbf{x}(t)}{h^2}\end{aligned}$$

这可以用来求解两个时步后的位置:

$$\mathbf{x}(t+2h) = \mathbf{a}(t+h)h^2 + 2\mathbf{x}(t+h) - \mathbf{x}(t)$$

你可能对这个推导加速度的过程很熟悉,这就是所谓的二阶中心差分。韦尔莱积分的要点是把 $t+2h$ 时刻的位置表示为 t 和 $t+h$ 时刻的位置,以及 $t+h$ 时刻的加速度的函数。这就引出了韦尔莱积分的基础算法:

$$\mathbf{x}^{[i+2]} = -\mathbf{x}^{[i]} + 2\mathbf{x}^{[i+1]} + \mathbf{a}^{[i+1]}h^2 \tag{7.5}$$

这个方法是从二阶中心差分推导出的,所以是二阶方法。

使用韦尔莱积分法也有一些问题。第一,所有韦尔莱积分法都根据位置计算加速度。在计算加速度时也可以使用估计的速度,但是这样也是近似计算,而且损失了理论上的高阶精度。第二,仅有初始条件 $\mathbf{x}(0)$ 和 $\mathbf{a}(0)$ 是不够的。我们必须知道两个位置才可以开始正常计算韦尔莱积分,所以有许多可以估计第二个位置的方法。如果我们知道初始速度,一种常用的估计方法是 $\mathbf{x}(h) = \mathbf{x}(0) + \mathbf{v}(0)h + \frac{1}{2}\mathbf{a}(0)h^2$。另外,这种方法不显式计算速度。我们可以使用差分估算速度,即 $\mathbf{v}(t+h) = \frac{\mathbf{x}(t+2h) - \mathbf{v}(t)}{2h}$,这样必须先计算 $t+2h$ 时刻的位置,才能计算 $t+h$ 时刻的速度。在许多情况下这太迟了。一种更好的方法是使用速度韦尔莱积分。

7.2.2 速度韦尔莱积分

多数情况下,我们需要知道速度,所以我们需要使用一种称为速度韦尔莱积分的方法。速度韦尔莱积分的优点是通过引入速度简化了一些方程。

假设我们知道某个时刻的位置 $\mathbf{x}^{[i]}$ 和速度 $\mathbf{v}^{[i]}$,我们想要知道一个时步 h 后的位置 $\mathbf{x}^{[i+1]}$ 和速度 $\mathbf{v}^{[i+1]}$。我们用欧拉积分计算速度: $\mathbf{v}^{[i+1]} = \mathbf{v}^{[i]} + \mathbf{a}^{[i]}h$。使用梯形法计算位置 $\mathbf{x}^{[i+1]}$:

$$\mathbf{x}^{[i+1]} = \mathbf{x}^{[i]} + \frac{\mathbf{v}^{[i]} + \mathbf{v}^{[i+1]}}{2}h \tag{7.6}$$

$$= \mathbf{x}^{[i]} + \frac{\mathbf{v}^{[i]} + \mathbf{v}^{[i]} + \mathbf{a}^{[i]}h}{2}h \tag{7.7}$$

$$= \mathbf{x}^{[i]} + \mathbf{v}^{[i]}h + \frac{1}{2}\mathbf{a}^{[i]}h^2 \tag{7.8}$$

这和在方程 (2.2) 中我们对常加速度积分得到的结果相同。

我们可以用这个方法得到位置的更高阶估计。得到了位置后，由于加速度是位置的函数，我们就可以计算未来的新位置处的加速度。为了得到速度的更高阶估计，我们对新的加速度使用梯形法计算速度。总结如下：

$$\mathbf{x}^{[i+1]} = \mathbf{x}^{[i]} + \mathbf{v}^{[i]}h + \frac{1}{2}\mathbf{a}^{[i]}h^2$$

$$\mathbf{a}^{[i+1]} = \frac{1}{m}\mathbf{f}\left(\mathbf{x}^{[i+1]}\right) \tag{7.9}$$

$$\mathbf{v}^{[i+1]} = \mathbf{v}^{[i]} + \frac{\mathbf{a}^{[i]} + \mathbf{a}^{[i+1]}}{2}h$$

以上使用二阶方法计算位置，使用梯形法计算速度。所以速度韦尔莱积分也是一个二阶方法。之所以说这是个二阶方法，是因为可以根据位置计算出加速度。从方程 7.9 可以看出，计算 $\mathbf{v}^{[i+1]}$ 需要知道 $\mathbf{a}^{[i+1]}$，而其可以根据位置计算。

7.2.3　蛙跳积分

蛙跳积分是韦尔莱积分的小修正。蛙跳积分中计算的是半时步时的速度，而不是和位置、加速度同时刻的速度。因此如果我们计算的是 t、$t+h$、$t+2h$ 和 $t+3h$ 时刻的位置，那么我们需要计算 $t+0.5h$、$t+1.5h$ 和 $t+2.5h$ 时刻的速度。"蛙跳"一词指的是随着时间推进，位置和速度的计算相互"跳跃"过对方。

运行蛙跳积分，需要知道初始位置 $\mathbf{x}^{[0]} = \mathbf{x}(t)$，"初始"速度 $\mathbf{v}^{[0.5]} = \mathbf{v}(t+0.5h)$，以及根据位置计算加速度的方法：$\mathbf{a}^{[i]} = \frac{1}{m}\mathbf{f}\left(\mathbf{x}^{[i]}\right)$。所以在任何时刻，我们假设 $\mathbf{x}^{[i]}$、$\mathbf{a}^{[i]}$ 和 $\mathbf{v}^{[i+0.5]}$ 已知，需要计算 $\mathbf{x}^{[i+1]}$ 和 $\mathbf{v}^{[i+1.5]}$。计算方法如下：

$$\mathbf{x}^{[i+1]} = \mathbf{x}^{[i]} + \mathbf{v}^{[i+0.5]}h$$

$$\mathbf{a}^{[i+1]} = \frac{1}{m}\mathbf{f}\left(\mathbf{x}^{[i+1]}\right) \tag{7.10}$$

$$\mathbf{v}^{[i+1.5]} = \mathbf{v}^{[i+0.5]} + \mathbf{a}^{[i+1]}h$$

如果你不知道 $\mathbf{v}^{[0.5]}$，但是知道 $\mathbf{v}^{[0]}$ 和 $\mathbf{x}^{[0]}$（即 $\mathbf{a}^{[0]}$），则可以用半步长的欧拉法估计初始速度。注意这些计算位置和速度的方法都等效于方程 7.3 的中点法。这意味着蛙跳积分是一个二阶方法。

7.3 龙格－库塔积分

韦尔莱积分在许多场景下非常有用，但是它不是用来处理与加速度和速度有关的情况的。实际中，我们经常可以看到与加速度和速度有关的情况，所以韦尔莱积分并不适用。我们在前面的章节中已经了解了处理空气阻力的模型（见 2.7.2 节），以及群集中的速度匹配（见 6.5.1 节），在后面的讨论中还会讨论到它们。

另一种求解数值积分的方法叫龙格－库塔法（*Runge-Kutta*），简称 RK 法。龙格－库塔积分作用于整个状态，所以这个方法非常有用。这意味着可以从当前状态的任何量（包括速度）中导出加速度。一个系统的状态可以简记为 $\mathbf{S}$。假设有一个可以得到当前状态的导数的函数，即 $\dot{\mathbf{S}} = \mathbf{F}(\mathbf{S}, t)$（即方程 6.7）。

同时 RK 法可以取到任意阶，特别是我们会使用 RKn（其中 n 是整数）表示我们讨论的 RK 法的阶数。所以 RK2 和 RK4 分别指二阶龙格－库塔积分和四阶龙格－库塔积分。

龙格－库塔法是一个非常有用的方法，它有许多变形和扩展。这里我们不给出算法的完整推导和误差分析，而是给出基础的定义和在直观上对这些算法的理解。

7.3.1 一阶和二阶龙格－库塔法

为了阐明龙格－库塔法是如何工作的，我们先给出最简单的 RK 法的描述。

在一阶龙格－库塔积分中，我们假设初始状态为 $\mathbf{S}^{[0]}$，然后需要计算出未来的状态。我们可以做如下迭代：

$$\mathbf{K}_1 = \mathbf{F}\left(\mathbf{S}^{[i]}\right)$$
$$\mathbf{S}^{[i+1]} = \mathbf{S}^{[i]} + h\mathbf{K}_1$$

注意，$\mathbf{F}(\mathbf{S}) = \dot{\mathbf{S}}$，所以 RK1 就是我们说过的欧拉法。我们将其扩展，得到二阶方法。

我们已经知道了积分的中点法（方程 7.3），还必须知道一半时步时的导数。需要知道 $\dot{\mathbf{S}}(t + 0.5h) = \mathbf{F}(\mathbf{S}(t + 0.5h))$。不幸的是我们不知道一半时步时的状态，因而也无法计算那个时刻的导数。我们可以做一个半时步的欧拉积分来估计那一刻的状态。也就是说，我们可以假设：

$$\mathbf{S}\left(t+0.5h\right) \approx \mathbf{S}\left(t\right) + 0.5h\dot{\mathbf{S}}\left(t\right)$$

更高阶 RK 法背后的基础想法是，我们可以用之前计算的导数估算后面的导数。使用上面的中点处导数的近似值，可以将 RK2 写为：

$$\mathbf{K}_1 = \mathbf{F}\left(\mathbf{S}^{[i]}\right)$$
$$\mathbf{K}_2 = \mathbf{F}\left(\mathbf{S}^{[i]} + 0.5h\mathbf{K}_1\right)$$
$$\mathbf{S}^{[i+1]} = \mathbf{S}^{[i]} + h\mathbf{K}_2$$

换言之，$\mathbf{K}_1$ 是初始导数，我们用它来估算过去一半时步时的状态，$\mathbf{S}^{[i]} + 0.5h\mathbf{K}_1$。进而 $\mathbf{K}_2$ 是估算的那个状态的导数。我们用 $\mathbf{K}_2$ 将状态推进一个时步。

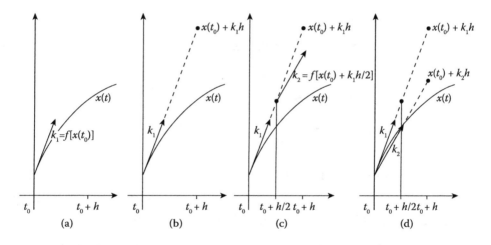

上图展示了这个想法。假设我们有如图所示的一个一元函数 $x\left(t\right)$。当前时刻是 t_0，而且我们正好知道 $x\left(t_0\right)$ 的准确值。我们也知道导函数 $\dot{x} = f\left(x\right)$。我们想用 RK2 积分估算下一个时间点 $t_0 + h$ 处函数的值。(a) 第一步是计算当前时刻 x 的导数，$k_1 = f\left[x\left(t_0\right)\right]$。(b) 我们可以使用欧拉积分推进一个时步：$x\left(t_0\right) + k_1h$。注意，这个和我们要近似的实际曲线有比较大的差别。(c) 在 RK2 中，我们推进半个时步：$x\left(t_0\right) + k_1h/2$，再次使用这个状态计算导数，$k_2 = f\left[x\left(t_0\right) + k_1h/2\right]$。(d) 最后，从 t_0 开始，用 k_2 推进整个时步，得到的结果 $x\left(t_0\right) + k_2h$ 比欧拉积分估算的结果好得多。

RK2 是一个二阶方法。注意其和韦尔莱积分不同，我们直接计算的是一个完整状态的导数，所以加速度不仅可以和位置有关，也可以和速度有关。注意，在每个时步内 RK2 需要计算导函数 $\mathbf{F}$ 两次，而韦尔莱积分只需要计算一次。

7.3.2 四阶龙格–库塔法

RK 法的扩展性很强。RK 法可以达到任意阶精度，可以选择多种计算方法达到 n 阶精度。从前面 RK2 的例子可以看出，更高阶的方法在每个时步需要做更多的计算。在 RK2 算法中，在每个时步需要计算导函数 $\mathbf{F}$ 两次，更高阶的方法需要计算的次数更多。计算 $\mathbf{F}$ 是积分中开销最大的部分，这就需要做权衡：可以得到更准确的结果，代价是每一步耗费更多的计算时间。

我们也可以通过减小时步来提高精度。可以将原来的时步一分为二。所以我们要面临一个挑战：为了提高计算精度，究竟是该用更高阶的方法，还是用更小的时步？7.4 节对此有更详细的讨论。

RK4 实际上有无数种变形，但是通常我们提起 RK4 时指的是最常用的这种。有人甚至不加区分地把这种方法叫作龙格–库塔法。这种最常用的 RK4 写作：

$$\mathbf{K}_1 = \mathbf{F}\left(\mathbf{S}^{[i]}\right)$$
$$\mathbf{K}_2 = \mathbf{F}\left(\mathbf{S}^{[i]} + 0.5h\mathbf{K}_1\right)$$
$$\mathbf{K}_3 = \mathbf{F}\left(\mathbf{S}^{[i]} + 0.5h\mathbf{K}_2\right)$$
$$\mathbf{K}_4 = \mathbf{F}\left(\mathbf{S}^{[i]} + h\mathbf{K}_3\right)$$
$$\mathbf{S}^{[i+1]} = \mathbf{S}^{[i]} + \frac{h}{6}\left(\mathbf{K}_1 + 2\mathbf{K}_2 + 2\mathbf{K}_3 + \mathbf{K}_4\right)$$

注意，在每个时步中，$\mathbf{F}$ 计算了 4 次。也就是说，我们会计算状态在 4 个不同时刻的导数。只保存了其中的第一个状态（用来计算 $\mathbf{K}_1$ 的 $\mathbf{S}^{[i]}$），而其他的状态（比如 $\mathbf{S}^{[i]} + 0.5h\mathbf{K}_1$）只是计算的中间变量，所以就被忽略了。

当我们尝试积分未知的模拟时，RK4 是一个又好又"安全"的选择。

7.4 高阶数值积分的实现

比欧拉法更高阶的积分方法带来了模拟程序的设计问题。最直接的两个问题：一个是如何处理在一个时步内多次计算系统动力学函数的需求；另一个是如何正确地处理碰撞。

7.4.1　状态向量算法

高阶的数值积分，比如 RK2 和 RK4 的实现，其实就是 6.1.3 节描述的模拟算法中的积分部分，这里的 NumInt() 函数除需要知道当前的时间 t 外，还需要使用系统动力学函数 $\mathbf{F}()$，以便在单个时步中多次进行系统动力学计算。例如 RK4 的 NumInt() 实现可以写为：

$$\text{StateVector NumInt}\big(\text{StateVector } \mathbf{S}, \text{StateVector } \dot{\mathbf{S}}, \text{float } h, \text{float } t,$$
$$\text{StateVector } \mathbf{F}()\big) \textbf{ begin}$$

> $\text{StateVector } \mathbf{K}_1, \mathbf{K}_2, \mathbf{K}_3, \mathbf{K}_4;$
> $\text{StateVector } \mathbf{S}^{\text{new}};$
> $\mathbf{K}_1 = \dot{\mathbf{S}};$
> $\mathbf{K}_2 = \mathbf{F}(\mathbf{S} + \frac{h}{2}\mathbf{K}_1, t + \frac{h}{2});$
> $\mathbf{K}_3 = \mathbf{F}(\mathbf{S} + \frac{h}{2}\mathbf{K}_2, t + \frac{h}{2});$
> $\mathbf{K}_4 = \mathbf{F}(\mathbf{S} + h\mathbf{K}_3, t + h);$
> $\mathbf{S}^{\text{new}} = \mathbf{S} + \frac{h}{6}\left(\mathbf{K}_1 + 2\mathbf{K}_2 + 2\mathbf{K}_3 + \mathbf{K}_4\right);$
> $\textbf{return } \mathbf{S}^{\text{new}}$

end

7.4.2　用更高阶积分做碰撞检测

为一个问题选择积分方法时需要做权衡和取舍。除积分方法的速度、稳定性和精度以外，还要考虑软件工程问题。其中最重要的是如何把积分方法适配到我们要解决的问题的计算框架中。

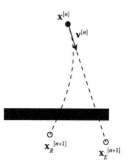

一个凸显软件工程问题重要性的典型例子是碰撞检测。欧拉积分的好处是在每个时步对状态做线性外推。右图展示了在第 n 个时步，位置是 $\mathbf{x}^{[n]}$，速度是 $\mathbf{v}^{[n]}$。欧拉积分会将粒子沿着速度方向移动，得到在下一个时步的位置 $\mathbf{x}_E^{[n+1]}$。其他高阶积分方法，比如 RK4，模拟出粒子将会沿着一个多项式曲线移动，下一个时步的位置是 $\mathbf{x}_R^{[n+1]}$。在碰撞检测的例子中，使用欧拉积分可以很容易地用射线和平面相交检测的方法求出碰撞的时间和位置。如果使用 RK4，我们就需要找到曲线和平面的交点。很有可能使用 RK4 没有交点，使用欧拉法有交点；或者用欧拉法没有交点，用 RK4 有交点。

使用高阶数值积分时，有多种方法可以绕过这个碰撞检测的问题。其中最重要的是，要知道所有 RK 积分法的第一步都是计算欧拉法中要用的导数。代价最小的方法是，先用欧拉法推进一个时步，检测是否有碰撞，如果没有，再用完整的积分方法进行计算。如果在这个时步中用欧拉法检测到了碰撞，那么这个时步就是用欧拉法求解的。所以只有涉及碰撞的时步是用欧拉法求解的，其余的时步都是用高阶 RK 法求解的。这就把两个方法的优点结合起来了：处理碰撞时简单，不处理碰撞时精度和稳定性比较好。

另一种方法如下图所示。总是使用高阶数值积分，然后用起始点和终点的连线判断是否有碰撞。这并不是一个完美的方法，但足以检测绝大多数潜在的碰撞。如果有碰撞的可能，就对时步做二分查找，先检测前 $h/2$。如果有碰撞则检测 $h/4$，否则检测 $3h/4$，这样不断二分下去，直到确定没有碰撞，或者检测出的碰撞点的误差在容许范围内。这会以一定的计算开销得到误差在容许值范围内的碰撞的时间和位置。

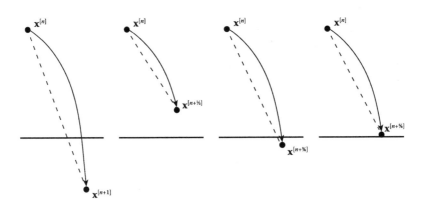

7.5 积分的精度和稳定性

在选取合适的积分方法和时步时，有两个主要的考虑因素：稳定性和精度。积分的稳定性指的是，对于某个时步，对系统不断地迭代积分得到的结果有界。如果积分是不稳定的，那么积分结果会发散，通常会指数式增长。通俗地说，就是结果"爆炸"了。积分方法的精度指的是积分迭代得到的结果和精确解的误差总在一定的范围内。一个稳定的积分方法其结果有可能并不精确，同时一个不稳定的方法有可能产生比较精确的结果，即只要结果不"爆炸"总是能产生比较精确的结果。为了说明如何针对特定的问题选择恰当的积分方法，我们考察两个最经典的微分方程：指数衰减和正弦振荡。

弹簧是物理系统中常见的元素。将弹簧压缩后再松开，它就开始来回振荡：开始很强，但是随着时间不断地衰减。指数式衰减是描述弹簧衰减运动过程一个很好的模型。而正弦振荡则可以描述规则振动的弹簧。因此理解物理系统的积分可以从研究指数衰减和正弦振荡开始。

7.5.1　指数衰减和正弦振荡

描述指数衰减的微分方程写作：

$$\dot{x} = -\frac{1}{T}x$$

这个方程的解是：

$$x(t) = x_0 \mathrm{e}^{-\frac{t}{T}}$$

其中，x_0 是初始条件 $x(0)$。对这个解的两边求导，得到 $\dot{x} = -\frac{1}{T}x_0\mathrm{e}^{-\frac{t}{T}} = -\frac{1}{T}x$，表明这个解正好满足原来的微分方程。

这个函数的图像如下图所示。函数的初始高度是 x_0，然后呈指数式衰减，不断靠近渐近线 $x = 0$。函数的表达式中的常数 T 称为时间常数，该常数决定了衰减的速度。T 越大，衰减消失需要的时间越长。另一个理解时间常数的方式是它决定了曲线的初始斜率，即 $-x_0/T$。如果作初始点的切线，那么它会和 x 轴相交于 $t = T$，如图中虚线所示。因为它呈指数式衰减，所以经过一个时间常数后函数值变为 $x_0\mathrm{e}^{-1} \approx 0.37x_0$，衰减了 73%。经过 2 个、3 个时间周期后衰减分别为 86% 和 95%。通过观察图中的曲线可以印证这个结论。

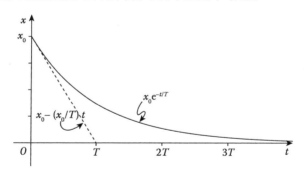

描述圆频率为 ω 的正弦振荡的微分方程为：

$$\ddot{x} = -\omega^2 x$$

做动画模拟时，使用更多的是周期 P。它告诉动画师一次振荡需要的时间。两者之间的关系是 $\omega = 2\pi/P$，所以微分方程也可以写为：

$$\ddot{x} = -(\frac{2\pi}{P})^2 x$$

方程的解是:

$$x(t) = C\cos(\omega t - \phi) \text{ 或 } x(t) = C\cos(2\pi\frac{t}{P} - \phi)$$

其中,C 是振幅,包络线是 $-C$ 到 C,ϕ 是初始相位。求导得到 $\dot{x} = -\frac{2\pi}{P}C\sin(2\pi\frac{t}{P} - \phi)$,再求导得到 $\ddot{x} = -(\frac{2\pi}{P})^2C\cos(2\pi\frac{t}{P} - \phi) = -(\frac{2\pi}{P})^2x$,表明这个解满足微分方程。

下图中的函数初始相位 ϕ 设为 0。函数的初始高度是 C,在 $P/2$ 达到 $-C$,在 P 回到 C 时,完成一个完整的周期。振荡会永远持续下去。

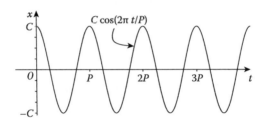

7.5.2 指数衰减的积分

我们先来比较欧拉积分、RK2 和 RK4 在对指数衰减做积分时的区别。指数衰减的系统动态函数是:

$$f(x) = \dot{x} = -\frac{1}{T}x$$

欧拉积分的过程是:

$$x^{[n+1]} = x^{[n]} + f(x)h$$

对于指数式衰减,为:

$$x^{[n+1]} = x^{[n]} - \frac{1}{T}x^{[n]}h$$

或

$$x^{[n+1]} = \left(1 - \frac{h}{T}\right)x^{[n]}$$

最后两边同时除以 $x^{[n]}$,得到迭代前后的 x 的比值为:

$$\frac{x^{[n+1]}}{x^{[n]}} = 1 - \frac{h}{T}$$

这个系统的迭代要收敛,必须有 $\left|1 - \frac{h}{T}\right| \leqslant 1$,否则每迭代一步 x 都会变大,积分就会发散。结论是,以指数衰减的欧拉积分要保持稳定,必须使 $h \leqslant 2T$,就

是说积分的时步必须小于两倍时间常数。

RK2 的积分过程是：

$$k_1 = f(x)$$
$$k_2 = f\left(x + k_1\frac{h}{2}\right)$$
$$x^{[n+1]} = x^{[n]} + k_2 h$$

对于指数式衰减，得到：

$$k_1 = -\frac{1}{T}x^{[n]}$$
$$k_2 = -\frac{1}{T}\left(x^{[n]} - \frac{1}{T}x^{[n]}\frac{h}{2}\right)$$
$$x^{[n+1]} = x^{[n]} - \frac{h}{T}x^{[n]} + \frac{h^2}{2T^2}x^{[n]}$$

或
$$x^{[n+1]} = \left(\frac{h^2}{2T^2} - \frac{h}{T} + 1\right)x^{[n]}$$

同样，两边同时除以 $x^{[n]}$，得到迭代前后的 x 的比值：

$$\frac{x^{[n+1]}}{x^{[n]}} = \frac{h^2}{2T^2} - \frac{h}{T} + 1$$

系统要收敛，等式右边必须小于等于 1。因此 RK2 的稳定性条件和欧拉积分一样，都是：

$$h \leqslant 2T$$

对 RK4 做类似的分析，得到积分稳定的条件，精确到两位小数，为：

$$h < 2.78T$$

对积分的稳定性做正式研究是非常困难的。但是通过数值模拟和绘图分析相对容易得多。图 7.1 展示了对指数衰减使用欧拉积分、RK2 和 RK4 的结果和精确解的比较。所有的积分方法对时步 $h = 2T$ 都是稳定的，但只有 RK4 产生了一个整体上符合衰减特征的曲线。当时步 $h = T$ 时，其他三种积分得到的曲线整体趋势都符合，而 RK4 在每个时步都可以得到几乎正确的结果。欧拉法相对而言还是较不准确的，一个时步后结果就变为零，并且之后都稳定在那里。如果时步 $h = T/2$，则 RK2 和 RK4 方法得到的结果都和精确解非常接近，而欧拉法也产生了一个类似指数式衰减的曲线。当时步 $h = T/4$ 时，RK2 和 RK4 方法计算出的曲线和精确解之间的区别已经难以分辨，而欧拉法也产生了一个接近指数式衰减的曲线。

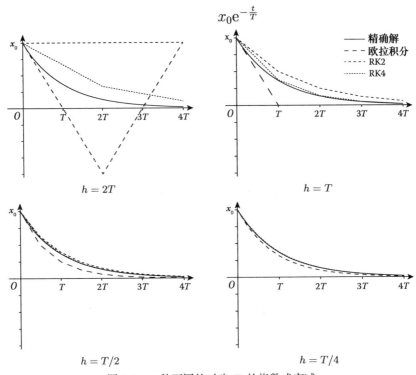

图 7.1　4 种不同的时步 T 的指数式衰减

7.5.3　正弦振荡的积分

描述正弦振荡的微分方程是：

$$\ddot{x} = -\omega^2 x$$

为了表达方便，我们的计算中都使用圆频率 ω，只在最后替换成周期。引入速度 $v = \dot{x}$，那么系统动力学函数可以写成两个方程：

$$\dot{v} = -\omega^2 x$$

和

$$\dot{x} = v$$

我们可以使用状态记号，定义 $\mathbf{s} = \begin{bmatrix} x \\ v \end{bmatrix}$，那么系统的动力学函数为：

$$f\left(\mathbf{s}\right) = \dot{\mathbf{s}} = \begin{bmatrix} \dot{x} \\ \dot{v} \end{bmatrix} = \begin{bmatrix} v \\ -\omega^2 x \end{bmatrix}$$

使用欧拉积分把当前状态推进到新状态的过程是：

$$\mathbf{s}^{[n+1]} = \mathbf{s}^{[n]} + f\left(\mathbf{s}\right) h$$

展开就是：

$$\begin{bmatrix} x^{[n+1]} \\ v^{[n+1]} \end{bmatrix} = \begin{bmatrix} x^{[n]} \\ v^{[n]} \end{bmatrix} + \begin{bmatrix} v \\ -\omega^2 x^{[n]} \end{bmatrix} h$$

这个方程可以重新写成矩阵形式：

$$\mathbf{s}^{[n+1]} = \begin{bmatrix} 1 & h \\ -\omega^2 h & 1 \end{bmatrix} \mathbf{s}^{[n]} = M\mathbf{s}^{[n]}$$

若 n 阶矩阵 A 的特征值为 $\lambda_1, \ldots, \lambda_n$，那么它的谱半径为

$$\rho(A) = \max_{1 \leqslant i \leqslant n} |\lambda_i|$$

矩阵迭代 $x^{(k+1)} = Ax^{(k)}$，收敛等价于谱半径满足 $\rho(A) < 1$。经验算知矩阵的特征值为 $1 \pm i\omega h$，谱半径为 $\sqrt{1 + (\omega h)^2}$，所以使用欧拉法对正弦振荡进行积分时，不管时步 h 多小都是不稳定的。

对于 RK2，使用相似的分析过程：

$$\mathbf{K}_1 = f\left(\mathbf{s}^{[n]}\right) = \begin{bmatrix} v^{[n]} \\ -\omega^2 x^{[n]} \end{bmatrix}$$

$$\mathbf{K}_2 = f\left(\mathbf{s}^{[n]} + \mathbf{K}_1 \frac{h}{2}\right) = \begin{bmatrix} v^{[n]} - \omega^2 x^{[n]} \frac{h}{2} \\ -\omega^2 \left(x^{[n]} + v^{[n]} \frac{h}{2}\right) \end{bmatrix}$$

$$\mathbf{s}^{[n+1]} = \mathbf{s}^{[n]} + \mathbf{K}_2 h = \begin{bmatrix} x^{[n]} \\ v^{[n]} \end{bmatrix} + \begin{bmatrix} v^{[n]} - \omega^2 x^{[n]} \frac{h}{2} \\ -\omega^2 \left(x^{[n]} + v^{[n]} \frac{h}{2}\right) \end{bmatrix} h$$

$$\mathbf{s}^{[n+1]} = \begin{bmatrix} 1 - \frac{(\omega h)^2}{2} & h \\ -\omega^2 h & 1 - \frac{(\omega h)^2}{2} \end{bmatrix} \mathbf{s}^{[n]} = M\mathbf{s}^{[n]}$$

矩阵的特征值为

$$1 - \frac{(\omega h)^2}{2} \pm i\omega h$$

谱半径为

$$\sqrt{1 + \frac{(\omega h)^4}{4}}$$

所以用 RK2 也是不稳定的。

对 RK4 做同样的分析，得到的结论是，当 $h < P/2.3$ 时算法达到稳定，所

以使用 RK4 对正弦振荡积分，时步 h 的经验值小于最小正周期的 $\frac{1}{3}$。

同样地，我们可以把正弦振荡的模拟图画下来，对曲线加以比较以增进对三种积分方法的精度的认识。结果如图 7.2 所示。时步 $h = P/2$ 时，三种积分方法得到的曲线都和正确的曲线相差很远。当 $h = P/4$ 时，欧拉法和 RK2 都是不稳定的，RK4 稳定却不精确——振幅渐进地衰减至 0 而不是以恒定的振幅振荡。当 $h = P/16$ 时，欧拉法仍然是不稳定的，RK2 也是不稳定的但是曲线开始向正确的曲线靠拢。而 RK4 的曲线已经和正确的曲线非常接近。当 $h = P/128$ 时，欧拉法得到的曲线有得到控制的迹象但还是趋于发散。RK2 在这一段看上去是比较精确的，尽管之前的分析表明其是不稳定的。

$$x_0 \cos 2\pi \frac{t}{P}$$

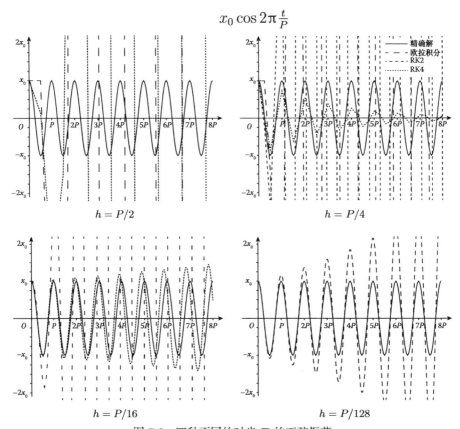

图 7.2　四种不同的时步 T 的正弦振荡

从欧拉法和 RK2 迭代的行列式可以看出产生这个结果的原因。欧拉法迭代 n 步后，净增长（初始值的倍数）为

$$g = \left(1 + 4\left(\frac{\pi h}{P}\right)^2\right)^n$$

而 RK2 的增长为

$$g = \left(1 + 4\left(\frac{\pi h}{P}\right)^4\right)^n$$

令 $g = 1.01$，即有 1% 的增长，反解出需要的迭代次数

$$欧拉法 \quad n = \lceil \log 1.01 / \log\left(1 + 4\left(\frac{\pi h}{P}\right)^2\right)\rceil$$

$$RK2 \quad n = \lceil \log 1.01 / \log\left(1 + 4\left(\frac{\pi h}{P}\right)^4\right)\rceil$$

使用这些关系可以计算出增长 1% 需要的步数，如下表所示：

h	$P/8$	$P/16$	$P/32$	$P/64$	$P/128$	$P/256$
欧拉积分	1	1	1	2	5	17
RK2	1	2	27	429	6 859	109 683

我们可以看到，当 $h = P/128$ 时，即使迭代到接近 7000 步，RK2 仍然是非常精确的，而欧拉法很快就不准了。但是值得注意的是，RK2 最终是不稳定的，不管时步多么小，最终都会发散。

7.5.4　RK 方法的性能

我们在表 7.1 中对这些关于稳定性和精度的结论做了总结，包括为了达到稳定性要求和模拟精度要求计算系统动力函数的代价和相应的时步。对于简单的指数衰减，欧拉法达到稳定需要的代价是最小的，但是如果对精度有要求，那么三种方法的计算代价都差不多。正弦振荡的情况完全不同。欧拉法和 RK2 都是不稳定的，这让 RK4 成了一个更好的选择。对于高精度模拟，RK4 同样更好，计算代价是 RK2 的 $\frac{1}{4}$，因为需要的时步是 RK2 的 8 倍。

表 7.1　不同积分方法的比较

$e^{\frac{-t}{T}}$	稳定需要的 h	每周期 T 的计算次数	精确需要的 h	每周期 T 的计算次数
欧拉积分	$2T$	0.5	$T/4$	4
RK2	$2T$	1	$T/2$	4
RK4	$2.78T$	1.44	T	4
$\cos 2\pi\frac{t}{P}$	稳定需要的 h	每周期 P 的计算次数	精确需要的 h	每周期 P 的计算次数
欧拉积分	——	∞	——	∞
RK2	——	∞	$P/128$	256
RK4	$P/2.3$	9.2	$P/16$	64

7.5.5   阻尼与稳定性

对于欧拉法或者其他低阶的积分方法，如果要积分的系统中任何部分有类似于正弦振荡的行为，就会有不稳定的问题。常用的解决办法是引入阻尼（*damping*）。这意味着我们引入了试图消耗系统动能的力。质量为 m 的粒子动能为 $K = \frac{1}{2}m\mathbf{v}^2$，正比于速度大小的平方。因此任何试图减速的力都会减小动能。最明显的物理学类比就是空气阻力。正弦振荡的方程可以重新写为：

$$f(\mathbf{s}) = \dot{\mathbf{s}} = \begin{bmatrix} \dot{x} \\ \dot{v} \end{bmatrix} = \begin{bmatrix} v \\ -\omega^2 x - dv \end{bmatrix}$$

其中，d 是阻尼常数，这样欧拉法和 RK2 的矩阵的行列式会有负的项，适当地选择 d 就可以让迭代稳定。代价就是给系统引入的不必要的阻尼使得运动过于光滑或迟缓[1]。现实世界的物理系统总是存在阻尼的——没有振子能在没有能量输入的情况下一直运动下去，但是为了使积分稳定，引入的阻尼可能并不符合实际情况。另一个需要注意的问题是，阻尼过大也会造成积分不稳定——等价于增加一个时间常数随着阻尼增加而减小的指数式衰减。解决的诀窍就是找到积分的"甜蜜点"[2]，这里的阻尼能使积分稳定下来，但是又不至于成为临界阻尼、过阻尼的情况。这个点通常通过试验的方法寻找。

7.6   自适应时步

对于一些有趣的问题，要积分的函数会随着时间改变。虽然线性函数处处光滑容易积分，但更有趣的非线性函数会随时间改变。它们有的时候表现得很好，很容易使用低阶方法和较长的时步得出较好的结果，而有的时候需要更高阶的方法和更小的步长。

我们在讨论积分时，通常都假定时步 h 是恒定的。但是没有什么可以阻止我们在积分模拟的每一步迭代时使用不同的时步。因为每一步不是推进一个固定的时长，这使得我们的代码更加复杂。它允许我们在不引起问题的情况下使用更大的步长，在需要更高精度的情况下使用更小的步长，这样总体上效率更高。

自适应步长的方法允许我们根据精度的需要灵活地变更步长。设置步长的步骤如下：

1. 先使用上一步的步长 h 进行积分。

---

1 译注：即临界阻尼、过阻尼的情况。
2 译注：英文是 sweet spot，指的是用球杆击球的过程中最佳的打击点。

2. 使用一个更小的步长积分，得到误差更小的结果，比如使用 $\frac{h}{2}$ 步长积分两次。

3. 将两个结果比较可以知道缩小步长减小了多少误差。根据方法的阶数通常可以估计出积分的误差和步长大小的关系。

4. 根据这些知识可以估计出要将误差控制在某个范围需要多大的步长。

   (a) 如果估计要用的步长比之前较小的步长还要小，那么就用更小的步长重复以上步骤。

   (b) 如果估计出来的步长介于两者之间，那么你已经得到了一个精确的值（用较小的步长计算出来的值）。你可以使用该估计值，并且在下一轮迭代中使用新的步长。

   (c) 如果可以使用较大的步长，那么保存已经计算出来的估计值，下一轮迭代继续使用较大的步长。

这里简单说明一下。假设考虑一个 RK4 积分。因为这是一个四阶方法并且我们知道它的误差阶数是 h^5，所以 $\mathbf{x}(t+h)$ 的真值约等于估计值 $\tilde{\mathbf{x}}(t+h)$ 加上 ch^5，即 $\mathbf{x}(t+h) \approx \tilde{\mathbf{x}}(t+h) + ch^5$，其中 c 是需要确定的常数。注意，使用步长 h 积分一次的误差是 ch^5，使用一半的步长积分两次的误差是 $2c(\frac{h}{2})^5 = \frac{1}{16}ch^5$。我们可以根据这两个近似值估计出 c，并据此决定需要的步长大小。

这是一个展示自适应步长如何工作的具体例子。假设使用步长 $h = 0.1$ 计算得到 100，使用步长 $h/2 = 0.05$ 积分两次得到 99。因此减小的误差是：

$$100 - 99 = (c(0.1)^5) - (2c(0.05)^5)$$
$$1 = 0.00001c - 0.000000625c$$
$$1 = 0.000009375c$$

所以

$$c = 106667$$

所以，如果我们希望误差小于 0.1，则可以用 $0.1 = 106667h^5$ 计算出 $h = 0.0622$。在这里我们已经有了一个根据步长 $h = 0.005$ 计算出的更精确的估计值，所以我们不需要再重新计算任何值。在下一个时步，$h = 0.0622$ 将被重用。

需要注意以下几个问题：

- 首先，现在已经有了一些方法，它们不再根据步长显式计算误差，而是把步长自适应调整的过程融入积分过程中。我们在这里不讨论这些方法，感兴趣的读者可以参考 Press et al. [2007]，这些方法更有效而且在实际中使用得更多。

- 其次，目前考虑的都是高阶项相关的截断误差，但是实际上还会有数值的舍入误差。所以会额外引入一个"修正因子"让步长足够小。例如为了安全起见，我们会给步长 h 乘以 0.9。

- 最后，需要记住这个误差计算是局部的，即是一个时步的。如果你关心的是一个时间段 T 上的全局误差 e，则一共有 $n = T/h$ 个时步，那么每个步长的误差不能超过 $e/n = eh/T$。这个误差是和步长大小成正比的。考虑到这一点，使用自适应步长时计算误差的阶数需要减 1，比如 RK4 的误差阶数就是 h^4 而不是 h^5。

7.7 隐式积分

前面分析了积分方法（例如 RK 法）的稳定性问题。当振子的周期非常小，或者衰减的时间常数非常小时，这些方法都可能遇到严重的稳定性问题。通常为了积分稳定选择的时步（如果稳定的话）都太小，以至于模拟时间让人难以接受。如果每个时步更长，每一步模拟时间更长，但是步数更少且能保持稳定，那么这就是一个好方法。隐式积分就是这样一种方法。

我们所描述的积分方法都试图确定一个新的状态 $\mathbf{S}^{[n+1]}$。当根据当前状态 $\mathbf{S}^{[n]}$ 的信息确定新的状态时就说这是一个显式方法。当下一个状态依赖下一个状态自身的信息时，就是一个隐式方法。

最简单的隐式方法就是隐式欧拉法或向后欧拉法，其和"标准"的显式欧拉法的区别如下：

$$\mathbf{S}^{[n+1]} = \mathbf{S}^{[n]} + \mathbf{F}\left(\mathbf{S}^{[n]}\right) h \ (\text{显式欧拉法})$$
$$\mathbf{S}^{[n+1]} = \mathbf{S}^{[n]} + \mathbf{F}\left(\mathbf{S}^{[n+1]}\right) h \ (\text{隐式欧拉法})$$

在方程 2.4 中对位置的积分，以及在本章的开头处都出现过类似的式子。在这些情况中，加速度根据 $\mathbf{F}\left(\mathbf{S}^{[n+1]}\right)$ 计算得到。所以为了得到 $\mathbf{S}^{[n+1]}$，我们必须求解

$$\mathbf{S}^{[n+1]} - \mathbf{S}^{[n]} - \mathbf{F}\left(\mathbf{S}^{[n+1]}\right) h = 0 \tag{7.11}$$

通常情况下，隐式积分基于当前状态和未来状态的某种组合关系，例如方程 (2.5)

中的梯形法。我们可以把这个关系写作 $\mathbf{G}(\mathbf{S}^{[n]}, \mathbf{S}^{[n+1]}) = 0$，其中需要求解的是 $\mathbf{S}^{[n+1]}$。以方程 7.11 为例，$\mathbf{G}(\mathbf{S}^{[n]}, \mathbf{S}^{[n+1]}) = \mathbf{S}^{[n+1]} - \mathbf{S}^{[n]} - \mathbf{F}(\mathbf{S}^{[n+1]}) h$。

初看起来，隐式积分似乎是不可能实现的——为了计算答案我们必须先知道答案。但是实际上在某些情况下，$\mathbf{G} = 0$ 是很方便直接求解的。而且当没有具体直接的解决方法时，我们能够使用更一般的方法。

7.7.1　直接求解隐式积分

有些特定问题因其具有的结构，适合直接求解隐式积分。考虑一个隐式欧拉法的例子，导数 $\mathbf{F}$ 是状态的线性函数。这种情况下对于 $n \times 1$ 状态向量 $\mathbf{S}$，有 $\mathbf{F}(\mathbf{S}) = M\mathbf{S}$，其中，$M$ 是 $n \times n$ 矩阵。可以把方程 7.11 重新写为：

$$\mathbf{S}^{[n+1]} - \mathbf{S}^{[n]} - \mathbf{F}(\mathbf{S}^{[n+1]})h = 0$$
$$\mathbf{S}^{[n+1]} - h\mathbf{F}(\mathbf{S}^{[n+1]}) = \mathbf{S}^{[n]}$$
$$\mathbf{S}^{[n+1]} - hM\mathbf{S}^{[n+1]} = \mathbf{S}^{[n]}$$
$$(I - hM)\mathbf{S}^{[n+1]} = \mathbf{S}^{[n]}$$

其中，I 是单位矩阵。注意最后一个方程是 $Ax = b$ 的形式，这是线性代数（见附录 B.2）中常见的线性方程组。方程的解是 $x = A^{-1}b$，但是这个方程通常用数值法求解。矩阵 A 通常维度很大，而且非常稀疏（大部分矩阵元素都是 0）。现在有很多线性方程组求解器（Press et al. [2007]; Inria [2015]），而且求解器对整个算法的效率和精度都有很大的影响。对于稀疏矩阵，选择针对稀疏矩阵做过优化的算法是非常重要的。共轭梯度法（*conjugate gradient*）是一个常用的算法。

幸运的是，一些导数具有线性性质。正如下面的 7.7.4 节介绍的，我们可以直接简单地求解指数衰减和振荡。拉普拉斯算符 ∇^2 同样也有这个线性性质，所以可以把有拉普拉斯算符的隐式方程写成矩阵形式并求解。13.2 节中的热传导方程、扩散方程中会再次使用到拉普拉斯算符。

这里有个简单的例子。在第 8 章会看到的阻尼振子，其公式为 $\dot{x} = -kx - dv$，于是 $f(\mathbf{s}) = \begin{bmatrix} v & -kx - dv \end{bmatrix}^{\mathrm{T}}$。我们可以把隐式欧拉公式写作：

$$\begin{bmatrix} x^{[n+1]} \\ v^{[n+1]} \end{bmatrix} = \begin{bmatrix} x^{[n]} \\ v^{[n]} \end{bmatrix} + \begin{bmatrix} v^{[n+1]} \\ -kx^{[n+1]} - dv^{[n+1]} \end{bmatrix} h$$

$$\begin{bmatrix} x^{[n+1]} \\ v^{[n+1]} \end{bmatrix} = \begin{bmatrix} x^{[n]} \\ v^{[n]} \end{bmatrix} + \begin{bmatrix} 0 & 1 \\ -k & -d \end{bmatrix} \begin{bmatrix} x^{[n+1]} \\ v^{[n+1]} \end{bmatrix} h$$

$$\mathbf{s}^{[n+1]} = \mathbf{s}^{[n]} + \begin{bmatrix} 0 & h \\ -kh & -dh \end{bmatrix} \mathbf{s}^{[n+1]}$$

$$I\mathbf{s}^{[n+1]} - \begin{bmatrix} 0 & h \\ -kh & -dh \end{bmatrix} \mathbf{s}^{[n+1]} = \mathbf{s}^{[n]}$$

$$\begin{bmatrix} 1 & -h \\ kh & 1+dh \end{bmatrix} \mathbf{s}^{[n+1]} = \mathbf{s}^{[n]}$$

如果有 $k = 10, d = 2, h = 0.1$，并且初始状态 $\mathbf{s}^{[n]} = \begin{bmatrix} 2 \\ -1 \end{bmatrix}$，那么有

$$\begin{bmatrix} 1 & -0.1 \\ 1 & 1.2 \end{bmatrix} \begin{bmatrix} x^{[n+1]} \\ v^{[n+1]} \end{bmatrix} = \begin{bmatrix} 2 \\ -1 \end{bmatrix}$$

可以解出

$$\begin{bmatrix} x^{[n+1]} \\ v^{[n+1]} \end{bmatrix} = \begin{bmatrix} 1.77 \\ -2.31 \end{bmatrix}$$

7.7.2　雅可比和线性化函数

不幸的是，不是所有问题都可以使用漂亮的线性公式直接求解。比如考虑两个物体之间的引力，力 $\mathbf{F}$ 的大小和距离的平方成反比。$\mathbf{F(S)} = M\mathbf{S}$ 不成立，所以不能使用线性方程组求解器直接求解隐式积分。但是在状态空间的任意一点，我们可以用雅可比矩阵（Jacobian）把非线性系统近似展开为线性的。

假设有隐式欧拉公式 $\mathbf{S}^{[n+1]} = \mathbf{S}^{[n]} + \mathbf{F}(\mathbf{S}^{[n+1]})h$，但是并不能把 $\mathbf{F(S)}$ 表达成线性形式。$\mathbf{F}$ 在一点的导数可以近似表达为雅可比矩阵。基于当前状态 $\mathbf{S}^{[n]}$，我们可以把 $\mathbf{F}(\mathbf{S}^{[n+1]})$ 近似表达为：

$$\begin{aligned} \mathbf{F}(\mathbf{S}^{[n+1]}) &= \mathbf{F}(\mathbf{S}^{[n]} + \Delta\mathbf{S}) \\ &\approx \mathbf{F}(\mathbf{S}^{[n]}) + \frac{\mathrm{d}\mathbf{F}}{\mathrm{d}\mathbf{S}}\Delta\mathbf{S} \\ &= \mathbf{F}(\mathbf{S}^{[n]}) + \mathbf{J}\Delta\mathbf{S} \end{aligned}$$

其中，$\mathbf{J}$ 是雅可比矩阵。雅可比矩阵是 $\mathbf{F}$ 在某个特定状态 $\mathbf{S}$ 处的一阶线性近似，类似于在曲线上一点切线处给出这一点的局部近似。

雅可比矩阵是一个近似描述函数 $\mathbf{F}$ 如何随着 $\mathbf{S}$ 变化的矩阵。

我们先看一般情况下，雅可比矩阵是如何构造的，再看在这个问题中怎么应

用。假设 $\mathbf{S}$ 由 m 个不同的变量 s_j（其中 $0 \leqslant j \leqslant m-1$）组成。函数 $\mathbf{F}$ 从这 m 个 s_j 中产生 l 个不同的值，所以我们可以定义 $f_i(\mathbf{S})$（$0 \leqslant i \leqslant l-1$）。

$\mathbf{J}$ 是一个 $l \times m$ 矩阵。$\mathbf{J}$ 通过计算 $\mathbf{F}$ 的偏导数得到，所以 $\mathbf{J}$ 的每一行都是某个 f_i 的变化的线性近似。雅可比矩阵的矩阵元 $J_{i,j}$ 定义为：

$$J_{i,j} = \frac{\partial f_i}{\partial s_j} \tag{7.12}$$

导出雅克比矩阵：

$$\mathbf{J} = \begin{bmatrix} \frac{\partial f_0}{\partial s_0} & \frac{\partial f_0}{\partial s_1} & \cdots & \frac{\partial f_0}{\partial s_{m-1}} \\ \frac{\partial f_1}{\partial s_0} & \frac{\partial f_1}{\partial s_1} & \cdots & \frac{\partial f_1}{\partial s_{m-1}} \\ \vdots & \vdots & \ddots & \vdots \\ \frac{\partial f_{l-1}}{\partial s_0} & \frac{\partial f_{l-1}}{\partial s_1} & \cdots & \frac{\partial f_{l-1}}{\partial s_{m-1}} \end{bmatrix} \tag{7.13}$$

之后我们会看到雅可比矩阵的其他用途，但对于隐式积分的情况，f_i 总是给出状态向量 $\mathbf{S}$ 中某个元素的变化率。$\mathbf{J}$ 的每一行乘以状态向量 $\mathbf{S}$，给出 $\mathbf{S}$ 中的某个元素在那个时刻的（线性）变化。因此 $l = m$，雅可比矩阵是方阵。需要强调的是，雅可比矩阵 $\mathbf{J}$ 是状态 $\mathbf{S}$ 的函数，故每一步都要重新计算。

使用雅可比矩阵的优点是可以把隐式积分表达成 7.7.1 节中的形式并且求解。如果我们知道了 $\mathbf{J}$，就可以按照如下步骤求解隐式欧拉公式中的 $\Delta\mathbf{S}$：

$$\mathbf{S}^{[n+1]} = \mathbf{S}^{[n]} + h\mathbf{F}(\mathbf{S}^{[n+1]})$$

$$\mathbf{S}^{[n]} + \Delta\mathbf{S} = \mathbf{S}^{[n]} + h(\mathbf{F}(\mathbf{S}^{[n]}) + \mathbf{J}\Delta\mathbf{S})$$

$$\Delta\mathbf{S} = h\mathbf{F}(\mathbf{S}^{[n]}) + h\mathbf{J}\Delta\mathbf{S}$$

$$(I - h\mathbf{J})\Delta\mathbf{S} = h\mathbf{F}(\mathbf{S}^{[n]})$$

注意，$(I - h\mathbf{J})$ 是一个已知方阵，$\Delta\mathbf{S}$ 是未知向量，$h\mathbf{F}(\mathbf{S}^{[n]})$ 是已知向量。所以有一个 $Ax = b$ 形式的可以用线性方程组求解器求解的式子。一旦知道了 $\Delta\mathbf{S}$，将其加到 $\mathbf{S}^{[n]}$ 上就得到了 $\mathbf{S}^{[n+1]}$。

　　这里我们提供一个在隐式积分中使用雅可比矩阵的简单例子。假设有一个如右图所示的一维问题。三个粒子为 p_0、p_1 和 p_2，相邻的粒子之间用弹簧相连。第 i 个粒子的位置是 x_i，速度是 v_i。第一个点固定在 $x_0 = 0$ 处，因而速度 $v_0 = 0$。

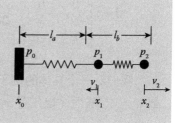

其他两个点可以自由移动。弹簧的力作用在它连接的两个物体上，一部分正比于这些点之间的距离（即弹簧比原长拉伸或压缩了多少），另一部分正比于相对速度的三次方。因为这是一个轻弹簧，所以作用在左端和右端的力等大反向。

因此，如果所有的弹簧都是相同的，那么对粒子 p_i 来说，和粒子 p_{i+1} 相连的弹簧用在它上的力是

$$f_{i,i+1} = k((x_{i+1} - x_i) - l) + d(v_{i+1} - v_i)^3$$

其他连接的粒子对之间也有类似的力。在这个式子中，k、l 和 d 分别是弹簧的劲度系数、原长和阻尼系数。

基于此，我们有下面的状态：

$$\mathbf{S} = \begin{bmatrix} x_1 \\ x_2 \\ v_1 \\ v_2 \end{bmatrix}$$

如果所有的粒子的质量为 1，求导函数是

$$
\mathbf{F} = \begin{bmatrix} v_1 \\ v_2 \\ -f_{0,1} + f_{1,2} \\ -f_{1,2} \end{bmatrix}
$$

$$
= \begin{bmatrix} v_1 \\ v_2 \\ -k[(x_1 - x_0) - l] - d(v_1 - v_0)^3 + k[(x_2 - x_1) - l_b] + d(v_2 - v_1)^3 \\ -k[(x_2 - x_1) - l_b] - d(v_2 - v_1)^3 \end{bmatrix}
$$

雅可比矩阵是：

$$
\mathbf{J} = \begin{bmatrix}
0 & 0 & 1 & 0 \\
0 & 0 & 0 & 1 \\
-2k & k & -3d[(v_1 - v_0)^2 + (v_2 - v_1)^2] & 3d(v_2 - v_1)^2 \\
k & -k & 3d(v_2 - v_1)^2 & -3d(v_2 - v_1)^2
\end{bmatrix}
$$

我们看一个具体的例子。弹簧的劲度系数 $k = 2$，原长 $l = 10$，阻尼系数 $d = 1$。然后（记住有 $x_0 = v_0 = 0$）有

$$\mathbf{F} = \begin{bmatrix} v_1 \\ v_2 \\ -2(x_1 - 10) - v_1^3 + 2((x_2 - x_1) - 10) + (v_2 - v_1)^3 \\ -2((x_2 - x_1) - 10) - (v_2 - v_1)^3 \end{bmatrix}$$

$$\mathbf{J} = \begin{bmatrix} 0 & 0 & 1 & 0 \\ 0 & 0 & 0 & 1 \\ -4 & 2 & -3(v_1^2 + (v_2 - v_1)^2) & 3(v_2 - v_1)^2 \\ 2 & -2 & 3(v_2 - v_1)^2 & -3(v_2 - v_1)^2 \end{bmatrix}$$

如果当前第一个粒子，$x_1 = 12, v_1 = -1$；第二个粒子，$x_2 = 19, v_2 = 2$，我们有如下的值：

$$\mathbf{S}^{[n]} = \begin{bmatrix} 12 \\ 19 \\ -1 \\ 2 \end{bmatrix} \quad \mathbf{F}(\mathbf{S}^{[n]}) = \begin{bmatrix} -1 \\ 2 \\ 0 \\ -3 \end{bmatrix} \quad \mathbf{J} = \begin{bmatrix} 0 & 0 & 1 & 0 \\ 0 & 0 & 0 & 1 \\ -4 & 2 & -30 & 27 \\ 2 & -2 & 27 & -27 \end{bmatrix}$$

所以求解隐式积分意味着求解方程组 $(I - h\mathbf{J})\Delta\mathbf{S} = h\mathbf{F}(\mathbf{S}^{[n]})$，得到 $\Delta\mathbf{S}$：

$$\begin{bmatrix} 1 & 0 & -h & 0 \\ 0 & 1 & 0 & -h \\ 4h & -2h & 1 + 30h & -27h \\ -2h & 2h & -27h & 1 + 27h \end{bmatrix} \Delta\mathbf{S} = \begin{bmatrix} -h \\ 2h \\ 0 \\ -3h \end{bmatrix}$$

如果选择步长 $h = 0.1$，则

$$\begin{bmatrix} 1 & 0 & -0.1 & 0 \\ 0 & 1 & 0 & -0.1 \\ 0.4 & -0.2 & 4 & -2.7 \\ -0.2 & 0.2 & -2.7 & 3.7 \end{bmatrix} \Delta\mathbf{S} = \begin{bmatrix} -0.1 \\ 0.2 \\ 0 \\ -0.3 \end{bmatrix}$$

求解得到

$$\Delta\mathbf{S} = \begin{bmatrix} -0.109 \\ 0.184 \\ -0.089 \\ -0.162 \end{bmatrix}$$

所以新的状态是:

$$\mathbf{S}^{[n+1]} = \mathbf{S}^{[n]} + \Delta\mathbf{S} = \begin{bmatrix} 12 \\ 19 \\ -1 \\ 2 \end{bmatrix} + \begin{bmatrix} -0.109 \\ 0.184 \\ -0.089 \\ -0.162 \end{bmatrix} = \begin{bmatrix} 11.891 \\ 19.184 \\ -1.089 \\ 1.838 \end{bmatrix}$$

在每一个时步我们都会重复这个步骤,根据当前状态计算一个新的导数向量 $\mathbf{F}$ 和雅可比矩阵 $\mathbf{J}$。

注意,当状态向量有位置和速度时,求解雅可比矩阵可以进一步简化。正如从例子中看到的,积分求解位置是相对简单的,只要它只和速度有关;而积分加速度求解速度则更有挑战性。我们可以把状态向量中与位置相关的部分消除掉。这要求把 $x^{[n+1]} = x^{[n]} + v^{n+1}h$ 代入力的项中。消除掉位置后,状态向量只有之前一半大小,雅可比矩阵只有之前四分之一大小,而解是一样的。

考虑刚才的例子。现在状态向量是

$$\mathbf{S} = \begin{bmatrix} v_1 \\ v_2 \end{bmatrix}$$

按照之前的推导方式,将 $x_1 = 12 + v_1 h$ 和 $x_2 = 19 + v_2 h$ 代入,得到导数函数:

$$\mathbf{F} = \begin{bmatrix} -2(x_1 - 10) - v_1^3 + 2((x_2 - x_1) - 10) + (v_2 - v_1)^3 \\ -2((x_2 - x_1) - 10) - (v_2 - v_1)^3 \end{bmatrix}$$

$$\mathbf{F} = \begin{bmatrix} -2((12 + v_1 h) - 10) - v_1^3 + 2(((19 + v_2 h) - (12 + v_1 h)) - 10) + (v_2 - v_1)^3 \\ -2(((19 + v_2 h) - (12 + v_1 h)) - 10) - (v_2 - v_1)^3 \end{bmatrix}$$

$$= \begin{bmatrix} -2(2 + v_1 h) - v_1^3 + 2(-3 + v_2 h - v_1 h) + (v_2 - v_1)^3 \\ -2(-3 + v_2 h - v_1 h) - (v_2 - v_1)^3 \end{bmatrix}$$

雅可比矩阵是:

$$\mathbf{J} = \begin{bmatrix} -4h - 3(v_1^2 + (v_2 - v_1)^2) & 2h + 3(v_2 - v_1)^2 \\ 2h + 3(v_2 - v_1)^2 & -2h - 3(v_2 - v_1)^2 \end{bmatrix}$$

将 $v_1 = -1, v_2 = 2, h = 0.1$ 代入,得到

$$\mathbf{S}^{[n]} = \begin{bmatrix} -1 \\ 2 \end{bmatrix} \quad \mathbf{F}(\mathbf{S}^{[n]}) = \begin{bmatrix} 0.8 \\ -3.6 \end{bmatrix} \quad \mathbf{J} = \begin{bmatrix} -30.4 & 27.2 \\ 27.2 & -27.2 \end{bmatrix}$$

所以求解隐式积分意味着求解方程组 $(I - h\mathbf{J})\Delta\mathbf{S} = h\mathbf{F}(\mathbf{S}^{[n]})$，得到 $\Delta\mathbf{S}$：

$$\begin{bmatrix} 4.04 & -2.72 \\ -2.72 & 3.72 \end{bmatrix} \Delta\mathbf{S} = \begin{bmatrix} 0.08 \\ -0.36 \end{bmatrix}$$

得到

$$\Delta\mathbf{S} = \begin{bmatrix} -0.089 \\ -0.162 \end{bmatrix}$$

和之前的方法求解出的结果相同。我们可以据此计算出新的速度和位置，例如 $v_1^{[n+1]} = -1 + (-0.089) = -1.09$，$x_1^{[n+1]} = x_1^{[n]} + v_1^{[n+1]}h = 12 + (-1.09)(0.1) = 11.891$，也和之前的计算结果相符。

7.7.3　求根法求解隐式积分

前面的方法展示了如何用求解线性方程组的方法求解隐式积分。但是多数系统不方便直接线性求解（见 7.7.1 节），也很难用雅可比矩阵线性近似（见 7.7.2 节）。当其他方法都无效时，可以考虑第三种方法——求根法求解隐式积分。

重新考虑方程 7.11。对于某个特定的问题，一旦将 $\mathbf{F}$ 展开，便会得到一个（可能会比较复杂）方程，其中仅有的未知数是新的状态 $\mathbf{S}^{[n+1]}$。这个方程的根就是 $\mathbf{S}^{[n+1]}$ 可能的取值，所以求解隐式积分等价于解这个方程。

有很多种求根方法，从牛顿法到一些复杂的方法等，其中一些可以参考 Press et al. [2007]。这些方法通常是迭代法，先找一个近似解（或解集），然后不断地迭代计算以提高精度。这个过程会很耗时，但是考虑到显式方法通常是不稳定的，故而这样做还是有提升的。

下面是一个例子。假设我们要求解单个变量 x，导函数是 $f(x) = x^2 - 10^{-x}$。没有直接线性解，雅可比矩阵也很难定义。在这种情况下，我们的通用模型

$$\mathbf{S}^{[n+1]} = \mathbf{S}^{[n]} + \mathbf{F}(\mathbf{S}^{[n+1]})h$$

变成了

$$x^{[n+1]} = x^{[n]} + f(x^{[n+1]})h \quad \text{或}$$
$$x^{[n+1]} = x^{[n]} + (x^{[n+1]})^2 h - 10^{-x^{[n+1]}}h$$

所以我们有

$$-(x^{[n+1]})^2h + x^{[n+1]} + 10^{-x^{[n+1]}}h - x^{[n]} = 0$$

令 $x^{[n]} = 1, h = 0.1$，方程变成

$$-0.1(x^{[n+1]})^2 + x^{[n+1]} + 0.1(10)^{-x^{[n+1]}} - x^{[n]} = 0$$

可以求得数值解。迭代法通常选择从一个初始值开始（对于这个例子就是之前的解 $x^{[n]} = 1.0$），使用牛顿法或者类似的方法迭代求根。应用这个方法得到解 $x^{[n+1]} \approx 1.117$。

7.7.4 隐式公式的精度和稳定性

为了理解隐式方法如何增加稳定性，我们用 7.5 节的例子来分析隐式欧拉积分的稳定性。

假设我们的导函数是指数衰减函数：$f(x) = -\frac{1}{T}x$。因此隐式欧拉积分就是：

$$x^{[n+1]} = x^{[n]} - \frac{1}{T}x^{[n+1]}h \quad \text{或}$$

$$(1 + \frac{1}{T}h)x^{[n+1]} = x^{[n]}$$

所以相邻时步的比是：

$$\frac{x^{[n+1]}}{x^{[n]}} = \frac{1}{1 + \frac{1}{T}h}$$

因为 $1 + \frac{1}{T}h$ 必然大于 1，所以后项和前项之比必然小于 1。模拟最终会收敛于 0，不管时步 h 怎么选，隐式欧拉法都是稳定的。这一点和显式欧拉法要求 $h \leqslant 2T$ 形成了对比。

假设我们处理正弦振荡 $\dot{x} = -\omega^2 x$，其中 $\mathbf{s} = \begin{bmatrix} x \\ v \end{bmatrix}$。因此 $f(\mathbf{s}) = \begin{bmatrix} v & -\omega^2 x \end{bmatrix}^{\mathrm{T}}$。隐式欧拉法可以写作：

$$\begin{bmatrix} x^{[n+1]} \\ v^{[n+1]} \end{bmatrix} = \begin{bmatrix} x^{[n]} \\ v^{[n]} \end{bmatrix} + \begin{bmatrix} v^{[n+1]} \\ -\omega^2 x^{[n+1]} \end{bmatrix} h \quad \text{或}$$

$$\begin{bmatrix} x^{[n+1]} \\ v^{[n+1]} \end{bmatrix} = \begin{bmatrix} x^{[n]} \\ v^{[n]} \end{bmatrix} + \begin{bmatrix} 0 & 1 \\ -\omega^2 & 0 \end{bmatrix} \begin{bmatrix} x^{[n+1]} \\ v^{[n+1]} \end{bmatrix} h$$

所以

$$\mathbf{s}^{[n+1]} = \mathbf{s}^{[n]} + \begin{bmatrix} 0 & h \\ -\omega^2 h & 0 \end{bmatrix} \mathbf{s}^{[n+1]}$$

可以重新写成这样的形式：

$$I\mathbf{s}^{[n+1]} - \begin{bmatrix} 0 & h \\ -\omega^2 h & 0 \end{bmatrix} \mathbf{s}^{[n+1]} = \mathbf{s}^{[n]}$$

得到了线性方程组：

$$\begin{bmatrix} 1 & -h \\ \omega^2 h & 1 \end{bmatrix} \mathbf{s}^{[n+1]} = \mathbf{s}^{[n]} \quad \text{或}$$

$$M\mathbf{s}^{[n+1]} = \mathbf{s}^{[n]}$$

所以我们有 $\mathbf{s}^{[n+1]} = M^{-1}\mathbf{s}^{[n]}$。矩阵 M 的行列式是 $1 + \omega^2 h^2$，所以 M^{-1} 的行列式是 $\frac{1}{1+\omega^2 h^2}$。因为 $\omega^2 h^2 > 0$，所以不管步长 h 为多少，行列式总小于 1，故后项和前项之比必然小于 1，所以隐式欧拉法对所有的步长 h 都是稳定的。这和不论步长多少都不稳定的显式欧拉法形成了对比。

正如我们看到的，隐式欧拉法的稳定性更好；对于正弦振荡和指数衰减，隐式欧拉法是无条件稳定的，即不管步长 h 多大，算法都是稳定的。我们可以取任何想要的步长，而且知道解不会"发散"。但是这不是没有代价的：求解过程更复杂，也会遇到数值耗散问题。

步长太大时，显式欧拉法有让幅度不断增大越界的趋势，而隐式欧拉法有让幅度衰减的趋势。随着时间推进，隐式欧拉法倾向于得到 0 而不是精确解。这个效应称为数值耗散（numerical dissipation）。为了理解这个现象，我们考虑振子的精度，分析过程和 7.5 节中的类似。

正如我们刚才看到的，对振子来说，矩阵 M^{-1} 的行列式是 $\frac{1}{1+\omega^2 h^2} = \frac{1}{1+(\frac{\pi h}{P})^2} = \frac{P^2}{P^2+\pi^2 h^2}$。所以迭代 n 步后净损耗是

$$g = \left(\frac{P^2}{P^2 + \pi^2 h^2}\right)^n$$

当损失 1% 时

$$n = \left\lceil \log 0.99 / \log\left(\frac{P^2}{P^2 + \pi^2 h^2}\right) \right\rceil$$

这个关系式可以用来计算振荡振幅衰减 1% 需要的步数，如下表所示。为了参考方便，我们也列出了显式方法中振幅增加 1% 需要的步数。

h	$P/8$	$P/16$	$P/32$	$P/64$	$P/128$	$P/256$
显式欧拉法	1	1	1	2	5	17
显式 RK2	1	2	27	429	6859	109 683
隐式欧拉法	1	1	2	5	17	67

注意，隐式方法的精度和显式方法类似，但是它们的精度都显著地低于 RK2。隐式积分法更稳定，但结果未必更精确。

7.8 总结

以下是本章的要点：

- 积分方法的阶数代表积分方法逼近被积分的函数的程度。可以把它理解为在泰勒级数展开式中保留多少项（使用了几阶导数）。

- 韦尔莱积分和蛙跳积分是二阶方法，但是假设了加速度只和位置有关，和速度无关。

- 龙格－库塔法可以有任意阶数，并且可以处理导数依赖于状态各个方面的情况。

- 选择积分方法需要结合时间、精度和复杂性各个方面综合考虑。对于本书中提到的大部分问题，RK4 是一个很好的选择。

- 使用高阶积分做碰撞检测会更复杂。在运动过程中选择一系列的时间点，对这些离散的时间点进行二分查找就可以找到和表面的距离在预设精度范围内的碰撞点。

- 可以对不同的积分方法在不同的问题下的精度和稳定性进行专门的分析。一些积分方法只有在步长足够小的时候才稳定，有的永远都是不稳定的。

- 为了达到预设精度，可以根据当前的步长造成的误差估计需要对步长做怎样的调整，下一步是增大还是减小步长。

- 隐式积分法提供了另一种保证积分稳定性的方法，尽管积分步骤比显式积分复杂得多，每一步都要求解线性方程组。

第 8 章　可形变弹性网格

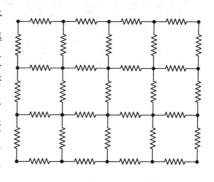

本章，我们来考察这样的粒子网格：粒子彼此之间以类似弹簧的方式相连接，从而使得整个网格结构灵活、可形变、有弹性。采用这种方式，我们能够为各式各样的物体建模，诸如橡胶皮、布料、果冻块、泰迪熊，以及几乎所有其他能用多边形几何模型来描述的可形变物体。右图展示了粒子利用弹簧互相连接的一种可能的形式。图 8.1 是一个绝佳的范例，它展示了如何使用这种方法，来创建有趣的形状及行为。本章中的这些想法，其最初的推动力都来自早期一篇富有影响力的论文：*The behavioral testbed: obtaining complex behavior from simple rules*，由 Haumann 和 Parent 发表于 1988 年。Chris Wedge，一名来自俄亥俄州的研究生，之后创办了蓝天动画公司[1]，在其制作的创新性动画短片 *Ballon Guy*[Wedge, 1987] 中，使用的正是 Haumann 和 Parent 的软件。不再使用基于邻近交互的粒子组，他们采用的方法是，使用连接固定的粒子弹性网格。由于粒子的连接与网格的连通性是一致的，因此建立一个与其他粒子产生交互的粒子集合，是一件轻松的事。只要任一粒子的连接数与粒子总数无关，基础的弹性网格问题的复杂度就为 $O(N)$，其随粒子数量增长。

本章要解决的问题包括：弹性连接的表现形式，如何将它们连接在一起构造一个弹性网格，并且如何保证生成网格的结构稳定性。接下来，我们会看到如何修改碰撞检测使其能够处理形状不断变化的物体。我们还将看到，高度复杂的几何体会造成过多细小的连接，导致形变的计算极为昂贵。在这种情况下，我们可以构造简化的、灵活的形变器，从而计算这些复杂物体近似的但可信的形变。最后，还会看到布料模拟这一特殊案例。

1　*Blue Sky Animation*

图 8.1 效仿萨尔瓦多·达利作品所创作的动画中的一帧，当中使用了弹性网格（由 Yujie
     Shu 提供）

8.1   阻尼弹性连接件

在讨论弹性网格之前，我们首先需要对网格的连接建一个好的模型。它应该可以产生力，令模型还原到尚未形变的平衡状态，同时提供一个机制来控制弹性振动的持续性。比方说，我们可能想让一个果冻块抖动且摇摆一到两秒，但对于一个橡皮球来说，其会变形、回弹，却不会发生任何肉眼可分辨的振动。为了获得想要的控制级别，我们将采用一种以风门[1]闭门器为模型的连接件。

风门闭门器由一个包含弹簧和活塞的金属管构成。管的活动杆连接着门框，固定杆连接着门。闭门器的作用是，当人打开门且手离开把手后，自动将门关上。将门关上的力来自于闭门器中的弹簧。如果闭门器里只有这些，那么门将会被迅速地拉回来，猛地关上。下图中显示了如何制造一个能够避免此问题的闭门器。当连接着门框的杆在开门过程中被拉出时，闭门器中的活塞会压缩弹簧。活塞在管内滑动的过程中，当杆被展开时，空气被吸入管内；当杆收回时，空气被挤出管外。当杆被拉出时，位于管一端的气阀让空气快速进入；当杆收回时，气阀让空气缓慢排出。弹簧力不仅将门拉回关上，同时还必须将空气挤出管外。弹簧所产生的力与弹簧的压缩程度成正比，空气所产生的力与活塞在管中移动的快慢成正比。

1　"storm door"，指安装在房屋外门前面的一种门，用于保护外门不被恶劣天气损坏，并且还能保持通风。

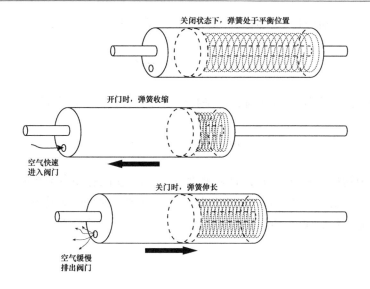

8.1.1　阻尼弹簧的数学原理

　　右图是一个简化了的一维模型，展示了闭门器中产生力的元素。弹簧连接着一个质量为 m 的物体，和一面不可移动的墙。阻尼器与弹簧平行，同样连接着物体和墙。弹簧的强度常数为 k，阻尼器的阻尼常数为 d，它们决定了各自能施加的力的大小。令物体的

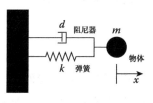

位置为 x，当弹簧处于松弛状态，即不会对物体施加作用力时，$x = 0$。我们假定弹簧与阻尼器的模型是线性的。弹簧对物体所施加的反方向的力，与弹簧相对平衡位置被压缩或拉伸的距离成正比。阻尼力并非取决于位置，且阻尼力的方向与物体的速度方向相反。用数学的语言描述，弹簧施加的作用力为

$$f_k = -kx$$

阻尼器施加的作用力为

$$f_d = -dv$$

如果物体同时被外力 f_e 推拉，则依据牛顿第二定律[1]，

$$m\ddot{x} = f_e + f_k + f_d$$

或

$$m\ddot{x} = f_e - kx - d\dot{x}$$

1　$\dot{x}$、$\ddot{x}$ 分别指 x 的一阶、二阶导数。

这是一个被充分研究过的二阶线性微分方程，通常写作以下形式

$$m\ddot{x} + d\dot{x} + kx = f_e$$

有一个特例，即外力 $f_e = 0$ 时，便是我们所知的方程的齐次形式

$$m\ddot{x} + d\dot{x} + kx = 0$$

如果系统中初始位移 $x = x_0$，且初速度 $\dot{x} = v_0$，在没有外力干扰时，方程的齐次形式描述了系统是如何随时间变化的。为了理解支撑杆的运动方式，在求解完全方程之前，我们先将方程的每个参数逐一设为 0，接着再看看对应的方程的解是什么样子的。

无物体质量的弹簧-阻尼

若我们令物体质量 $m = 0$，然后列方程来求解最高阶导数，有

$$\dot{x} = -\frac{k}{d}x$$

注意，此方程与我们在 7.5 节所见的指数衰减方程的形式是一样的，时间常数 $T = \frac{d}{k}$。因此，方程的解为

$$x(t) = x_0 \mathrm{e}^{-\frac{k}{d}t}$$

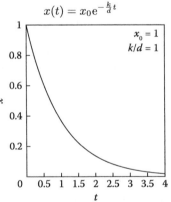

从初始位置 x_0 开始，产生指数衰减。我们从这个练习中可知，一个支撑杆，连接了一个质量非常小的物体，其会平滑地将物体移回平衡位置，其时间常数为

$$T = \frac{d}{k}$$

所以，要让运动慢下来，要么提高阻尼常数 d，要么降低弹簧常数 k。需要记住的关键点是，时间常数是一个比值，其取决于支撑杆中弹簧的刚度和阻尼的强度。

无弹簧弹性的物体-阻尼

如果我们令弹簧的刚度 $k = 0$，且列方程来求解最高阶导数，得到

$$\ddot{x} = -\frac{d}{m}\dot{x}$$

可以重写为速度的表达式

$$\dot{v} = -\frac{d}{m}v$$

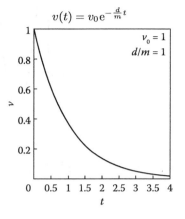

$$v(t) = v_0 \mathrm{e}^{-\frac{d}{m}t}$$
$$v_0 = 1$$
$$d/m = 1$$

这个方程同样是指数衰减的形式，时间常数为

$$T = \frac{m}{d}$$

不过这里是速度的衰减，不是位移。因此，解为指数衰减

$$v(t) = v_0 \mathrm{e}^{-\frac{d}{m}t}$$

只要再做一次积分，便可求得位移

$$x(t) = x_0 + v_0 \frac{m}{d}(1 - \mathrm{e}^{-\frac{d}{m}t})$$

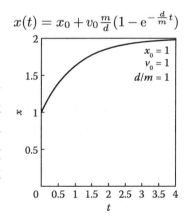

$$x(t) = x_0 + v_0 \frac{m}{d}(1 - \mathrm{e}^{-\frac{d}{m}t})$$
$$x_0 = 1$$
$$v_0 = 1$$
$$d/m = 1$$

因此，支撑杆中的弹簧如果非常软弱，则物体的任意初始运动都会被平滑减慢，直到其停下为止。其中，时间常数 $T = \frac{m}{d}$。所以，要让物体更快地停止，要么降低物体的质量 m，要么提高阻尼常数 d。同样地，时间常数是一个比值。在本例中，其取决于质量和阻尼强度。

无阻尼的弹簧-物体

如果设阻尼常数 $d = 0$，且列方程求解最高阶导数，得到

$$\ddot{x} = -\frac{k}{m}x$$

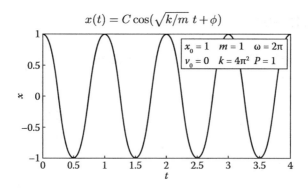

注意，这个方程与 7.5 节中的正弦振荡方程的形式相同，它的解为

$$x(t) = C\cos(\sqrt{k/m}t + \phi)$$

振幅 C 和相位角 ϕ 由初始位置 x_0 和初始速度 v_0 决定，关系式如下

$$\phi = -\arctan(\sqrt{\frac{m}{k}}\frac{v_0}{x_0}) \text{ 且}$$

$$C = \sqrt{x_0^2 + \frac{m}{k}v_0^2}$$

因此，如果支撑杆中的阻尼非常小，那它将以正弦的形式振荡，其频率为

$$\omega = \sqrt{k/m}, \text{ 或周期 } P = 2\pi\sqrt{m/k}$$

要延长振荡的周期，要么提高物体的质量 m，要么降低弹簧常数 k。同样地，它是个比值。在本例中，其取决于质量和弹簧刚度。

弹簧-物体-阻尼

从上述三个例子中，我们能猜到，支撑杆的运动应表现为某种正弦振荡的形式，但随时间呈指数形式衰减。更进一步，振荡的周期应取决于质量与弹簧刚度的比值，指数衰减取决于阻尼与弹簧常数的比值，以及质量与阻尼的比值。

为了深入探究完全方程的解，下面给出若干已被证明会非常有用的等式代换。首先，使齐次方程两边同时除以质量，可得

$$\ddot{x} + \frac{d}{m}\dot{x} + \frac{k}{m} = 0$$

注意，等式左边的最后一项，它是在无阻尼情况下，所求频率的平方。所以定义无阻尼的自然频率及其对应的周期为

$$\omega_n = \sqrt{k/m} \ \text{且} \ P_n = 2\pi\sqrt{m/k}$$

第二个代换是，定义一个阻尼因子

$$\zeta = \frac{d}{2\sqrt{km}}$$

经过这些等量代换后，微分方程可写作

$$\ddot{x} + 2\zeta\omega_n\dot{x} + \omega_n^2 x = 0$$

其解为

$$x(t) = Ce^{-\zeta\omega_n t}\cos(\omega_n\sqrt{1-\zeta^2}\,t + \phi)$$
或
$$x(t) = Ce^{-2\pi\zeta t/P_n}\cos(2\pi\sqrt{1-\zeta^2}t/P_n + \phi)$$

其中，ζ 的范围为 $[0,1]$。由于大多数真实材质的阻尼因子都远低于 1，所以这个解对大多数阻尼弹簧问题都普遍适用。比如，金属的阻尼因子通常小于 0.01，橡胶在 0.05 左右，汽车减震器在 0.3 左右。

这个解由两部分的乘积构成，一个是指数衰减，其时间常数为

$$T = \frac{1}{\zeta\omega_n} = \frac{2m}{d}$$

另一个是正弦振荡，其频率为

$$\omega = \omega_n\sqrt{1-\zeta^2}$$

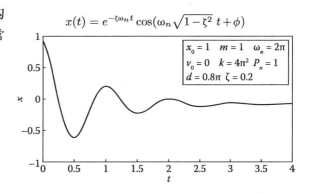

或

$$\omega = \sqrt{k/m - (d/2m)^2}$$

当阻尼因子 ζ 很高时，时间常数很小，这意味着振荡会很快停止。如果阻尼因子很小，振荡则可能永久持续。振荡频率也与阻尼因子有关。如果阻尼因子很小，则项 $\sqrt{1-\zeta^2}$ 趋近于 1，所以振荡频率将非常接近于无阻尼的固有频率 $\omega_n = \sqrt{k/m}$。如果阻尼因子偏大，频率将显著下降，低于固有频率。

需要注意的是，如果阻尼因子 ζ 大于 1，则方程的解将不再有效，因为平方根中的项 $1 - \zeta^2$ 是负数。本例中的解，其形式是指数衰减的。这表明了，当阻尼因子变得很大时，任何振荡在其开始之前，都将很快衰减殆尽。当 $\zeta = 0$ 时，系统被称作无阻尼系统。当 $0 < \zeta < 1$ 时，称作欠阻尼系统。当 $\zeta = 1$ 时，称作临界阻尼系统。当 $\zeta > 1$ 时，称作过阻尼系统。

8.2   弹性网格

通过将网格中多边形模型的边替换为弹簧-物体-阻尼系统，我们便能够构造一个弹性网格。弹簧-物体-阻尼系统能够产生力，其试图将边保持在其原本的长度，同时系统也允许这些边缩短和伸长，作为对外力的反馈。这是弹性网格模型的基本思想，但为了保持模型形状的稳定性，我们发现它仍需要额外的支持。我们从给边建模开始，然后讨论结构稳定性的问题。

8.2.1   支撑杆 —— 一种弹性网格的三维结构元素

为了发挥出弹簧-物体-阻尼系统在构造弹性网格中的作用，我们首先要从之前分析闭门器时所使用的一维模型中跳出来，进入一个全三维的模型中去。右图展示了所用模型的抽象，我们称之为*支撑杆*（strut）。它可以被抽象地理解为一个内含弹簧和阻尼的管状物，如图的上部所示。它的两端各连接着质点 m_i 和 m_j，并且有三个相关联的常数：k_{ij} 表

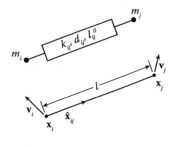

示弹簧的刚度，d_{ij} 表示它的阻尼强度，l_{ij}^0 表示支撑杆的平衡长度。图的下部展示了支撑杆中关键的变量计算元素。两个质点位于 $\mathbf{x}_i$、$\mathbf{x}_j$，且正以速度 $\mathbf{v}_i$、$\mathbf{v}_j$ 移动。从质点 i 到 j 的向量为 $\mathbf{x}_{ij}$，其长度 $l = \|\mathbf{x}_{ij}\|$，且方向向量 $\hat{\mathbf{x}}_{ij} = \mathbf{x}_{ij}/l$。由支撑杆所产生的所有力必须与这个方向向量对齐。我们能够根据这两个质点的位置和速度定义这些力。

由支撑杆中的弹簧所产生，作用于物体上的力，源自于弹簧相对其平衡位置发生的伸长或压缩，其大小由差值 $l_{ij} - l_{ij}^0$ 来度量。因此，作用于物体 i 上的弹簧力为

$$\mathbf{f}_i^s = k_{ij}(l_{ij} - l_{ij}^0)\hat{\mathbf{x}}_{ij}$$

且依据牛顿第三定律，作用于物体 j 上的弹簧力与其大小相等方向相反：

$$\mathbf{f}_j^s = -\mathbf{f}_i^s$$

由支撑杆中的阻尼器所产生作用于物体上的力，源自于对抗支撑杆长度变化速率时所产生的阻力。它的值由两个物体的速度差在支撑杆方向上的分量来度量，$(\mathbf{v}_j - \mathbf{v}_i) \cdot \hat{\mathbf{x}}_{ij}$。因此，由阻尼器所产生的作用于物体 i 上的力为

$$\mathbf{f}_i^d = d_{ij}[(\mathbf{v}_j - \mathbf{v}_i) \cdot \hat{\mathbf{x}}_{ij}]\hat{\mathbf{x}}_{ij}$$

且根据牛顿第三定律，作用于物体 j 上的阻尼力为

$$\mathbf{f}_j^d = -\mathbf{f}_i^d$$

8.2.2　用支撑杆构造一个弹性网格

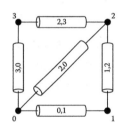

多边形网格能够被转换成一个弹性网格，只需将两个顶点间的每条边表示成一个支撑杆，其中支撑杆由顶点索引来标识，每个顶点由粒子表示，即可实现转换。右图中展示了一种实现方式。其中，网格由两个三角形构成，其顶点编号为 0~3。一般情况下，每个支撑杆的平衡长度应被设置为原始网格中对应边的边长。

图 8.2 中展示了这种实现方式下的一种简单的数据结构，并附上了示例网格。三个数组 s、f、p 分别存储了弹性网格中的支撑杆（即网格的边）、面、顶点粒子的相关信息。每个支撑杆元素（即 s 数组中的元素）存储了弹簧、阻尼、平衡长度等参数，还有其两端的顶点粒子的索引号。每个面元素（即 f 数组中的

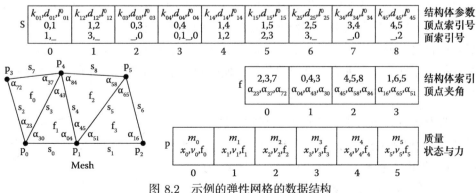

图 8.2　示例的弹性网格的数据结构

元素）存储了与这个面邻接的支撑杆的索引号。最后，每个粒子元素（即 p 数组中的元素）存储了粒子的质量、位置、速度及累加的作用力信息。我们稍后将看到，在处理空气阻力和扭转弹簧，以及分配顶点质量时，如果令每个支撑杆存储与其邻接的一个或两个面的索引号，同时再令每个面存储（或计算）其所有顶点的夹角，将会非常有用。

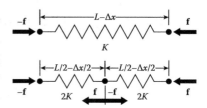

如果每个支撑杆都需要一个一致的弹性，那么弹簧和阻尼常数的选择，应该基于标称长度为 L 的某条边所期望的强度。从而，每个支撑杆的弹簧和阻尼常数应该以 L/l_{ij}^0 为比例缩放。这样一来，短边所对应的弹簧就比长边的更坚硬。这是因为我们想要固定的长度有固定的弹性，无论其表示为一个支撑杆，还是若干个首尾相接的支撑杆。右图展示了它为什么奏效。已知弹簧的平衡长度为 L，弹簧常数为 K，当被压缩了距离 Δx 后，弹簧所产生的力为 $K\Delta x$。如果有两个弹簧常数为 k，长度为 $L/2$ 的相同弹簧，首尾相连。仍令整体压缩距离为 Δx，则每一小段弹簧被压缩的距离应为 $\Delta x/2$。因为一小段弹簧所产生的力为 $k\Delta x/2$，要使合力与长弹簧所产生的力一致，必须有 $k = 2K$，即小弹簧的坚硬程度是长弹簧的两倍。要使自己相信这个结论，可以尝试做下面的实验。剪开一根橡皮筋，使其变成一长条，然后拉扯一下，感受它的强度。接下来，把这条橡皮筋剪成两半，再试试拉扯其中一半，还和原来那根长条强度一样吗？

8.2.3　空气阻力与风

由于弹性网格通常可以被看成由若干个多边形构成的表面，因此增加空气阻力和风力不再像粒子的情况那么简单了。空气阻力的作用横跨每个多边形面，而不是作用在构成多边形的顶点上。考虑一面由弹性网格构成的旗子。如果风力仅作用于顶点粒子，那么粒子就会沿着风的方向被推动，但不会产生典型的旗子摆动的效果。旗子只会简单地沿着风的方向被拉伸。实际上，旗子的每个多边形面都应被看成一个小翅膀。作用于多边形上的升力和拖拽力，会随着面与风的朝向而变化，并且有一个垂直于风向的分量，使得旗子呈现出如图 8.3 所示的漂亮的摆动。

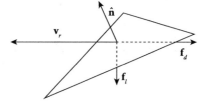

假设所有多边形都是三角形，则右图展示了升力 $\mathbf{f}_l$ 和拖拽力 $\mathbf{f}_d$，与三角形中心点穿过空气时的相对速度 $\mathbf{v}_r$ 之间的关联。令 $\mathbf{w}$ 为局部的空气速度向量，$\mathbf{v}$ 为三角形的速度，则

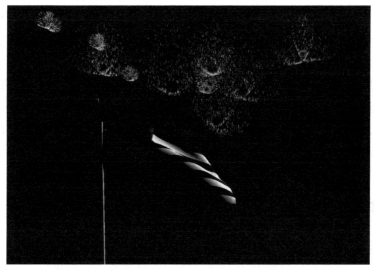

图 8.3　美国独立日国旗与烟花动画中的一帧（由 Nathan Newsome 提供）

$\mathbf{v}_r = \mathbf{v} - \mathbf{w}$，即多边形挤压局部气体物质的速度。对于接近等边的三角形来说，三角形中心的速度近似于三个顶点速度的简单平均。单个粒子上的拖拽力与空气阻力相似，它总是与速度方向相反。升力则与拖拽力垂直。在图中，三角形向左移动，并且相对运动方向稍稍向下倾斜，因此升力会将三角形往下推。反之，如果三角形向上抬起，升力就会将其往上推。

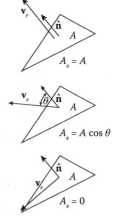

升力和拖拽力的大小，皆与多边形穿过空气时的相对速度的平方成正比，同时也与三角形的有效面积 A_e 成正比。如附录 F 所示，三角形的实际面积 A 等于任意两条边的叉积大小的一半。如图的上部所示，如果三角形的法向量和相对速度同向，那么整个三角形面积都将推挤空气。如图的底部所示，如果三角形的法向量与相对速度垂直，那么三角形完全侧身划过空气，即有效面积为 0。通常情况下，如中间图所示，三角形的有效面积为，其法向量和相对速度向量夹角的余弦值乘以实际面积，即

$$A_e = A(\hat{\mathbf{n}} \cdot \hat{\mathbf{v}}_r)$$

于是，经过一些代数化简，升力和拖拽力如下

$$\mathbf{f}_d = -C_d A(\hat{\mathbf{n}} \cdot \mathbf{v}_r)\mathbf{v}_r \quad \text{且}$$

$$\mathbf{f}_l = -C_l A(\hat{\mathbf{n}} \cdot \mathbf{v}_r)(\mathbf{v}_r \times \frac{\hat{\mathbf{n}} \times \mathbf{v}_r}{\|\hat{\mathbf{n}} \times \mathbf{v}_r\|})$$

其中，C_d、C_l 为拖拽力和升力的系数，可由用户调节，以获得满意的表现。

当三角形的受力计算好后，力需要被传播到顶点上去。一种实现方式是，将力按照各顶点对应角度的比例分配。因为三角形的内角和为 180°，则三角形依照其顶点所对应角度的质量分布分数，用角度值度量的话，值为 $\frac{\theta}{180}$。举例来说，等边三角形的内角均为 60°，则每个顶点将各自获得受力的三分之一。而内角分别为 30°、60°、90° 的三角形，则第一个顶点获得 1/6 的力，第二个顶点获得 1/3 的力，而最后一个顶点获得 1/2 的力。

8.2.4　弹性网格的模拟

弹性网格中的每个粒子的加速度的计算过程如下：

1. 遍历每个粒子，把所有直接作用在该粒子上的外力，诸如空气阻力、摩擦力和重力等，累加起来，设置为该粒子的受力。
2. 遍历每个支撑杆，把该支撑杆的弹簧力和阻尼力添加到与其相连的两个粒子上。
3. 遍历每个多边形面，将作用在该面上的升力和拖拽力分配到面的顶点粒子上。
4. 遍历每个粒子，将作用在该粒子上的合力除以粒子的质量，得到粒子的加速度。

8.2.5　结构刚度

构造一个弹性物体的目标是：大致保持其初始的形状，但又能够适当地响应力的作用，而发生形变。比如图 8.4 所示的滚动的软球，其受到重力作用发生了形变。同时软球又滚过了地板上的小水滴，但其仍保持了球的样子。可惜的是，如果只是简单地将多边形的边替换为支撑架，是无法达到预想的效果的。

右图展示了将立方体的所有边替换为有弹性的支撑架，以及将每个顶点替换为质点后的样子。每条边现在可以自由地伸长和收缩，其中的弹簧则趋于把边保持在初始的长度。这种设置的问题在于，质点的运动方式会像一个连接了边的球形关节。

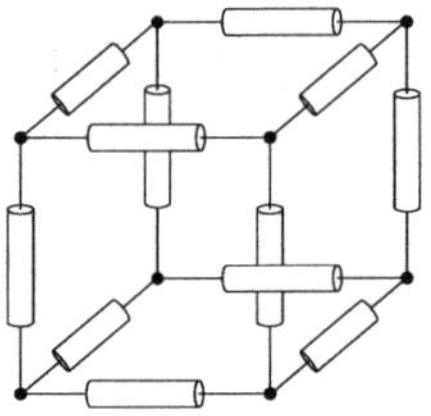

如下图所描绘的，由于系统中没有任何的措施将顶点的角度保持在趋近于 90°，所以立方体最终会坍塌。实际上，它会完全被摊平，最终，多边形的所有面会位于同一个平面上。

显然，这不是我们想要的弹性物体的行为。

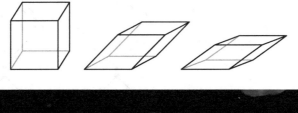

图 8.4　非常柔软的球体滚过一些小珠子（由 Chaorin Li 提供）

图 8.5 展示了一种可用于给弹性物体提供一些结构稳定性的方法。左边第一列展示了一个菱形，其边都被替换为了支撑杆。它有两种形变方式。首先可以在菱形自身的平面内折叠，沿两方向剪切，直到坍塌为一条直线。再有一种方式是在菱形平面外折叠，其旋转轴为菱形两条对角线中的任意一条。在极端情况下，当折叠整整 180° 时，它可以坍塌成一个单独的三角形。平面内剪切的问题可以通过额外添加任意一条横跨菱形对角线的支撑杆来解决。不过，这并不能解决平面外折叠的问题，但只要给两条对角线都添加一个支撑杆，上述两个问题就都解决了。

一种保证结构稳定性的方法是，把每对顶点都用支撑杆相连接。考虑一个立方体的情况，它能够通过提供额外的 16 根支撑杆来获得结构的完整性：立方体表面的对角线共 12 根，横跨立方体内部的对角线共 4 根。照此连接的结果用图画出来的话看起来会乱糟糟的，但也挺容易想象出来。然而，通常不需要采用太多的支撑杆便能满足其结构的完整。比如在立方体中，只需要在内部对角线上添加 4 根，或者在 6 个表面上各添加一根即可满足完整性。选择添加哪根辅助的支撑杆，且该如何设置每根的参数，都将对物体所有的行为产生重要影响。

值得注意的是，在支撑杆数组中，辅助的支撑杆不一定会有与之关联的面。比如说，立方体内部对角线上的支撑杆就没有任何与其关联的面，并且如果立方体表面上的两根对角线都被添加了支撑杆的话，就不可能两根同时有关联的面。

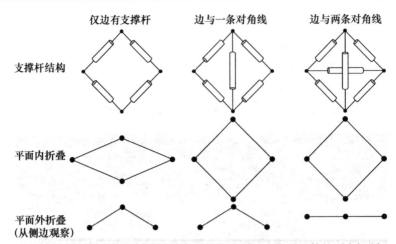

图 8.5   添加强化支撑杆能够解决弹性网格平面内和平面外的刚度问题

确保结构稳定性的另一种方法是，利用一个弹性四面体。它的每条边都是一个支撑杆，具有总是趋于维持其形状的特性。它不会坍塌，因为顶点的任何旋转都天然地被其他边所抵消。因此，如果一个几何体能够表示为若干四面体的集合，那么它就能成为一个弹性物体，且能维持其形状。比如说，如果  一个立方体的每个面沿着对角线方向被切开，形成 12 个三角形，且这些三角形的每个角都与立方体正中心处的顶点相连接，那么该立方体就能由这 12 个四面体来组成，从而能维持它的形状。

8.3   扭转弹簧

为了解决弹性网格的结构性问题，无论是通过在对角线上增加支撑杆，还是以四面体的形式构造物体，都算不上一种伸缩性强的方法，尤其是当这个物体比一个立方体要复杂得多的时候。例如要构造一个稳定的网格来为 bunny 或 teapot 建模[1]，将会是一个极为复杂的过程，会额外引入巨大数量的支撑杆。使用四面体来拼接其体积的想法稍好一些，但仍旧十分复杂。本节中，我们提出一种不同的方法，其相对来说更容易实现。

物体表面任意两个共边的多边形，如果其对应邻接面的夹角不变，那么弹性物体的结构稳定性就是可以被保证的。一种方法是，在所有邻接面之间引入扭转弹簧，这与使用弹簧保持边的长度是不冲突的。如果多边形面都是三角形面的话，分析将会因此简化许多，之后我们可以只考虑这种情况。这样的设定是满足

---

1   bunny 和 teapot 分别是著名的"兔子"和"茶壶"的三维模型，通常用作各类算法的演示对象。

一般情况的，因为大多数几何模型是由三角形构造出来的，或是由四边形这种很容易细分为三角形的多边形所构造的。

　　右图从概念上展示了扭转弹簧是如何工作的。两个三角形沿着一个共同的边相连，该条边类似一个铰链，两个三角形可围绕其旋转。扭转弹簧的两端分别连接着这两个三角形面，当三角形绕着铰链，相对彼此发生旋转时，弹簧便会施加一个力矩。这个力矩试图将三角形之间的夹角旋转回弹簧的平衡角度（即处于这个角度时，弹簧既不压缩也不拉伸）。若 θ_0 是平衡角度，且 θ 为当前三角形之间的夹角，则力矩 τ 的模长，与夹角和平衡角度间的差成正比。

$$\|\tau\| = k_\theta |\theta - \theta_0|$$

其中，k_θ 表示弹簧的强度。当弹簧被压缩时，力矩的方向使得角度差变大；当弹簧拉伸时，角度差会减小。

8.3.1　力矩

　　力矩之于旋转运动就如同力之于平移运动。力矩产生角加速度，改变物体围绕某个中心旋转时的速度。与力一样，力矩是一个矢量；但又有别于力，力矩的矢量方向不是运动的方向。我们假设有一个粒子围绕一个轴旋转，粒子扫过所形成的圆面将垂直于转轴。力矩矢量与转轴的方向相同，因此也与转动平面垂直。力矩的大小与粒子角动量的变化率相等，所以以固定角速度旋转的物体，它的净力矩为零——正如物体以固定速度平移时，合力为零一样。

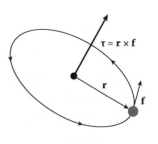

　　力矩是约束运动中的人造量。考虑一个力矩，它由施加在物体上的一个力所产生，该物体被刚性地连接在某个转动关节的一端，与关节点相隔一定的距离。右图展示了力 $\mathbf{f}$ 及其所产生的力矩 τ，且力作用于关节点外 $\mathbf{r}$ 的位置。只有垂直于这个刚性连接的力的分量才会产生转动，因为平行的分量都被连接的内部力所抵消了。所产生的力矩同时垂直于力的矢量 $\mathbf{f}$，以及关节点所在处到物体受力处的位置矢量 $\mathbf{r}$。如果力作用于距离转动关节很近的地方，则产生的力矩微乎其微；但如果同样的力作用于距离转动关节

很远的地方，则力矩就会变得很大。这三个概念被封装在以下关系式中

$$\boldsymbol{\tau} = \mathbf{r} \times \mathbf{f} \tag{8.1}$$

力矩与施加在距转动关节一定距离处的力有关。

8.3.2 根据扭转弹簧计算力矩

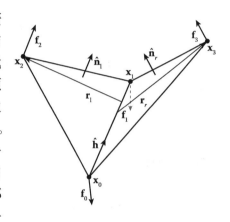

右图尝试以向量图的形式表示扭转弹簧问题。采用这种形式，便可将问题从原本与力矩相关，转化为只与力相关。如图所示，我们为两个三角形中的每个顶点编号。记从顶点 i 到顶点 j 的边向量为 $\mathbf{x}_{ij} = \mathbf{x}_i - \mathbf{x}_j$，边长 $l_{ij} = \|\mathbf{x}_{ij}\|$，且边的方向为 $\hat{\mathbf{x}}_{ij} = \mathbf{x}_{ij}/l_{ij}$。注意，三角形旋转所围绕的铰链与边 $\mathbf{x}_{01}$ 一致，为了方便起见，我们定义铰链的方向向量 $\hat{\mathbf{h}} = \hat{\mathbf{x}}_{01}$。对于左边三角形的相关属性，都多加一个 l 的下标，对于右边三角形多加一个 r 的下标。则左边三角形上表面的法向量为 $\hat{\mathbf{n}}_l$，右边三角形的为 $\hat{\mathbf{n}}_r$。过顶点 $\mathbf{x}_2$ 和 $\mathbf{x}_3$，各自作一条垂直且相交于铰链边向量 $\mathbf{x}_{01}$ 的垂线，方向指向顶点朝外，记这两个向量为 $\mathbf{r}_l$ 和 $\mathbf{r}_r$。可由下列式子给出

$$\mathbf{r}_l = \mathbf{x}_{02} - (\mathbf{x}_{02} \cdot \hat{\mathbf{h}})\hat{\mathbf{h}} \quad \text{且}$$
$$\mathbf{r}_r = \mathbf{x}_{03} - (\mathbf{x}_{03} \cdot \hat{\mathbf{h}})\hat{\mathbf{h}}$$

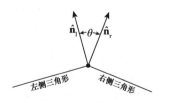

如右图所示，我们可将两个三角形当前的夹角 θ 视为它们表面法向量的夹角，并记平衡位置的夹角为 θ_0。因此，两个共面的三角形夹角 $\theta = 0°$，立方体中任意两个邻接面的夹角 $\theta = 90°$。依照此约定，三角形夹角的余弦值 $\cos\theta = \hat{\mathbf{n}}_l \cdot \hat{\mathbf{n}}_r$。然而，余弦值只能唯一确定两个象限内的角度值，因为 $\cos\theta = \cos(-\theta)$。若想确立整个 $360°$ 内的角度，还必须考虑正弦值。为此我们再来看叉积。注意，$\hat{\mathbf{n}}_l \times \hat{\mathbf{n}}_r$ 能够保证与铰链向量 $\hat{\mathbf{h}}$ 平行，并且如图所示，当 θ 为正时，叉积所得的向量朝向与 $\hat{\mathbf{h}}$ 相同。因此，

$\sin\theta = (\hat{\mathbf{n}}_l \times \hat{\mathbf{n}}_r) \cdot \hat{\mathbf{h}}$，并且有

$$\theta = \arctan\frac{(\hat{\mathbf{n}}_l \times \hat{\mathbf{n}}_r) \cdot \hat{\mathbf{h}}}{\hat{\mathbf{n}}_l \cdot \hat{\mathbf{n}}_r}$$

我们注意到，若要确定夹角所在的象限，就必须知道上式中分子、分母各自的符号。因此，在写代码的过程中，必须使用诸如 C++ 中 atan2() 这样的函数，该函数将分子、分母的值作为两个独立的参数传入，并返回整个 360° 范围内的角度值。而函数 atan() 将分子、分母的比值作为一个参数传入，只能返回 180° 内的角度值。

如果我们使用上述方法计算出角度值 θ，则弹簧产生的力矩为

$$\boldsymbol{\tau}_k = k_\theta(\theta - \theta_0)\hat{\mathbf{h}}$$

当力矩向量与铰链向量同向时，力矩所产生的旋转会使得角度差减小；当反向时，角度差则会增大。

与线性支撑杆相似，扭转弹簧也应该包含阻尼项，从而弹簧产生的振荡都会被抑制掉。将外侧顶点在其各自表面法线方向上的速度分量，除以顶点到铰链的距离，得到顶点所在表面绕铰链旋转的角速度。右图解释了原理。图中，$\mathbf{v}_2$是左边三角形的外侧顶点的速度。顶点在其表面法线方向上的速度 $s_l = \mathbf{v}_2 \cdot \hat{\mathbf{n}}_l$。对应的围绕铰链旋转的速度，以弧度每秒记，为

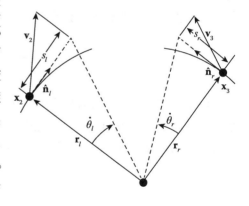

$$\dot{\theta}_l = s_l/\|\mathbf{r}_l\|$$

类似地，右边三角形上的顶点 $\mathbf{v}_3$ 在其表面法线方向上的速度 $s_r = \mathbf{v}_3 \cdot \hat{\mathbf{n}}_r$，则右表面的旋转速度为

$$\dot{\theta}_r = s_r/\|\mathbf{r}_r\|$$

这两个角速度之和可用来衡量两个表面之间彼此接近得有多迅速，以及弹簧拉伸或压缩得有多快，而且还能增加一个阻尼力矩

$$\boldsymbol{\tau}_d = -d_\theta(\dot{\theta}_l + \dot{\theta}_r)\hat{\mathbf{h}}$$

从而减少相对于铰链的净角速度。常数 d_θ 决定了扭转弹簧的阻尼强度。最后，由扭转弹簧和阻尼产生的合力矩为

$$\boldsymbol{\tau} = \boldsymbol{\tau}_k + \boldsymbol{\tau}_d = [k_\theta(\theta - \theta_0) - d_\theta(\dot{\theta}_l + \dot{\theta}_r)]\hat{\mathbf{h}}$$

8.3.3 根据扭转弹簧计算顶点受力

我们的目标是计算作用在四个顶点上的力，以解释由扭转弹簧所产生的力矩。用 $\mathbf{f}_i$ 来表示作用在顶点 i 上的力。由于没有外力作用于这个三角形-弹簧系统，因此下式一定成立

$$\mathbf{f}_0 + \mathbf{f}_1 + \mathbf{f}_2 + \mathbf{f}_3 = 0$$

倘若上式不成立，则该系统内部所产生的力便可令系统的质心发生加速运动。因此，只要我们能找到其中三个力，第四个力便可唯一确定。我们依据这个事实进行以下分析，首先找到 $\mathbf{f}_1$、$\mathbf{f}_2$ 和 $\mathbf{f}_3$，所以

$$\mathbf{f}_0 = -(\mathbf{f}_1 + \mathbf{f}_2 + \mathbf{f}_3)$$

由于力 $\mathbf{f}_2$ 和 $\mathbf{f}_3$ 是由力矩产生并作用于两个外部顶点之上的，因此它们必须平行于表面法向量 $\hat{\mathbf{n}}_l$ 和 $\hat{\mathbf{n}}_r$。首先来看作用于左边三角形外侧顶点上的力，力与力矩的关系如公式 8.1 所给出的，

$$\boldsymbol{\tau} = \mathbf{r}_l \times \mathbf{f}_2$$

等式两边共同点乘以铰链向量，并将向量 $\mathbf{r}_l$ 的模长因式分解提出来，放到等式左边

$$\frac{\boldsymbol{\tau} \cdot \hat{\mathbf{h}}}{\|\mathbf{r}_l\|} = (\hat{\mathbf{r}}_l \times \mathbf{f}_2) \cdot \hat{\mathbf{h}}$$

现在，由于 $\hat{\mathbf{r}}_l$、$\mathbf{f}_2$ 和 $\hat{\mathbf{h}}$ 都相互正交，且 $\mathbf{f}_2$ 与左边三角形的表面法向量平行，因此可得

$$\mathbf{f}_2 = \frac{\boldsymbol{\tau} \cdot \hat{\mathbf{h}}}{\|\mathbf{r}_l\|}\hat{\mathbf{n}}_l$$

作用于右边三角形外侧顶点上的力 $\mathbf{f}_3$ 同理可得，首先由如下关系式

$$\boldsymbol{\tau} = \mathbf{r}_r \times \mathbf{f}_3$$

再推导出

$$\mathbf{f}_3 = \frac{\boldsymbol{\tau} \cdot \hat{\mathbf{h}}}{\|\mathbf{r}_r\|} \hat{\mathbf{n}}_r$$

以上我们可以得到三个所需的力中的两个，要找到第三个，还要看看系统中力矩的平衡。

　　尽管我们还没确定所有的力，但已知有四个力作用于由一对铰链相连的三角形上。考虑对于系统中任意一点，都会产生四个力矩：$\boldsymbol{\tau}_0$、$\boldsymbol{\tau}_1$、$\boldsymbol{\tau}_2$ 和 $\boldsymbol{\tau}_3$。正如四个力必须平衡以使得系统没有净加速度，所产生的四个力矩也必须保持平衡，从而系统不会发生仅由其内部产生的力矩引起的角动量的变化。因此，可写出力矩平衡的等式

$$\boldsymbol{\tau}_0 + \boldsymbol{\tau}_1 + \boldsymbol{\tau}_2 + \boldsymbol{\tau}_3 = 0$$

　　右图展示了一种分析力矩平衡的方法。如果我们沿着铰链的方向看，可以看到一个力有没有产生力矩，使得铰链向量发生了旋转。我们注意到，铰链是不可能有任何旋转的，因为有效的力矩都平行于铰链。我们来看这些由四个力所产生的关于顶点 $\mathbf{x}_0$ 处的力矩。定义 $d_{02} = \mathbf{x}_{02} \cdot \hat{\mathbf{h}}$，$d_{03} = \mathbf{x}_{03} \cdot \hat{\mathbf{h}}$，为顶点 $\mathbf{x}_0$ 到

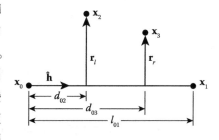

力 $\mathbf{f}_2$、$\mathbf{f}_3$ 的作用点，在铰链方向上的投影距离。力 $\mathbf{f}_0$、$\mathbf{f}_1$ 作用在铰链的两端。由于力 $\mathbf{f}_0$ 到顶点 $\mathbf{x}_0$ 的距离为 0，则由公式 8.1 可知，$\boldsymbol{\tau}_0 = 0$。其他三个力矩分别为

$$\boldsymbol{\tau}_1 = l_{01} \hat{\mathbf{h}} \times \mathbf{f}_1$$
$$\boldsymbol{\tau}_2 = d_{02} \hat{\mathbf{h}} \times \mathbf{f}_2 \text{ 且}$$
$$\boldsymbol{\tau}_3 = d_{03} \hat{\mathbf{h}} \times \mathbf{f}_3$$

令这三个力矩之和为 0，将 $\mathbf{f}_1$ 移到等式一边，提出铰链向量叉积的因子 $\hat{\mathbf{h}}$，可得

$$\hat{\mathbf{h}} \times \mathbf{f}_1 = \hat{\mathbf{h}} \times -\frac{d_{02}\mathbf{f}_2 + d_{03}\mathbf{f}_3}{l_{01}}$$

由于 $\mathbf{f}_1$、$\mathbf{f}_2$ 和 $\mathbf{f}_3$ 都垂直于铰链 $\hat{\mathbf{h}}$，所以要满足上式，则仅当

$$\mathbf{f}_1 = -\frac{d_{02}\mathbf{f}_2 + d_{03}\mathbf{f}_3}{l_{01}}$$

　　由于这是一连串复杂的推导，所以让我们来总结一下，到底需要哪些运算，才能最终得到连接两个相邻三角形面的扭转弹簧所产生的力。

$$
\begin{array}{llll}
\mathbf{x}_{ij} = \mathbf{x}_i - \mathbf{x}_j & l_{ij} = \|\mathbf{x}_{ij}\| & \hat{\mathbf{h}} = \mathbf{x}_{01}/l_{01} & \\
d_{02} = \mathbf{x}_{02} \cdot \hat{\mathbf{h}} & d_{03} = \mathbf{x}_{03} \cdot \hat{\mathbf{h}} & \mathbf{r}_l = \mathbf{x}_{02} - d_{02}\hat{\mathbf{h}} & \mathbf{r}_r = \mathbf{x}_{03} - d_{03}\hat{\mathbf{h}} \\
\theta = \arctan \frac{(\hat{\mathbf{n}}_l \times \hat{\mathbf{n}}_r) \cdot \hat{\mathbf{h}}}{\hat{\mathbf{n}}_l \cdot \hat{\mathbf{n}}_r} & \dot{\theta}_l = \frac{\mathbf{v}_2 \cdot \hat{\mathbf{n}}_l}{\|\mathbf{r}_l\|} & \dot{\theta}_r = \frac{\mathbf{v}_3 \cdot \hat{\mathbf{n}}_r}{\|\mathbf{r}_r\|} & \boldsymbol{\tau} = [k_\theta(\theta - \theta_0) - \\
& & & d_\theta(\dot{\theta}_l + \dot{\theta}_r)]\hat{\mathbf{h}} \\
\mathbf{f}_3 = \frac{\boldsymbol{\tau} \cdot \hat{\mathbf{h}}}{\|\mathbf{r}_r\|}\hat{\mathbf{n}}_r & \mathbf{f}_2 = \frac{\boldsymbol{\tau} \cdot \hat{\mathbf{h}}}{\|\mathbf{r}_l\|}\hat{\mathbf{n}}_l & \mathbf{f}_1 = -\frac{d_{02}\mathbf{f}_2 + d_{03}\mathbf{f}_3}{l_{01}} & \mathbf{f}_0 = -(\mathbf{f}_1 + \mathbf{f}_2 + \mathbf{f}_3)
\end{array}
$$

8.3.4 带有扭转弹簧的网格的模拟

若要构造一个具有扭转弹簧的弹性网格系统——弹簧横跨所有边，还需要扩展如图 8.2 所示的网格数据结构。每两个邻接面都有支撑杆相连，杆中有一个扭转弹簧，我们将为这根弹簧添加一个弹簧常数。计算每个粒子的加速度时，还需要在遍历支撑杆的过程中计算铰链的受力。

8.4 选择好的参数

在设置一个弹性网格系统时，选择一套符合预期的参数往往是件令人头疼的事情，因为参数之间相互作用，这都将影响网格的关键行为特征。以下是一条参数设置的速成之路，旨在令动画师能够快速产生预期的效果。

最容易设置的参数是质量。所有人对物体大致的重量有多少，都有着强烈的直觉，所以正确地估计出一个模型在真实世界中的质量是多少，是一个比较好的开始。一个保龄球质量大约为 7 kg，一个网球大约为 0.06 kg，乒乓球大约为 0.003 kg。这些都是估计值——重要的是质量要在正确的范围里。

初学者常犯的错误是将质量设为 1，却没有指定单位，觉得这样可以简化所有运算公式。但问题在于，如果我们将网球的质量设为 1，那么保龄球的质量就是 116，乒乓球的质量就是 0.05——假设这些物体共存于同一个世界中，并且它们表现一致。如果把它们的质量都设为 1，那么这个世界一定看起来非常奇怪！如果将所有质量都根据你所偏好的度量体系设置成物理真实值的话，那么对于动画世界中所观察到的表现来说，它们一定具有合理的物理一致性。

一旦选择好了物体的质量，必须将其分配到模型的各个顶点上去。如果物体的质量为 M，且它对应的模型有 N 个顶点，那么可将每个顶点 i 的质量设为 $m_i = M/N$。一个更好的方法是，根据顶点所邻接的三角形的面积，相对于总面积的比值，调整这个顶点的质量。

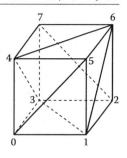

　　考虑一个由三角形面所表示的立方体，如右图所示。假设立方体的边长为 L，则其总面积为 $A = 6L^2$，且每个三角形面的面积为 $L^2/2$。因此，若立方体的总质量为 M，则每个三角形面的质量为 $M/12$。如同分配升力一样，这里的技巧在于，根据顶点所在的三角形中对应的角度来分配质量。考虑顶点 0，它有四个邻接的三角形，对应两个 $45°$ 的角，以及两个 $90°$ 的角。所以，分配到顶点 0 上的总质量为 $\frac{1}{4}(M/12) \times 2 + \frac{1}{2}(M/12) \times 2 = M/8$。顶点 1 有 5 个邻接的三角形，对应 4 个 $45°$ 的角，以及一个 $90°$ 的角。那它的总质量为 $\frac{1}{4}(M/12) \times 4 + \frac{1}{2}(M/12) \times 1 = M/8$。同理，其他顶点所邻接的面积同样可以计算出来。通过这个简单的例子，我们得到了每个顶点的质量为 $M/8$，符合预期中均分的结果。对于更复杂的情况，比如三角形的尺寸和角度都是可变的，那么每个顶点上质量的分布将不会是均匀的，但依然能够有良好的表现。

　　合理地确定了各点的质量后，接下来，为支撑杆选择一个弹簧和阻尼常数，它们决定弹簧振荡的周期是多少，以及弹簧振荡多快被衰减掉。我们以右图为例，一个小球通过一个弹簧支撑杆悬挂在天花板上。假设我们想让小球在一段时间内的弹跳衰减到不足满幅振幅的 95%。用动画师的术语来说就是，我们希望指定每次弹跳的帧数，以及整个弹跳序列的总帧数。如 8.1.1 节所推导的，支撑杆的时间常数 T 和非阻尼周期 P_n 如下

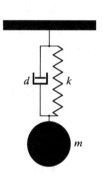

$$T = \frac{2m}{d}$$

且
$$P_n = 2\pi\sqrt{m/k}$$

因为我们已经选好了质量参数 m，从周期的公式我们知道，要让所需的弹簧和阻尼常数达到期望的阻尼时间常数，振荡周期应为

$$d = \frac{2m}{T}$$

且
$$k = \frac{4\pi^2 m}{P_n^2}$$

我们假设这个球是一个保龄球，质量 $m = 7\text{kg}$，我们希望振荡周期 $P = 5\text{s}$，并且希望振荡在三个周期内衰减掉，那么时间常数 T 应为 $\frac{3P}{3}$，也即 5s。因此，根据上述公式，我们应设置阻尼常数 $d = 2.8$，弹簧常数 $k = 11.1$。下图是模拟出的球的高度关于时间的函数图，其中 $m = 7\text{kg}$，$d = 2.8\text{N-s/m}$，$k = 11.1\text{N/m}$，

并且球关于平衡位置的初始偏移距离为 1m。从图中可以看出，振荡周期确实为 5s，并且以 5s 的时间常数衰减下去。

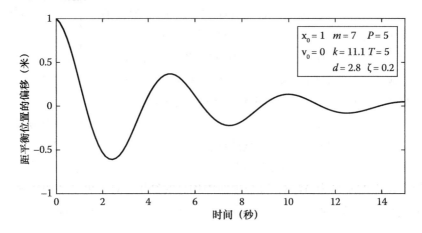

上述分析过程已经将问题做了过度简化，因为由弹簧和质点所组成的互联系统，有着系统级的时间常数和振荡频率，它们来自于元素之间的相互作用。这些参数可以由互联系统的特征值决定，这已经超出了本书讨论的范围，不过在 Strang[2009] 中有全面的介绍。尽管如此，在寻找正确的参数以满足所期望的帧率和时长的过程中，让各个支撑杆能够根据动画师的设计表现出正确的行为，仅仅只是关键的第一步罢了。不断地尝试、微调参数，才能最终达到满意的表现。

我们可遵循相同的方法来设置扭转弹簧的参数，但需要根据铰链系统的转动惯量，修改关于周期和时间常数的计算。设 r 为质点到铰链转轴的距离（在三角形中，即三角形的高），正如质量 m 出现在平移相关的公式中，转动惯量 mr^2 则相应地出现在旋转相关的公式中。因此，扭转弹簧的阻尼时间常数及周期为

$$T_\theta = \frac{2mr^2}{d_\theta}$$

且

$$P_\theta = 2\pi r \sqrt{m/k_\theta}$$

以我们的经验观察到，相较于支撑杆，扭转弹簧的时间常数及周期值要设得小一些。不然，物体将难以维持它的形状。实际中，可将扭转弹簧的弹簧常数和阻尼常数设置为比对应支撑杆参数大 1～2 个数量级，这十有八九没错。

8.5 碰撞

我们目前研究的是有体积的三维物体，而不只是一个个点，我们需要考虑在这种情况下碰撞是如何工作的。相比点状物体（回忆 3.1 节），主要有两点不同。首先，碰撞不再只是一个点碰一个表面，而是引入了更多复杂的几何结构（顶点、边、面）；这将影响碰撞检测和确定。其次，物体之间现在能够相互碰撞了，不再只是单个点来回移动的情况了；这将影响碰撞响应。

8.5.1 碰撞的类型

我们所说的物体，都能够由顶点、边和面的集合来表示，无论是在运动模拟过程中，还是在静止环境中。为了能找出碰撞，我们需要识别不同类型的几何结构。因此，需要知道一个物体的面、边和顶点是否与另一个物体的面、边和顶点发生了碰撞，即需要考虑 9 种碰撞类型的组合。

好在，通过理解泛型（*genericity*）这一概念，问题便能够被相当程度地简化。泛型指的是物体处于"一般位置"，你可以大致理解为，即使在该位置发生一些微小的扰动，其依然不会改变该物体与周围物体之间交互的性质。物体若不处于一般位置，则被称为处于退化（*degenerate*）位形。右图中，物体

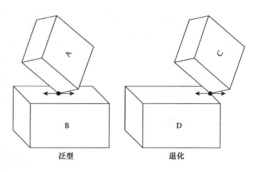

A 和 B 相对于彼此，正处于一般接触位置，因为各自都能在接触面上向任意方向移动，而这不改变"A 的一个顶点正在接触 B 的一个面"这一事实。物体 C 和 D 则处于退化位形，C 的顶点正在接触 D 的边。若将物体 C 稍稍向左移动一点，则两物体的接触形式立即从"顶点-边"变成"顶点-面"。若将物体 C 稍稍向右移动一点，则直接使两物体断开接触。若再将物体 C 向右下方移动一点，两物体的接触形式则变成"边-边"。只要物体以真随机的方式放置，便不再处于退化位形。

若你考虑两物体碰撞的方式，你很快会发现，只有两种泛型类型的碰撞：顶点与面之间的和一对边之间的。其他的碰撞类型都是退化的，即一个微小的扰动就会令碰撞发生改变。下表中总结了所有结果，其中 V、E 和 F 分别表示顶点、边、面，G、D 表示一般位置和退化位形。

	物体 A		
物体 B	V	E	F
V	D	D	G
E	D	G	D
F	G	D	D

在实际情形中，这意味着我们只需考虑"顶点-面"和"边-边"的碰撞，便可构造我们自己的碰撞检测及碰撞确定的代码。接下来，讲述如何找出这些碰撞。

然而不幸的是，当前我们不会特地在真随机位置设置我们的模拟环境。这带来的后果就是，经常遇到退化或接近退化的物体位形。因此，有人实现了一些额外的代码，以检查和处理退化的碰撞，这些内容已经超出了本书讨论的范畴。值得注意的是，即使是退化碰撞，也会有一部分发生泛型碰撞。比如，一个"边-面"碰撞发生时，同时有两个

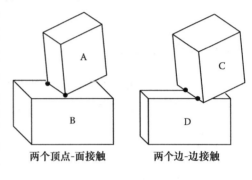

两个顶点-面接触　　　　　两个边-边接触

"顶点-面"或"边-边"碰撞一起发生的情况。因此处理好泛型碰撞非常关键，即使是在退化的情况下。

8.5.2　碰撞确定

注意，在两个物体的碰撞检测过程中会引入许多"顶点-面"和"边-边"测试。然而，因为对任何一个物体来说，周围的顶点、面和边都是组合起来的，如果两个物体离得足够远，就没有必要逐一对它们的"顶点-面"和"边-边"进行测试了。基于此，有许多方法来加速碰撞检测的过程，在处理更复杂的几何体时，善用这些方法就显得尤为重要了。我们在第 9 章中学习刚体动力学时，会学习到这些方法。

顶点-面检测

顶点-面的碰撞过程与我们之前讨论过的点-多边形的碰撞（参见 3.5 节）是相同的。我们必须考虑物体的每个顶点（点）与另一个物体的每个面（多边形）之间的碰撞。注意，碰撞检测假设了面是一个平面多边形。对于弹簧网格物体，非三角形面可弯曲到"平面外"（想象一个顶点被拉到立方体的一个面以外），然而要处理随之而来的曲面碰撞检测是一件十分困难的事情。当确定碰撞时，模型

应该用三角形面的集合来表示。

与之前提到的点-多边形检测的关键的区别是，在当前所说的情况下，多边形面是会自己移动的。实际检测和确定碰撞的机制并没有区别，即根据面的法线，判断点是在面的上方还是下方，然后再判断点是在多边形的内部还是外部。然而我们必须确保在每个微小的模拟时步中，准确计算出多边形当前的顶点。倘若发生了相对运动，我们所估计出的碰撞发生的时间和位置就都无效了。

边-边检测

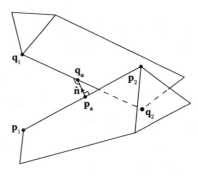

边-边碰撞检测需要用不同的检测方法。要进行边-边碰撞检测，我们需要找到离每个边都最近的点。以右图为例，有不平行的两条边 $\mathbf{p_1 p_2}$ 和 $\mathbf{q_1 q_2}$。令 $\mathbf{p_a}$ 为第一条边上到第二条边距离最近的点，$\mathbf{q_a}$ 为第二条边上到第一条边距离最近的点。如果两条边相交，则 $\mathbf{p_a} = \mathbf{q_a}$。若我们考虑每条边的参数形式（参见附录 A.6），那么第一条边可写作 $\mathbf{p_1} + (\mathbf{p_2} - \mathbf{p_1})s = \mathbf{p_1} + \mathbf{a}s$，同理第二条边可写作 $\mathbf{q_1} + (\mathbf{q_2} - \mathbf{q_1})t = \mathbf{q_1} + \mathbf{b}t$。我们的目标是找到 $\mathbf{p_a}$ 所对应的 s 值，以及 $\mathbf{q_a}$ 所对应的 t 值。

注意，线段 $\mathbf{p_a q_a}$ 必须同时与这两条边垂直，因为它所表示的是两条直线间的最短距离。由于 $\mathbf{a}$、$\mathbf{b}$ 的方向沿着这两条边的方向，则有

$$\hat{\mathbf{n}} = \frac{\mathbf{a} \times \mathbf{b}}{\|\mathbf{a} \times \mathbf{b}\|}$$

其为 $\mathbf{p_a q_a}$ 的方向向量。

可以考虑将这两条边投影到以 $\mathbf{n}$ 为法线的平面上，这样我们可以计算出对应 $\mathbf{p_a}$、$\mathbf{q_a}$ 的 s、t 的值。注意，在这个平面中，$\mathbf{p_a}$、$\mathbf{q_a}$ 是同一个点，即两条边所对应的线段的交点。接下来，我们需要计算这个平面中的交点。

首先，构造 $\mathbf{p_1}$ 到 $\mathbf{q_1}$ 的向量：

$$\mathbf{r} = \mathbf{q_1} - \mathbf{p_1}$$

还需构造轴 $\hat{\mathbf{b}} \times \hat{\mathbf{n}}$。那么，$\mathbf{p_1 p_2}$ 投影到这个轴上的总长度，对应于 s 的 $0 \sim 1$ 所在的位置，为 $\mathbf{a} \cdot (\hat{\mathbf{b}} \times \hat{\mathbf{n}})$。同理，$\mathbf{r}$ 在此轴上的投影，对应于 s 的 $0 \sim \mathbf{p_a}$ 所在的位

置，为 $\mathbf{r} \cdot (\hat{\mathbf{b}} \times \hat{\mathbf{n}})$。从而，对应于 $\mathbf{p_a}$ 的 s 的值为

$$s = \frac{\mathbf{r} \cdot (\hat{\mathbf{b}} \times \hat{\mathbf{n}})}{\mathbf{a} \cdot (\hat{\mathbf{b}} \times \hat{\mathbf{n}})}$$

同理，对应于 $\mathbf{q_a}$ 的 t 的值为

$$t = \frac{-\mathbf{r} \cdot (\hat{\mathbf{a}} \times \hat{\mathbf{n}})}{\mathbf{b} \cdot (\hat{\mathbf{a}} \times \hat{\mathbf{n}})}$$

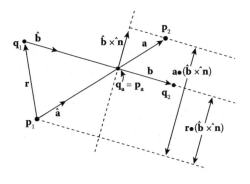

通过使用参数形式，我们能找到 $\mathbf{p_a} = \mathbf{p_1} + s\mathbf{a}$，以及 $\mathbf{q_a} = \mathbf{q_1} + t\mathbf{b}$。注意，如果 s 或 t 超出了 $[0, 1]$ 的范围，这意味着两条边所对应的直线间的最近点超出了边的实际范围。这种情况下，两条边并没有碰撞，而且事实上可能是该物体的其他某个位置（也许是某个边的顶点）才是到另一个物体距离最短之所在。

使用上述技术，我们能够用几种不同的方法判定碰撞是否发生。一种方法是计算向量 $\mathbf{m} = \mathbf{q_a} - \mathbf{p_a}$。如果 $\|\mathbf{m}\| = 0$（容忍一定误差），那么我们就找到了这个碰撞点。尽管 $\mathbf{m}$ 随着物体移动会发生变化，但一旦发生了碰撞，$\mathbf{m}$ 的方向就会反过来。因此，如果我们知道上个时步中的 $\mathbf{m}^-$，及下个时步中的 $\mathbf{m}^+$，则只要 $\mathbf{m}^- \cdot \mathbf{m}^+ < 0$，就意味着发生了碰撞。

检测边-边碰撞的另一种方法是，考虑一个由点 $\mathbf{p_1}$ 和法向量 $\hat{\mathbf{n}}$ 形成的平面。如下图所示。线段 $\mathbf{q_1}\mathbf{q_2}$ 必然与该平面平行，因为它与 $\hat{\mathbf{n}}$ 垂直。因此，当线段上的一点，比如 $\mathbf{q_1}$，从平面的一边运动到了另一边时，碰撞就发生了。这意味着表达式 $(\mathbf{q_1} - \mathbf{p_1}) \cdot \hat{\mathbf{n}}$ 的符号发生了改变。重要的一点是，两次检测要使用同一个 $\hat{\mathbf{n}}$，因为两条边平行时，$\hat{\mathbf{n}}$ 的方向会发生改变。如果由于 $\hat{\mathbf{n}}$ 的反向而造成了两次检测中符号发生改变，就会发生碰撞误报。注意，由于我们只关心符号，因此实际上只需要使用 $\mathbf{n} = \mathbf{a} \times \mathbf{b}$ 替代归一化了的 $\hat{\mathbf{n}}$ 即可。

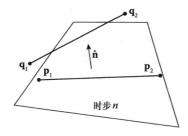
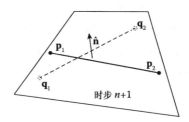

8.5.3 弹性物体的碰撞响应

之前有关碰撞响应的讨论解决的都是单个点与一个静态物体的碰撞问题。此时，我们有一个位于移动物体上的点，它可能与另一个移动中的物体发生了碰撞。因此，必须改变碰撞响应的计算方式。在继续学习之前，有必要复习一下3.2 节中描述的处理粒子碰撞响应的方法。

与静态物体的碰撞

如果一个物体是固定不动的，我们的任务便相对简单一些。如果移动物体上的一个顶点与一个静止的面相遇，我们便可同处理粒子一样，处理它的碰撞响应。如果移动物体上的一个边或者面发生碰撞，我们就需要先计算接触点的信息，才能接着计算碰撞响应。

我们的碰撞判定过程会得到碰撞点的位置。需要计算出这个点的速度，从而计算出碰撞响应。如果碰撞点位于一条边上，我们可以对这条边的两个端点的速度进行插值，得到碰撞点的速度。这里，使用线性插值就足够了。类似地，如果碰撞点位于面上，我们可以用碰撞点相对于该面上的顶点的质心坐标作为权重。无论如何，我们都能计算得到名义上的碰撞点的速度，并且同样用处理粒子的方法，计算出该点的碰撞响应。注意，碰撞响应的计算需要法向信息。对于面-顶点的碰撞，可以使用面的法向量。对于边-边的碰撞，如前文所述，$\hat{\mathbf{n}}$ 可由两条边的叉积求得。

一旦我们知道了碰撞点的新速度应该是多少，我们就要相应地调整网格顶点。一种方法是，把所在边或面上的所有顶点的速度设为新的速度。然而，这会导致不真实的碰撞响应——离碰撞较远的点所产生的速度变化比实际情况大。我们希望离碰撞点较近的顶点，其速度变化比较远顶点大。因此，我们采用质心权重的方案。为了便于解释，我们假设碰撞点 $\mathbf{p}$ 位于点 $\mathbf{p}_1$、$\mathbf{p}_2$ 之间的一条

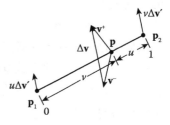

边上，有 $\mathbf{p} = u\mathbf{p}_1 + v\mathbf{p}_2$，其中 $v = 1 - u$。如果顶点 $\mathbf{p}$ 碰撞前后的速度分别为 $\mathbf{v}^-$、$\mathbf{v}^+$，那么我们需要调整的 $\mathbf{p}$ 的速度变化量为 $\Delta\mathbf{v} = \mathbf{v}^+ - \mathbf{v}^-$。我们希望找到一个可应用于 $\mathbf{p}_1$、$\mathbf{p}_2$ 之上的新的速度变化 $\Delta\mathbf{v}'$，即能够使得 $\mathbf{v}_1^+ = \mathbf{v}_1^- + u\Delta\mathbf{v}'$。所有这些必须使得 $\mathbf{p}$ 的 $\Delta\mathbf{v}$ 发生改变，由下式给出

$$\Delta\mathbf{v} = u\Delta\mathbf{v}_1 + v\Delta\mathbf{v}_2 \text{ 或}$$
$$\Delta\mathbf{v} = u(u\Delta\mathbf{v}') + v(v\Delta\mathbf{v}')$$

因此

$$\Delta\mathbf{v}' = \frac{\Delta\mathbf{v}}{u^2 + v^2}$$

同样地，如果碰撞点位于三角形面上，其中 $\mathbf{p} = u\mathbf{p}_1 + v\mathbf{p}_2 + w\mathbf{p}_3$，并且有 $w = 1 - u - v$，我们便可使用

$$\Delta\mathbf{v}' = \frac{\Delta\mathbf{v}}{u^2 + v^2 + w^2}$$

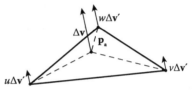

并用 $u\Delta\mathbf{v}'$、$v\Delta\mathbf{v}'$ 和 $w\Delta\mathbf{v}'$ 来调整速度。

移动物体的碰撞

上述的方法使我们能够调整碰撞点的速度。对于静态物体来说，碰撞响应，即碰撞后点的新速度，在 3.2 节已经计算过了。对于两个移动中的物体来说，新速度的计算必须采用不同的方法，速度的变化也必须同时影响两个碰撞点。即我们有两个碰撞点，位于物体 A 上的点 $\mathbf{p}$ 和位于物体 B 上的点 $\mathbf{q}$，而且我们需要为这两个点找到新的速度。

要解释它们的碰撞，需要用到牛顿第三定律，其指出，两物体碰撞所产生的力大小相等、方向相反。因为对两个物体来说，碰撞作用的时间总量是一样的，这便有了动量守恒。物体的动量通常记作 $\mathbf{P}$，定义为质量和速度的乘积：$\mathbf{P} = m\mathbf{v}$。注意，对于一个质量为常数的物体来说，力（ma）恰好是动量的导数，所以如果这两个物体在碰撞过程中一段很短的时间内，受到一对大小相等、方向相反的力的作用，那么就意味着，每个物体都应有一个大小相等、方向相反的动量的改变。动量守恒描述的是，系统总动量应保持不变。下图解释了这一点。两个物体各自质量为 m_p、m_q，且碰撞前速度为 $\mathbf{v}_p^-$、$\mathbf{v}_q^-$，碰撞后速度为 $\mathbf{v}_p^+$、$\mathbf{v}_q^+$，其动量之和保持不变。

对于一个质量分布在顶点粒子上的弹性物体来说，需要计算碰撞点的有效质量，即碰撞开始时，第一个物体上的碰撞点 **p** 其有效质量为 m_p，速度为 $\mathbf{v}_p^-$，第二个物体上的碰撞点 **q** 其有效质量为 m_q，速度为 $\mathbf{v}_q^-$。要找到这些质量 $(m_p$、$m_q)$，需要对顶点质量进行加权质心混合。对边来说，若碰撞点的质心坐标为 (u, v)，其中 $v = 1 - u$；或者对三角形面来说，碰撞点的质心坐标为 (u, v, w)，其中 $w = 1 - u - v$，我们可计算质量如下

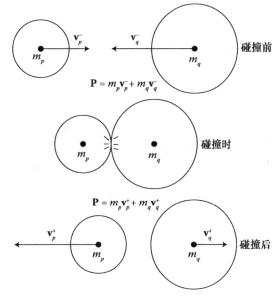

$$m = \frac{um_1 + vm_2}{u^2 + v^2} \text{ 或 } m = \frac{um_1 + vm_2 + wm_3}{u^2 + v^2 + w^2}$$

其中，m_i 为顶点的质量。注意，式中的分母（与之前提过的计算 $\Delta\mathbf{v}'$ 时一样）是为了保证动量守恒的。

我们需要找到碰撞后的速度，$\mathbf{v}_p^+$ 和 $\mathbf{v}_q^+$。可以使用之前在静态物体碰撞中使用过的基本方法，将之应用于两个移动的物体。整体的过程如下：

1. 计算出动量中心 $\mathbf{c}_m$。

2. 计算 **p**、**q** 相对于 $\mathbf{c}_m$ 的速度。

3. 找到这些速度的法向和切向分量。

4. 依据弹性和摩擦，计算出碰撞响应。

5. 将 $\mathbf{c}_m$ 加回到计算出的速度中，从而回到原本的参考系中。

对于这两个物体来说，或者在当前情况下，对碰撞点 **p**、**q** 彼此来说，总动量是可以计算的，因为我们知道动量是守恒的，有

$$m_p\mathbf{v}_p^- + m_q\mathbf{v}_q^- = m_p\mathbf{v}_p^+ + m_q\mathbf{v}_q^+$$

等式两边的向量都表示了系统的总动量。除以总质量，就得到了“动量中心”

$$\mathbf{c}_m = \frac{m_p\mathbf{v}_p^- + m_q\mathbf{v}_q^-}{m_p + m_q}$$

我们可以认为两个物体相对于这个点运动，即

$$\acute{\mathbf{v}}_p^- = \mathbf{v}_p^- - \mathbf{c}_m \text{ 且 } \acute{\mathbf{v}}_q^- = \mathbf{v}_q^- - \mathbf{c}_m$$

其中 $\acute{}$ 表示这一项是相对于动量中心的。

有了相对于动量中心的速度，我们能计算每个物体绕法向的碰撞响应，如同我们之前做过的一样。我们将速度分解为法向和切向的两个分量，并且采用 3.2 节描述的简单摩擦力模型，将弹力和摩擦力的响应单独应用到各自的分量上。碰撞前，物体 p 的法向和切向速度分量为

$$\acute{\mathbf{v}}_{p,n}^- = (\acute{\mathbf{v}}_p^- \cdot \hat{\mathbf{n}})\hat{\mathbf{n}} \text{ 且 } \acute{\mathbf{v}}_{p,t}^- = \acute{\mathbf{v}}_p^- - \acute{\mathbf{v}}_{p,n}^-$$

碰撞后有

$$\acute{\mathbf{v}}_{p,n}^+ = -c_r\acute{\mathbf{v}}_{p,n}^- \text{ 且 } \acute{\mathbf{v}}_{p,t}^+ = (1 - c_f)\acute{\mathbf{v}}_{p,t}^-$$

因此，碰撞后的速度 $\acute{\mathbf{v}}_p^+$ 为

$$\acute{\mathbf{v}}_p^+ = \acute{\mathbf{v}}_{p,n}^+ + \acute{\mathbf{v}}_{p,t}^+$$

$\mathbf{q}$ 碰撞后的速度 $\acute{\mathbf{v}}_q^+$ 的计算方法相同。注意，这些仍然为相对动量中心的速度，所以我们最后还需将其调整到全局的速度

$$\mathbf{v}_p^+ = \acute{\mathbf{v}}_p^- + \mathbf{c}_m \text{ 且 } \mathbf{v}_q^+ = \acute{\mathbf{v}}_q^- + \mathbf{c}_m$$

需要注意的是，对于静态物体，我们假设它们的速度是 0，且质量是无限大的（即 $\mathbf{v}_q^- = 0$ 且 $m_q = \infty$），那么 $\mathbf{c}_m = 0$，等式仍与我们之前所使用的保持一致。

得到了碰撞点的新速度后，正如之前所述，还需将这些速度传播到顶点上去。你自己可以验证，总动量不会因为这样的分配而发生改变。

显然，一个简单的弹簧系统——由没有质量的面与边将有质量的顶点相互连接而组成，当需要处理碰撞问题时，亦会变得很复杂。在第 9、10 章中，讨论刚体模拟时，我们会阐述，将质量分布到整个物体上的建模与碰撞的方法。

8.6　晶格形变器

从上述的讨论中，我们显然能够发现，对于一个复杂的几何体来说，想要构建一个结构上稳定的弹性网格，怎么都得需要好几千个支撑杆和扭转弹簧。更糟糕的是，对一个包含更多细小三角形的精细模型来说，会有很多支撑杆的长度非常短，顶点质量非常小，但弹簧常数又特别大的情况。由于这些支撑杆的振荡周期（$P = 2\pi\sqrt{m/k}$）随着弹簧常数 k 的增大而减小，也随着质量 m 的减小而减小，因此小的三角形其振荡的周期 P 也非常小。由于模拟时步 h 必须要比周期小得多，所以我们不光要计算大量元素，同时还必须使用很小的时步来防止不稳定的情况。对于一些有细节的模型来说，这些因素混杂在一起，使得弹簧网格模拟的计算开销非常大。

晶格形变器（*lattice deformer*）可提供这样一种机制，它能够将弹簧网格应用于高度几何复杂的模型上，并且避免因为在每个三角形的边上，或在处理非常小的三角形时，用到了弹性支撑杆而带来的可观的开销。它的思想是，将

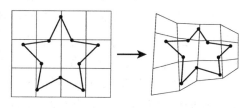

模型嵌入矩形晶格，使得这些晶格与弹性物体融合为一体。模拟晶格变形，并带动模型顶点移动，从而能够保持相对晶格的位置不变。右图展示了二维下的算法思想。使用这个方法，模拟只需要在晶格上便可完成，从而将所需的支撑杆的数量降低了几个数量级，而且避免支撑杆平衡长度非常短的情况。晶格形变器背后的主要思想首次由 Sederberg、Parry [1986] 在图形学社区中提出。他们提出的方法叫自由形式变形（*Free Form Deformations*，FFD）。晶格形变器是实现自由形式变形的一种方法，尤其适合多边形模型的动画。图 8.6 中展示的是一个三维实例，图中将若干晶格置于埃菲尔铁塔的模型之上。

右图展示了如何处理晶格单元内的顶点。假设在几何模型中，有一个单一顶点 i，其位置为 $\mathbf{x}_i$。图的左半边，是一个未形变的晶格，其四个角的顶点为 $\mathbf{p}_0, \cdots, \mathbf{p}_3$，且顶点的位置尚未形变。顶点 i 的位置采用晶格单元坐标

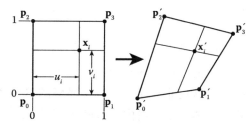

(u_i, v_i)，表示其到单元格左下角的一小段距离。若顶点 i 在晶格单元的左边界，则 u_i 为 0；如果在右边界，则 u_i 为 1。同样地，竖直位置 v_i 在单元的下边界为 0，上边界为 1。图的右半边，单元格处于形变的位置，其顶点所在位置为

$\mathbf{p}'_0, \cdots, \mathbf{p}'_3$。问题在于，如何计算顶点 i 此时所对应的位置 $\mathbf{x}'_i$。

图 8.6   采用晶格形变器为埃菲尔铁塔制作动画（由 Jianwei Liu 提供）

要找到单元格内顶点 i 变换后有位置，所用的方法就是我们所知的双线性插值。右图展示了怎样几何地找到顶点所在的位置。我们可以把晶格内从 $\mathbf{p}'_0$ 到 $\mathbf{p}'_1$ 的边看成向量 $\mathbf{p}'_{01} = \mathbf{p}'_1 - \mathbf{p}'_0$。我们可以将这个向量缩放 u_i 倍，用它来度量底边从点 $\mathbf{p}'_0$ 到点 $\mathbf{p}_b$ 的位置。可以用同样的方式找到顶边 2-3 上的点 $\mathbf{p}_t$ 的位置。通过这两个点得到向量 $\mathbf{p}_{bt} = \mathbf{p}_t - \mathbf{p}_b$，

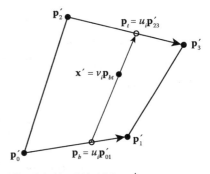

再将这个向量缩放 v_i 倍，并以 $\mathbf{p}_b$ 为起点，便可找到变换后的顶点 $\mathbf{x}'_i$。

这看起来工作量不小，但庆幸的是完成双线性插值有更简单的方法。上述过程等同于对晶格顶点进行加权求和，各顶点的权重为自身沿 uv 方向，到需要定位的模型顶点的距离。变换后顶点的位置由下式给出

$$\mathbf{x}' = (1-u_i)(1-v_i)\mathbf{p}'_0 + u_i(1-v_i)\mathbf{p}'_1 + (1-u_i)v_i\mathbf{p}'_2 + u_iv_i\mathbf{p}'_3$$

可以通过展开、合并上述的计算，来验证这个公式。

在基于物理的模拟中，这个过程需要被转化到三维中。这也非常简单。每个晶格的单元格是一个三维矩形块体，单元格内的分断距离以 (u, v, w) 坐标系来度量。为了保持右手坐标系，w 的 0 值应在单元格的背面，1 值在正面。用含有模型顶点的晶格单元格的 8 个顶点加权求和所得的三线性插值方法如下

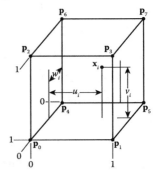

$$
\begin{aligned}
\mathbf{x}^{'} =\ &(1-u_i)(1-v_i)w_i\mathbf{p}_0^{'} + u_i(1-v_i)w_i\mathbf{p}_1^{'} \\
&+ (1-u_i)v_iw_i\mathbf{p}_2^{'} + u_iv_iw_i\mathbf{p}_3^{'} \\
&+ (1-u_i)(1-v_i)(1-w_i)\mathbf{p}_4^{'} + u_i(1-v_i)(1-w_i)\mathbf{p}_5^{'} \\
&+ (1-u_i)v_i(1-w_i)\mathbf{p}_6^{'} + u_iv_i(1-w_i)\mathbf{p}_7^{'}
\end{aligned}
$$

典型的三维晶格缩放、放置方式是，围绕模型创建一个与其轴对齐的包围体。包围体随后沿着三个坐标轴，均匀地细分成若干矩形单元格。每个模型顶点被映射到其所在的晶格单元格内，并将其 (u, v, w) 坐标赋值给顶点。令晶格形变的最简单的方法是，将单元格的每条边表示为支撑杆的形式，并且在横跨的每个面以及每个面的对角线上都加上支撑杆，以保持结构稳定性。在模拟过程中只计算晶格的形变，而在每个时步中，各个顶点的 (x, y, z) 坐标都是相对于晶格计算出来的，使用的是三线性插值的方法。图 8.7 中所示的武僧的动画序列正是使用晶格的方法构造出来的。

图 8.7　采用晶格形变器为一个复杂的武士模型制作动画（由 Zach Shore 提供）

可以使用四面体网格替代晶格形变器。使用四面体包围体网格，可构造一个四面体集合，将模型包围起来。相较于以坐标轴对齐的晶格形变器，四面体网格包围体的一个潜在优势是，能够更近地将原始物体包围起来。对于一个四面体网格来说，位于四面体内的每个物体的顶点位置都被表示为相对于四面体四个顶点的质心坐标（参见附录 F）。只要四面体发生了形变，其内部的物体也将随之发生形变。

8.7　布料建模

编织布对动画师来说是一个极为有趣的东西，因为有大量的可动画的物体，从服装到旗帜、床单、帐篷等，都由编织布制作而成。由于其内在的结构，编织布可以被裁剪、缝合、挤压，并且便于复杂服装和结构设计的成形。当它被展开或披挂时，它能够展现出有趣的复杂形状。如图 8.8 所示，当在空气中运动的时候，它还有着优美的流动形态。用于编织布模拟的粒子方法首次由 Breen、House、Getto[Breen et al., 1992] 在论文 *A Physically-Base Particle Model of Woven Cloth* 中提出，并且在随后的文章中有所改进 [Breen et al., 1994]，使之针对一些特殊的布料类型，能得到可预测的表现。关于布料模拟的另一个里程碑式的文献是 Baraff 和 Witkin 的论文 [1998]*Large Step in Cloth Simulation*，在该论文中提供了一种布料模拟算法的架构，其允许时步足够大，从而可以为动画角色添加布料。

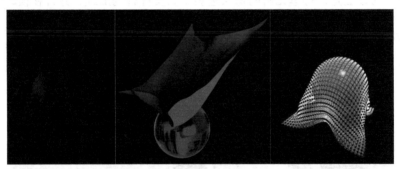

图 8.8 编织布披在一个球体上的例子（从左至右各由 Timothy Curtis、Le Liu、Biran Peasley 提供）

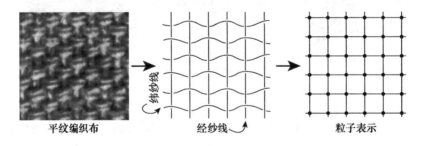

平纹编织布   经纱线   粒子表示

左图展示了一段放大了的平纹编织[1]布料的视图，中间的图则展示了如何进行编织。相互平行的经纱线（竖直方向）在织布机上被紧紧地拉伸着，纬纱线（水平方向）交叉穿过经纱线。在平纹编织法中，纬纱线上下交替地编织。每新添一条纬线，它都会被牢牢堆叠在之前那条已织好的纬线上方。当编织完成，布料被移开织布机时，经线所释放的张力会将所有的线紧紧地拉在一起，构造出一种由细小纤维的摩擦和联锁而产生的结构。该结构并非只有完全同质的材质，可以有不同的材质，比如金属片、塑料或者纸张，其更像是微尺度上的机械结构。右图展示了这样的结构是如何转化为模拟所用的模型的。纱线交叉的每个点都被表示为一个质点，经纬线被看作这些质点之间的连接，从而构造了一个由若干微

---

1 一种常见的编织技法

小四边形所组成的晶格，四边形的每个角都是一个质点。对于典型的编织物来说，仅一厘米见方，通常都由几十甚至几百条经线编织而成，那么对于一平方米的编织物，模拟所需的晶格单元的数量就会大得离谱。因此，模拟所用的模型通常会用低得多的分辨率来表示编织物，但同时却保持着与真实布料相同的连接模式。

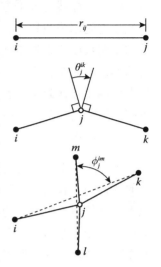

布料的模拟由几种不同类型的力所支配，这些力源于布料在移动时所产生的弯曲、拉扯。所有基于粒子的布料模型都试图表示材质中至少三种不同的力，并试着将这些力表示为作用在经纬线交点上的力。这些力归功于织物结构中张力的拉伸、平面外弯曲和平面内剪切。右图展示了如何将这些力参数化。张力是晶格中任意一对邻接点 i、j 的距离 r_{ij} 的函数，大小相等、方向相反地作用在每个顶点上。若顶点 i、j、k 是经线或纬线上相邻的三个顶点，则顶点 j 沿着纺线产生的平面外弯曲可由角 θ_j^{ik} 参数化，其对应于边 $i-j$、$j-k$ 各自的垂线的夹角。若顶点 l、j、m 为纬线上相邻的三个顶点，一根经线竖直穿过纬线相交于顶点 j，且 i、j、k 为经线上相邻的三个顶点，那么，位于顶点 j 处的平面内剪切可由角 ϕ_j^{im} 参数化，其对应于连接纬线顶点 i、k 和经线顶点 l、m 的两条直线的夹角。

不同于 8.1 节中介绍的支撑杆，实际的布料模拟不会使用线性弹簧模型，因为布料所产生的力是高度非线性的。此外，相较于抵抗剪切的强度来说，编织布拉伸强度非常地高。而相较于抵抗平面外弯曲的强度来说，抵抗剪切的强度又是非常高的。布料模型若想要有真实材质的效果，则拉伸强度应该比剪切强度大一到两个数量级，而剪切强度应该比平面外弯曲强度大至少一个数量级。用手帕做一个小实验，证明这一点。握住手帕的两个对边并且试着往外拉。接着还是握住两对边，拉紧，并沿着边的方向，平行反向移动。最后，将手帕平铺在手上，并令其悬垂。你将会发现，即使你非常用力，你也只能将手帕向外拉伸一小段。当沿着边的方向反向拉扯时，会容易很多，虽然也有不小的阻力。而另一方面，平面外弯曲却很容易做到，只需要一点点重力作用在轻薄手帕上即可。如果想实现高逼真的布料模拟，则由 r_{ij}、θ_j^{ik} 和 ϕ_j^{im} 参数化的力的函数必须与真实布料所度量的一致。如何准确完成这些工作已经超出了本书的范畴，但感兴趣的读者可以了解一些现有手段，比如采用机械测试系统，著名的有 Kawabata 评估系统 [Kawabata, 1980; Pabst et al., 2008]，或者采用摄影测量技术来跟踪布料在有负载时的形变 [Bhat et al., 2003]。

接下来我们配置一组弹簧，来产生近似真实布料模型所需的三种力。右图展示了为了达到类似布料的表现，弹簧应如何连接。首先，我们有一组粒子，均匀分布于矩形网格上。大家都知道经线为竖直方向，而纬线为水平方向。经纬方向上直接相邻的粒子之间用弹簧相连，从而实现拉伸力。这些弹簧的平衡长度应为粒子间的初始距离。平面外弯曲力的实现方式是，将每个粒子在经纬方向上单向邻接点用弹簧连接起来，将其平衡长度设置为相邻粒子间初始距离的两倍。剪切力的实现方式是将四个相邻粒子所组成的正方形的对角用弹簧连接起来。

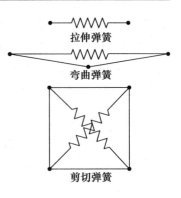

为了实现编织布的高拉伸强度，拉伸弹簧需要有较高的弹簧常数，并且最好是非线性的。有别于弹簧的力与实际长度和平衡长度之间的距离之差成正比，可以令弹簧的力与距离差的若干次方成正比。用立方就很方便，因为它还能保证力的符号不变。弯曲弹簧至少比拉伸弹簧弱两个数量级，这样它在拉伸时产生的力几乎可以忽略不计。但当三个粒子将彼此移出直线时，仍能提供一些力保证其不会弯曲过头。应将剪切弹簧设置为直接强度，至少比拉伸弹簧低一个数量级。

由于在编织布模型中，拉伸弹簧十分紧实，因此所使用的时间常数就会十分小，而显式积分方案需要使用非常小的时步才能保持拉伸弹簧的稳定。由于弯曲和剪切时间常数大了几个数量级，所以就很没效率。出于这个原因，通常推荐使用隐式积分方案来计算布料模型，如此一来就可以用一个大的时步，这还不会造成不稳定。尽管这可以解决不稳定的问题，但同样引入了大量的数值振荡，这是动画师所不愿看到的，因为这会使得布料响应度降低，看起来沉甸甸的。其他一些处理由于弹簧拉伸强度高而造成的不稳定问题的方法，其中有减小拉伸弹簧常数，但这会引起在每个时步中调整顶点位置，从而将拉伸程度限制在平衡长度的一个很小的比例上 [Provot, 1995; Ozgen and Kallmann, 2011]，也有的方法将拉伸弹簧用长度限制 [House et al., 1996; Goldenthal et al., 2007] 来代替，或者对拉伸、剪切、弯曲组件使用不同的时步 [Müller, 2008]。

8.8 总结

本章的要点如下：

- 弹簧-质量-阻尼系统是一种定义一对点之间的行为的手段。

- 弹簧-质量-阻尼系统如同振荡行为与指数衰减函数的组合。

- 当创建一个弹簧-质量-阻尼系统时，选择好的参数对于获得期望的表现尤为关键。

- 在质点间使用弹簧组装，可以构成三维结构，弹簧可用来表示外部和内部的边。

- 弹簧组可用来定义三维物体的面。力与碰撞响应的冲击可应用于物体的边或面，并且可以传播到质点上去。

- 扭转弹簧可用于维持物体面与面之间的角度，它会为每个面提供力矩来维持指定的角度。

- 弹簧-质量-阻尼系统是众多不同模拟计算的基础，包括晶格形变器和布料行为的模拟。

第 3 部分

刚体动力学与约束动力学

第 9 章   刚体动力学

虽然我们之前看到的弹簧网格模型呈现了某些较好的特性，但其并未展现三维刚体的真实行为。在现实世界中，没有质量刚好位于一个点的物体，也不存在没有质量的纯粹几何上的边和面。而真实的物体是由具有一定密度的体积组成的，精确模拟也需要通过这样的方式来处理。

刚体模拟使得我们能够模拟类似图 9.1 中硬币这样的三维固体在翻转过程中的运行情况。刚体这一术语是指在运动及碰撞中不会发生变形的物体。由于刚体不会变形，所以我们只需要跟踪物体的整体状态，而不需要跟踪各个点的状态。但我们不再只是处理各个点，因此运动方程和碰撞响应也变得更加复杂。

图 9.1   硬币被扔到桌上（由 Zhaoxin Ye 提供）

9.1 刚体状态

为了表示一个刚体，我们首先需要追踪刚体的质心。质心有三维坐标 **x** 和速度 **v**，就像我们对点的处理。再加上整个物体的质量，我们可以和追踪粒子的方式一样考虑对刚体的线性或平移轨迹建模。

然而刚体还有定向，即围绕其质心旋转的方式。定向有时也称为姿态。物体在定向上存在 3 个自由度，即在三维中指定定向需要知道三个值。定向存在多种表示和操作方式，包括将在本章后文中讨论的四元数和欧拉角。

不过目前我们使用旋转矩阵 R 描述刚体的旋转，因为我们已经熟悉了这种方式。回想一下（详见附录 D），旋转矩阵描述了如何从一个坐标系旋转至另一个坐标系。所以，我们将使用这种方法描述被模拟的物体是如何由其初始（或"基础"）方向转换为目前方向的。

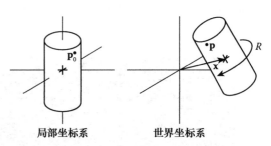

局部坐标系　　**世界坐标系**

选择一个相对刚体固定，原点在刚体质心的坐标系[1]，称为刚体坐标系或局部坐标系，其是描述刚体本身而忽略其他因素的坐标系。刚体及我们正在模拟的其他对象将被放置在世界坐标系中。为了指定刚体在世界坐标系中的放置方式，我们指定其位置 **x** 和方向 R。因此，局部坐标为 $\mathbf{p}_0$ 的点，在全局坐标系下的坐标为：

$$\mathbf{p} = \mathbf{x} + R\mathbf{p}_0 \tag{9.1}$$

我们想知道这个点在世界坐标系中是如何随时间变化的，所以可以对时间求导，式 9.1 中的时间导数如下所示：

$$\dot{\mathbf{p}} = \dot{\mathbf{x}} + R\dot{\mathbf{p}}_0 + \dot{R}\mathbf{p}_0.$$

请注意，当 $\dot{\mathbf{p}}_0 = 0$ 时，点的局部坐标，因为是刚体，所以未发生改变，因此，可归纳为：

$$\dot{\mathbf{p}} = \mathbf{v} + \dot{R}\mathbf{p}_0. \tag{9.2}$$

1　也可以选择原点不在质心的坐标系，但这使数学变得极为复杂。

虽然结果简单，但需确定方向的变化率，如旋转矩阵 R 的时间导数是多少。

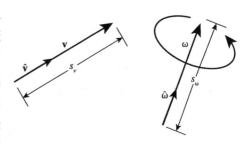

为了理解方向随时间变化，需引入角速度的概念。正如线速度是位置的变化率，角速度则描述方向变化率。人们通常认为，这是"物体旋转的方式"。线速度和角速度通常表示为三维矢量。如右图所示，线速度 $\mathbf{v}$ 的大小，即速率是 $s_v = \|\mathbf{v}\|$，而方向为 $\hat{\mathbf{v}} = \mathbf{v}/s_v$，即速度可以表示为 $\mathbf{v} = s_v\hat{\mathbf{v}}$。角速度一般由希腊字母 $\boldsymbol{\omega}$ 表示，由角速率 $s_\omega = \|\boldsymbol{\omega}\|$ 及方向 $\hat{\boldsymbol{\omega}} = \boldsymbol{\omega}/s_\omega$ 或 $\boldsymbol{\omega} = s_\omega\hat{\boldsymbol{\omega}}$ 组成。不同的是，针对角速度时，方向 $\hat{\boldsymbol{\omega}}$ 并非运动方向，而是物体旋转时围绕的轴线；速率 s_ω 指旋转速率，通常以弧度/秒为计量单位。根据本书惯例，正向旋转遵循右手法则（详见附录 D）。

给定一个方向矩阵 R 和一个角速度 $\boldsymbol{\omega}$，我们需要了解 R 随时间的变化。我们知道 (附录 D)R 的列是刚体坐标系的坐标轴的方向向量在世界坐标系下的坐标，即：

$$R = \begin{bmatrix} \hat{\mathbf{u}}_x & \hat{\mathbf{u}}_y & \hat{\mathbf{u}}_z \end{bmatrix}$$

因此，$\dot{R}$ 的一阶导数由这些方向向量的导数组成：

$$\dot{R} = \begin{bmatrix} \dot{\hat{\mathbf{u}}}_x & \dot{\hat{\mathbf{u}}}_y & \dot{\hat{\mathbf{u}}}_z \end{bmatrix}$$

现在，确定 $\dot{R}$ 被简化为确定经历刚性旋转的矢量，即旋转但不改变长度的矢量的导数的问题。

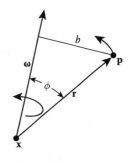

为理解这一问题，需首先明白旋转点由于角速度 $\boldsymbol{\omega}$ 而随着时间推移发生的变化。旋转中心位置是 $\mathbf{x}$，旋转点位置是 $\mathbf{p}$，旋转中心到位置 $\mathbf{p}$ 的向量为 $\mathbf{r}$。此后的问题是测定 $\mathbf{r}$ 的变化率。由于 $\mathbf{p}$ 以角速度 $\boldsymbol{\omega}$ 旋转，故其瞬时速度必须与向量 $\mathbf{r}$ 及 $\boldsymbol{\omega}$ 垂直；否则，$\mathbf{p}$ 与 $\mathbf{x}$ 或旋转轴的距离将发生变化。因此，若关于 $\boldsymbol{\omega}$ 的旋转采用右手法则，则该瞬时速度方向由 $\boldsymbol{\omega} \times \mathbf{r}$ 表示。如右图所示，旋转半径 $b = \|\mathbf{r}\| \sin\phi$，$\phi$ 即 $\mathbf{r}$ 与 $\boldsymbol{\omega}$ 之间的角度。$\mathbf{p}$ 变化率的大小为 $\|\boldsymbol{\omega}\|b$ 或 $\|\boldsymbol{\omega}\|\|\mathbf{r}\| \sin\phi$。因此，$\mathbf{p}$ 变化率的方向为向量积 $\boldsymbol{\omega} \times \mathbf{r}$，且其大小与相同向量积的大小一致，由此推断：

$$\dot{\mathbf{r}} = \boldsymbol{\omega} \times \mathbf{r}$$

将这个结果应用到旋转矩阵中，现在我们能写出旋转矩阵按时间的导数为

$$\dot{R} = \begin{bmatrix} \boldsymbol{\omega} \times \hat{\mathbf{u}}_x & \boldsymbol{\omega} \times \hat{\mathbf{u}}_y & \boldsymbol{\omega} \times \hat{\mathbf{u}}_z \end{bmatrix}$$

由于必须对矩阵 R 各列进行单独操作以确定其导数，所以上述方式不便于计算。不过，通过等价关系，向量积可由如下矩阵形式表示：

$$\mathbf{a} \times \mathbf{b} = a^* \mathbf{b}$$

其中，矩阵为：

$$a^* = \begin{bmatrix} 0 & -a_z & a_y \\ a_z & 0 & -a_x \\ -a_y & a_x & 0 \end{bmatrix}$$

读者可计算向量积和矩阵向量，证明两者是等价的。

利用向量积表示法，可得出较为简便的旋转矩阵导数公式[1]：

$$\dot{R} = \boldsymbol{\omega} R$$

最后，还要考虑另一个因素惯性。为了了解惯性，我们首先对动量进行描述，其情况与线性运动类似。根据牛顿第一定律，线动量是守恒的，而角动量同样如此。

在线性运动中，动量 $\mathbf{P}$ 为质量和速度的乘积：

$$\mathbf{P} = m\mathbf{v}$$

在有角度的情况下，我们有一个接近的类比，其中角动量 $\mathbf{L}$ 被定义为惯性张量 I 和角速度的乘积：

$$\mathbf{L} = I\boldsymbol{\omega}$$

质量 m 是标量值，惯性张量 I 反而是描述质量如何在物体中分布的张量（即表示为 3×3 的矩阵）。I 的矩阵形式描述了惯性因方向而变化。补充：惯性张量的对角元素称为转动惯量，描述了围绕一个轴转动的转动惯性。当刚体围绕一个固定轴转动时，这个含有矩阵的方程可以简化为：沿这个轴的角动量等于绕这个轴的转动惯量乘以沿这个轴的角速度。

---

1 很不幸的是，惯性张量使用的 I 与表示恒等矩阵的符号 I 相同。在可能出现混淆的情况下，符号 $\mathbf{1}$ 可用于表示单位矩阵。

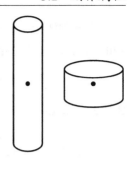

为直观地说明转动惯性不能只用一个标量衡量，请看如右图所示的两个圆柱体，它们大小不同，但质量相同。不过，纤长圆柱体的转动惯量与短粗圆柱体的不同。读者大概可以猜到，以横轴为中心旋转两个圆柱体，旋转前者需施加较大的力；以纵轴为中心旋转两个圆柱体，旋转后者需施加较大的力。惯性张量的矩阵元描述了不同的质量分布是如何影响围绕 3 个坐标轴旋转的转动惯性的。

读者可能已在所学的物理课上了解了关于惯性及角动量守恒的描述。在冰上旋转的滑冰者就是解释角运动的典型例子。当滑冰者双臂远离身体时，（旋转方向的）转动惯量相对较大；而滑冰者的双臂越靠近身体，转动惯量越小，滑冰者的旋转速度越快，因为整体的角动量是守恒的。你可坐立于旋转的凳子或椅子上并通过双臂进行实验，以验证上述结论，看看随着双臂的收缩如何更快地旋转。若在进行实验时，两手均持有重物，则这一结论将更加明显。

但请注意，惯性的效果也会因旋转方向发生变化。如果滑冰者并非处于站姿，而是平躺在冰面上进行旋转，那么，转动惯量将大不相同！如果你仰卧在凳子上并试图旋转，那么，即便你的身体处于同一位置，也和处于直立坐姿的旋转状态完全不同。因此，我们能够直观地看出，转动惯性会根据旋转方向而出现不同效果，ω 的方向不同，$I\omega$ 的方向也不同，因此，I 不只是简单的标量值。

通常情况下，以 3×3 对称矩阵表示 I，后面将阐述如何计算 I。如前所述，矩阵的对角元为转动惯量，而非对角元则表示一个方向的旋转运动对另一方向的动量产生了多大的影响。由于 I 表示一个矩阵，故 $I\omega$ 整体大小可随着 ω 方向的改变而发生很大变化。

我们总结得出以下组成刚体运动的线性（平移）及旋转的部分：

线性的	角度的
质量: m	惯性张量: I
位置: $\mathbf{x}$	定向: R
速度: $\mathbf{v}$	角速度: ω
动量: $\mathbf{P}$	角动量: $\mathbf{L}$

9.2　刚体属性

为了模拟刚体，我们必须知道它们的固有属性，比如质心和惯性张量。在之前的基于粒子的例子中，我们只关心整体质量，其可以由美工任意指定。然而对于真实的刚体运动，质心和惯性张量等性质必须通过计算得到，这样模拟计算得到的运动状态与它们的几何形状相符。

9.2.1 质心

为了确保一个物体局部坐标系原点刚好落在质心，必须首先计算其质心。

物体质心的一般定义就是质量在各个方向的分布等效于一点。我们可以按密度加权对位置进行积分来求它，如下：

$$\mathbf{c} = \frac{\int_V \rho(\mathbf{x})\mathbf{x}\mathrm{d}V}{\int_V \rho(\mathbf{x})\mathrm{d}V}$$

请注意，通常不能直接计算积分，因为很少有一个连续的定义。此外，我们经常假设密度是均匀的，所以可以将积分中的密度函数提取出来，作为方程中的一个因子。

如果物体由一组离散的质点构成（如前文所述的弹性网格模型），则我们可以对其进行加权平均找到质心。也就是说，如果这些点有位置 $\mathbf{x}_i$ 和质量（或重量）m_i，那么质心就是：

$$\mathbf{c} = \frac{\sum m_i \mathbf{x}_i}{\sum m_i}$$

在三维计算机图形学中，大多数模型通常用由三角网格组成的表面表示。有两种主要的方法可以计算这类物体的质心。

体素化：一种方法是质点方法的拓展，其将物体分成小体积块（体素），然后将这些体积块当作质点。一个典型的方法是定义一个空间包容该对象，并在它内部放置一个规则的三维网格。每个点可以被分类为物体内部或外部。在右图中的二维雪人例子中，灰色元胞被认为是内部的，因为元胞的中心点在雪人里面。该对象被近似为一组相同质量的质点的集合。这进一步简化了质心的计算，所以如果对象中有 n 个点，则

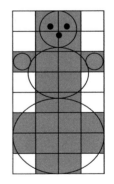

$$\mathbf{c} = \frac{1}{n}\sum \mathbf{x}_i$$

进行体素化的方法有很多种，我们在这里讲其中一种。要将点分类为内部的或外部的，一个常见方法是射线测试。求从一个点射出一条射线与表面的相交次数，如果相交次数为奇数，则那个起点肯定在物体里面，而有偶数个相交点就意味

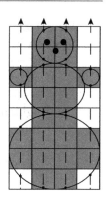

着起点在外面。因为我们知道所有的点都在规则的网格上，所以我们可以大大简化将一个对象体素化的过程。如果我们选择一个平面，并从包围体积的外部沿每个网格方向做射线，我们可以更容易地分类点。首先，射线沿主轴方向，所以与多边形的相交测试变得简单。其次，因为有几个网格点位于那条射线上，所以我们可以同时对一条射线的这些点进行分类。沿着射线直到和第一个表面相交的所有点都在外面，射线上从这个交点到和再下一个表面的交点之间的点都在里面，依此类推。这里的二维雪人图用点标记了四条射线的交点。把这些元胞按照它们的中心点相对进入点和离开点的位置进行分类，我们可以把沿着一条射线的所有体素分类。这四条射线都足以将所有体素分类为内部的或外部的。

体素化方法是一个近似方法，体素越小近似就越精确。

直接计算：还有其他更精确的质心计算方法。首先可以选择一个点（任何一点都可以，但通常选择原始坐标系的原点），并创建以这个点为顶点、表面上的三角形为底面的四面体。这个构造如右图所示截面为六边形的柱体。粗线条显示如何用两个前面和其中一个顶面定义一个四面体。为了完成这个构造，将其余面的顶点也连接到中心点。对每个四面体，计算其体积来确定其质量，并根据四个顶点计算出其质心。对每个四面体的质心按照质量加权平均就可以求出总体的质心。但请注意，四面体必须有一个有向体积[1]，即如果顶点位于表面三角形的内侧为正数，则位于表面三角形的外侧为负数。如果表面三角形的顶点依次是 $\mathbf{d}$、$\mathbf{e}$ 和 $\mathbf{f}$，顶点在原点，则四面体体积正好是

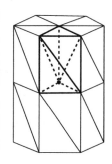

$$V = \frac{1}{6}\mathbf{d} \cdot (\mathbf{e} \times \mathbf{f})$$

这是一个带符号的体积。假设从模型外部观察，三角形顶点逆时针排列，那么顶点在内部时体积为正，外部时为负。

同样地，四面体中心为 4 个顶点的平均值，其中 1 个顶点为原点：$\mathbf{x} = \frac{1}{4}(\mathbf{d} + \mathbf{e} + \mathbf{f})$。因此，在假定密度均匀的情况下，通过上述方法精确计算物体的质量中心比较容易：

---

1 译注：英文是 signed volume，字面含义是有符号的体积，它的符号由构成多面体的向量的顺序决定，所以通常翻译为有向体积。

WeightedPosition = 0; Volume = 0;
foreach Triangles on surface **do**

    假设三角形顶点为 $\mathbf{d}, \mathbf{e}, \mathbf{f}$，并且从外部观察呈逆时针排列；
    $V = \frac{1}{6}\mathbf{d} \cdot (\mathbf{e} \times \mathbf{f})$;
    $\mathbf{x} = \frac{1}{4}(\mathbf{d} + \mathbf{e} + \mathbf{f})$;
    WeightedPosition = WeightedPosition + $V\mathbf{x}$;
    Volume = Volume + V;

end
$\mathbf{c}$ = WeightedPosition/Volume;

9.2.2 惯性张量

当计算惯性张量矩阵时，我们先计算局部坐标系（即原点位于刚体质心且相对刚体固定的坐标系）的矩阵。可将惯性张量表示为一个 3×3 的矩阵，定义为

$$I = \begin{bmatrix} \int_V (\mathbf{x}_y^2 + \mathbf{x}_z^2)\rho(\mathbf{x})\mathrm{d}V & -\int_V (\mathbf{x}_x\mathbf{x}_y)\rho(\mathbf{x})\mathrm{d}V & -\int_V (\mathbf{x}_x\mathbf{x}_z)\rho(\mathbf{x})\mathrm{d}V \\ -\int_V (\mathbf{x}_x\mathbf{x}_y)\rho(\mathbf{x})\mathrm{d}V & \int_V (\mathbf{x}_x^2 + \mathbf{x}_z^2)\rho(\mathbf{x})\mathrm{d}V & -\int_V (\mathbf{x}_y\mathbf{x}_z)\rho(\mathbf{x})\mathrm{d}V \\ -\int_V (\mathbf{x}_x\mathbf{x}_z)\rho(\mathbf{x})\mathrm{d}V & -\int_V (\mathbf{x}_y\mathbf{x}_z)\rho(\mathbf{x})\mathrm{d}V & \int_V (\mathbf{x}_x^2 + \mathbf{x}_y^2)\rho(\mathbf{x})\mathrm{d}V \end{bmatrix}$$

其中，$\mathbf{x}_i$ 是位置 $\mathbf{x}$ 的第 i 个分量。请注意，ρ 通常为常数 1，且矩阵是对称的，因此，只需计算 6 个值。[1]

对质点系该矩阵变为

$$I = \begin{bmatrix} \sum (y_i^2 + z_i^2)m_i & -\sum (x_i y_i)m_i & -\sum (x_i z_i)m_i \\ -\sum (x_i y_i)m_i & \sum (x_i^2 + z_i^2)m_i & -\sum (y_i z_i)m_i \\ -\sum (x_i z_i)m_i & -\sum (y_i z_i)m_i & \sum (x_i^2 + y_i^2)m_i \end{bmatrix}$$

其中，x_i、y_i 和 z_i 是第 i 个点的 x、y 和 z 坐标，m_i 是其质量。

同样，在实践中可以用多种方法来计算这个矩阵。

体素化：如果我们有一个如上文介绍的质心的计算方法中的体素化对象，则我们可以使用这些体素来计算惯性张量矩阵。我们访问每个体素并将每个体素对惯性张量矩阵的贡献加起来。和计算质心的方法一样，这不是一个精确的方法，但体素的网格越精细结果就越精确。而且，如果质量都相等，那么我们可以把这一点提取出来，只是把整个矩阵乘以 m_i。

直接计算：对由三角形组成的物体，直接计算其惯性张量比较复杂。基本过

---

    1 译注：若惯性张量矩阵的第 i 行的非对角线元素为零，那么第 i 个分量对应的坐标轴被称为惯性主轴。密度均匀的刚体的对称轴显然是惯性主轴。如果三个坐标轴都为惯性主轴，那么惯性张量矩阵就为对角阵。一般情况下惯性张量矩阵是实对称矩阵，根据线性代数的知识（谱定理），实对称矩阵总可以被正交相似变换为对角矩阵，也就是说对于刚体，总可以找到一组坐标轴为惯性主轴。许多游戏物理引擎都默认惯性张量矩阵仅包含对角元，即刚体局部坐标系的坐标轴是惯性主轴。

程与直接计算质心类似：创建四面体，再将得出的各个值相加。但计算各个四面体的惯性张量比计算质心更为复杂。每个四面体都有各自的局部惯性张量，且必须利用平行移轴定理计算关于刚体总体的局部坐标系的惯性张量矩阵。其他更快的直接计算方法涉及体积分与面积分的计算技巧，即变换重写为更好求解的形式。

直接计算转动惯性张量矩阵的方法不止这一种，你可以参考 Mirtich[1996a] 和 Eberly[2003] 中更多计算惯性张量矩阵的方法。

通过公式可计算某些形状的物体的惯性张量。例如，实心球体惯性张量矩阵的计算公式如下：

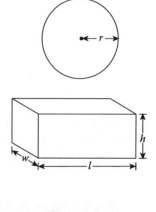

$$I = \begin{bmatrix} \frac{2}{5}mr^2 & 0 & 0 \\ 0 & \frac{2}{5}mr^2 & 0 \\ 0 & 0 & \frac{2}{5}mr^2 \end{bmatrix}$$

而 x 方向长 l、z 方向宽 w、y 方向高 h 的实心箱体，其计算公式为：

$$I = \begin{bmatrix} \frac{m}{12}(w^2 + h^2) & 0 & 0 \\ 0 & \frac{m}{12}(l^2 + w^2) & 0 \\ 0 & 0 & \frac{m}{12}(l^2 + h^2) \end{bmatrix}$$

使用此类公式也可以计算很多其他基本形状的物体，如圆柱体。如果你要求的是这些简单形状的惯性矩阵，则可以直接查到并写下来。

世界坐标系中的惯性张量：刚性物体在局部坐标系中的惯性张量 I_0 不会改变，但世界坐标系中的惯性张量却会随着物体当前的方向而变化。惯性张量矩阵的各行各列表现了刚体关于某个轴的转动惯性，和当前刚体的方向有关，自然会变化。

幸运的是，如果已知局部坐标系中的惯性张量，则可快速计算出刚体方向改变后的惯性张量。若方向矩阵为 R，局部坐标系中的惯性张量为 I_0，则在全局坐标系中，物体的惯性张量为：[1]

$$I = RI_0R^{\mathrm{T}}$$

可以测试惯性张量矩阵的各元素因不同方向而发生的变化，详细的推导过程

1　译注：如果读者熟悉线性代数，可以从线性映射的角度理解这个关系，即惯性张量矩阵是从角速度到角动量的线性映射的矩阵表示，旋转矩阵是坐标转换的过渡矩阵。

见 Witkin 与 Baraff [2001]。

后面你会看到，我们常常需要使用惯性张量的逆 I^{-1}。记住，旋转矩阵有 $R^{-1} = R^{\mathrm{T}}$，如果已知局部坐标系中惯性张量的逆，则可直接进行以下计算：

$$I^{-1} = (RI_0R^{\mathrm{T}})^{-1} \text{ 或者 } I^{-1} = (R^{\mathrm{T}})^{-1}I_o^{-1}(R)^{-1}$$

因此

$$I^{-1} = RI_0^{-1}R^{\mathrm{T}}$$

9.3　刚体运动

回顾 9.1 节的内容，刚体有线性状态（位置）和角度状态（定向）。当我们模拟刚体时，必须更新这两种状态。这使我们能够捕捉刚体的旋转运动和平移运动，就像图 9.2 所示的在空间中运动的多米诺骨牌一样。

图 9.2　多米诺骨牌跌落并相互碰撞时的旋转和移动（由 Jordan Gestring 提供）

首先回想一下力是如何更新物体（比如粒子）的线性位置的。粒子有位置 $\mathbf{x}$、质量 m 和速度 $\mathbf{v}$，则线性的动量 $\mathbf{P} = m\mathbf{v}$。

对于力 $\mathbf{F}$，有 $\mathbf{F} = m\mathbf{a} = m\dot{\mathbf{v}} = \dot{\mathbf{P}}$，即力是线性动量的时间变化率。

角动量变化有类似的过程，即角动量的时间变化率是力矩。

9.3.1　力矩

力矩对应力的旋转。正如力引起线性动量的变化一样，力矩也会引起角动量的变化。

$$\boldsymbol{\tau} = \dot{\mathbf{L}}$$

换句话说，力矩也度量了角动量的变化率。要理解刚体的运动，有必要了解力矩与力的关系。

已知质心为 $\mathbf{x}$ 的物体，假定在点 $\mathbf{p}$ 处施加力 $\mathbf{f}$。任何不作用于刚体质心的力都将产生力矩。为测定力矩，首先计算力臂，$\mathbf{r} = \mathbf{p} - \mathbf{x}$，即质心到力的作用点的矢量[1]。由此，得出力矩：

$$\boldsymbol{\tau} = \mathbf{r} \times \mathbf{f} \qquad (9.3)$$

关于力矩请注意以下几点。首先，其大小与力及力臂的长度呈正比。因此，作用力相同时，力臂越长，力矩越大，这就是人们所熟悉的阿基米德杠杆原理。同样，力与力矩臂的夹角越接近直角，力矩越大。因为矢量积中需要乘上力与力臂之间夹角的正弦值。最后，力矩为一个矢量，其方向同时垂直于力臂及作用力。力矩矢量的方向为物体因力矩旋转时围绕的轴的方向。

想象在模拟中仅存在力矩而没有作用力，但通常情况下，力矩都是基于作用力产生的。比如，将弹簧连接至刚体上某一点，弹簧在该点上施力，对物体产生了整体力矩。必须同时知道对物体所施加的作用力及力的作用点，方可计算力矩。

当作用力均匀地施加在物体上时，不会产生力矩，意识到这一点很重要。这种可以作用于物体每一点的力称为彻体力。重力及离心力就是典型的彻体力[2]。比如，在重力场中，同样的力施加在物体的各分子上，虽然各作用力均会产生力矩，但各力矩都会被物体上等大反向的力矩抵消，从而使得整体力矩为零。

最后，请注意力矩作用于整个刚体，对此，可理解为力矩"通过了"质心。力矩叠加满足矢量加法。若存在两个力矩 $\boldsymbol{\tau}_1$ 和 $\boldsymbol{\tau}_2$，它们作用于物体，则总力矩为 $\boldsymbol{\tau} = \boldsymbol{\tau}_1 + \boldsymbol{\tau}_2$。

1　译注：在有的场合力臂指的是质心到力的作用线的垂直距离。
2　译注：离心力会作用于物体的每一个点，但并不均匀。

9.3.2 更新刚体状态

刚体状态描述为:

$$\mathbf{S} = \begin{bmatrix} \mathbf{x} \\ R \\ \mathbf{P} \\ \mathbf{L} \end{bmatrix}$$

上述表达式包括线性运动及角运动的当前位置和动量。因此,该状态导数为:

$$\dot{\mathbf{S}} = \begin{bmatrix} \mathbf{v} \\ \boldsymbol{\omega}^* R \\ \mathbf{F} \\ \boldsymbol{\tau} \end{bmatrix}$$

前文提到,$\mathbf{v} = \frac{1}{m}\mathbf{P}$,及 $\boldsymbol{\omega} = I^{-1}\mathbf{L}$,因此可以直接通过状态推导出速度信息。同样,$\mathbf{F}$ 为作用在物体上的合力(即所有作用力的总和),$\boldsymbol{\tau}$ 为作用在物体上的总力矩(即所有力矩的总和)。

像之前(更新粒子状态时)做过的那样,对状态导数进行积分即可更新刚体状态。唯一不同之处是,当前状态包括 4 个元素,而非 2 个,且其中 1 个元素是矩阵而非矢量。在一种实现中,状态包括 18 个标量值,而非粒子状态中的 6 个标量值。不过,以四元数代替矩阵来表示旋转,可将所需的标量值减少到 13 个[1]。

9.3.3 四元数表示法

虽然到目前为止,本书均采用旋转矩阵 R 表示方向,但这种方法在积分过程中会产生问题。设想只对方向变化使用欧拉积分法进行更新,利用(定向矩阵的导数)矩阵记号可得出:

$$R^{[n+1]} = R^{[n]} + h\boldsymbol{\omega}^* R^{[n]}$$

上述表达式涉及矩阵的相加。在多数情况下,新的方向矩阵 $R^{[n+1]}$ 不再是正交矩阵,各列不再是标准正交的矢量集合,因此矩阵也不再是真正的旋转矩阵![2] 那么模拟的结果是,随着时间的推移,物体在经历切变或非均匀缩放后,其形

---

1 译注:旋转矩阵 R 有 9 个矩阵元,但是旋转矩阵是正交矩阵,即满足 $RR^{\mathrm{T}} = I$,有 6 个约束条件,实际上独立变量是 $18 - 6 = 12$ 个;表示旋转的四元数模为 1,有一个约束条件,所以实际上独立变量是 $13 - 1 = 12$ 个。实际上线性的和角度的状态、状态的导数分别各有 3 个自由度,一共是 $3 \times 4 = 12$ 个。

2 译注:在专业的物理课程中,我们要求使用旋转矩阵的导数积分算出来的新的旋转矩阵 $R^{[n+1]} = R^{[n]} + h\dot{R}$ 为正交阵,即 $(R^{[n+1]})^{\mathrm{T}} R^{[n+1]} = I$,乘开并舍弃 h 的高阶小量,经过运算发现矩阵 $\dot{R}$ 满足特殊的数学性质,即 $\dot{R}\mathbf{p}_0$ 可以写成 $\boldsymbol{\omega} \times R\mathbf{p}_0$ 的形式,这就是角速度的数学原理。

状发生变化。虽然可以不断地将 R 修正为最接近的旋转矩阵[1]，但这一繁复的过程会引起更多误差。更好的办法是选择四元数法表示方向。四元数的数学背景知识见附录 E。

从初始状态到当前状态的旋转可以用旋转矩阵 R 表示，也可以用四元数 $\mathbf{q}$ 表示。四元数法的优势在于，只需要对 4 个元素进行积分，且不存在关于标准正交性的要求。只需保持四元数为单位长度即可表示真实的旋转。因此，与方向矩阵相比，四元数法累计误差更慢，且更容易修正为真实的旋转表示。

四元数的导数为：

$$\dot{\mathbf{q}} = \frac{1}{2}\boldsymbol{\omega}\mathbf{q}$$

证明过程见下文灰色部分。请注意，必须将 $\boldsymbol{\omega}$ 转化为四元数 $(0, \boldsymbol{\omega})$ 形式[2]，按照四元数乘法规则进行运算。

现在进行积分就是对四元数做累加（如欧拉积分：$\mathbf{q}^{[n+1]} = \mathbf{q}^{[n]} + h\mathbf{q}^{[n]}$）。这样的运算结果可能不再是单位长度的四元数，这意味着它不能再有效地表示方向。幸运的是每次积分后将四元数归一化会容易得多：除以长度就可以了。

因此，我们优先选择使用四元数表示刚体状态及其导数：

$$\mathbf{S} = \begin{bmatrix} \mathbf{x} \\ R \\ \mathbf{P} \\ \mathbf{L} \end{bmatrix}, \quad \dot{\mathbf{S}} = \begin{bmatrix} \mathbf{v} \\ \frac{1}{2}\boldsymbol{\omega}\mathbf{q} \\ \mathbf{F} \\ \boldsymbol{\tau} \end{bmatrix}$$

注意，虽然旋转矩阵在此处不再作为状态的一部分，但仍需利用旋转矩阵计算世界坐标系的惯性张量[3]。可惜的是，没有简单的方法能够直接利用四元数计算惯性张量矩阵。幸运的是利用四元数可非常简便地计算出旋转矩阵，详见附录 E。假设作用力 $\mathbf{f}$ 作用在相对于质心 $\mathbf{r}$ 位置处，作用在刚体上的还有彻体力 $\mathbf{g}$，则通过以下步骤，即可利用状态计算出其导数[4]：

$$\mathbf{v} = \frac{1}{m}\mathbf{P}$$

$$R = R(\mathbf{q}),\text{即由 } \mathbf{q} \text{ 推导出旋转矩阵}$$

$$I^{-1} = RI_0^{-1}R^{\mathrm{T}}$$

1　译注：如何定义"接近"其实也是一个问题。

2　译注：可以将四元数看作由标量部分和矢量部分组成，同样可以认为标量只有标量部分的四元数，矢量只有矢量部分的四元数。

3　译注：原书为计算刚体转动坐标系的惯性张量矩阵，应为笔误。

4　译注：原书公式有误已修正。

$$\boldsymbol{\omega} = I^{-1}\mathbf{L}$$

$$\mathbf{F} = \sum_i \mathbf{g}_i + \sum_j \mathbf{f}_j$$

$$\boldsymbol{\tau} = \sum_j (\mathbf{r}_j \times \mathbf{f}_j)$$

证明 $\dot{\mathbf{q}} = \frac{1}{2}\boldsymbol{\omega}\mathbf{q}$。在时间 t，四元数 $\mathbf{q}(t)$ 确定了刚体从初始状态到当前状态的旋转。我们希望看到，在一小段时间 Δt 内以固定角速度 $\boldsymbol{\omega} = \hat{\mathbf{u}}\dot{\theta}$ 旋转后，四元数是如何变化的。将角速度转化成四元数，再与已有的四元数相乘：

$$\mathbf{q}(t + \Delta t) = \left(\cos(\tfrac{\dot{\theta}\Delta t}{2}), \quad \hat{\mathbf{u}}\sin(\tfrac{\dot{\theta}\Delta t}{2}) \right) \mathbf{q}(t)$$

对 Δt 求微分：

$$\frac{\mathrm{d}\mathbf{q}(t + \Delta t)}{\mathrm{d}\Delta t} = \left(-\frac{\dot{\theta}}{2}(\sin\tfrac{\dot{\theta}\Delta t}{2}), \quad \hat{\mathbf{u}}\frac{\dot{\theta}}{2}\cos(\tfrac{\dot{\theta}\Delta t}{2}) \right) \mathbf{q}(t)$$

随着 Δt 趋于零：

$$\frac{\mathrm{d}\mathbf{q}}{\mathrm{d}t} = (0, \tfrac{1}{2}\boldsymbol{\omega})\mathbf{q}$$

可简化为：

$$\dot{\mathbf{q}} = \frac{1}{2}\boldsymbol{\omega}\mathbf{q}$$

上述推导过程初看可能有些费解，译者在这里多做一些解释，因为译注空间有限，所以直接写在正文中。先将 Δt 视为一个独立变量求导，即 $\frac{\mathrm{d}\mathbf{q}(t+\Delta t)}{\mathrm{d}\Delta t}$ 实际求解的是

$$\frac{\mathbf{q}(t + \Delta t') - \mathbf{q}(t + \Delta t)}{\Delta t' - \Delta t}$$

在 $\Delta t'$ 趋于 Δt 时的极限。上式还可以写为：

$$\frac{\mathbf{q}(t + \Delta t') - \mathbf{q}(t + \Delta t)}{(t + \Delta t') - (t + \Delta t)}$$

即 $t + \Delta t'$ 趋于 $t + \Delta t$ 时的极限，实际上就是 $\mathbf{q}$ 在时间为 $t + \Delta t$ 时刻的导数值，然后再令 Δt 趋于零即可。

　　这个证明过程需要读者对求导的数学本质理解到位。这里译者再补充一个更直接了当的证明过程，需要读者先熟悉附录 E 中四元数是如何表达旋转的。将刚体从初始状态到 t 时刻的旋转表示为四元数 $\mathbf{q}(t)$，那么刚体上初始位置为 $\mathbf{p}_0$ 的点在 t 时刻的位置是

$$\mathbf{p}(t) = \mathbf{q}(t)\mathbf{p}_0\mathbf{q}(t)^{-1}$$

速度为：

$$\begin{aligned}\frac{\mathrm{d}\mathbf{p}(t)}{\mathrm{d}t} &= \frac{\mathrm{d}\mathbf{q}(t)}{\mathrm{d}t}\mathbf{p}_0\mathbf{q}(t)^{-1} + \mathbf{q}(t)\mathbf{p}_0\frac{\mathrm{d}\mathbf{q}(t)^{-1}}{\mathrm{d}t} \\ &= \frac{\mathrm{d}\mathbf{q}(t)}{\mathrm{d}t}\mathbf{q}(t)^{-1}\mathbf{q}(t)\mathbf{p}_0\mathbf{q}(t)^{-1} + \mathbf{q}(t)\mathbf{p}_0\mathbf{q}(t)^{-1}\mathbf{q}(t)\frac{\mathrm{d}\mathbf{q}(t)^{-1}}{\mathrm{d}t} \\ &= \frac{\mathrm{d}\mathbf{q}(t)}{\mathrm{d}t}\mathbf{q}(t)^{-1}\mathbf{p}(t) + \mathbf{p}(t)\mathbf{q}(t)\frac{\mathrm{d}\mathbf{q}(t)^{-1}}{\mathrm{d}t}\end{aligned}$$

对

$$\mathbf{q}(t)\mathbf{q}(t)^{-1} = 1$$

两边求导得到

$$\frac{\mathrm{d}\mathbf{q}(t)}{\mathrm{d}t}\mathbf{q}(t)^{-1} + \mathbf{q}(t)\frac{\mathrm{d}\mathbf{q}(t)^{-1}}{\mathrm{d}t} = 0$$

代入速度的关系式得到

$$\frac{\mathrm{d}\mathbf{p}(t)}{\mathrm{d}t} = \frac{\mathrm{d}\mathbf{q}(t)}{\mathrm{d}t}\mathbf{q}(t)^{-1}\mathbf{p}(t) - \mathbf{p}(t)\frac{\mathrm{d}\mathbf{q}(t)}{\mathrm{d}t}\mathbf{q}(t)^{-1}$$

那么 $\frac{\mathrm{d}\mathbf{q}(t)}{\mathrm{d}t}\mathbf{q}(t)^{-1}$ 是一个怎样的四元数呢？因为 $\mathbf{q}(t)$ 的模为 1，所以 $\mathbf{q}(t)^{-1}$ 是 $\mathbf{q}(t)$ 的共轭，所以是标量部分相等，矢量部分相反的四元数。注意对四元数的共轭求导等于先求导再取共轭，所以 $\mathbf{q}(t)\frac{\mathrm{d}\mathbf{q}(t)^{-1}}{\mathrm{d}t}$ 正好也和 $\frac{\mathrm{d}\mathbf{q}(t)}{\mathrm{d}t}\mathbf{q}(t)^{-1}$ 共轭。一个四元数和它的共轭四元数和为零，意味着它的标量部分为零，即这个四元数可以写为一个三维矢量，这里先记为 $\mathbf{a}(t)$。根据附录 E 中四元数乘法，我们可以得到

$$\mathbf{a}(t)\mathbf{p}(t) - \mathbf{p}(t)\mathbf{a}(t) = 2\mathbf{a}(t) \times \mathbf{p}(t)$$

对照角速度：

$$\frac{\mathrm{d}\mathbf{p}(t)}{\mathrm{d}t} = \boldsymbol{\omega} \times \mathbf{p}(t)$$

我们可以得到

$$\mathbf{a}(t) = \frac{1}{2}\boldsymbol{\omega}$$

$$\frac{\mathrm{d}\mathbf{q}(t)}{\mathrm{d}t}\mathbf{q}(t)^{-1} = \frac{1}{2}\boldsymbol{\omega}$$

$$\frac{\mathrm{d}\mathbf{q}(t)}{\mathrm{d}t} = \frac{1}{2}\boldsymbol{\omega}\mathbf{q}(t)$$

9.4　实现

下面的算法 ComputeRigidDerivative 封装了使用四元数表示旋转的基础刚体模拟过程。请注意，我们先不包括碰撞检测和处理，第 10 章会讲述该主题。

为方便描述，我们将只对单个刚体积分，但只需扩展状态向量，即可推广到多个刚体的情景（因为暂时无须关注刚体之间的碰撞）。

State ComputeRigidDerivative (State S, float m, Matrix3 $\times$ 3 I_0^{-1})
状态由三个矢量和一个四元数表示。矢量依次是位置 $\mathbf{x}$、线动量 $\mathbf{P}$、角动量 $\mathbf{L}$ 和方向四元数 $\mathbf{q}$。刚体质量为 m，刚体坐标系下惯性张量的逆为 I_0^{-1}
begin
 State $\dot{S}$;
 $\dot{S}.x = S.P/m$;
 Matrix3 $\times$ 3 R = Quaternion2Matrix$(S.q)$;
 Matrix3 $\times$ 3 $I^{-1} = RI_0^{-1}R^{\mathrm{T}}$;
 Vector3 $\boldsymbol{\omega} = I^{-1}L$;
 Quatenion $\boldsymbol{\omega}_q$ = Quaternion$(0,\boldsymbol{\omega})$;
 $\dot{S}.q = \frac{1}{2}\boldsymbol{\omega}_q S.q$;
 $\dot{S}.P = 0 = \dot{S}.L = 0$;
 foreach Vector3 F_i **do**
  $\dot{S}.P$ += F_i;
  对每个非彻体力计算力矩;
  if F_i 作用在点 pi **then**
   Vector3 $r = p_i - S.x$;
   $\dot{S}.L$ += $r \times F_i$;
  end
  $t = t + h$;
 end
 return $\dot{S}$;
end

这个简单的欧拉积分如下所示。可以直接将其扩展到另一种不同的积分方法。

```
RigidMotion()
模拟刚体的运动
begin
    State S, S_new, Ṡ;
    Initialize(S, m, I);
    while t < t_max do
        Ṡ = ComputeRigidDerivative(S, m, I);
        S_new = S + Ṡh;
        Normalize(S_new.q);
        if t > t_output then
            OutPut(S_new);
            t_output += SimulationTimeBetweenOutputs;
        end
        S = S_new;
        t += h;
    end
end
```

译者补充：有的读者可能会感觉这样计算略显麻烦，会想我们为何不像下面这样直接使用力矩更新 ω ？

$$\Delta \mathbf{L} = \boldsymbol{\tau} h$$

$$\Delta \boldsymbol{\omega} = I^{-1} \Delta \mathbf{L}$$

这个算法的问题在于，在世界坐标系下惯性张量矩阵是随时间变化的，用数学语言说就是：

$$\frac{d\mathbf{L}}{dt} = \frac{dI}{dt}\boldsymbol{\omega} + I\frac{d\boldsymbol{\omega}}{dt}$$

用积分的话则为：

$$\Delta \mathbf{L} = \Delta I \boldsymbol{\omega} + I \Delta \boldsymbol{\omega}$$

$\Delta \mathbf{L}$、ΔI、$\Delta \boldsymbol{\omega}$ 这三项都是时步的一阶小量，数量级接近，都应该计算，而 ΔI 是非常难以计算的。

9.5　总结

下面是刚体动力学的几个主要概念：

- 为了表示刚体状态，我们不仅需要考虑物体的位置，还要考虑方向。同样不仅需要描述位置变化的线速度，也要描述方向变化的角速度。

- 在刚体动力学中需要使用惯性张量表示角运动中的惯性，大致对应线运动中的质量。

- 通常情况下，把惯性张量表示为世界坐标系中的矩阵。这个矩阵可以通过局部坐标系的惯性张量矩阵变换求出。

- 对刚体施加力，能改变动量；或对刚体施加力矩，可改变角动量。对物体的某一点施力，可产生对应的力矩。

- 表示和计算物体方向的方法很多，包括旋转矩阵和四元数。然而，四元数提供了一种更紧凑的形式，因数值计算所引入的误差更小。

第 10 章　刚体的碰撞与接触

如图 10.1 所示，当刚体与刚体接触时，将发生有趣的刚体运动。刚体碰撞会产生某些令人神奇的效果，但物体保持静止状态并堆叠在一起看起来也很有趣。

图 10.1　一个刚性球会撞进一组刚性块（由 Alex Beaty 提供）

碰撞才是物体角动量改变的常见原因。因为我们的模型其实很少包括持续作用于某一点而产生旋转的力，像重力那样施加在整个物体上（因此，不会产生力矩）的作用力才是比较常见的。

本章讨论如何处理刚体之间的碰撞。

10.1　刚体碰撞

为阐明发现和解决碰撞的过程，我们首先以一个运动物体和一个静止物体的简单例子进行说明，然后再扩展到成对的运动物体。

回顾处理碰撞的三个阶段：碰撞检测、碰撞确定及碰撞响应。8.5 节已介绍了基本的碰撞检测与确定过程，但进行下一步讨论前仍有必要回顾这一部分内容，以下为三大要点：

- 多边形物体的碰撞检测可简化为顶点-面检测及边-边检测——其他有趣的例子均可归为上述情况的组合。
- 通过点-多边形相交法进行顶点-面碰撞检测。
- 确定经过一条边的顶点、以两条边的叉乘为法线的平面，然后追踪两条边上距离最近的两个点中位于另外一条边上的那个点，是否会从平面的一侧运动到另一侧，以此判断边与边是否有碰撞。

运动表面、旋转运动和高阶积分都增加了碰撞检测过程的难度。特别是，在模拟快速旋转的物体时，有可能在一个时步内物体上的一点迅速掠过另一个物体，实际上发生了碰撞，但是没有检测出来。即使检测到碰撞，也很难估计碰撞发生在时步内的位置，因其正在进行非线性运动，且常通过高阶积分法进行积分。

10.2 节将介绍更多关于利用特殊方法加速碰撞检测的内容。现在，假定我们能够确定两个物体的碰撞点（允许一定公差）。

碰撞确定需找到顶点与面碰撞或边与边碰撞的碰撞点 $\mathbf{p}$。碰撞确定阶段通常发生在碰撞检测过程中。

因此，确定刚体状态中的碰撞响应是一项挑战。这将会捕捉到有趣的运动，如图 10.2 所示，经白球撞击后，呈三角形排列的台球在桌面散开，这是刚体碰撞响应的结果。

图 10.2　主球打破了排好的球组（由 Jay Steele 提供）

10.1.1　与静态物体的无摩擦碰撞

首先，假定一个运动物体（下标为 a），与静态物体 b 发生碰撞。运动物体 a 有位置 $\mathbf{x}_a$、线速度 $\mathbf{v}_a$ 以及角速度 $\boldsymbol{\omega}_a$。假定碰撞点为：

$$\mathbf{p} = \mathbf{p}_a = \mathbf{x}_a + \mathbf{r}_a$$

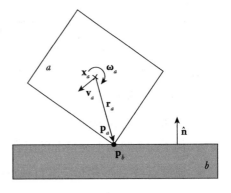

$\mathbf{r}_a$ 为质心 $\mathbf{x}_a$ 到碰撞点 $\mathbf{p}$ 的向量。$\mathbf{p}_a$ 表示运动物体上的碰撞点，$\mathbf{p}_b$ 表示静止物体上的碰撞点。

显然，（在碰撞发生时）$\mathbf{p}_a = \mathbf{p}_b$，但各点的速度不同，其中 $\dot{\mathbf{p}}_b = 0$，且：

$$\dot{\mathbf{p}}_a = \mathbf{v}_a + \boldsymbol{\omega}_a \times \mathbf{r}_a$$

正如弹性网格中发生的碰撞，这里同样设碰撞点的法线为 $\hat{\mathbf{n}}$。在顶点-面碰撞中，$\hat{\mathbf{n}}$ 是面的法线；在边与边碰撞中，$\hat{\mathbf{n}}$ 是两个边向量的叉乘。相对速度可以分解为沿碰撞法线的法向速度和垂直于法线的切向速度。那么，发生碰撞前法向速度为：

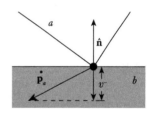

$$v^- = \dot{\mathbf{p}}_a \cdot \hat{\mathbf{n}}$$

上标 $^-$ 表示碰撞发生前的瞬时速度。上标 $^+$ 表示碰撞发生后的瞬时速度。假定运动物体在法线 $\hat{\mathbf{n}}$ 的正方向，那么，$v^- < 0$ 时才会发生碰撞，否则，物体分离。

此处仅考虑了法线方向的碰撞响应，而忽略了切线方向的摩擦。

假定发生与 3.2.1 节中类似的弹性碰撞，那么，碰撞后，法线方向的速度为：

$$v^+ = -c_r v^- \tag{10.1}$$

其中，c_r 为恢复系数。这个速度变化是通过在碰撞点施加如下冲量得到的：

$$\mathbf{J} = j\hat{\mathbf{n}}$$

唯一的问题是，j 等于多少？可将冲量视为在无限短时间内值为无限大数值的冲激函数。该函数能够模拟出瞬间施加巨大作用力，在一定时间范围内改变动量的效果[1]。当然，这只是实际的碰撞的近似，但对于刚体模拟的时间尺度而言，这种方法已非常接近真实情况。如果在点 $\mathbf{p}$ 施加冲量 $\mathbf{J}$，那么，冲量将改变物体

1　译注：冲激函数一般记为 $\delta(t)$，满足 $\delta(0) = \infty$，$\delta(t) = 0, t \neq 0$，且 $\int_{-\infty}^{\infty} \delta(t)\,\mathrm{d}t = 1$。冲激函数通常用来表示一些极小范围内数值极大，但是整体上累加为有限值的物理量，比如质点的密度。冲激函数并不属于我们之前熟悉的函数，而是一种广义函数。

线动量及角动量，如下所示：

$$\Delta\mathbf{P} = \mathbf{J} \tag{10.2}$$

$$\Delta\mathbf{L} = \mathbf{r}_a \times \mathbf{J} = j(\mathbf{r}_a \times \hat{\mathbf{n}}) \tag{10.3}$$

因此，线速度变化为：

$$\Delta\mathbf{v}_a = \frac{1}{m}\Delta\mathbf{P} \text{ 或 } \Delta\mathbf{v}_a = \frac{1}{m}j\hat{\mathbf{n}}$$

并且角速度变化为[1]：

$$\Delta\boldsymbol{\omega}_a = I^{-1}\Delta\mathbf{L} \text{ 或 } \Delta\boldsymbol{\omega}_a - jI^{-1}(\mathbf{r}_a \times \hat{\mathbf{n}})$$

因此，碰撞后的最终速度为：

$$\dot{\mathbf{p}}_a^+ = (\mathbf{v}_a + \Delta\mathbf{v}_a) + (\boldsymbol{\omega}_a + \Delta\boldsymbol{\omega}_a) \times \mathbf{r}_a$$

$$= \mathbf{v}_a + \boldsymbol{\omega}_a \times \mathbf{r}_a + \Delta\mathbf{v}_a + \Delta\boldsymbol{\omega}_a \times \mathbf{r}_a$$

$$= \dot{\mathbf{p}}_a + \Delta\mathbf{v}_a + \Delta\boldsymbol{\omega}_a \times \mathbf{r}_a$$

或者

$$\dot{\mathbf{p}}_a^+ = \dot{\mathbf{p}}_a + j(\frac{1}{m}\hat{\mathbf{n}} + I^{-1}(\mathbf{r}_a \times \hat{\mathbf{n}}) \times \mathbf{r}_a)$$

记住我们只关注法向速度，上式与法线点相乘得到：

$$\hat{\mathbf{n}} \cdot \mathbf{p}_a^+ = \hat{\mathbf{n}} \cdot \left[\dot{\mathbf{p}}_a + j(\frac{1}{m}\hat{\mathbf{n}} + I^{-1}(\mathbf{r}_a \times \hat{\mathbf{n}}) \times \mathbf{r}_a)\right] \text{ 或}$$

$$v^+ = v^- + j\left[\frac{1}{m} + \hat{\mathbf{n}} \cdot (I^{-1}(\mathbf{r}_a \times \hat{\mathbf{n}}) \times \mathbf{r}_a)\right]$$

现将方程 10.1 中的 v^+ 代入有：

$$-c_r v^- - v^- = j\left[\frac{1}{m} + \hat{\mathbf{n}} \cdot (I^{-1}(\mathbf{r}_a \times \hat{\mathbf{n}}) \times \mathbf{r}_a)\right]$$

因此

$$j = \frac{-(1+c_r)v^-}{\frac{1}{m} + \hat{\mathbf{n}} \cdot (I^{-1}(\mathbf{r}_a \times \hat{\mathbf{n}}) \times \mathbf{r}_a)} \tag{10.4}$$

1　译注：严格来说这样计算是有问题的，详见 9.4 节最后的讨论部分，但是游戏中这样计算已经足以得到看上去真实可信的表现了。

因此为确认碰撞响应，首先需通过式 10.4 计算 j，而后得出 $\mathbf{J} = j\hat{\mathbf{n}}$。再根据式 10.2 及式 10.3 更新 $\mathbf{P}$ 及 $\mathbf{L}$。虽然计算 j 的算式看上去比较复杂，但该式中出现的各个部分：c_r、v^-、m、$\hat{\mathbf{n}}$、I^{-1} 及 $\mathbf{r}_a$ 都很容易根据已知量算出。

10.1.2　两个运动物体间的无摩擦碰撞

在讨论完单个运动物体与单个静止物体的碰撞后，我们再来看两个运动物体的碰撞响应。假设我们已知物体 a 和 b 在点 $\mathbf{p}$ 发生碰撞，则对于单个物体有：

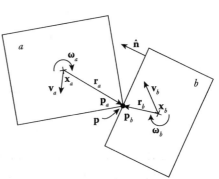

$$\mathbf{x}_a + \mathbf{r}_a = \mathbf{p}_a = \mathbf{p} = \mathbf{p}_b = \mathbf{x}_b + \mathbf{r}_b$$

虽然位置 $\mathbf{p}_a$ 与 $\mathbf{p}_b$ 相同，但是速度却不同：

$$\dot{\mathbf{p}}_a = \mathbf{v}_a + \omega_a \times \mathbf{r}_a$$
$$\dot{\mathbf{p}}_b = \mathbf{v}_b + \omega_b \times \mathbf{r}_b$$

类似静态碰撞的情况，我们可以为碰撞定义法线，顶点-面碰撞的法线为面法线，边-边碰撞的法线为两条边的叉乘。法线方向从 b 指向 a。

仍然使用上标 $^-$ 表示碰撞发生前的瞬时速度，上标 $^+$ 表示碰撞响应后的瞬时速度。

计算两个物体发生碰撞的瞬间沿法线方向的相对速度。

$$v_{\text{rel}}^- = \hat{\mathbf{n}} \cdot (\dot{\mathbf{p}}_a^- - \dot{\mathbf{p}}_b^-) \tag{10.5}$$

若碰撞确定阶段未完成，则应检查法线方向上物体之间的相对速度，确保物体在互相靠近。因物体 a 在法线的正方向，故需满足以下要求：

$$v_{\text{rel}}^- < 0$$

对物体 a 施加冲量 $\mathbf{J}_a = j\hat{\mathbf{n}}$，对物体 b 施加等大反向的冲量 $\mathbf{J}_b = -j\hat{\mathbf{n}}$。正如静止物体发生的碰撞，我们的目标是计算该冲量的 j 值。

与式 10.4 所用的推导方法相同，但现在应包括两个物体，由此可得出冲量的大小：

$$j = \frac{-(1+c_r)v_{\text{rel}}^-}{\frac{1}{m_a} + \frac{1}{m_b} + \hat{\mathbf{n}} \cdot (I_a^{-1}(\mathbf{r}_a \times \hat{\mathbf{n}}) \times \mathbf{r}_a + I_b^{-1}(\mathbf{r}_b \times \hat{\mathbf{n}}) \times \mathbf{r}_b)} \tag{10.6}$$

动量与角动量的变化如下：

$$\Delta \mathbf{P}_a = j\hat{\mathbf{n}} \qquad \Delta \mathbf{L}_a = j(\mathbf{r}_a \times \hat{\mathbf{n}})$$
$$\Delta \mathbf{P}_b = -j\hat{\mathbf{n}} \qquad \Delta \mathbf{L}_b = -j(\mathbf{r}_b \times \hat{\mathbf{n}})$$

10.2　碰撞检测

在高动态场景中，存在很多不同的、几何结构复杂的运动物体。如图 10.3 所示，完全有可能有几十个甚至成百上千个物体同时运动并相互碰撞。各物体有更复杂的几何形状，处理起来比图中简单的立方体更加麻烦则是更常见的情形。为确定 N 个不同的物体之间是否有碰撞，两两之间进行检测的复杂度为 $O(N^2)$，算法消耗的时间随着物体数量的增多急剧增长。因此开发了多种提升碰撞检测效率的技术。

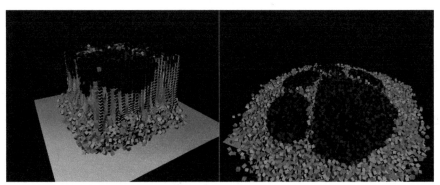

图 10.3　大量下落的碰撞块（由 Jay Steele 提供）

碰撞检测一般分为粗略检测和精确检测两大类。粗略检测是为了检测空间中移动的两个物体明显分离、不会发生碰撞。这是一项保守检测，目的

粗略阶段：分离的

粗略阶段：没有分离
精确阶段：没有碰撞

粗略阶段：没有分离
精确阶段：发生碰撞

在于排除那些不可能发生碰撞的物体对。接着进行的精确检测会检查它们的几何形状，判断它们是否会碰撞，以及如果碰撞的话求出碰撞点。图中展示了三种可

能发生的情况。左边的一对五角星物体明显分离，没有必要进行精确检测，中间及右边的两对五角星则需要进行精确碰撞检测。但经过检测，只有右边的一对五角星实际上发生了碰撞。

10.2.1　包围体

粗略检测和精确检测均基于包围体的概念。包围体是一个包含了待检测物体或者几何形状的区域。包围体的几何形状远比所包围的待测物体或几何形状简单。

包围体的核心思想是：若物体未与包围体发生碰撞，则不可能与包围体内的任何几何体发生碰撞。因此若包围体未与某区域发生碰撞，则我们就可以排除该区域内所有的物体和几何体。

包围体有各种形状，且各有优劣。这里将介绍最常见的几种包围体，并会比较它们之间的优劣。

包围球：包围球覆盖了一个球内的物体。包围球用球心 (x, y, z) 和半径 r 表示。

计算：一般物体的包围球的球心我们选择质心。如果不用这种方法给定球心，那么寻找使得包围球半径最小的球心位置是非常困难的，大多数实用算法都是近似的。如果你想计算的话，Ritter 算法 [Ritter, 1990] 是一个相对直接而且可以给出较合理结果的近似算法。一旦确定了球心，则半径就是各个顶点到球心的最大距离。

包围球

为检测两个球体是否重叠，可计算两个球心之间的距离，并与两个球体的半径之和进行比较。为避免求距离时的平方根运算，通常比较的是距离的平方与半径之和的平方，如下所示：

$$(x_1 - x_2)^2 + (y_1 - y_2)^2 + (z_1 - z_2)^2 < (r_1 + r_2)^2$$

若左边的值小于右边，则说明两个球体存在重叠，其内部物体可能发生碰撞。

优势：当以物体质心为球心时，包围球与物体方向无关。随着物体的运动，只需要更新包围球的球心，而半径不变。判断球与球的碰撞是非常快的，尽管还有可以更快的包围体。

劣势：包围球的体积通常比其包围的物体大很多。与其他形状的包围体相比，包围球因为多余空间较多，可能导致更多"误报"[1]。若包围球中心不在物体质心，则虽然只需对包围球进行一次计算，但计算过程变得更加复杂。

AABB：轴对齐包围体（AABB）是平行于世界坐标 x、y 和 z 轴的包围体。AABB 存储各个轴坐标的最小值和最大值。可将这 6 个数值直接存储为 $(x_{\min}, x_{\max}, y_{\min}, y_{\max}, z_{\min}, z_{\max})$，或中心 (x, y, z) 和各方向的半长度 $(x_{\text{ext}}, y_{\text{ext}}, z_{\text{ext}})$。请注意，$x_{\min} = x - x_{\text{ext}}, x_{\max} = x + x_{\text{ext}}$ 等。

AABB

计算：计算几何体的 AABB 是非常直接的。直接遍历所有顶点，然后求各个坐标轴上的最小值和最大值即可。

有时候需要计算包围球的 AABB。在这种情况下，AABB 中心就是包围球中心，且 $x_{\text{ext}} = y_{\text{ext}} = z_{\text{ext}} = r$。请注意，这种方法甚至比包围球更加不紧凑，但相比于直接计算物体的 AABB，其优势在于包围体不会因为物体的旋转而改变。

为确定两个 AABB 之间的碰撞，需要检测在三个坐标轴方向上是否有重叠。若三个坐标轴方向上两者都重叠，就发生了碰撞。若有一个坐标轴方向上没有重叠，则未发生碰撞。算法流程如下：

Boolean **AreAABBsColliding** $((x_{\min,1}, x_{\max,1}, y_{\min,1}, y_{\max,1}, z_{\min,1}, z_{\max,1}),$
$(x_{\min,2}, x_{\max,2}, y_{\min,2}, y_{\max,2}, z_{\min,2}, z_{\max,2}))$
输入两个 AABB 的坐标表示
begin
    if $x_{\min,2} > x_{\max,1}$ **or** $x_{\min,1} > x_{\max,2}$
    or $y_{\min,2} > y_{\max,1}$ **or** $y_{\min,1} > y_{\max,2}$
    or $z_{\min,2} > z_{\max,1}$ **or** $z_{\min,1} > z_{\max,2}$
    then
        return False;
    end
    所有维度都重叠，返回真
    return True;
end

优势：AABB 相关的计算都很快。计算 AABB 本身的算法很直接，尽管花费的时间和顶点数成正比。对碰撞进行尽可能有效的检测，最多进行 6 次比较即可，无须更多计算。

劣势：物体方向发生改变后，通常需重新计算 AABB。对于自由运动的物体，这意味着对每一个时步都需重新计算整个 AABB，且如果物体包含很多顶

点，那么这一过程将花费很长时间。即使 AABB 一般比包围球的空间更紧凑，但仍包含许多 "空白" 体积，也就是说，检测出的相交数仍比实际多很多。

k-dop：k-dop 包围体是 k-离散有向多面体的缩写，可视为 AABB 的扩展。AABB 以三个坐标轴方向的最小值及最大值界定包围体，而 k-dop 引入了沿更多轴的最小值及最大值。k-dop 中的 k 指沿各个方向的界限的数量。由于沿各轴均存在两个界限（最大值与最小值），故一个 k-dop 由 $k/2$ 个不同的轴界定。因此 AABB 是 6-dop 包围体。

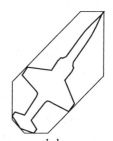

k-dop

存储一个 k-dop 需要存储沿各 $k/2$ 轴的最小值和最大值。和 AABB 类似，在世界坐标系中选取轴，且对于所有物体而言都是相同的。前三个轴为坐标轴 x、y 和 z。最常见的是增加一个或两个附加轴。首先，得到由成对坐标轴组成的 6 个轴。

$$x+y, x-y, x+z, x-z, y+z, y-z$$

读者这里可能不清楚 $x+y$ 轴是什么，译者多做一些补充，因为对理解下文的计算过程很重要，所以写在正文中。x 轴是一条经过原点，且和所有 x 坐标等于某个给定常数的点组成的平面垂直的直线，同理 $x+y$ 轴就是一条经过原点，且和所有 $x+y$ 等于某个给定常数的点组成的平面垂直的直线。假想存在一个立方体，那么前三个坐标轴穿过各个面的中心，而之后给定的 6 个轴均穿过边的中心。接下来是由坐标轴的三元组组成的 4 个轴

$$x+y+z, x+y-z, x-y+z, x-y-z$$

$x+y+z$ 轴就是一条经过原点，且和所有 $x+y+z$ 等于某个给定常数的点组成的平面垂直的直线。在立方体例子中，这些轴穿过立方体的顶点。因此包围体通常使用 6-dop（即 AABB）、18-dop、14-dop 或 26-dop。理论上可使用任意一组附加轴，但随着附加轴的增加，边际收益会递减。实际中性价比最好的通常是18-dop 或 14-dop。

计算：计算沿各轴的最大值及最小值只比 AABB 算法稍微复杂一些。可检查物体各顶点，并计算其在指定轴上的投影[1]。对于由成对坐标轴组成的轴，比如$x-y$ 轴，按照之前的定义就是一条经过原点，且和所有 $x-y$ 等于某个给定常数的点组成的平面垂直的直线。也就是说这条轴就是经过原点且沿平面 $x-y=C$（其中 C 是某个指定常数）的法线的直线，即就是沿 $(1,-1,0)$ 方向的直线。这

1　译注：原书这里有误，译者重写了这一部分。

个向量归一化为方向向量 $\frac{1}{\sqrt{2}}(1,-1,0)$。我们要计算的投影就是点的位置向量和直线方向向量内积。对于由坐标轴的三元组组成的轴，比如 $x+y-z$ 轴，方向沿平面 $x+y-z=C$ 的法线，即 $(1,1,-1)$，归一化的方向向量为 $\frac{1}{\sqrt{3}}(1,1,-1)$。点 $(2,3,7)$ 和直线方向向量内积为 $-\frac{2}{\sqrt{3}}$。

可扩展 AABB 所用算法来对比两个 k-dop。当且仅当两个 k-dop 沿所有轴都重叠时，才能证明其相交。因此对比两个物体沿各个轴的最大值与最小值，就能确定它们是否重叠。因为我们比较的是两个物体沿同一个轴的最大值与最小值，因此前面计算中的 $\sqrt{2}$ 或 $\sqrt{3}$ 实际上可以忽略。虽然这里不会明确列出算法，但如上所述，这就是 AABB 碰撞检测法的直接扩展。

优势：对于典型的物体，k-dops 比 AABB 空间更紧凑，而与 AABB 相比这种方法仅仅只是在碰撞检测时进行了一些额外的比较，在计算新的包围体时多了一点计算量。

劣势：正如 AABB 包围体，k-dop 也取决于物体当前方向，因此随着物体的旋转，必须更新其 k-dop。当然可以对包围球建立 k-dop，这样就无须随物体旋转而更新 k-dop，但也失去了空间更紧凑的优势。

OBB：有向包围体或 OBB，其三条轴不必与世界坐标系的 x、y 和 z 轴对齐。在物体的局部坐标系选择三条轴，并由此设置包围体。因此随着物体运动，包围体的大小不会改变，而是随物体一起旋转。

各 OBB 包围体存储了 3 条正交轴及其沿各轴方向相对质心的最小值和最大值。

计算：首先必须在物体的静止坐标系中确定 3 条轴，方可构成 OBB。最小包围体不是一个良好的定义，即我

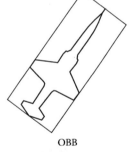

OBB

们并不清楚到底什么最小，是体积最小，还是沿各个坐标轴的最大长度最小，即 $\max(x_{\text{ext}}, y_{\text{ext}}, z_{\text{ext}})$ 最小[1]。考虑下面的矩阵（原书这里写得过于简略，有扩充）：

$$\boldsymbol{A} = \begin{bmatrix} \sum x_i^2 & \sum x_i y_i & \sum x_i z_i \\ \sum y_i x_i & \sum y_i^2 & \sum y_i z_i \\ \sum z_i x_i & \sum z_i y_i & \sum z_i^2 \end{bmatrix}$$

其中矩阵元素都是遍历所有顶点求和。这是一个实对称矩阵，我们总可以正交相

---

1 译注：定义良好是一个数学概念，指的是一个定义是明确、无歧义的且满足它必须满足的性质。在这里如果选择体积最小，那么有可能出现非常细长的 OBB，并不符合我们对最小的理解。如果选择沿坐标轴的最大长度最小，那么若两个 OBB 沿各个坐标轴的最大长度是一样的，但是其他坐标轴上的长度相差很多，若按照这个定义两者也应该是一样"小"的。

似对角化，即存在正交矩阵 Ω 使得

$$\Omega^{\mathrm{T}} A \Omega = \begin{bmatrix} \lambda_1 & 0 & 0 \\ 0 & \lambda_2 & 0 \\ 0 & 0 & \lambda_3 \end{bmatrix}$$

其中 $\lambda_i, i = 1, 2, 3$ 是 A 的特征值，Ω 的第 i 列就是 λ_i 对应的特征向量，就是我们要求的 OBB 的第 i 条轴。如果我们把顶点的坐标值视为离散型随机变量的取值，即随机变量 X 的可能取值为 $x_1, ..., x_n$，那么上述矩阵就是随机变量 X, Y, Z 的协方差矩阵。上述对矩阵进行正交对角化的过程就是对协方差矩阵进行主成分分析。最大、最小特征值对应最大、最小方差。这样的轴向确定的包围体通常是比较紧凑的。

另外，如果物体在自己的局部（模型）坐标系里朝向比较好（多数情况下都是如此），则可以直接选取局部坐标系的坐标轴建立 OBB。

给定 3 条轴，需要确定沿各轴方向的最大值和最小值。将所有顶点相对于质心的位置投影到轴上，经比较就可得到最大值和最小值。

为检测两个 OBB 之间的碰撞，需要将其投影到分离轴上，看在轴上是否有重叠。若投影未重叠，则包围体亦未重叠[1]。但反过来并不成立；若两个包围体在一条轴上的投影重叠，则并不意味着包围体自身重叠。关键是找到一组轴，若物体在这组轴上的投影均重叠，则说明两个包围体重叠。对这些轴进行检测足以确认物体是否有重叠。

请注意在判断 AABB 或 k-dop 之间的碰撞时，我们依赖于这样一个事实：我们要检测是否有重叠的轴是已知的。我们期望判断 OBB 之间的碰撞时也有类似的性质，但遇到了困难，每个 OBB 是通过自己的一组轴构建的。我们必须使用分离轴定理解决这一问题，并检测两个 OBB 之间的碰撞。

根据分离轴定理，在以下几类中可以找到一组完备的分离轴：

- 物体 1 表面的法线

- 物体 2 表面的法线

- 物体 1 的边和物体 2 的边的向量积

对于 OBB，物体 1 及物体 2 的表面可分别提供 3 条轴，边的向量积可提供 9 条轴，总共 15 条轴。但实际中往往并不需要测完所有 15 条轴，重叠检测是一项保守检测：只要有一条轴没有重叠即表明 OBB 没有重叠。因此检测一组一

1　译注：读者可以想象在两段投影之间选择一个点，然后过这个点作一个垂直于轴的平面，那么这个平面把这两个包围体隔在了两边。

定数量的轴, 如 6 条面法线, 就可以覆盖很多情况。可以将 AABB 视为特殊的 OBB, 上述的几类轴线许多是重合的, 只需检测 3 个轴 (x、y 和 z 轴)。

优势: 不像 AABB 或 k-dop, OBB 无须随着物体旋转而重新计算。虽然需要更新各个轴方向的变化 (轴在物体局部坐标系中的坐标是固定的, 只需要根据物体的方向转换到世界坐标系即可), 但这比重新计算包围体简单了许多。OBB 的空间比较紧凑。OBB 通常比 AABB 更加紧凑, 有时甚至超过 k-dop。而且如右图所示, 若物体被划分为更小的部分, 则 OBB 收敛到物体表面的速度比 AABB 快得多。

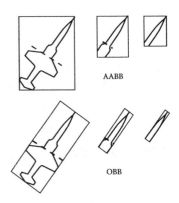

AABB

OBB

劣势: 使用 OBB 的主要缺点是, 其碰撞检测计算比包围球、AABB 或 k-dop 更复杂。通常这种方法必须检查更多数量的轴, 且包围体 (即 8 个顶点) 须投影到各轴上。相比之下包围球只需要少量计算, AABB 或 k-dop 只需要一些比较计算 (这两者的轴在世界坐标系选取且对所有物体都适用), OBB 的计算量显得略大。OBB 的初始计算成本相对较高, 但是只需进行一次预计算, 无须在模拟过程中重复计算。

凸包: 首先我们要介绍一个概念: 凸组合。对 n 个点 $\mathbf{p}_1, \cdots, \mathbf{p}_n$, 如果点 $\mathbf{p}$ 满足

$$\mathbf{p} = \sum_{i=1}^{n} t_i \mathbf{p}_i$$

$$\sum_{i=1}^{n} t_i = 1$$

$$t_i \geqslant 0, i = 1, \cdots, n$$

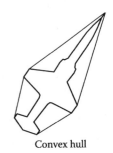

Convex hull

那么 $\mathbf{p}$ 就是这些点的一个凸组合[1]。两个点的凸组合是以这两点为端点的线段上的点; 三个点的凸组合是这三个点为顶点的三角形内的点; 四个点的凸组合是这些点为顶点的四面体内的点。对一个点集 A 来说, 存在一类点集, 这类点集中的点的凸组合包含了 A 中所有的点, 这类点集中最小的集合就是 A 的凸包。在二维中, 凸包可被视为由围绕物体的橡皮筋拉伸而成的形状, 而在三维中可类比为物体的紧缩包装。点集的凸包可以理解为包括各个点的最小凸多面体。

存储物体的凸包意味着存储构成该凸包的顶点、边及表面。不像我们讨论的

---

1 译注: 若没有后两个约束, 则 t_i ($i = 1, \cdots, n$) 称为 $\mathbf{p}$ 的重心坐标 (Barycentric coordinates)。

其他包围体，存储凸包的信息需要更多的数值，在某些情况下会变得非常复杂。

计算：计算凸包是计算几何学中长期存在的问题，有很多不同的实现方法。我们在此不再讨论这一过程，几乎任何计算几何学教材都提供了多种算法。*Handbook of Discrete and Computational Geometry*[Goodman 和 O'Rourke, 2004] 是一个标准参考。

可通过分离轴定理检测两个凸包之间的碰撞，但每个凸包都有很多边和面，因此需要检测大量的轴，这使得检测过程非常缓慢。

优势：凸包的主要优势在于其空间紧凑性。它最小化了冗余空间。可针对物体预计算其凸包，并令其和物体一起旋转。因此凸包并不需要随着物体旋转而重新计算，这点与 AABB 及 k-dop 不同。

劣势：检测凸包之间的碰撞非常缓慢，因此在实际的碰撞检测中，基本不会使用凸包。但只需针对一到两个物体进行碰撞检测时，仍可基于凸包，尤其是希望最小化误报时。Lin-Canny 算法 [Lin and Canny, 1991] 是凸包碰撞检测法的实例。在这种情况下，需持续跟踪两个包围体之间最近的点。由于物体数量较少，且对紧凑性要求较高，所以凸包是合适的选择。

10.2.2　粗略碰撞检测

粗略碰撞检测的目的在于排除明显未发生碰撞的物体对，筛选出可能发生碰撞的物体对列表。这个阶段并不判定物体是否实际发生了碰撞。

在粗略碰撞检测中，通常使用以质心为中心的包围球。由于包围球的中心在质心，因此无论物体方向如何，包围球均可包围物体。随着物体的运动，只需更新包围球的位置，但其半径不变。

有两种方法可进行粗略碰撞检测：空间划分法和扫掠剪除法。

空间划分法：在 6.3 节中已介绍了若干空间数据结构：均匀网格、八叉树及 kd-树。对于粗略碰撞检测，我们使用其中一种空间划分法，将物体放在物体（或其包围体）重叠的所有空间区域内。

在粗略碰撞检测中，只需检测同一空间划分区域内的物体对。请注意，若物体跨越多个区域（如覆盖了大量体素的细长物体[1]），则会有同一对物体比较多次的情况。这可能是个常见问题，可以维护额外的列表或散列表记录已检测的物体对，来避免非必要的比对。但对于粗略检测，对比任意两个物体的包围球通常比

1　译注：原书是 along a thin object，应为 a long thin object。

较简单，因此除非多余的比较数量非常大，否则维护这些额外数据结构并不划算。

如果包围体发生了碰撞，需要进一步对物体进行精确检测，以确定物体对之间是否真的发生了碰撞。

扫掠剪除法：粗略碰撞检测的另一种方法是扫掠剪除法 [Baraff, 1992]。各物体均在 AABB 内。[1] 若两个物体的 AABB 重叠则通过了粗略检测。这意味着 AABB 沿 x、y 和 z 轴的方向发生了重叠。

扫掠剪除法的核心思想是快速识别沿各个轴发生重叠的物体对，并且随着时间推移轻松地更新发生重叠的物体对。我们可沿一条轴找出重叠的物体对，而后再检测其他轴；只有当物体对沿 3 条轴均发生重叠时，才会视为重叠。

为找到沿一条轴重叠的物体对，首先对沿该轴的 AABB 起点和终点进行排序。n 个物体有 $2n$ 个点需要进行排序。排序完成后，扫掠操作从坐标最小的点向坐标最大的点依次进行，期间会维护一个"活跃的"AABB 列表。经过一个 AABB 的起点时，将这个 AABB

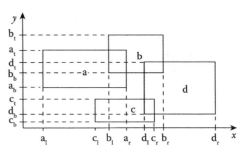

加入"活跃"列表，它和列表中其他 AABB 在当前检测的轴上重叠。经过一个 AABB 的终点时，将这个 AABB 从"活跃"列表中移除。换言之，每当遇到一个新 AABB 的起点时，"活跃"列表中存储的是当前还没有遇到终点的 AABB，这些还"没跑完"的 AABB 和这个新的 AABB 在这条轴上会重叠；而那些已经"跑过终点"的 AABB，不可能和这个新的 AABB 发生碰撞，早已从"活跃"列表中被移除。所以沿轴的方向没有发生重叠的 AABB 对已经自然地被剪除。看一个具体的例子，右图中的 a、b、c 和 d 代表了 4 个物体的包围体。沿 x 轴进行扫掠，将相继检测出 a-c、a-b、c-b、c-d 和 b-d 之间的重叠。沿 y 轴的重叠是 c-d、a-d、d-b 和 a-b，只有 a-b、c-d 和 b-d 出现在两个列表中。从头开始，把排序的时间也算在内，全过程耗时 $O(n \lg n + k)$，其中，n 为物体的数量，k 表示有多少对物体发生重叠。

这个算法也利用了时间连贯性 [2]。物体在移动中，从一个时步到下一个时步位置不会发生太大变化。新旧位置非常接近，所以扫掠剪除法提到的 AABB 的起点和终点的位置也不会发生太大变化。多数这个时步重叠的区间在下个时步仍

---

1 这可能是包围球的 AABB，这样就不必在方向改变时进行更新。
2 译注：英文为 temporal coherence，在光学中翻译为时间相干性。这里含义是运动在时间上是连贯的，位置不会发生突变。

会重叠，反之亦然。只需更新各 AABB 的区间的位置，之后检测到新碰撞，则把这一对区间添加到发生重叠的物体对列表中。同样，若检测到一对 AABB 不再碰撞，则从列表中移除。如果已经排序好的区间端点发生微小的改变，则"重新排序"只需要移动少数几个元素，将每个端点移动到正确的位置几乎可以在常数时间内完成。可使用插入排序或者冒泡排序，迅速地更新上一个时步已排序好的列表。扫掠剪除法运行过一次后，之后消耗的时间基本上为 $O(n+k)$。

10.2.3　精确碰撞检测

精确碰撞检测一般通过层次包围体实现。核心想法是构建一棵以包围体为节点、从上往下节点覆盖的物体表面多边形越来越少的树。

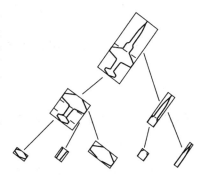

根节点是覆盖整个物体的包围体。子节点对应的包围体覆盖了一部分父节点包围体覆盖的多边形。可以将子节点覆盖的区域分割为更小的区域，然后再被它的子节点对应的包围体所覆盖。最终树的叶子节点将代表包含一个或个别三角形的包围体。包围体树通常是二叉树，但也可能是多叉树。右图中是一个三层的树，展示了一个物体是如何依层次被分割，以及每个层次是如何被节点的 OBB 覆盖的。

两个物体之间的碰撞检测应该递归地进行。首先先检测根节点的包围体是否重叠。若不相交，则包围体区域内的所有多边形都不相交。若相交，则对子节点两两进行检测。继续检测过程，直到发现一对相交的叶节点。这时检测叶节点代表的个别多边形是否相交。一般而言，这意味着需要检测两个三角形是否相交。

三角形相交检测比包围体相交检测复杂得多，所以层次包围体的重点就在于将三角形检测的次数降到最少。检测三角形 A 和三角形 B 是否相交，以及如果相交确定交点的基本过程首先是确定三角形 A 与 B 所在平面是否相交。如果相交，则 A 和 B 所在平面的公共点是一条线段 C，其端点即 A 的边与平面相交的点。请注意，与平面相交的边的两个顶点分布在平面的两侧，找到这样的两条边即可。然后反过来进行这个过程，得到三角形 B 和三角形 A 所在平面的公共线段 D。注意，线段 C 和 D 落在同一条直线上，这个直线就是 A 所在平面和 B 所在平面的交线，检测线段 C 和 D 是否重叠即可。若重叠，则三角形 A 和 B 相交。

10.3　线性互补问题

本节的重点在于处理多个物体之间的碰撞，以及如何让很多互相接触依靠的刚体保持静止。我们着眼于如何产生正确的力和冲量以防止物体之间穿透，以及计算接触点的摩擦力。我们必须先设计一个数学框架来描述并解决这些问题。

考虑右图中的静止接触问题。质量为 m、半径为 r 且中心位于 $\mathbf{x}$ 的球体位于经过点 $\mathbf{p}$、法线为 $\hat{\mathbf{n}}$ 的平面上。球运动的速度为 $\dot{\mathbf{x}}$，加速度为 $\ddot{\mathbf{x}}$。若在一定的公差范围内满足下面的条件，则可能形成静止接触：

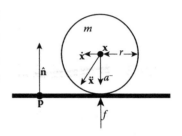

$$(\mathbf{x} - \mathbf{p}) \cdot \hat{\mathbf{n}} = r \text{ 和}$$

$$\dot{\mathbf{x}} \cdot \hat{\mathbf{n}} = 0$$

受到来自地面的任何作用力之前，垂直于接触面的加速度分向量为：

$$a^- = \ddot{\mathbf{x}} \cdot \hat{\mathbf{n}}$$

受到地面的作用力后，将加速度分向量定义为 a^+。例如，静止在水平地面的球体，重力加速度为 g，则有 $a^- = -g$ 并且 $a^+ = 0$。

考虑右图中所示的两种情况。球加速度方向与面法线方向相反，a^- 为负，或球加速度方向与面法线方向相同，a^- 为正；若 a^- 为负，则地面需要产生相反的作用力 $f = -ma^-$ 使得 $a^+ = 0$。但如果 a^- 为正，那么球加速离开地面，从而使得地面不能对球产生作用力，因此 $f = 0$ 并且 $a^+ = a^-$。

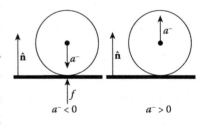

这是线性互补问题，即 LCP 最简单的例子。该问题即为一个求线性方程：

$$\frac{1}{m} f + a^- = a^+ \tag{10.7}$$

在限制条件

$$a^+ \geqslant 0, f \geqslant 0 \text{ 和 } fa^+ = 0$$

下解的线性互补问题。a^+、f 必须为非负数，且互补条件表明两者之一必须为 0，在这些约束条件下足以解出方程 10.7 的两个未知数。该方程的解取决于 a^- 的符号。当 $a^- > 0$ 时，要求 $f = 0$，因此 $a^+ = a^-$；当 $a^- < 0$ 时，要求 $a^+ = 0$，因此 $f = -ma^-$。

如右图所示，这个问题可能存在两个静止接触点，一个是和经过点 $\mathbf{p}_1$、法线为 $\mathbf{n}_1$ 的平面的接触点，另一个是与和上个平面垂直的、经过点 $\mathbf{p}_2$ 且法线为 $\mathbf{n}_2$ 的平面的接触点。受到任何阻力前，存在两个法向加速度分量：

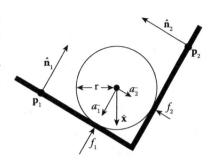

$$a_1^- = \ddot{\mathbf{x}} \cdot \hat{\mathbf{n}}_1 \text{ 和 } a_2^- = \ddot{\mathbf{x}} \cdot \hat{\mathbf{n}}_2$$

因为两个表面互相垂直，所以任何表面 1 施加的作用力 f_1 都会平行于表面 2，且任何表面 2 施加的作用力 f_2 都会平行于表面 1。物体垂直于某个表面的加速度分量只和来自这个表面的作用力有关。可将这个系统视为两个独立的 LCP：

$$\frac{1}{m} f_1 + a_1^- = a_1^+ \text{ 和}$$
$$\frac{1}{m} f_2 + a_2^- = a_2^+,$$

限制条件为：

$$a_1^+, a_2^+ \geqslant 0, f_1, f_2 \geqslant 0, f_1 a_1^+ = 0 \text{ 和 } f_2 a_2^+ = 0$$

如式 10.7 所述，可根据 a_1^- 和 a_2^- 的符号分别求解。

如右图所示，这个问题也表现了过多的复杂性。球和表面 1 和表面 2 之间也可能存在两个静止接触点，但两个表面并非相互垂直，因此物体垂直于某个表面的加速度分量会和另一个表面的作用力有关。表面 1 施加的作用力 f_1 在 $\mathbf{n}_2$ 方向上有一个非零分量，同样作用力 f_2 也会在 $\mathbf{n}_1$ 方向上存在一个分量。因此，关于上述两个作用力的方程如下：

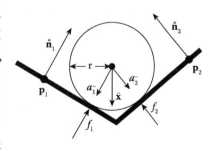

$$\frac{1}{m} f_1 + \frac{1}{m} \hat{\mathbf{n}}_1 \cdot \hat{\mathbf{n}}_2 f_2 + a_1^- = a_1^+ \text{ 和}$$
$$\frac{1}{m} \hat{\mathbf{n}}_1 \cdot \hat{\mathbf{n}}_2 f_1 + \frac{1}{m} f_2 + a_2^- = a_2^+$$

上述两个式子可更紧凑地表达为线性系统的形式：

$$\frac{1}{m}\begin{bmatrix} 1 & \hat{\mathbf{n}}_1 \cdot \hat{\mathbf{n}}_2 \\ \hat{\mathbf{n}}_1 \cdot \hat{\mathbf{n}}_2 & 1 \end{bmatrix}\begin{bmatrix} f_1 \\ f_2 \end{bmatrix} + \begin{bmatrix} a_1^- \\ a_2^- \end{bmatrix} = \begin{bmatrix} a_1^+ \\ a_2^+ \end{bmatrix}$$

限制条件：

$$a_1^+, a_2^+ \geqslant 0, f_1, f_2 \geqslant 0, f_1 a_1^+ = 0 \text{ 和 } f_2 a_2^+ = 0$$

基于 a_1^- 和 a_2^- 的符号，对于互补条件，需要考虑 4 种情况。当 a_1^- 和 a_2^- 为正时，f_1 及 $f_2 = 0$，$a_1^+ = a_1^-$ 且 $a_2^+ = a_2^-$。当 a_1^- 和 a_2^- 为负时，$a_1^+, a_2^+ = 0$，对矩阵求逆后解得：

$$\begin{bmatrix} f_1 \\ f_2 \end{bmatrix} = -\frac{m}{1 - (\hat{\mathbf{n}}_1 \cdot \hat{\mathbf{n}}_2)^2} \begin{bmatrix} 1 & -\hat{\mathbf{n}}_1 \cdot \hat{\mathbf{n}}_2 \\ -\hat{\mathbf{n}}_1 \cdot \hat{\mathbf{n}}_2 & 1 \end{bmatrix}\begin{bmatrix} a_1^- \\ a_2^- \end{bmatrix}$$

另一方面，如右图所示，在剩下的两种情况中，也分别存在两种子情况。我们先考虑 $a_1^- < 0$ 但 $a_2^- > 0$ 时的两种子情况。当 $\hat{\mathbf{n}}_1 \cdot \hat{\mathbf{n}}_2 > 0$ 时，表面对接触点 1 产生的作用力 f_1 存在一个分向量，使得球加速离开接触点 2。

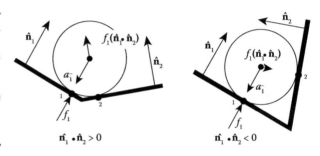

当 $\hat{\mathbf{n}}_1 \cdot \hat{\mathbf{n}}_2 < 0$ 时，作用力 f_1 将使球加速接近接触点 2。会有 $a_1^+ = 0$ 且 $f_2 = 0$。在这种情况下，未知量为 f_1 及 a_2^+。解剩下的线性方程组得到：

$$f_1 = -ma_1^- \text{ 和 } a_2^+ = a_2^- + (\hat{\mathbf{n}}_1 \cdot \hat{\mathbf{n}}_2)\frac{1}{m}f_1$$

如果 $\hat{\mathbf{n}}_1 \cdot \hat{\mathbf{n}}_2 \geqslant 0$，这就是最终解了。但当 $\hat{\mathbf{n}}_1 \cdot \hat{\mathbf{n}}_2 < 0$ 时，若作用力 f_1 足够大，解会违反 $a_2^+ \geqslant 0$ 的条件。为了得到解，允许作用力 f_2 不为零，因此 $a_2^+ = 0$。$a_1^- > 0$ 且 $a_2^- < 0$ 的情况类似，实际上只需要将上面讨论中的序号 1 和 2 交换即可。因此可将求解 LCP 视为寻求符合互补性及正性限制条件的搜索过程。对于上述的问题我们只需考虑 4 种情况，因此可轻松完成，但对于更大的问题，则需要高效且普遍的方法。

N 个变量的 LCP 问题，一般形式为：

$$K\mathbf{f} + \mathbf{a}^- = \mathbf{a}^+ \tag{10.8}$$

其中，K 为 $N \times N$ 的已知矩阵，$\mathbf{a}^-$ 为 N 元已知向量，$\mathbf{f}$ 及 $\mathbf{a}^+$ 为 N 元待求解向量。限制条件为对所有的 $0 \leqslant i < N$，有：

$$a_i^+ \geqslant 0, f_i \geqslant 0 \text{ 和 } f_i a_i^+ = 0$$

系统解决这类问题的数学方法不在本书讨论范围。LCP 是一种二次优化问题，有大量可靠的求解器可链接读者的代码。可在 Geometric Tools 网站 [Eberly, 2015] 找到一些较好的求解器。这里重点关注如何正确地提出问题，以及如何为刚体模拟中遇到的一些典型结构建立矩阵 K。

10.3.1　处理多个接触刚体

在刚体模拟中，同一时刻存在多个接触是非常常见的。是碰撞接触，还是静止接触，具体取决于物体接触点的相对速度及加速度。假设我们已将模拟时钟推进到未发生互相穿插但有若干接触点共存的时间点。现在回想我们在 10.1.2 节中讨论的物体 a 和 b 的接触点。它们的相对速度 v_{rel}^- 与式 10.5 中碰撞面法线方向的速度不同。若物体发生碰撞，则相对速度为负。若物体静止接触，则相对速度（在一定公差范围内）为零。若物体相互远离，则相对速度为正。当出现最后一种情况时，无须采取行动。当物体发生碰撞时，可施加一定的冲量，防止其贯穿。当物体静止接触时，需考虑其相对加速度。

$$a_{\mathbf{rel}}^- = \hat{\mathbf{n}} \cdot (\ddot{\mathbf{p}}_a^- - \ddot{\mathbf{p}}_b^-)$$

若该值为正，则物体已加速远离对方，无须采取行动。否则，必须施以一定的接触力，防止物体发生贯穿。可通过 LCP 公式解决碰撞及静止接触问题。

如右图二维结构所示，固定地面 A 与 4 个刚体 B、C、D 和 E 接触。该结构显示了 8 个编码的顶点-面接触点，箭头标出了各接触点面法线的方向。施加于上述接触点中任意一点的冲量或作用力将产生能够影响其他各个接触点的相应冲量或作用力。因此，需同时解决这个问题。若能确定式 10.8 中矩阵 K 的元素及向量 $\mathbf{a}^-$，即可设置 LCP。

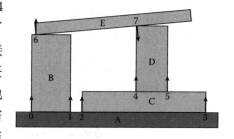

我们看所有接触点均为静止接触的案例。假定唯一的作用力为重力，加速度常量 g 在 y 的负方向，那么，很容易确定 $\mathbf{a}^-$ 的元素。元素 a_0^- 穿过与 a_6^- 垂直

的对应面法线，因此，这些元素具有值 $-g$。但元素 a_7^- 具有向下的面法线，因此，a_7^- 为正，由法线 $\mathbf{n}_7$ 分向量 y 缩放 g 值。

要确定 8×8 矩阵 K 的元素较难，需应用刚体力学的知识。其元素 k_{ij} 显示了作用于接触点 j 的力对接触点 i 的影响。接触点 j 也会受到接触点 i 产生的同等大小的反作用力，因此，矩阵是对称的，只需确定上面三角形的项。让接触点 j 对接触点 i 产生影响的是物体惯性的质量和力矩、受影响物体质心与各接触点的向量以及在各个接触点的法向量。

将测试冲量垂直于各接触点，注意速度变化是如何传导至相关物体的，这种方法可计算 K 的元素。

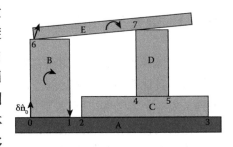

在右图中，对接触点 0 施加测试冲量 $\delta \hat{\mathbf{n}}_0$，并记录下通过直接影响其他物体的旋转和平移从而对其他接触点产生的影响。由于地面是固定的，因此刚体 A 未受影响。因接触点 0、1 及 6 直接受冲量影响，所以刚体 B 的角速度及平移速度发生变化。刚体 E 在点 6 直接接触刚体 B，其角速度与平移速度也会随之发生变化。任何一个接触点对任何其他接触点的影响是 0，除非相关刚体直接接触，因此，对接触点 2、3、4、5 及 7 的影响均为 0。对各接触点施加的测试冲量会引发连锁作用，依次记录其是如何直接传导的。

下面的构建矩阵 K 的算法展示了如何完成这一过程。接下来我们来了解该过程的计算细节。

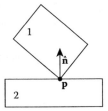

在该算法中，接触类型包括相互接触的两个刚体、接触点 $\mathbf{P}$ 的空间位置、接触法线 $\hat{\mathbf{n}}$ 以及两个刚体沿接触法线方向的相对速度 $v_{\mathbf{rel}}$。惯例是，法向量方向始终远离刚体 2 并向刚体 1 靠近。刚体 1 的任意顶点与刚体 2 的一个平面接触，或两个刚体呈边缘接触。请注意后一种情况中两个刚体的边缘。

对刚体 1 施加冲量的 ApplyImpulse$(\mathbf{p}, \hat{\mathbf{n}})$ 方法，在法向量 $\hat{\mathbf{n}}$ 方向上的点 $\mathbf{p}$ 施加单位冲量，从而改变刚体 1 的速度与角速度。则速度变化为：

$$\Delta \mathbf{v}_1 = \frac{1}{m_1} \hat{\mathbf{n}}, \quad \Delta \boldsymbol{\omega}_1 = I_1^{-1}[(\mathbf{p} - \mathbf{x}_1) \times \hat{\mathbf{n}}]$$

Matrix BuildKMatrix(Contact $C[]$, int N)
C 为当前的接触点列表，N 为接触点的个数。
begin
   Matrix $K[N][N]$;

   对列表 C 中的各接触点施加测试冲量。
   for $j - i$ **to** $N - 1$ **do**
      保存接触点 i 的各刚体的速度与角速度。
      $C[i]$.SaveState();

      对接触点 i 的两个刚体施加相反的单位冲量。
      $C[i]$.Body1.ApplyImpulse($C[i]$.$\mathbf{p}$, $C[i]$.$\hat{\mathbf{n}}$);
      $C[i]$.Body2.ApplyImpulse($C[i]$.$\mathbf{p}$, $-C[i]$.$\hat{\mathbf{n}}$);

      记录与刚体 1 或刚体 2 直接接触的刚体所受到的影响。
      for $j - i$ **to** $N - 1$ **do**
         计算接触点 j 的当前相对法向速度。
         Vector3 v1 $= C[j]$.Body1.GetPointVelocity($C[j]$.$\mathbf{p}$);
         Vector3 v2 $= C[j]$.Body2.GetPointVelocity($C[j]$.$\mathbf{p}$);
         float $v_{\mathrm{rel}}^{+} = (\mathbf{v}_1 - \mathbf{v}_2) \cdot C[j] \cdot \hat{\mathbf{n}}_j$;

         $K_{i,j}$ 和 $K_{j,i}$ 反映了接触点 i 和 j 相对速度的变化。
         $K[i][j] = K[j][i] = v_{\mathrm{rel}}^{+} - C[j] \cdot v_{\mathrm{rel}}$;
      end

      恢复接触点 i 各刚体的速度与角速度。
      $C[i]$.RestoreState();

   end
   返回已完成的相互作用的矩阵。
   return K;
end

利用 GetPointVelocity（$\mathbf{p}$）方法可确定刚体 1 上点 $\mathbf{p}$ 的速度：

$$\dot{\mathbf{p}} = \mathbf{v}_1 + \boldsymbol{\omega}_1 \times (\mathbf{p} - \mathbf{x}_1)$$

其中，$\mathbf{v}_1$ 为刚体 1 质心的速度，$\boldsymbol{\omega}_1$ 为其角速度。

10.3.2　作为 LCP 的多个碰撞与静止接触

对于刚体之间混合多个接触点的问题可分两个步骤处理。首先，建立包括所有接触点的列表，接触点相对速度为零或负值，通过 **BuildKMatrix** 算法构建矩

阵 K。为阐明碰撞损失的能量，通过各接触点的恢复系数调整各相对速度。而后，可求解 LCP：

$$Kj + v^- = v^+$$

N 元素接触列表各元素受以下条件限制：

$$v_i^+ \geqslant 0, j_i \geqslant 0 \text{ 和 } j_i v_i^+ = 0$$

为防止贯穿，需要一定量级 j 的冲量，这个求解方法提供了 j 的列表。其中，以 j_i 表示接触点 i 要求的冲量量级 j 的元素。在各接触点向两个刚体施加上述量级的冲量，再次计算其相对速度。现在，可从接触点列表中移除相对速度为正的各接触点，此外，也可将相对加速度为正的各接触点从列表中移除。随着列表元素的减少，再次构建矩阵 K，并求解 LCP：

$$Kf + a^- = a^+$$

元素已减少的列表，其各个元素受以下条件限制：

$$a_i^+ \geqslant 0, f_i \geqslant 0 \text{ 和 } f_i a_i^+ = 0$$

这个求解方法提供了约束力大小的列表。

10.3.3 摩擦力转为 LCP

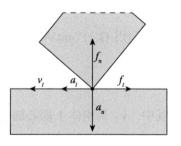

为了解刚体在接触中的实际反应，有必要对摩擦力及支撑力建模。摩擦力的库仑模型将接触点的摩擦力大小限制到 μf_n，其中，μ 为接触点摩擦力的系数，f_n 为垂直于接触点表面的支撑力。

力的方向与接触点切线速度方向相反；当没有切线速度时，与任何施加的作用力方向相反。此外，摩擦力是纯粹耗散的——不能使接触点进行反向运动，因此，在模拟的任何时步内，所施加的合力不得超过使接触点切线运动停止所需的大小。所以，该合力要么是摩擦力的最大值，其中，$f_t = \mu f_n$，要么小于能够使接触点停止运动所施加的力。实际上，物体在停止前都因摩擦力而受最大加速度影响。在模拟中，可对一个时步建模，调整总加速度，使其能够让物体在时步结束时停止运动。换句话说，即，$a_t^+ = -v_t/h$。

Kokkevis [2004] 提出的一种针对滑动摩擦接触的 LCP，有以下三个互补条件：

1. $a_n^+ \geqslant 0$ 与 $f_n \geqslant 0$ 互补。

2. $a_t^+ + v_t^-/h + \lambda \geqslant 0$ 与 $f_t \geqslant 0$ 互补。

3. $\mu f_n - f_t \geqslant 0$ 与 $\lambda \geqslant 0$ 互补。

条件 1 处理已包含在无摩擦条件中的法向力与加速度的关系。条件 2 处理切向力与加速度的关系，要求切向加速度不得超过让物体停止运动所需的大小。条件 3 确保不得超过库仑摩擦力限制，同时，也引入了新的非负变量，用于耦合条件 2 与条件 3。

这就是耦合生效的原理。若在条件 3 中，$ft < \mathbf{u}f_n$，则 $\lambda = 0$ 且 $a_t^+ = -v_t^-/h$，加速度恰好能够让接触点在一个时步内停止运动。但若在条件 3 中，$ft = \mu f_n$，则 $\lambda \geqslant 0$ 且 $a_t^+ = -v_t^-/h - \lambda$。因此，将出现两种情况：达不到摩擦力限制时，接触点运动在一个时步内停止；但达到作用力限制时，接触点运动减慢但力度不足以使其停止运动。

因上述 3 个条件涉及 3 个未知量 f_n、f_t 及 λ，故须通过方程式的 3×3 系统对各摩擦接触点建模：

$$\begin{bmatrix} k_{nn} & k_{tn} & 0 \\ k_{nt} & k_{tt} & 1 \\ \mu & -1 & 0 \end{bmatrix} \begin{bmatrix} f_n \\ f_t \\ \lambda \end{bmatrix} + \begin{bmatrix} a_n^- \\ a_t^- + v_t^-/h \\ 0 \end{bmatrix} = \begin{bmatrix} a_n^+ \\ a_t^+ \\ \lambda^+ \end{bmatrix}$$

常量 k_{nn} 调整沿法线方向的作用力，生成法向加速度。k_{nt} 调整沿切线方向的作用力，生成法向加速度。与 k_{tn} 相等的 k_{nt} 调整法向力，生成切向加速度。k_{tt} 调整切向力，生成切向加速度。新的虚变量 λ^+ 允许通过等式表达条件 3 中的不等式。允许非负值的 λ^+ 随 LCP 求解程序的需求变化。LCP 求解程序在于确定 f_n、f_t 及 λ。同时，求解程序将计算 a_n^+、a_t^+ 及 λ^+，但我们并不需要这些数值。同样，引入 λ 的唯一目的就是耦合条件 2 和 3，其数值可忽略。

对于简单的单个粒子接触，接触点不存在转动惯性及质心，式中的常量为 k_{nn}、$k_{tt} = \frac{1}{m}$ 及 $k_{tn}, k_{nt} = 0$。请注意，在这种情况下，顶行的方程式为：

$$f_n = m(a_n^+ - a_n^-)$$

这只是适用于净法向加速度的牛顿第二定律，与互补条件 1 相对应。第 2 及第 3 行与其他两个互补条件相对应。

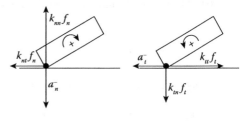

但对于刚体之间的接触，在计算 k_{nn} 和 k_{tt} 时必须考虑物体几何结构及其转动惯性，且耦合常量 $k_{tn} = k_{nt}$ 将是非零的。如右图所示，当 a_n 向下时，约束力 f_n 不仅是物体的支撑力，它还使得物体发生旋转，从而产生切向加速度 $k_{nt}f_n$。同样，与 a_t^- 相反的切向摩擦力 f_t 也使得物体发生旋转，从而产生法向加速度 $k_{tn}f_t$。两个案例中的所有几何结构及惯性条件均相同，因此，$k_{nt} = k_{tn}$。

上文所述的为无摩擦接触而构建矩阵 K 的测试冲量算法，经改良后可用于计算上述元素。对于此处所用算法，必须在切线方向施加额外的冲量。应根据接触点当前的相对切向速度与加速度选择切向冲量的方向。若相对切向速度（在公差范围内）不为 0，则冲量方向应和切向速度方向相反。若切向速度为 0，则物体相对静止，冲量方向应与切向加速度方向相反，从而产生相对运动。若两个相对切向速度与加速度均为 0，则可选择任意冲量方向 —— Kokkevis 建议选择模拟中遇到的最终有效方向。

因此，在考虑摩擦力时，根据涉及多个接触点的 LCP 矩阵的要求，需为各个接触点构建 3×3 子矩阵，也就是说，当涉及 N 个接触点时，矩阵为 $3N \times 3N$。可通过多种方法构建矩阵，但建议将同类项分到子矩阵中，结构如下：

$$
K = \begin{bmatrix}
\begin{bmatrix} k_{n_0 n_0} & \cdots & k_{n_{N-1} n_0} \\ \vdots & \ddots & \vdots \\ k_{n_0 n_{N-1}} & \cdots & k_{n_{N-1} n_{N-1}} \end{bmatrix} & \begin{bmatrix} k_{t_0 n_0} & \cdots & k_{t_{N-1} n_0} \\ \vdots & \ddots & \vdots \\ k_{t_0 n_{N-1}} & \cdots & k_{t_{N-1} n_{N-1}} \end{bmatrix} & \mathbf{0} \\
\begin{bmatrix} k_{n_0 t_0} & \cdots & k_{n_{N-1} t_0} \\ \vdots & \ddots & \vdots \\ k_{n_0 t_{N-1}} & \cdots & k_{n_{N-1} t_{N-1}} \end{bmatrix} & \begin{bmatrix} k_{t_0 t_0} & \cdots & k_{t_{N-1} t_0} \\ \vdots & \ddots & \vdots \\ k_{t_0 t_{N-1}} & \cdots & k_{t_{N-1} t_{N-1}} \end{bmatrix} & \mathbf{1} \\
\begin{bmatrix} \mu_0 & & \\ & \ddots & \\ & & \mu_{N-1} \end{bmatrix} & -\mathbf{1} & \mathbf{0}
\end{bmatrix}
$$

其中，$\mathbf{0}$ 为 $N \times N$ 零矩阵，$\mathbf{1}$ 为 $N \times N$ 单位矩阵。如此，f_n、f_t、λ 及其他项

可归类为 N 向量元素，如 $\mathbf{f_n}$、$\mathbf{f_t}$ 及 $\boldsymbol{\lambda}$ 等，最终线性系统格式如下：

$$K \begin{bmatrix} \mathbf{f_n} \\ \mathbf{f_t} \\ \boldsymbol{\lambda} \end{bmatrix} + \begin{bmatrix} \mathbf{a_n^-} \\ \mathbf{a_t^-} + \frac{1}{h}\mathbf{v_t^-} \\ \mathbf{0} \end{bmatrix} = \begin{bmatrix} \mathbf{a_n^+} \\ \mathbf{a_t^+} \\ \boldsymbol{\lambda^+} \end{bmatrix}$$

其中，在 LCP 求解程序中加入已知参数，可计算出作用力及 $\boldsymbol{\lambda}$ 的值。

10.4　总结

关于刚体碰撞与接触需注意以下几点：

- 刚体碰撞涉及碰撞检测、碰撞确定及碰撞响应，可对碰撞响应建模并将其作为冲量。

- 冲量引入了施加于质心的线性运动（瞬时作用力）以及施加于碰撞点的角运动（瞬时力矩）。冲量将改变物体碰撞点的速度。

- 碰撞检测通常是碰撞过程中最为缓慢的部分，但可通过多种方法加速该过程。一般分为识别物体碰撞可能性的粗略碰撞检测以及鉴定物体多边形具体碰撞的精确碰撞检测。

- 通常使用空间划分法（只有物体在相同空间区域时方可发生碰撞）或扫掠剪除法（通过重叠的包围体识别物体）加速粗略碰撞检测。

- 通常利用包围体分层加速精确碰撞检测，逐渐使包围物体的空间越来越紧凑。

- 使用多个不同的包围体不断调整各种计算的紧凑性和速度。

- 通过线性互补描述多个物体的同时接触，包括静止接触。通过线性互补系统能够同时处理多个物体的碰撞与接触。

第 11 章　约束

　　目前为止本书大部分内容讨论的基本上是无约束系统的动力学。因此也意味着一个粒子或刚体可沿任何方向运动，仅受外力的影响。实际上也存在例外。粒子不能穿透物体的边界或地面——因此，粒子只能够在固定边界的区域内运动。刚体也是如此——它们能够自由滚落，但不能穿透其他固体。但是一般而言，这类问题均在假定无约束的情况下处理，再将存在约束的情况视为特例，比如粒子或刚体模拟中的碰撞检测和响应。

　　在基于物理的动画中，存在许多内在和约束有关的重要问题。在物理层面上，所有的约束均来自于施加在物体上防止其进行任何违反约束运动的作用力。例如在轨道上运行的列车，车轮因钢轨施加的作用力而受到约束，从而沿轨道运行。轨道产生向上的作用力，支撑列车的重量，当列车转弯时，轨道也会产生横向作用力，保证车轮沿轨道前行。我们将在本章中检验通过明确计算维持约束所需的作用力来维持约束的方法，另一方面我们也会把约束视为减少运动的自由度。自由度指的是可以完全描述系统的空间位置信息所需要的最少的独立变量的个数。

　　无约束的粒子有 3 个平移自由度——粒子能够沿 x、y 和 z 方向运动。无约束的刚体存在 6 个自由度，除 3 个平移自由度外，还存在 3 个围绕 x、y 和 z 轴的旋转自由度。

　　右图显示了两个约束动力学问题，由该图可以看出约束和平移自由度的关系。沿地面移动的箱子是已知的关于静止接触问题的例子。箱子受到地面的支持力，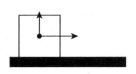会弹起或继续静置于地面，但不能移动到地面以下。这是未减少自由度个数的约束动力学例子。箱子能沿各个方向移动，但不能沿 y 轴方向向地面以下的位置移动。轨道上的过山车则完全不同。轨道是朝向任意方向的复杂曲线，但由于过山车受到约束只能在轨道上运动，在任何时刻过山车都只有一个自由度——仅能沿轨道方向运动。过山车不能高于或低于轨道，也不能偏离轨道的方向。当过山车在轨道的特定位置时，轨道提供了局部坐标系使得过山车只能沿一个方向后退或前进。

右图中的三节臂是约束动力学问题的例子，不过约束是转动约束而非平移约束。三节臂的每一节都只可以在关节角允许范围内平移和转动。每个关节的自由度是 1，即围绕着关节的轴转动。整个三节臂有 3 个自由度，即每个关节各 1 个。

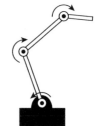

11.1　罚函数

罚函数法是维持约束最简单的方法。该方法先不考虑任何约束，直接基于外力及内力计算运动，当运动和约束有偏差时再施加外力抵消。可将这种方法视为设置了一个控制系统，其中配备了测量和约束偏差的传感器以及基于所测偏差施加校正力的伺服电机。

罚函数法就是基于和约束的偏差而产生校正力，因此罚函数法不能维持刚性约束。刚性约束指永远不可能违反的约束，即使是很小程度的违反也不可以。若需刚性约束，必须使用其他方法。但很多例子中会使用暂时允许产生小幅偏差的柔性约束。在这些例子中，罚函数法的简便性及易实现性使其成为动画师的有利工具。

11.1.1　P（比例）控制器

比例控制器或 P 控制器是罚函数法使用的最简单的控制系统，能够施加直接正比于所测的与约束偏差的力。构建控制器的方法如下文所述。如图所示的是灰珠受到约束而沿线运动的例子。细线表示线的约束路径，而粗线表示灰珠的实际路径。灰珠的中心位置为 $\mathbf{x}(t)$，约束路径上离灰珠最近的点为 $\mathbf{c}(\mathbf{x})$，表示和约束的误差或偏差的向量为 $\mathbf{e}(\mathbf{x}) = \mathbf{x}(t) - \mathbf{c}(\mathbf{x})$。强度常量为 k_{p} 的 P 控制器将施加以下校正力：

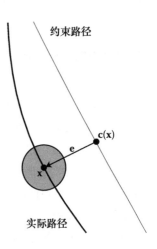

$$\mathbf{f}_{\mathrm{p}} = -k_{\mathrm{p}}\mathbf{e}$$

请注意，这一结构等同于静止长度为 0 且连接约束路径与灰珠的弹簧，弹簧一端可沿路径自由滑动。

在实际实现中，对于罚函数法中使用 P 控制器对其施加约束的各个物体而言，相应的约束力 $\mathbf{f}_p$ 必须被视为作用于物体的合力的一部分。假设对每个这样的对象误差函数 $\mathbf{e}(\mathbf{x})$ 都已知。

右图展示了灰珠在 P 控制器约束下沿着抛物线轨迹运动时实际的运动轨迹可能是什么样子。图中细线代表约束的轨迹，深色线条显示灰球在重力、空气阻力及控制器影响下实际的运动路径。通常情况下，灰珠会沿着约束路径运动，但灰珠与路径之间仍然存在较大的偏差，灰珠会在约束路径附近振动[1]。此外，当灰珠逐渐趋于静止时，和路径有个恒定的偏差，此时控制器施加的力刚好和重力抵消。

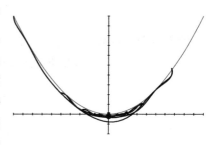

11.1.2　PD（比例微分）控制器

在 P（比例）控制器作用下误差可能会出现较大摆动，因为只有违反约束时才会施加力进行控制。给 P 控制器增加一个微分项可获得极大的改善，能够预防未来的误差变化。微分项可施加一个误差向量方向上的正比于误差变化率的力，因此控制器合力为：

$$\mathbf{f}_{pd} = -[k_p \mathbf{e} + k_d (\dot{\mathbf{e}} \cdot \hat{\mathbf{e}})\hat{\mathbf{e}}]$$

其中，k_d 为误差微分的可调增益（比例因子）。请注意，上述公式等同于给静止长度为 0 且连接约束路径与灰珠的弹簧增加了减振器。上述控制器称为比例微分控制器或 PD 控制器。

在实际实现中，对于罚函数法中使用 PD 控制器对其施加约束的各个物体而言，对应的约束力 $\mathbf{f}_{pd}$ 必须被视为作用于物体的合力的一部分。假设对每个这样的对象，误差函数 $\mathbf{e}(\mathbf{x})$ 及其对时间的一阶导数 $\dot{\mathbf{e}}$ 为已知。如果我们知道 $\mathbf{e}$ 的解析式，则通过求导的链式法则可知：

$$\dot{\mathbf{e}} = \frac{\partial \mathbf{e}}{\partial \mathbf{x}} \frac{d\mathbf{x}}{dt}, \text{ 或 } \dot{\mathbf{e}} = \frac{\partial \mathbf{e}}{\partial \mathbf{x}} \mathbf{v}$$

译者补充，这里 $\mathbf{e}, \mathbf{x}$ 均为向量，所以 $\frac{\partial \mathbf{e}}{\partial \mathbf{x}}$ 其实是雅可比（Jacobian）矩阵，即上

1　译注：其实就是弹簧作用下的简谐振动。

述方程实际上是

$$\begin{bmatrix} \dfrac{\mathrm{d}e_x}{\mathrm{d}t} \\[2ex] \dfrac{\mathrm{d}e_y}{\mathrm{d}t} \\[2ex] \dfrac{\mathrm{d}e_z}{\mathrm{d}t} \end{bmatrix} = \begin{bmatrix} \dfrac{\partial e_x}{\partial x} & \dfrac{\partial e_x}{\partial y} & \dfrac{\partial e_x}{\partial z} \\[2ex] \dfrac{\partial e_y}{\partial x} & \dfrac{\partial e_y}{\partial y} & \dfrac{\partial e_y}{\partial z} \\[2ex] \dfrac{\partial e_z}{\partial x} & \dfrac{\partial e_z}{\partial y} & \dfrac{\partial e_z}{\partial z} \end{bmatrix} \begin{bmatrix} \dfrac{\mathrm{d}x}{\mathrm{d}t} \\[2ex] \dfrac{\mathrm{d}y}{\mathrm{d}t} \\[2ex] \dfrac{\mathrm{d}z}{\mathrm{d}t} \end{bmatrix}$$

一般而言误差函数并没有直接的解析式。只要我们能够计算 $\mathbf{e}$，即可利用当前第 n 个时步及第 $n-1$ 个时步的误差估计当前时步的误差变化率：

$$\dot{\mathbf{e}}^{[n]} \approx (\mathbf{e}^{[n]} - \mathbf{e}^{[n-1]})/h$$

右图中展示了灰珠在 PD 控制器约束下沿着抛物线轨迹运动时实际的运动轨迹可能是什么样子。P 控制器的较大摆动及振动问题已得到解决。此外，当灰珠逐渐趋于静止时，和路径有个恒定的偏差，此时控制器施加的力刚好被重力抵消，这与 P 控制器的情况相同，因微分项不能施力，除非误差一直在变化。

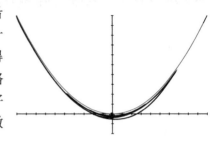

11.1.3 PID（比例积分微分）控制器

P 及 PD 控制器存在的静止状态下的误差问题可通过添加积分项解决，该方法能够施加与误差积分成正比的力。这种控制器称为*比例积分微分控制器* 或 PID 控制器。由 PID 控制器施加的合力为：

$$\mathbf{f}_{\mathrm{pid}} = \left[k_{\mathrm{p}}\mathbf{e} + k_{\mathrm{d}}(\dot{\mathbf{e}} \cdot \hat{\mathbf{e}})\hat{\mathbf{e}} + k_i \int_0^t \mathbf{e}\,\mathrm{d}t \right]$$

其中，k_i 为误差积分的可调节增益。

在实际实现中，对于罚函数法中使用 PID 控制器对其施加约束的各个物体而言，对应的约束力 $\mathbf{f}_{\mathrm{pid}}$ 必须被视为作用于物体的合力的一部分。计算 PID 控制器前两项的方法与 PD 控制器一样。为了计算积分项，我们只需计算各个时步的 $\mathbf{e}$。将各个时步上的 $\mathbf{e}$ 值相加，再乘以时步的大小即得到了误差积分。积分至当前时间点的误差积分记为 $\mathbf{E}$。在最简单的实现中，我们从时步 $n-1$ 推进至时步 n，使用欧拉积分得到

$$\mathbf{E}^{[n]} = \mathbf{E}^{[n-1]} + \mathbf{e}^{[n]}h$$

一种显而易见的进行积分的方法就是在状态向量中包含 **E**，且在系统动力学函数中设定 $\dot{\mathbf{E}} = \mathbf{e}(\mathbf{x})$。这样的话无论采用哪种数值积分方法，都会自动计算误差积分。

在实现中 PID 控制器存在另一个问题，即如果系统远远超出约束条件，积分将迅速积累到一个非常高的值，即使系统回到了约束的位置也需要相当长的时间其才能消散。克服积分项问题的标准方法是设定积分幅度的最大值。如果积分幅度输出值大于该值，那么它将受到限制从而确保不超过该值。

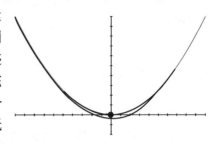

右图展示了使用 PID 控制器后小球的运动路径。最初小球的运动路径与使用 PD 控制器时基本一致，但随着小球减速，其运动轨迹更接近约束路径，当小球最终静止时，几乎完全符合约束。这是因为只要未回到约束，积分项将一直施加逐渐变大的力，使其最终刚好抵消重力。

在大量的重要动画应用中，都能使用罚函数约束控制器获得良好效果。动画模拟中最耗时的任务之一是碰撞检测和碰撞响应，因为精确地确定碰撞需要复杂的几何运算，精确处理碰撞响应需要停止模拟、再重启模拟的操作。罚函数法的成功应用之一就是预测并防止碰撞实际发生。

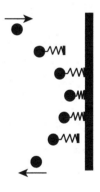

一种流行的做法是在可能发生碰撞的物体之间进行粗略距离测试。若物体存在发生碰撞的趋势，则在物体之间设置单向 PD 控制器，该控制器仅施加防止发生碰撞的方向的力 —— 起到了阻尼弹簧的作用，只防止物体相互靠近，但不施力试图将物体拉到一起。右图中自上而下地展示了如何在模拟中的若干时步内实现上述过程。当小球靠近垂直墙体时，在小球上设置一个静止状态下长度不为 0 的阻尼弹簧。由于小球运动，弹簧与墙体发生接触和挤压，从而产生将小球推离墙体的力。这样一来，小球反弹并向墙体反方向运动，此时无须进行精确碰撞检测和碰撞响应测试。当小球向墙体反方向运动时，移除阻尼弹簧。在防止自身穿透的布料模拟 [Baraff and Witkin, 1998] 中也使用了本方法。在刚体模拟中快速确定物体距离的方法，是维护一个有向距离场表示和固定障碍物之间的距离 [Guendelman et al., 2003]。

11.2 约束动力学

虽然罚函数法能够提供较简单的方法维持（柔性）约束，但也存在无法模拟刚性约束的问题。因为罚函数法要求先存在可检测的误差，然后产生力来消除误差。在经典的 SIGGRAPH Course Notes[1]中，Andrew Witkin[Witkin and Baraff, 2001] 提出了其称之为约束动力学的数学方法。上述方法通过产生作用力来抵消所施加的力，防止违反约束从而确保维持硬约束。本节对这一方法进行了总结。从一个约束一个自由度的简单例子开始，然后展示如何推广到包含多约束的问题。

11.2.1 单约束

我们首先关注模拟平面内运动钟摆的约束动力学问题。右图显示了模拟中可能呈现的状态。钟摆轴位置为 $\mathbf{x}_0$，因此所有的运动都应围绕该位置旋转。质量为 m 的摆球安装在长度为 r 的杆末端，杆是刚性的且质量忽略不计。摆球中心记为变量 $\mathbf{x}$，所有施加在摆球上的合外力为 $\mathbf{f}_a$。我们的目标，即始终产生刚好能抵消 $\mathbf{f}_a$ 中可能导致杆长度变化的分力的约束力 $\mathbf{f}_c$。我们能直观地看到，这个问题中约束力应沿着杆的方向。

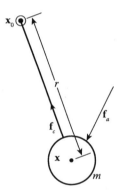

约束动力学方法的关键要素是为系统的各个约束条件定义相应的约束函数，当且仅当满足约束条件时，约束函数为 0。约束函数是系统坐标的函数，坐标又是时间的函数，所以约束函数也是时间的函数。系统在初始状态下满足所有约束条件，且确保约束函数对时间的一阶及二阶导数始终为 0，这样约束函数的值将不会随时间变化。如前所述，约束函数实际上是时间的复合函数，以一阶导数为例，按照复合函数求导的规则，我们要做的是保证约束函数 $c(\mathbf{x})$ 对坐标 $\mathbf{x}$ 求导再乘以坐标 $\mathbf{x}$ 对时间求导的结果为 0，即：[2]

$$\frac{\partial c}{\partial \mathbf{x}} \cdot \frac{\mathrm{d}\mathbf{x}}{\mathrm{d}t} = 0$$

$$\frac{\partial c}{\partial x}\frac{\mathrm{d}x}{\mathrm{d}t} + \frac{\partial c}{\partial y}\frac{\mathrm{d}y}{\mathrm{d}t} + \frac{\partial c}{\partial z}\frac{\mathrm{d}z}{\mathrm{d}t} = 0$$

---

1 译注：SIGGRAPH 是计算机图形学的顶级会议，每次会议上都会发表一些 Course Notes。
2 译注：对坐标 $\mathbf{x}$ 求导是求偏导数，这是因为约束函数中可能有多个坐标变量。

但坐标对时间的一阶导数并不会始终为 0。[1]

例如对于钟摆问题，我们可选择最为明显的约束函数：

$$c(\mathbf{x}) = \|\mathbf{x} - \mathbf{x}_0\| - r$$

显然，当 $\mathbf{x}$ 和 $\mathbf{x}_0$ 之间的距离刚好为 r 时，约束函数值为 0。处于该距离时，对 $\mathbf{x}$ 的导数不为 $\mathbf{0}$（读者可以验证，正好是 $\mathbf{x}_0$ 到 $\mathbf{x}$ 的方向向量）。这个约束函数唯一的问题在于，取向量范数需要平方根，因此计算其导数更加困难。但我们可选择约束函数：

$$c(\mathbf{x}) = \frac{1}{2}[(\mathbf{x} - \mathbf{x}_0)^2 - r^2] \tag{11.1}$$

请注意，当 $\mathbf{x}$ 和 $\mathbf{x}_0$ 之间的距离刚好为 r 时，该函数值为 0。其对 $\mathbf{x}$ 的导数

$$\frac{\partial c}{\partial \mathbf{x}} = c' = \mathbf{x} - \mathbf{x}_0 \tag{11.2}$$

结果非常简单，而且显然不为 $\mathbf{0}$，因为 $\|\mathbf{x} - \mathbf{x}_0\| = r$。

如果模拟开始时 $c = 0$，若 $\frac{\mathrm{d}c}{\mathrm{d}t} = \dot{c} = 0$ [2]，那么 c 始终为 0，并且若 $\frac{\mathrm{d}^2 c}{\mathrm{d}t^2} = \ddot{c} = 0$，则 $\dot{c}$ 始终为 0。根据链式法则：

$$\dot{c} = \frac{\partial c}{\partial \mathbf{x}} \cdot \frac{\mathrm{d}\mathbf{x}}{\mathrm{d}t}$$

把方程 (11.2) 代入得到

$$\dot{c} = (\mathbf{x} - \mathbf{x}_0) \cdot \dot{\mathbf{x}} \tag{11.3}$$

再对时间求导得到：

$$\ddot{c} = \dot{\mathbf{x}}^2 + (\mathbf{x} - \mathbf{x}_0) \cdot \ddot{\mathbf{x}} \tag{11.4}$$

施加在摆球上的合力是外力与约束力的总和，根据牛顿第二定律可知：

$$\ddot{\mathbf{x}} = \frac{1}{m}(\mathbf{f}_a + \mathbf{f}_c) \tag{11.5}$$

现在需要 $\dot{c}$ 为 0，根据公式 (11.3) 可得：

$$(\mathbf{x} - \mathbf{x}_0) \cdot \dot{\mathbf{x}} = 0 \tag{11.6}$$

1　译注：原书这一段令人费解，译者结合上下文整体含义进行了改写。
2　译注：原书这里是对 t 求偏导数，但是因为 c 的表达式并不显式地依赖于时间 t，所以应该是对 t 求全导数，下面的二阶导同理。

注意，这就要求摆球速度 $\dot{\mathbf{x}}$ 必须始终与沿着杆的向量 $(\mathbf{x} - \mathbf{x}_0)$ 垂直，可理解为所有运动以轴为圆心。同样地，我们需要 $\ddot{c}$ 为 0，将方程 (11.5) 代入方程 (11.4)，重新整理后得出约束力的表达式：

$$\frac{1}{m}(\mathbf{x} - \mathbf{x}_0) \cdot \mathbf{f}_c = -\dot{\mathbf{x}}^2 - \frac{1}{m}(\mathbf{x} - \mathbf{x}_0) \cdot \mathbf{f}_a \tag{11.7}$$

我们说的约束力属于系统内物体之间的作用力，在这个例子中，轴、杆都是系统的一部分，只不过轴不会动，杆又是质量可以忽略的轻杆，所以动力学方程中只出现了摆球。需要注意的是，刚性约束的约束力不能对系统做功，它可能对系统内一个物体做正功，那么必然对系统内其他物体做了负功才保证总和为 0。功的一般定义为：

$$W = \int \mathbf{F} \cdot d\mathbf{r}$$

力 $\mathbf{F}$ 单位时间内对质点做的功为：

$$\mathbf{F} \cdot \dot{\mathbf{x}}$$

其中，$\dot{\mathbf{x}}$ 为质点的速度。

设想一个刚性轻杆连接着两个质点 1 和 2，因为杆是无质量的轻杆，杆作用在两个质点上的力必然等大反向而且沿着杆的方向（否则杆会有无穷大的加速度或者无穷大的角加速度），所以杆作用在两个质点上的力可以记为 $\mathbf{F}$ 和 $-\mathbf{F}$，那么单位时间内杆对这两个质点做的功之和为：

$$\mathbf{F} \cdot \dot{\mathbf{x}}_1 - \mathbf{F} \cdot \dot{\mathbf{x}}_2 = \mathbf{F} \cdot (\dot{\mathbf{x}}_1 - \dot{\mathbf{x}}_2)$$

$\mathbf{F}$ 只能沿着杆的方向，而因为杆是刚性的，所以两个质点的相对速度 $\dot{\mathbf{x}}_1 - \dot{\mathbf{x}}_2$ 在杆的方向为 0，可知上式为 0。换言之刚性约束的约束力只不过在系统内部起着传递能量的作用，并不会增加或减少整个系统的能量[1]。

在钟摆问题中，这就意味着杆对摆球的约束力和速度垂直，即：

$$\mathbf{f}_c \cdot \dot{\mathbf{x}} = 0 \tag{11.8}$$

结合方程 (11.6)，因为所有运动均在同一平面内，所以约束力必须与杆平行，

---

1 译注：原书在这里引入了虚功原理，但是原作者对虚功原理的理解是错误的，读者不必在虚功原理上浪费时间，译者也相应调整了这一部分内容。

由此可得：

$$\mathbf{f}_c = \lambda(\mathbf{x} - \mathbf{x}_0) \tag{11.9}$$

其中，λ 为待定的比例因子。

代入方程 (11.7) 即可求解 λ：

$$\frac{\lambda}{m}(\mathbf{x} - \mathbf{x}_0)^2 = -\dot{\mathbf{x}}^2 - \frac{1}{m}(\mathbf{x} - \mathbf{x}_0) \cdot \mathbf{f}_a$$

$$\lambda = -\frac{m\dot{\mathbf{x}}^2 + (\mathbf{x} - \mathbf{x}_2) \cdot \mathbf{f}_a}{(\mathbf{x} - \mathbf{x}_0)^2} \tag{11.10}$$

在实际操作中，仍然存在一个小问题。我们通过计算各时步的约束力来保持摆长，但是推进了许多个时步后，累积的舍入误差会导致和约束的小偏差。约束函数本身和一阶导数都相对 0 发生了些许偏移。Witkin 建议给 λ 增加一个使用 PD 控制器的罚函数项，其中比例项为 c，微分项为 $\dot{c}$。向方程 (11.10) 中加入 PD 控制器即可得到：

$$\lambda = -\frac{m\dot{\mathbf{x}}^2 + (\mathbf{x} - \mathbf{x}_2) \cdot \mathbf{f}_a}{(\mathbf{x} - \mathbf{x}_0)^2} - k_{\mathrm{p}}c - k_{\mathrm{d}}\dot{c}, \tag{11.11}$$

其中，k_{p} 和 k_{d} 为比例项和微分项的可调节增益。实际上数值偏差非常小，因此求解方法对于上述常量的数值并不敏感。

因此钟摆的系统动力学函数首先要求计算作用于钟摆的外力 $\mathbf{f}_a$。[1] 得到 $\mathbf{f}_a$ 后使用方程 (11.11) 计算出比例因子 λ，将得出的结果代入方程 (11.9)，计算出约束力 $\mathbf{f}_c$。已知 $\mathbf{f}_a$ 和 $\mathbf{f}_c$，通过方程 (11.5) 计算摆球的总加速度。

11.2.2　多约束

现在我们已了解了如何使用约束动力学解决单一约束的小问题，我们可以把它推广到解决多约束的复杂系统。我们结合右图中的具体例子进行讲解，但得出的方程很容易应用到更一般的情况中。如图所示，3 个质点以 2 个刚性杆相连，其中中间的质点可以自由旋转。因此，刚性杆约束了其连接的质点之间的距离。3 个质点的位置依次是 $\mathbf{x}_0$、$\mathbf{x}_1$ 及 $\mathbf{x}_2$，2 个距离约束为 r_{01} 及 r_{12}。现在需设定 2 个约束函数。模仿

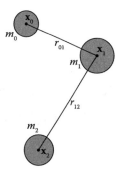

1　译注：这个通常要结合其他条件来计算，比如重力等，在这个例子中可以认为 $\mathbf{f}_a$ 已知。

前面钟摆的例子, 约束函数可以定义为:

$$c_0(\mathbf{x}_0, \mathbf{x}_1) = \frac{1}{2}[(\mathbf{x}_1 - \mathbf{x}_0)^2 - r_{01}^2]$$

$$c_1(\mathbf{x}_1, \mathbf{x}_2) = \frac{1}{2}[(\mathbf{x}_2 - \mathbf{x}_1)^2 - r_{12}^2]$$

如前所述, 约束函数是受约束物体的位置的函数。我们可以把所有位置信息表示为向量 $\mathbf{X}$, 所有的约束函数表示为向量 $\mathbf{C}(\mathbf{X})$。在本例中即为:

$$\mathbf{X} = \begin{bmatrix} \mathbf{x}_0 \\ \mathbf{x}_1 \\ \mathbf{x}_2 \end{bmatrix}$$

和

$$\mathbf{C} = \begin{bmatrix} c_0(\mathbf{X}) \\ c_1(\mathbf{X}) \end{bmatrix}$$

为维持已形成的约束, 需要保持约束向量对时间的一阶及二阶导数为 $\mathbf{0}$。一阶导数为:

$$\dot{\mathbf{C}} = \frac{\partial \mathbf{C}}{\partial \mathbf{X}} \frac{\mathrm{d}\mathbf{X}}{\mathrm{d}t}$$

或

$$\dot{\mathbf{C}} = \mathbf{J}\dot{\mathbf{X}}$$

其中, $\mathbf{J}$ 为 $\mathbf{C}$ 对 $\mathbf{X}$ 的雅可比矩阵 (见 7.7.2 节)。对我们的 3 个质点 2 个约束的例子有:

$$\mathbf{J} = \begin{bmatrix} \dfrac{\partial c_0}{\partial \mathbf{x}_0} & \dfrac{\partial c_0}{\partial \mathbf{x}_1} & \dfrac{\partial c_0}{\partial \mathbf{x}_2} \\ \dfrac{\partial c_1}{\partial \mathbf{x}_0} & \dfrac{\partial c_1}{\partial \mathbf{x}_1} & \dfrac{\partial c_1}{\partial \mathbf{x}_2} \end{bmatrix}$$

和

$$\dot{\mathbf{X}} = \begin{bmatrix} \dot{\mathbf{x}}_0 \\ \dot{\mathbf{x}}_1 \\ \dot{\mathbf{x}}_2 \end{bmatrix}$$

因此, 若有 m 个约束及 n 个质点, 则 $\mathbf{J}$ 为 $m \times n$ 矩阵, 而 $\dot{\mathbf{X}}$ 为 $n \times 1$ 向量。$\mathbf{C}$ 及其导数 $\dot{\mathbf{C}}, \ddot{\mathbf{C}}$ 为 $m \times 1$ 向量。

但雅可比矩阵的各个元素本身都是三元行向量。在本例中:

$$\frac{\partial c_0}{\partial \mathbf{x}_0} = \begin{bmatrix} \dfrac{\partial c_0}{\partial x_0} & \dfrac{\partial c_0}{\partial y_0} & \dfrac{\partial c_0}{\partial z_0} \end{bmatrix}$$

而向量 $\dot{\mathbf{X}}$ 各元素为三元列向量。例如：

$$\dot{\mathbf{X}} = \begin{bmatrix} \dot{x}_0 \\ \dot{y}_0 \\ \dot{z}_0 \end{bmatrix}$$

将上述三元行向量代入 $\mathbf{J}$，则 $\mathbf{J}$ 为 $m \times 3n$ 矩阵，将三元列向量代入 $\dot{\mathbf{X}}$，则 $\dot{\mathbf{X}}$ 为 $3n \times 1$ 向量。$\mathbf{C}$ 及其导数 $\dot{\mathbf{C}}, \ddot{\mathbf{C}}$ 仍然为 $m \times 1$ 向量。

$\dot{\mathbf{C}}$ 对时间求导，可得出 $\mathbf{C}$ 对时间的二阶导数：

$$\ddot{\mathbf{C}} = \dot{\mathbf{J}}\dot{\mathbf{X}} + \mathbf{J}\ddot{\mathbf{X}}$$

将作用在 n 个质点上的外部作用力 $\mathbf{F}_a$ 及约束力 $\mathbf{F}_c$ 都写成 $3n \times 1$ 向量，根据牛顿第二定律有：

$$M\ddot{\mathbf{X}} = \mathbf{F}_a + \mathbf{F}_c$$

其中，M 为 $3n \times 3n$ 对角矩阵，称为质量矩阵。对角线的 $3n$ 元素每 3 个一组，共有 n 组，其中第 i 组就是第 i 个质点的质量重复 3 次。

求解该方程可得到系统的加速度：

$$\ddot{\mathbf{X}} = M^{-1}(\mathbf{F}_a + \mathbf{F}_c)$$

设 $\ddot{\mathbf{C}} = 0$ 并将上面求得的 $\ddot{\mathbf{X}}$ 代入 $\ddot{\mathbf{C}}$，把 $\mathbf{F}_c$ 单独拆出可得出：

$$\mathbf{J}M^{-1}\mathbf{F}_c = -\dot{\mathbf{J}}\dot{\mathbf{X}} - \mathbf{J}M^{-1}\mathbf{F}_a \tag{11.12}$$

该方程不可用于求解约束力，因矩阵 $\mathbf{J}M^{-1}$ 为 $m \times 3n$ 的矩阵，通常不是方阵无法求逆。我们可以利用约束力对系统不做功，以及 $\dot{\mathbf{C}} = 0$ 的条件来解决这一问题。

因为约束力对系统不做功，可得：

$$\mathbf{F}_c \cdot \dot{\mathbf{X}} = 0$$

注意这个方程实际上是两个 $3n$ 元向量的内积：

$$\sum_{i=1}^{n} \mathbf{F}_{c_i} \cdot \dot{\mathbf{X}}_i = 0$$

$$\sum_{i=1}^{n}(F_{cx_i}\dot{x}_i + F_{cy_i}\dot{y}_i + F_{cz_i}\dot{z}_i) = 0$$

这个求和为 0 意味着约束力对系统做的总功为 0。根据 $\dot{\mathbf{C}} = 0$，可得：

$$\mathbf{J}\dot{\mathbf{X}} = 0$$

$\mathbf{J}$ 为 $m \times 3n$ 矩阵，对于 $\mathbf{J}\dot{\mathbf{X}} = 0$，可以理解为 $\mathbf{J}^{\mathrm{T}}$ 的 m 个 $3n$ 元列向量都与 $\dot{\mathbf{X}}$ 正交[1]。若将 $\mathbf{F}_c$ 表示为 $\mathbf{J}^{\mathrm{T}}$ 的 m 个列向量的线性组合，那么它一定也与 $\dot{\mathbf{X}}$ 正交。读者可以这样理解，如果没有任何约束条件，那么所有可能的 $\dot{\mathbf{X}}$ 组成的向量空间是 $3n$ 维的，但是有 m 个约束条件的存在，故所有可能的 $\dot{\mathbf{X}}$ 组成的向量空间是 $3n - m$ 维的。和这 $3n - m$ 维空间中的向量都正交的向量必然属于剩下的 $3n - (3n - m) = m$ 维空间，而 $\mathbf{J}^{\mathrm{T}}$ 的 m 个列向量的线性组合的空间正好是 m 维的[2]。用矩阵的乘法写为：

$$\mathbf{F}_c = \mathbf{J}^{\mathrm{T}}\lambda \tag{11.13}$$

其中，λ 为 $m \times 1$ 向量，各个元素就是将 $\mathbf{F}_c$ 表示为 $\mathbf{J}^{\mathrm{T}}$ 的 m 个列向量的线性组合的系数。

方程 (11.13) 是约束动力学方法中的关键方程。根据该方程只需求解 λ 的各项元素。得到 λ 后，即可通过方程 (11.13) 求解 $\mathbf{F}_c$。

将方程 (11.13) 代入方程 (11.12) 后得到：

$$\mathbf{J}M^{-1}\mathbf{J}^{\mathrm{T}}\lambda = -\dot{\mathbf{J}}\dot{\mathbf{X}} - \mathbf{J}M^{-1}\mathbf{F}_a \tag{11.14}$$

$\mathbf{J}M^{-1}\mathbf{J}^{\mathrm{T}}$ 为 $m \times m$ 矩阵，因此求解该方程是可能的。

正如单一约束的案例，应在实现中加入 PD 控制器，消除 C 的任何数值误差，因此我们实际上使用：

$$\mathbf{J}M^{-1}\mathbf{J}^{\mathrm{T}}\lambda = -\dot{\mathbf{J}}\dot{\mathbf{X}} - \mathbf{J}M^{-1}\mathbf{F}_a - k_p\mathbf{C} - k_d\dot{\mathbf{C}} \tag{11.15}$$

若处理规模较大的约束系统，求解该方程是计算性能的瓶颈。幸运的是，矩阵 $\mathbf{J}M^{-1}\mathbf{J}^{\mathrm{T}}$ 往往是稀疏矩阵，可以利用一些专门求解稀疏矩阵的求解器解方程 (11.5)，这可以大大节省时间和空间。Numerical Recipes[Press et al., 2007] 中描

1　译注：之所以用 $\mathbf{J}^{\mathrm{T}}$ 的各列向量，是因为严格地说，只有相同属性的向量才可以进行内积运算。

2　译注：严格地说，所有可能的 $\dot{\mathbf{X}}$ 构成齐次线性方程组 $\mathbf{J}\dot{\mathbf{X}} = 0$ 的解空间，根据线性代数的知识，这个解空间和 $\mathbf{J}^{\mathrm{T}}$ 的列向量张成的空间互为正交补。若向量空间 V 有两个子空间 A、B，$A \cap B = \mathbf{0}$，$A \cup B = V$，且对于任意的 $a \in A, b \in B$ 有 $a \cdot b = 0$，则 A、B 互为正交补。

述的双共轭梯度法是一种常用方法。其优势在于能够求出最小二乘解，即使问题是无解的（即同时维持所有的约束是不可能的）。[1]

我们先算出需要的导数和矩阵。雅可比矩阵 $\mathbf{J}$ 的元素，其各项偏导数为：

$$\frac{\partial c_0}{\partial \mathbf{x}_0} = -(\mathbf{x}_1 - \mathbf{x}_0)^{\mathrm{T}}, \frac{\partial c_0}{\partial \mathbf{x}_1} = (\mathbf{x}_1 - \mathbf{x}_0)^{\mathrm{T}}, \frac{\partial c_0}{\partial \mathbf{x}_2} = \mathbf{0}^{\mathrm{T}},$$

$$\frac{\partial c_1}{\partial \mathbf{x}_0} = \mathbf{0}^{\mathrm{T}}, \frac{\partial c_1}{\partial \mathbf{x}_1} = -(\mathbf{x}_2 - \mathbf{x}_1)^{\mathrm{T}}, \frac{\partial c_1}{\partial \mathbf{x}_2} = (\mathbf{x}_2 - \mathbf{x}_1)^{\mathrm{T}}$$

因此，雅可比矩阵为：

$$\mathbf{J} = \begin{bmatrix} -(\mathbf{x}_1 - \mathbf{x}_0)^{\mathrm{T}} & (\mathbf{x}_1 - \mathbf{x}_0)^{\mathrm{T}} & \mathbf{0}^{\mathrm{T}} \\ \mathbf{0}^{\mathrm{T}} & -(\mathbf{x}_2 - \mathbf{x}_1)^{\mathrm{T}} & (\mathbf{x}_2 - \mathbf{x}_1)^{\mathrm{T}} \end{bmatrix}$$

其对时间的一阶导数为：

$$\dot{\mathbf{J}} = \begin{bmatrix} -(\dot{\mathbf{x}}_1 - \dot{\mathbf{x}}_0)^{\mathrm{T}} & (\dot{\mathbf{x}}_1 - \dot{\mathbf{x}}_0)^{\mathrm{T}} & \mathbf{0}^{\mathrm{T}} \\ \mathbf{0}^{\mathrm{T}} & -(\dot{\mathbf{x}}_2 - \dot{\mathbf{x}}_1)^{\mathrm{T}} & (\dot{\mathbf{x}}_2 - \dot{\mathbf{x}}_1)^{\mathrm{T}} \end{bmatrix}$$

设 I 为 3×3 的单位矩阵，$\mathbf{0}$ 为 3×3 的零矩阵，则质量矩阵为：

$$M = \begin{bmatrix} m_0 I & 0 & 0 \\ 0 & m_1 I & 0 \\ 0 & 0 & m_2 I \end{bmatrix}$$

其逆矩阵为：

$$M^{-1} = \begin{bmatrix} \frac{1}{m_0} I & 0 & 0 \\ 0 & \frac{1}{m_1} I & 0 \\ 0 & 0 & \frac{1}{m_2} I \end{bmatrix}$$

11.3　约化坐标

约束动力学方法是解决约束问题的一种途径。一般问题用常见的三维直角坐标系描述，以刚好可以抵消试图冲破约束的趋势为目标计算约束力。因此约束动力学方法不过是在系统中添加其他来源的作用力。一旦添加上述约束力，模拟即以通常的方式运行，对加速度进行积分从而更新速度，对速度进行积分从而更新位置。

1　译注：线性方程组 $Ax = b$，若 A 为 $n \times n$ 方阵且行列式不为零，则方程组有唯一解；若 A 为 $m \times n$ 矩阵且 $m > n$，即线性方程组中的方程个数多于未知数个数，那么这个方程组有可能是无解的，即中间有彼此矛盾的方程就有可能导致无解，那么我们这个时候求的就是使 $\|Ax - b\|^2$ 最小的 x，称为最小二乘解。

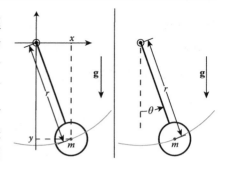

在本节中，我们将研究完全不同的处理约束的方法——建立恰当的坐标系描述物体的运动，在这种坐标系中，限制物体只有某些坐标值能变化即可自然地满足约束，可以变化的坐标值的个数正好是自由度的个数。我们利用右图中所示的二维钟摆问题进行解释和说明。质量为 m 的摆球由于受到约束，离钟摆轴的距离始终为 r。左图在二维直角坐标系中描述该问题。在任意时刻 t，摆球的中心位于 $[x(t), y(t)]$，始终受制于约束

$$x^2(t) + y^2(t) = r^2$$

为维持这一约束，通过 11.2 节中描述的约束动力学方法，可计算约束力，使其刚好抵消重力在杆方向上的分力。右图用极坐标系描述该问题。摆球中心的极坐标为 $[r, \theta]$，其中 θ 为钟摆杆与重力方向的角度，自由度是 1，只有角度值会随时间变化，即坐标为 $[r, \theta(t)]$。因此无须计算约束力就可以维持离钟摆轴的距离始终为 r 的约束。

需要注意的是，在极坐标系下物体的动力学方程的形式和直角坐标系下会有比较大的区别。[1]

钟摆的例子让我们了解到利用约化坐标进行模拟的基本概念——建立恰当的坐标系描述物体的运动，在这种坐标系中，物体的自由坐标的个数等于自由度个数，并且自然地满足约束。

在这一节中我们还将引入拉格朗日力学的一些方法来解决问题。读者可能对拉格朗日力学比较陌生，译者在这里多做一些介绍。牛顿最早建立起了一套以著名的牛顿运动定律为基础的力学体系：通过对物体进行受力分析，建立起物体的动力学方程，然后进行求解，这个体系称之为牛顿力学，同时也因为计算过程中有比较多的矢量运算称之为矢量力学。随后数学家拉格朗日建立了一套和牛顿力学等价的体系称之为拉格朗日力学：选择恰当的广义坐标，写出拉格朗日量，然后直接求解拉格朗日方程，这极大地减少了矢量运算。牛顿力学、拉格朗日力学都属于经典力学，适用于解决宏观、低速（相比于真空中的光速）、质量较小（即引力作用较弱）的物体的运动问题。但是拉格朗日力学的思想和方法却并不局限于经典力学，可以拓展至相对论、量子力学中。

除了牛顿运动定律和拉格朗日方程以外，经典力学中还有一种等价的基础原

　　1　译注：原书这里提出在直角坐标系下用力计算，在极坐标系下用力矩进行计算，但是用什么坐标系和用力还是力矩没有必然关系，故略去。

理，叫作达朗贝尔原理。用达朗贝尔原理求解约束力的过程和我们上一节讨论的约束动力学方法非常类似。达朗贝尔原理在处理平衡态的特殊情况时又被称为虚功原理，所以上一节的内容其实也算和虚功原理有关，不过要解释清楚什么是虚功远远超出了本书的范畴。读者从刚性约束的约束力不能对系统做功出发完全可以理解上一节的内容，不必深究什么是达朗贝尔原理或虚功原理。

这一节我们会介绍一些拉格朗日力学的内容，因为原作者这一块并不是非常专业，译者进行了较多的补充调整，和原书出入较大。

11.3.1　广义坐标和广义速度

广义坐标指的是一组可以完全描述系统空间位置信息的独立参数 $\mathbf{q} = (q_1, \cdots, q_s)$，其中，$s$ 为系统的自由度的个数[1]。广义坐标对时间的一阶导数 $\dot{\mathbf{q}}$ 称为广义速度。

三维空间中的自由质点在直角坐标系下的坐标 (x, y, z)，或者球坐标系下的坐标 (r, θ, φ) 都属于广义坐标。三维空间中的自由刚体，质心在直角坐标系的坐标，以及围绕三个坐标轴旋转的欧拉角，也组成一组广义坐标。前面说的约化坐标方法其实就是选取恰当的广义坐标的一个例子。

11.3.2　动能、功和势能

在牛顿力学中，质量为 m、速度为 $\mathbf{v}$ 的质点的动能定义为

$$T = \frac{1}{2} m \mathbf{v}^2$$

多个质点组成的系统的动能为各个质点的动能之和：

$$T = \sum_i \frac{1}{2} m_i \mathbf{v}_i^2$$

对刚体来说，组成刚体的质点的速度为

$$\mathbf{v}_i = \mathbf{v}_c + \boldsymbol{\omega} \times (\mathbf{r}_i - \mathbf{r}_c)$$

其中，$\boldsymbol{\omega}$ 为刚体的角速度，$\mathbf{r}_c$ 为质心的位置，$\mathbf{v}_c$ 为质心的速度，代入动能的求和公式可以计算出刚体的动能，具体推导超出本书范围，这里直接给出结果：

1　译注：严格地说，只有当系统的约束只和系统的位置有关，而和速度无关时，广义坐标数才等于自由度数。本章处理的都是这种情况。

$$T = \frac{1}{2}m\mathbf{v}_c^2 + \frac{1}{2}\boldsymbol{\omega}^{\mathrm{T}}I\boldsymbol{\omega}$$

其中，$m = \sum_i m_i$，是组成刚体的各个质点质量之和，即刚体的总质量；I 为刚体的惯性张量。前一项称为平动动能，后一项称为转动动能。需要注意的是，转动动能项还可以写为：

$$\frac{1}{2}\boldsymbol{\omega}^{\mathrm{T}}I\boldsymbol{\omega} = \frac{1}{2}\boldsymbol{\omega} \cdot I\boldsymbol{\omega} = \frac{1}{2}\boldsymbol{\omega} \cdot \mathbf{J}$$

即可以表示为角速度与角动量的内积再乘以 $\frac{1}{2}$，而内积运算在正交变换下保持不变，这说明计算转动动能时，I、$\boldsymbol{\omega}$ 既可以选择都用刚体坐标系表示，也可以选择都用世界坐标系表示。

单个质点在外力的作用下从 A 点运动到 B 点，外力做功和动能变化之间的关系为：

$$\int_A^B \mathbf{F} \cdot \mathrm{d}\mathbf{r} = \frac{1}{2}m\mathbf{v}_B^2 - \frac{1}{2}m\mathbf{v}_A^2$$

有的力做功和运动路径完全无关，即这个质点无论以怎样的路径从 A 点运动到 B 点，做的功都一样，这样的力称为保守力，非保守的力称为耗散力。上述做功可以据此拆为两项：

$$\int_A^B \mathbf{F}_c \cdot \mathrm{d}\mathbf{r} + \int_A^B \mathbf{F}_d \cdot \mathrm{d}\mathbf{r} = \frac{1}{2}m\mathbf{v}_B^2 - \frac{1}{2}m\mathbf{v}_A^2$$

其中，$\mathbf{F}_c$ 为保守力，$\mathbf{F}_d$ 为耗散力。因为保守力做功和从 A 点到 B 点的运动路径无关，所以可以写成一个函数 ϕ 在两个位置的函数值的差，即

$$\int_A^B \mathbf{F}_c \cdot \mathrm{d}\mathbf{r} = \phi(A) - \phi(B)$$

$$\phi(A) - \phi(B) + \int_A^B \mathbf{F}_d \cdot \mathrm{d}\mathbf{r} = \frac{1}{2}m\mathbf{v}_B^2 - \frac{1}{2}m\mathbf{v}_A^2$$

$$\int_A^B \mathbf{F}_d \cdot \mathrm{d}\mathbf{r} = \left(\frac{1}{2}m\mathbf{v}_B^2 + \phi(B)\right) - \left(\frac{1}{2}m\mathbf{v}_A^2 + \phi(A)\right)$$

其中，可以将 ϕ 视为一种与位置相关的能量，这种能量称为势能。每一种保守力都可以定义一种势能，实际上保守力 $\mathbf{F}_c$ 与相应的势能 ϕ 的关系为：

$$\mathbf{F}_c = -\nabla\phi$$

实际计算势能时我们总会选择一个势能为零的点，然后计算从零点到待求的点保守力做的功。质量为 m 的物体，距离势能零点的高度为 h，重力势能为：

$$V = mgh$$

对多个质点组成的系统，每个质点受到系统外的保守力、非保守力的作用，也受到系统内其他质点的作用。如前所述，硬约束的约束力对系统做的总功为 0。还有一类保守力，对系统做的功只和这些质点之间的相对距离有关，我们同样也可以为这类力定义一种只和系统的质点之间相对距离有关的势能。例如系统中两个距离为 l 的质点以劲度常数为 k、静止长度为 l^0 的轻弹簧相连，则系统有弹性势能：

$$V = \frac{1}{2}k(l - l^0)^2$$

注意，上式实际上是

$$V = \frac{1}{2}k(\|\mathbf{r}_1 - \mathbf{r}_2\| - l^0)^2$$

我们可以用

$$-\frac{\mathrm{d}V}{\mathrm{d}\mathbf{r}_1} \quad 及 \quad -\frac{\mathrm{d}V}{\mathrm{d}\mathbf{r}_2}$$

计算出分别作用在两个弹簧上的弹簧弹力。

11.3.3　拉格朗日量与拉格朗日方程

设系统的广义坐标为 q_α，广义速度为 $\dot{q}_\alpha$，其中 $\alpha = 1, \cdots, s$。系统动能、系统势能用广义坐标、广义速度表示为 $T(q_1, \cdots, q_s, \dot{q}_1, \cdots, \dot{q}_s, t), V = (q_1, \cdots, q_s, \dot{q}_1, \cdots, \dot{q}_s, t)$。

定义 $L = T - V$ 为系统的拉格朗日量，那么系统的运动服从拉格朗日方程：

$$\frac{\mathrm{d}}{\mathrm{d}t}\frac{\partial L}{\partial \dot{q}_\alpha} - \frac{\partial L}{\partial q_\alpha} = Q_\alpha, \alpha = 1, \cdots, s \tag{11.16}$$

其中，Q_α 为广义坐标 q_α 对应的广义非保守力，或者广义耗散力。注意：说 Q_α 是广义耗散力，是因为 Q_α 的作用是非保守的，不能转化为势能项"吸收"到拉格朗日量中，并不代表着它的作用是减少 $\dot{q}_\alpha$；之所以带上"广义"，是因为 Q_α 的量纲不一定是力的量纲，比如若广义坐标 q_α 是角度，则 Q_α 的量纲是力矩量纲。其中

$$P_\alpha = \frac{\partial L}{\partial \dot{q}_\alpha}$$

为广义坐标 q_α 对应的广义动量，若广义坐标 q_α 是角度，则 P_α 的量纲是角动量量纲，而且通常

$$\frac{\partial L}{\partial q_\alpha} = -\frac{\partial V}{\partial q_\alpha}$$

进而有

$$\frac{\mathrm{d}P_\alpha}{\mathrm{d}t} = -\frac{\partial V}{\partial q_\alpha} + Q_\alpha$$

其中，$-\frac{\partial V}{\partial q_\alpha}$ 是广义保守力，上述方程类似牛顿第二定律。

可以严格证明拉格朗日方程与牛顿第二定律等价，推导过程超出了本书范围。我们也可以把拉格朗日方程写为

$$\frac{\mathrm{d}}{\mathrm{d}t}\frac{\partial L}{\partial \dot{\mathbf{q}}} - \frac{\partial L}{\partial \mathbf{q}} = \mathbf{Q}$$

其中每一项都是一个 s 元的向量，这个写法其实就是把方程 (11.16) 中的 s 个方程写到了一起。

读者看到这里可能满腹疑惑，不过我们结合下面的例子会看得更清楚一些。

11.3.4 落球的例子

为了解拉格朗日力学是如何求解问题的，我们先回顾第 2 章中球在重力作用下下落的简单例子。建立标准的三维直角坐标系，$\hat{\mathbf{u}}_y$ 为垂直方向上的单位向量。球质量为 m，重力加速度为 $\mathbf{g} = -\mathbf{g}\hat{\mathbf{u}}_y$。视球为质点，不考虑球的转动，球的广义坐标就选直角坐标系下的坐标 $\mathbf{q} = [x, y, z]^{\mathrm{T}}$。球的动能为：

$$T = \frac{1}{2}m\dot{\mathbf{q}}^2$$

球的势能为

$$V = mg\hat{\mathbf{u}}_y \cdot \mathbf{q}$$

因此拉格朗日量为：

$$L = \frac{1}{2}m\dot{\mathbf{q}}^2 - mg\hat{\mathbf{u}}_y \cdot \mathbf{q}$$

偏导数为：

$$\frac{\partial L}{\partial \dot{\mathbf{q}}} = m\dot{\mathbf{q}} = m\mathbf{v}$$

$$\frac{\partial L}{\partial \mathbf{q}} = -mg\hat{\mathbf{u}}_y$$

先不考虑非保守力，即只有重力作用：

$$\frac{\mathrm{d}}{\mathrm{d}t}\frac{\partial L}{\partial \dot{\mathbf{q}}} - \frac{\partial L}{\partial \mathbf{q}} = m\dot{\mathbf{v}} + m\mathbf{g}\hat{\mathbf{u}}_y = 0$$

$$\dot{\mathbf{v}} = -\mathbf{g}\hat{\mathbf{u}}_y$$

结果完全在意料之中，因为我们从一开始就知道答案，只是借助这个例子展示如何用拉格朗日力学求解问题。

若考虑空气阻力，则 $\mathbf{Q}$ 不为零。若阻力方向与球速度相反，且大小与速度成正比，比例常数为 d，则产生的耗散力为：

$$\mathbf{Q} = -d\mathbf{v}$$

方程式 (11.6) 将为：

$$\frac{\mathrm{d}}{\mathrm{d}t}\frac{\partial L}{\partial \dot{\mathbf{q}}} - \frac{\partial L}{\partial \mathbf{q}} = m\dot{\mathbf{v}} + m\mathbf{g}\hat{\mathbf{u}}_y = -d\mathbf{v}$$

$$\dot{\mathbf{v}} = -\mathbf{g}\hat{\mathbf{u}}_y - \frac{d}{m}\mathbf{v}$$

和我们之前在 2.7.2 节中得到的结果相同。

11.3.5　钟摆的例子

我们再次回到极坐标系中的钟摆问题。取广义坐标 $q = \theta$。视钟摆为质点，速度大小为 $r\dot{\theta}$，动能为[1]：

$$T = \frac{1}{2}mr^2\dot{\theta}^2$$

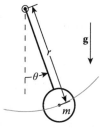

选择钟摆与轴等高时为势能零点，则势能项为

$$V = -mgr\cos\theta$$

拉格朗日量为：

$$L = \frac{1}{2}mr^2\omega^2 + mgr\cos\theta$$

1　译注：原书把整个摆看作整体，按照转动动能计算，这样略麻烦但是本质无区别。

现在有：

$$\frac{\partial L}{\partial \dot{q}} = \frac{\partial L}{\partial \dot{\theta}} = mr^2\dot{\theta}$$

$$\frac{\partial L}{\partial q} = \frac{\partial L}{\partial \theta} = -mgr\sin\theta$$

先不考虑非保守力，即 $Q = 0$，由方程式 (11.16) 得出：

$$\frac{\mathrm{d}}{\mathrm{d}t}\frac{\partial L}{\partial \dot{q}} - \frac{\partial L}{\partial q} = 0$$

$$mr^2\ddot{\theta} + mgr\sin\theta = 0$$

$$\ddot{\theta} = -\frac{g}{r}\sin\theta,$$

对于小角度而言，$\theta \approx \sin\theta, \ddot{\theta} = -\frac{g}{r}\theta$。为周期为 $P = 2\pi\sqrt{\frac{r}{g}}$ 的简谐振动，若长度 r 为 1 m 的话，则周期正好约等于 2 s[1]。

向该公式加入空气阻力很容易。假定空气阻力将产生与角速度方向相反的阻力力矩 $\tau_d = -c_d r\dot{\theta}$，其中 c_d 为空气阻力常数。方程 (11.16) 中的 Q 必须包含耗散力矩。现在 $Q = \tau_d = -c_d r\dot{\theta}$，因此：

$$mr^2\ddot{\theta} + mgr\sin\theta = -c_d r\dot{\theta}$$

$$\ddot{\theta} = -\frac{1}{r}(g\sin\theta + \frac{c_d}{m}\dot{\theta})$$

11.3.6 线上运动的珠子的例子

考虑右图中的例子。质量为 m 的珠子在重力场中沿着一条线运动，珠子和线之间无摩擦，线的路径可以用曲线 **C** 表示。我们在曲线上选择一个起始点，并且规定从这个起始点开始沿一个方向路径长度为正数，另一个方向路径长度为负数。那么曲线上任何一点的坐标都可以用从起始点到这个点的路径长度 s 表示，即：

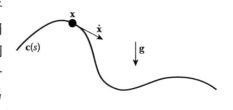

$$\mathbf{c}(s) = \begin{bmatrix} c_x(s) \\ c_y(s) \\ c_z(s) \end{bmatrix}$$

---

1 译注：这样的摆叫秒摆，其实最早就是用周期为 2 s 的小角度摆的摆长定义 1 m 的。

那么我们可以用从这个起始点开始到珠子现在位置的路径长度 s 表示珠子的位置，即我们取广义坐标 $q = s$

$$\mathbf{x} = \mathbf{c}(s)$$

通过链式法则可得出小珠速度：

$$\dot{\mathbf{x}} = \frac{\partial \mathbf{c}}{\partial s}\frac{\mathrm{d}s}{\mathrm{d}t} = \mathbf{c}'\dot{s}$$

小珠动能为：

$$T = \frac{1}{2}m\dot{\mathbf{x}}^2 = \frac{1}{2}m\mathbf{c}'^2\dot{s}^2$$

小珠势能为：

$$V = m\mathbf{g}\hat{\mathbf{u}}_y \cdot \mathbf{c}$$

因此拉格朗日量为：

$$L = T - V = m\left(\frac{1}{2}\mathbf{c}'^2\dot{s}^2 - \mathbf{g}\hat{\mathbf{u}}_y \cdot \mathbf{c}\right)$$

注意还有

$$\frac{\mathrm{d}\mathbf{c}'}{\mathrm{d}t} = \frac{\partial \mathbf{c}'}{\partial s}\frac{\mathrm{d}s}{\mathrm{d}t} = \mathbf{c}''\dot{s}$$

$$\frac{\mathrm{d}\mathbf{c}'^2}{\mathrm{d}t} = 2\mathbf{c}' \cdot \frac{\mathrm{d}\mathbf{c}'}{\mathrm{d}t} = 2\mathbf{c}' \cdot \mathbf{c}''\dot{s}$$

$$\frac{\partial \mathbf{c}'^2}{\partial s} = 2\mathbf{c}' \cdot \frac{\partial \mathbf{c}'}{\partial s} = 2\mathbf{c}' \cdot \mathbf{c}''$$

现在

$$\frac{\partial L}{\partial \dot{q}} = \frac{\partial L}{\partial \dot{s}} = m\mathbf{c}'^2\dot{s}$$

$$\frac{\mathrm{d}}{\mathrm{d}t}\frac{\partial L}{\partial \dot{q}} = \frac{\mathrm{d}}{\mathrm{d}t}\frac{\partial L}{\partial \dot{s}} = m\frac{\mathrm{d}}{\mathrm{d}t}(\mathbf{c}'^2\dot{s}) = m(\mathbf{c}'^2\ddot{s} + 2\mathbf{c}' \cdot \mathbf{c}''\dot{s}^2)$$

$$\frac{\partial L}{\partial q} = \frac{\partial L}{\partial s} = m(\mathbf{c}' \cdot \mathbf{c}''\dot{s}^2 - \mathbf{g}\hat{\mathbf{u}}_y \cdot \mathbf{c}')$$

由于无耗散力，因此由方程 (11.16) 得出：

$$\frac{\mathrm{d}}{\mathrm{d}t}\frac{\partial L}{\partial \dot{s}} - \frac{\partial L}{\partial s} = 0$$

$$m(\mathbf{c}'^2 \ddot{s} + 2\mathbf{c}' \cdot \mathbf{c}'' \dot{s}^2 - \mathbf{c}' \cdot \mathbf{c}'' \dot{s}^2 + \mathbf{g}\hat{\mathbf{u}}_y \cdot \mathbf{c}') = 0$$

$$\ddot{s} = -\frac{\mathbf{c}' \cdot \mathbf{c}'' \dot{s}^2 + \mathbf{g}\hat{\mathbf{u}}_y \cdot \mathbf{c}'}{\mathbf{c}'^2}$$

珠子沿曲线运动的问题可以拓展至角色在复杂地形上运动的问题。若用 NURBS 曲面（patches）代表地形，曲面上的位置用参数 u 和 v 表示，且 NURBS 方程对两个参数都可导。这种情况下 $\mathbf{q} = [u\ v]^{\mathrm{T}}$，就像我们之前计算的那样，动能对 $\dot{\mathbf{q}}$ 求导、势能对 $\mathbf{q}$ 求导得到的都是向量[1]。求得的解将决定 u 和 v 方向的加速度，这种解法的优势是算出的位置都始终在曲面上。

虽然拉格朗日力学是求解约束问题的有效方法，但是动画中一般很少用。因为对于每个问题都需要分析其自由度，建立合适的广义坐标进行描述，很难据此编写通用的求解器。[2]

11.4 总结

以下是本章的一些要点:

- 自由度指的是可以完全描述系统的空间位置信息所需要的最少的独立变量的个数。物体可以有平移自由度和转动自由度。

- 约束会减少系统的自由度。

- 罚函数法先不考虑任何约束，直接计算运动，当运动和约束有偏差时再施加外力抵消，通过这种方式来近似维持约束。这不能模拟刚性约束，因为其只能响应已经存在的误差。

- 约束动力学[3]通过计算约束力来抵消可能会使物体脱离约束的力，从而维持刚性约束。

- 建立始终满足约束的广义坐标，然后用拉格朗日力学解决问题会比较方便。

---

1 译注：原书这里写反了。

2 译注：译者也很困惑作者为何要花篇幅介绍拉格朗日力学的内容，而且原作者并没有专门学习过拉格朗日力学，这一部分内容译者花费了相当多的精力进行完善。拉格朗日力学的优点在于它的理论框架可以推广至电磁学、相对论、量子力学中。

3 译注：原文这里是 Dynamic Constraints，应为 Constraint Dynamics。

第 12 章　铰接体

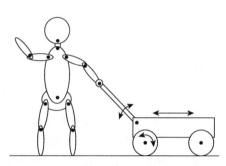

许多动画对象，特别是具备骨骼的人类和动物，可通过铰接体[1]，即树形连接的链来建模。右图抽象地展示了模拟木偶拉车的模型。模型大部分结构由转动关节连接的刚性构件组成。唯一例外的是小货车的车身部分，车身虽然不能旋转，但可平行于地板前后移动。

铰接体动力学有多种模拟方法，但经验证，在计算机动画中最有效的是 Featherstone [1983] 开发的、最早用于机器人学的算法。Mirtich [1996a] 详细阐述了该算法在图形学中的实际应用，Kokkevis [2004] 给出了一个特别有效的实现。本章将着重讲解由 Mirtich 提出的实际应用，因为这一方法可能是最容易实现的。希望了解更多详情的读者可查阅 Mirtich 论文 [Mirtich, 1996b] 的第 4 章。

需要说明的是，本章中一些专业名词采用了机械工程中的翻译，读者可能会在别的领域见到不同的翻译方式。

12.1　铰接体的结构

在多构件链中，每个链都有一个空间中的根。右图展示了一个 4 构件结构，根安装在轴架底座上。符号 ⊕ 表示每个构件的质心。构件的内侧关节与更靠近根的邻近构件相连。存在零个、一个或多个外侧关节与远离根的邻近构件相连。通过确定根构件的位置和定向，可将上述结构置于三维场景中。结构中的其他构件则根据其相对于根质心的位置和定向

1　译注：英文单词是 articulated body，译者尚未找到业界公认的译法，也有翻译为关节体的。

确定。虽然在上述例子中，根作为基座位于链底部，但其他铰接体的根可能更接近中心位置。例如在木偶模型中，一般用木偶代表髋部的构件作为根部。

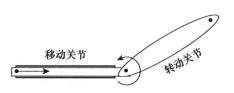

连接铰接体中各构件的两种关节是转动关节和移动关节。右图显示了各类型关节是如何建模的。考虑一个构件和与它相连的内侧关节，如果这个关节为转动关节，则该构件只能旋转，而若为移动关节，则该构件只能平移。在木偶拉车的例子中，除了小货车的车身是移动关节外，其他所有关节均为转动关节。

为简化建模，我们可以认定各关节只存在 1 个自由度。由于多个关节能够位于同一位置，各关节只有 1 个自由度的要求并没有限制模型的结构。因此像手指关节这样只有 1 个旋转自由度的关节，可由单一转动关节建模，但像髋关节这样拥有 2 个旋转自由度的关节，可建模为长度为 0 的构件连接的 2 个关节。

我们将构件 i 与其内侧邻近构件的关节定义为关节 i。由于该关节只有 1 个自由度，只需要用关节轴的方向以及一个标量参数来描述其相对内侧邻近关节的定向。使用符号 q_i 表示关节 i 的参数。若连接构件 i 及其内侧邻近构件的关节为转动关节，则 q_i 为绕旋转自由度的轴旋转的角度。若关节为移动关节，则 q_i 为沿关节平移自由度方向上的位移。同样地，该关节参数对时间的一阶导数 $\dot{q}_i$ 为转动关节的角速度或移动关节的平动速度，对时间的二阶导数 $\ddot{q}_i$ 为转动关节的角加速度或移动关节的平动加速度。

我们称多构件结构的所有参数信息为位形，n 个构件的位形状态由以下向量表示：

$$\mathbf{q} = [q_1 \ q_2 \ \dots \ q_n]^{\mathrm{T}}$$

请注意，根据定义始终有 $q_0 = 0$，所以其中没有 q_0。表示位形的向量位于位形空间中。[1]

各个构件拼装成模型时的初始位形称为姿势位形。右图所示就是一个木偶的姿势位形[2]。根据定义姿势位形中所有关节的角度或位移为 0，因此所有关节的 $q_i = 0$，即姿势位形是位形空间的原点：

$$\mathbf{q}_0 = [0 \ 0 \ \dots \ 0]^{\mathrm{T}}$$

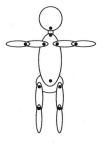

1　译注：configuration space 也会翻译为组态空间、构形空间。

2　译注：这就是广为人知的 T-pose。

12.2　铰接体的动态状态

位形向量 $\mathbf{q}$ 对时间的一阶导数为：

$$\dot{\mathbf{q}} = [\dot{q}_1 \ \dot{q}_1 \ \dots \ \dot{q}_n]^{\mathrm{T}}$$

多构件结构的动力学状态由 $\mathbf{q}$、$\dot{\mathbf{q}}$ 描述。

$\mathbf{q}$ 对时间的二阶导数 $\ddot{\mathbf{q}}$ 为：

$$\ddot{\mathbf{q}} = [\ddot{q}_1 \ \ddot{q}_1 \ \dots \ \ddot{q}_n]^{\mathrm{T}}$$

上述动力学状态的变化率由 $\dot{\mathbf{q}}$、$\ddot{\mathbf{q}}$ 描述。

首先，我们考虑各构件最多和一个外侧构件连接的链，对这些构件进行排列，使得构件 i 内侧邻近的构件始终为构件 $i-1$。我们将在本章后文推广至处理树形链，其中与外侧构件相连的不止一个构件。右图展示了构件 i 及其内侧邻近构件的向量图。方向向量 $\hat{\mathbf{u}}_i$ 代表构件 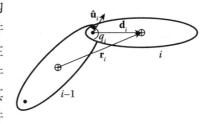 $i-1$ 与构件 i 之间的关节 i 的自由度方向，q_i 为关节标量参数。从关节 i 到构件 i 质心的向量记为 $\mathbf{d}_i$，从构件 $i-1$ 的质心到构件 i 的质心的向量记为 $\mathbf{r}_i$。

为了方便理解，译者在这里补充一些刚体参考系的知识。我们在 8.5 节初步接触过参考系的概念，这里做一个详细的论述。我们需要选择一个参考物体，以其上的一个固定点为参考点，一组固定的、彼此正交的方向为参考方向来研究其他物体的运动，本书不做特殊说明的情况下默认使用地面参考系。

参考系在数学上可以用一个直角坐标系表示，原点即为参考点，坐标轴方向即为参考方向。当我们用一个直角坐标系表示这个参考系时就认为其原点和坐标轴的方向向量都是固定的。但是并不是所有的坐标系都代表参考系，我们在第 9 章使用过刚体坐标系，它是把力矩、角速度等分解到固定在刚体上的坐标系中进行计算的，但是在进行动力学方程推导计算时其实是考虑到了刚体坐标系本身相对地面的运动的，所以本质上是按照地面参考系进行计算的。

我们关心的是同一个物体在两个参考系 K、K' 中的位置、速度、加速度之间的运算关系。在进行具体的向量坐标分量运算时，必须使用同一个坐标系下的分量，比如都使用 K 或 K' 对应的坐标系，或者使用其他的坐标系；只有使用同一个坐标系表示，将它们放在一起运算才有意义。读者需要特别注意的是，一个物体在两个参考系中的速度是两个不同的物理量，但是在某一个参考系中的速度在不同坐标系下的表示则是同一个物理量的不同数学形式，可以通过正交变换互相转换。

我们回忆 9.1 节的内容：刚体的运动可以分解为跟随某个相对刚体固定的基点的平动和围绕这个基点的转动；角速度和基点的选择无关。在参考系 K 中有一个刚体，刚体上基点位置为 $\mathbf{R}$，速度为 $\mathbf{V}$，加速度为 $\mathbf{A}$，刚体围绕基点转动的角速度为 ω，角加速度为 α。我们以这个基点为参考点，刚体上一组固定、彼此正交的方向为参考方向建立刚体参考系 K'，它对应的坐标系的原点即为基点。因为只有向量的分量都用同一个坐标系表示时放在一起运算才有意义。为简单起见，我们先假设向量的分量都以 K 对应的坐标系表示。一个质点在 K、K' 中的位置 $\mathbf{r}$、$\mathbf{r}'$ 之间的关系为：

$$\mathbf{r} = \mathbf{R} + \mathbf{r}'$$

注意，刚体参考系 K' 中静止于位置 $\mathbf{r}'$ 处的点在参考系 K 中实际上跟随着刚体一起运动，本身具有速度 $\mathbf{V} + \omega \times \mathbf{r}'$，所以该质点在 K、K' 中的速度 $\mathbf{v}$、$\mathbf{v}'$ 之间的关系为：

$$\mathbf{v} = \mathbf{V} + \omega \times \mathbf{r}' + \mathbf{v}'$$

注意

$$\mathbf{v} = (\frac{\mathrm{d}\mathbf{r}}{\mathrm{d}t})_K$$
$$\mathbf{V} = (\frac{\mathrm{d}\mathbf{R}}{\mathrm{d}t})_K$$
$$\mathbf{v}' = (\frac{\mathrm{d}\mathbf{r}'}{\mathrm{d}t})_{K'}$$

其中，下标 K、K' 表示从该参考系的角度进行求导运算，所以有

$$(\frac{\mathrm{d}\mathbf{r}'}{\mathrm{d}t})_K = \omega \times \mathbf{r}' + (\frac{\mathrm{d}\mathbf{r}'}{\mathrm{d}t})_{K'}$$

如果参考系 K' 对应的坐标系的三个单位向量为 $\hat{\mathbf{u}}'_x$、$\hat{\mathbf{u}}'_y$、$\hat{\mathbf{u}}'_z$，那么按照我们之前所说的参考系与坐标系的含义的区别，可以得到：

$$(\frac{\mathrm{d}\hat{\mathbf{u}}'_x}{\mathrm{d}t})_K = \omega \times \hat{\mathbf{u}}'_x$$
$$(\frac{\mathrm{d}\hat{\mathbf{u}}'_y}{\mathrm{d}t})_K = \omega \times \hat{\mathbf{u}}'_y$$
$$(\frac{\mathrm{d}\hat{\mathbf{u}}'_z}{\mathrm{d}t})_K = \omega \times \hat{\mathbf{u}}'_z$$

$$(\frac{\mathrm{d}\hat{\mathbf{u}}'_x}{\mathrm{d}t})_{K'} = 0$$

$$(\frac{\mathrm{d}\hat{\mathbf{u}}'_y}{\mathrm{d}t})_{K'} = 0$$

$$(\frac{\mathrm{d}\hat{\mathbf{u}}'_z}{\mathrm{d}t})_{K'} = 0$$

把任意向量 $\mathbf{k}$ 按照 K' 对应的坐标系的三个单位向量进行分解：

$$\mathbf{k} = k'_x\hat{\mathbf{u}}'_x + k'_y\hat{\mathbf{u}}'_y + k'_z\hat{\mathbf{u}}'_z$$

求导得到：

$$(\frac{\mathrm{d}\mathbf{k}}{\mathrm{d}t})_K = k'_x(\frac{\mathrm{d}\hat{\mathbf{u}}'_x}{\mathrm{d}t})_K + \frac{\mathrm{d}k'_x}{\mathrm{d}t}\hat{\mathbf{u}}'_x + k'_y(\frac{\mathrm{d}\hat{\mathbf{u}}'_y}{\mathrm{d}t})_K + \frac{\mathrm{d}k'_y}{\mathrm{d}t}\hat{\mathbf{u}}'_y + k'_z(\frac{\mathrm{d}\hat{\mathbf{u}}'_z}{\mathrm{d}t})_K + \frac{\mathrm{d}k'_z}{\mathrm{d}t}\hat{\mathbf{u}}'_z$$

$$= k'_x\boldsymbol{\omega}\times\hat{\mathbf{u}}'_x + \frac{\mathrm{d}k'_x}{\mathrm{d}t}\hat{\mathbf{u}}'_x + k'_y\boldsymbol{\omega}\times\hat{\mathbf{u}}'_y + \frac{\mathrm{d}k'_y}{\mathrm{d}t}\hat{\mathbf{u}}'_y + k'_z\boldsymbol{\omega}\times\hat{\mathbf{u}}'_z + \frac{\mathrm{d}k'_z}{\mathrm{d}t}\hat{\mathbf{u}}'_z$$

$$= \boldsymbol{\omega}\times(k'_x\hat{\mathbf{u}}'_x + k'_y\hat{\mathbf{u}}'_y + k'_z\hat{\mathbf{u}}'_z) + (\frac{\mathrm{d}k'_x}{\mathrm{d}t}\hat{\mathbf{u}}'_x + \frac{\mathrm{d}k'_y}{\mathrm{d}t}\hat{\mathbf{u}}'_y + \frac{\mathrm{d}k'_z}{\mathrm{d}t}\hat{\mathbf{u}}'_z)$$

$$= \boldsymbol{\omega}\times\mathbf{k} + (\frac{\mathrm{d}k'_x}{\mathrm{d}t}\hat{\mathbf{u}}'_x + \frac{\mathrm{d}k'_y}{\mathrm{d}t}\hat{\mathbf{u}}'_y + \frac{\mathrm{d}k'_z}{\mathrm{d}t}\hat{\mathbf{u}}'_z)$$

注意，$\frac{\mathrm{d}k'_x}{\mathrm{d}t}\hat{\mathbf{u}}'_x + \frac{\mathrm{d}k'_y}{\mathrm{d}t}\hat{\mathbf{u}}'_y + \frac{\mathrm{d}k'_z}{\mathrm{d}t}\hat{\mathbf{u}}'_z$ 其实就是参考系 K' 中 $\mathbf{k}$ 的导数，即 $(\frac{\mathrm{d}\mathbf{k}}{\mathrm{d}t})_{K'}$，所以可知

$$(\frac{\mathrm{d}\mathbf{k}}{\mathrm{d}t})_K = \boldsymbol{\omega}\times\mathbf{k} + (\frac{\mathrm{d}\mathbf{k}}{\mathrm{d}t})_{K'}$$

利用上式我们可以得到质点在 K、K' 中的加速度 $\mathbf{a}$、$\mathbf{a}'$ 之间的关系：

$$\mathbf{a} = (\frac{\mathrm{d}\mathbf{v}}{\mathrm{d}t})_K$$

$$= (\frac{\mathrm{d}\mathbf{V}}{\mathrm{d}t})_K + (\frac{\mathrm{d}(\boldsymbol{\omega}\times\mathbf{r}' + \mathbf{v}')}{\mathrm{d}t})_K$$

$$= \mathbf{A} + (\frac{\mathrm{d}\boldsymbol{\omega}}{\mathrm{d}t})_K\times\mathbf{r}' + \boldsymbol{\omega}\times(\frac{\mathrm{d}\mathbf{r}'}{\mathrm{d}t})_K + (\frac{\mathrm{d}\mathbf{v}'}{\mathrm{d}t})_K$$

$$= \mathbf{A} + \boldsymbol{\alpha}\times\mathbf{r}' + \boldsymbol{\omega}\times(\boldsymbol{\omega}\times\mathbf{r}' + (\frac{\mathrm{d}\mathbf{r}'}{\mathrm{d}t})_{K'}) + (\boldsymbol{\omega}\times\mathbf{v}' + (\frac{\mathrm{d}\mathbf{v}'}{\mathrm{d}t})_{K'})$$

$$= \mathbf{A} + \boldsymbol{\alpha}\times\mathbf{r}' + \boldsymbol{\omega}\times(\boldsymbol{\omega}\times\mathbf{r}') + 2\boldsymbol{\omega}\times\mathbf{v}' + \mathbf{a}'$$

质点受到的作用力为 $\mathbf{F}$，若参考系 K 中牛顿第二定律成立：

$$\mathbf{F} = m\mathbf{a}$$

进而有

$$\mathbf{F} - m\mathbf{A} - m\boldsymbol{\alpha} \times \mathbf{r}' - m\boldsymbol{\omega} \times (\boldsymbol{\omega} \times \mathbf{r}') - 2m\boldsymbol{\omega} \times \mathbf{v}' = m\mathbf{a}'$$

所以要使得牛顿第二定律在参考系 K' 中也形式上成立，就必须引入后面这一长串的"虚拟力"，其中，$-m\boldsymbol{\omega} \times (\boldsymbol{\omega} \times \mathbf{r}')$ 项称为离心力，$-2m\boldsymbol{\omega} \times \mathbf{v}'$ 项称为科里奥利力。在地球科学领域，科里奥利力又称为地转偏向力，因为严格说来地球也是一个转动的参考系，地转偏向力和许多自然现象有关。

同一个刚体在 K、K' 中的角速度 $\boldsymbol{\beta}$、$\boldsymbol{\beta}'$（为避免字母冲突）之间的关系为：

$$\boldsymbol{\beta} = \boldsymbol{\omega} + \boldsymbol{\beta}'$$

这个公式的证明超出了本书的范畴。读者可以回忆第 9 章的内容，角速度和旋转矩阵求导有关。转动的叠加其实就是多个旋转矩阵的乘积，矩阵乘积的求导类似于函数乘积求导 $(fg)' = f'g + fg'$，展开各项就对应各个角速度。不过我们据此得到角加速度的关系：

$$\begin{aligned}
\left(\frac{\mathrm{d}\boldsymbol{\beta}}{\mathrm{d}t}\right)_K &= \left(\frac{\mathrm{d}\boldsymbol{\omega}}{\mathrm{d}t}\right)_K + \left(\frac{\mathrm{d}\boldsymbol{\beta}'}{\mathrm{d}t}\right)_K \\
&= \boldsymbol{\alpha} + \left(\frac{\mathrm{d}\boldsymbol{\beta}'}{\mathrm{d}t}\right)_K \\
&= \boldsymbol{\alpha} + \boldsymbol{\omega} \times \boldsymbol{\beta}' + \left(\frac{\mathrm{d}\boldsymbol{\beta}'}{\mathrm{d}t}\right)_{K'}
\end{aligned}$$

在解释清楚刚体参考系后，我们回到构件链的问题。如前所述，为简单起见我们先假定所有向量的分量都用构件 i 参考系对应的坐标系（即模型空间）表示。

在构件 $i-1$ 参考系中，构件 i 的角速度为 $\boldsymbol{\omega}_i^0$，质心速度为 $\mathbf{v}_i^0$。因为每个关节只有一个自由度，所以只需要考虑关节参数 q_i 的变化率 $\dot{q}_i$。对于移动关节：

$$\boldsymbol{\omega}_i^0 = \mathbf{0}$$

$$\mathbf{v}_i^0 = \dot{q}_i \hat{\mathbf{u}}_i \tag{12.1}$$

对于转动关节：

$$\boldsymbol{\omega}_i^0 = \dot{q}_i \hat{\mathbf{u}}_i$$

$$\mathbf{v}_i^0 = \dot{q}_i \hat{\mathbf{u}}_i \times \mathbf{d}_i \tag{12.2}$$

现在从根开始递推地计算各个构件在地面参考系下的运动状态，但是向量分

量均使用构件 i 参考系对应的坐标系（即模型空间）表示。根构件指定的位置为 $\mathbf{x}_0$，角速度 $\boldsymbol{\omega}_0 = 0$，速度 $\mathbf{v}_0 = 0$。若构件 $i-1$ 的运动状态已知，根据我们之前论述的刚体参考系的公式，可以递推出构件 i 的位置、角速度、速度、角加速度、加速度为：

$$\mathbf{x}_i = \mathbf{x}_{i-1} + \mathbf{r}_i$$
$$\boldsymbol{\omega}_i = \boldsymbol{\omega}_{i-1} + \boldsymbol{\omega}_i^0$$

$$\mathbf{v}_i = \mathbf{v}_{i-1} + \boldsymbol{\omega}_{i-1} \times \mathbf{r}_i + \mathbf{v}_i^0 \tag{12.3}$$

$$\boldsymbol{\alpha}_i = \boldsymbol{\alpha}_{i-1} + \boldsymbol{\omega}_{i-1} \times \boldsymbol{\omega}_i^0 + \left(\frac{\mathrm{d}\boldsymbol{\omega}_i^0}{\mathrm{d}t}\right)_{i-1}$$

$$\mathbf{a}_i = \mathbf{a}_{i-1} + \boldsymbol{\alpha}_{i-1} \times \mathbf{r}_i + \boldsymbol{\omega}_{i-1} \times (\boldsymbol{\omega}_{i-1} \times \mathbf{r}_i) + 2\boldsymbol{\omega}_{i-1} \times \mathbf{v}_i^0 + \left(\frac{\mathrm{d}\mathbf{v}_i^0}{\mathrm{d}t}\right)_{i-1} \tag{12.4}$$

其中求导项的下标 $i-1$ 代表在构件 $i-1$ 的参考系进行求导。通过式 (12.1)、式 (12.2) 及式 (12.3)，我们可看出整个链的状态完全由 $\mathbf{q}$ 及其对时间的变化率 $\dot{\mathbf{q}}$ 决定。[1]

在上述递推公式中，我们还需要知道 $\left(\frac{\mathrm{d}\boldsymbol{\omega}_i^0}{\mathrm{d}t}\right)_{i-1}$ 和 $\left(\frac{\mathrm{d}\mathbf{v}_i^0}{\mathrm{d}t}\right)_{i-1}$。无论是移动关节还是转动关节，在构件 $i-1$ 的参考系里 $\hat{\mathbf{u}}_i$ 均为常向量。根据式 (12.1) 可知对移动关节有：

$$\left(\frac{\mathrm{d}\boldsymbol{\omega}_i^0}{\mathrm{d}t}\right)_{i-1} = \mathbf{0}$$
$$\left(\frac{\mathrm{d}\mathbf{v}_i^0}{\mathrm{d}t}\right)_{i-1} = \ddot{q}_i \hat{\mathbf{u}}_i \tag{12.5}$$

对转动关节有：

$$\left(\frac{\mathrm{d}\mathbf{d}_i}{\mathrm{d}t}\right)_{i-1} = \boldsymbol{\omega}_i^0 \times \mathbf{d}_i = \dot{q}_i \hat{\mathbf{u}}_i \times \mathbf{d}_i$$

根据式 (12.2) 可知对转动关节有：

$$\left(\frac{\mathrm{d}\boldsymbol{\omega}_i^0}{\mathrm{d}t}\right)_{i-1} = \ddot{q}_i \hat{\mathbf{u}}_i$$

$$\left(\frac{\mathrm{d}\mathbf{v}_i^0}{\mathrm{d}t}\right)_{i-1} = \ddot{q}_i \hat{\mathbf{u}}_i \times \mathbf{d}_i + \dot{q}_i \hat{\mathbf{u}}_i \times \left(\frac{\mathrm{d}\mathbf{d}_i}{\mathrm{d}t}\right)_{i-1} = \ddot{q}_i \hat{\mathbf{u}}_i \times \mathbf{d}_i + \dot{q}_i \hat{\mathbf{u}}_i \times (\dot{q}_i \hat{\mathbf{u}}_i \times \mathbf{d}_i) \tag{12.6}$$

根据式 (12.5) 和式 (12.6)，可知递推地计算关节的加速度需要知道关节参数对时间的二阶导数 $\ddot{q}_i$。

1　译注：原书作者对刚体参考系速度叠加的理解和通常的约定有区别，式 (12.4) 中 $\boldsymbol{\omega}_{i-1} \times \mathbf{v}_i^0$ 项少了系数 2，译者采纳了通常的理解并据此修改了式 (12.4)、式 (12.5) 和式 (12.6)，对此有疑问的读者可以参考 David H. Eberly 的 Game Physics 第 2 版的 2.2.2 节，特别是其中的式 (2.44)。

计算位形的加速度的算法由 Keatherstone 提出，Mirtich 详细阐述，最后由 Kokkevis 总结，这个算法分为三个步骤。第一次循环从根构件往外侧构件遍历，利用目前状态计算出所有构件的平移速度及角速度。第二次循环从外侧构件向根构件遍历，利用上述速度及施加的力和力矩，得到计算各构件加速度所需的量。第三次循环从根构件往外侧构件遍历，计算各个构件的加速度。注意这三次循环是顺序执行的，并非嵌套关系。

在前面的推导中，所有向量均使用构件 i 参考系对应的坐标系（即模型空间）表示，但是通常情况下每个构件所有向量都选择在自身的模型空间中表示，所以速度、加速度的递推公式中还应该包括把 $i-1$ 的模型空间的向量变换为 i 的模型空间的部分。考虑到这些因素，递推公式会更加复杂，为了让公式看上去更清晰，我们引入空间代数的符号系统。

12.3 空间代数

空间代数是一个能让我们更方便地处理上一节公式的数学系统。[1] 描述铰接体状态和状态变化率在数学上存在复杂性，而且相关方程中的转动关节和移动关节的形式也有比较大的区别。空间代数将统一处理两种类型关节的表达式，这极大地简化了铰接体动力学的表述。

12.3.1 空间速度与加速度

物体的角速度 $\boldsymbol{\omega}$ 及平移速度 $\mathbf{v}$ 可以合起来写为一个空间向量：

$$\check{\mathbf{v}} = \begin{bmatrix} \boldsymbol{\omega} \\ \mathbf{v} \end{bmatrix}$$

正如 $\check{\mathbf{v}}$ 代表空间速度，

$$\check{\mathbf{a}} = \begin{bmatrix} \boldsymbol{\alpha} \\ \mathbf{a} \end{bmatrix}$$

代表空间加速度，其中 $\boldsymbol{\alpha} = \dot{\boldsymbol{\omega}}, \mathbf{a} = \dot{\mathbf{v}}$。与上述两个定义一致，在下文中上标 ˇ 表示空间代数变量。

1 译注：在计算机领域应该是 Featherstone 最早引入了空间代数的符号系统。

12.3.2 空间变换

下面我们引入空间矩阵。

如右图所示刚体在地面参考系的角速度为 $\boldsymbol{\omega}$。
我们在其上选择两个基点 F、G，在地面参考系的
位置分别为 $\mathbf{R}_F$、$\mathbf{R}_G$，速度分别为 $\mathbf{v}_F$、$\mathbf{v}_G$，从 F
到 G 的向量为 $\mathbf{r}$，那么有

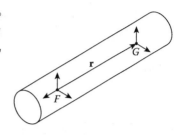

$$\mathbf{R}_G = \mathbf{R}_F + \mathbf{r}$$
$$\mathbf{v}_G = \mathbf{v}_F + \boldsymbol{\omega} \times \mathbf{r}$$

以这两个基点为参考点分别建立两个刚体参考系，
为简单起见这两个参考系也用字母 F、G 区分。先
假设向量分量都用参考系 G 对应的坐标系表示。同
一个质点 p 在地面参考系中的位置、速度分别为
$\mathbf{r}_p$、$\mathbf{v}_p$，在参考系 F、G 中的速度分别为 $\mathbf{v}_F$、$\mathbf{v}_G$。
根据上一节的结论有：

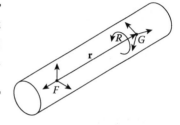

$$\mathbf{r}_p = \mathbf{v}_G + \boldsymbol{\omega} \times (\mathbf{r}_p - \mathbf{R}_G) + \mathbf{v}_G$$
$$\mathbf{v}_p = \mathbf{v}_F + \boldsymbol{\omega} \times (\mathbf{r}_p - \mathbf{R}_F) + \mathbf{v}_F$$

两式相减得到：

$$\mathbf{v}_G = \mathbf{v}_F$$

我们得到一个结论：选择一个刚体为参考物建立参考系进行观察，其他物体的速
度并不因为基点的选择有差异。所以原书这一节的结论是错误的，不过这一节主
要目的是引入空间代数的符号，译者为了上下文连贯性直接换了例子。

我们直接看相邻构件的 $\check{\mathbf{v}}_i$、$\check{\mathbf{v}}_{i-1}$ 之间的关系：

$$\check{\mathbf{v}}_i = \begin{bmatrix} \boldsymbol{\omega}_i \\ \mathbf{v}_i \end{bmatrix} = \begin{bmatrix} \boldsymbol{\omega}_{i-1} + \boldsymbol{\omega}_i^0 \\ \mathbf{v}_{i-1} + \boldsymbol{\omega}_{i-1} \times \mathbf{r}_i + \mathbf{v}_i^0 \end{bmatrix} = \begin{bmatrix} \boldsymbol{\omega}_{i-1} \\ \mathbf{v}_{i-1} + \boldsymbol{\omega}_{i-1} \times \mathbf{r}_i \end{bmatrix} + \begin{bmatrix} \boldsymbol{\omega}_i^0 \\ \mathbf{v}_i^0 \end{bmatrix}$$

回忆 9.1 节，我们有 $\boldsymbol{\omega}_{i-1} \times \mathbf{r}_i = -\mathbf{r}_i \times \boldsymbol{\omega}_{i-1} = -\mathbf{r}_i^* \boldsymbol{\omega}_{i-1}$，其中，$\mathbf{r}_i^*$ 为 3×3 矩
阵。若用 $\mathbf{1}$ 表示 3×3 单位阵，$\mathbf{0}$ 表示 3×3 零矩阵，那么有

$$\check{\mathbf{v}}_i = \begin{bmatrix} \boldsymbol{\omega}_{i-1} \\ -\mathbf{r}_i^* \boldsymbol{\omega}_{i-1} + \mathbf{v}_{i-1} \end{bmatrix} + \begin{bmatrix} \boldsymbol{\omega}_i^0 \\ \mathbf{v}_i^0 \end{bmatrix} = \begin{bmatrix} \mathbf{1} & \mathbf{0} \\ -\mathbf{r}_i^* & \mathbf{1} \end{bmatrix} \begin{bmatrix} \boldsymbol{\omega}_{i-1} \\ \mathbf{v}_{i-1} \end{bmatrix} + \begin{bmatrix} \boldsymbol{\omega}_i^0 \\ \mathbf{v}_i^0 \end{bmatrix} = \begin{bmatrix} \mathbf{1} & \mathbf{0} \\ -\mathbf{r}_i^* & \mathbf{1} \end{bmatrix} \check{\mathbf{v}}_{i-1} + \begin{bmatrix} \boldsymbol{\omega}_i^0 \\ \mathbf{v}_i^0 \end{bmatrix}$$

进一步假设 $\check{\mathbf{v}}_{i-1}$ 的组成向量的分量都用构件 $i-1$ 的模型空间表示，需要使用正交变换 R_i 才能变换为 i 的模型空间表示，那么有

$$\check{\mathbf{v}}_i = \begin{bmatrix} \boldsymbol{\omega}_i \\ \mathbf{v}_i \end{bmatrix} = \begin{bmatrix} \mathbf{1} & \mathbf{0} \\ -\mathbf{r}_i^* & \mathbf{1} \end{bmatrix} \begin{bmatrix} R_i\boldsymbol{\omega}_{i-1} \\ R_i\mathbf{v}_{i-1} \end{bmatrix} + \begin{bmatrix} \boldsymbol{\omega}_i^0 \\ \mathbf{v}_i^0 \end{bmatrix} = \begin{bmatrix} \mathbf{1} & \mathbf{0} \\ -\mathbf{r}_i^* & \mathbf{1} \end{bmatrix} \begin{bmatrix} R_i & \mathbf{0} \\ \mathbf{0} & R_i \end{bmatrix} \begin{bmatrix} \boldsymbol{\omega}_{i-1} \\ \mathbf{v}_{i-1} \end{bmatrix} + \begin{bmatrix} \boldsymbol{\omega}_i^0 \\ \mathbf{v}_i^0 \end{bmatrix}$$

$$= \begin{bmatrix} R_i & \mathbf{0} \\ -\mathbf{r}_i^* R_i & R_i \end{bmatrix} \check{\mathbf{v}}_{i-1} + \begin{bmatrix} \boldsymbol{\omega}_i^0 \\ \mathbf{v}_i^0 \end{bmatrix}$$

空间矩阵记为

$$_i\check{\mathbf{T}}_{i-1} = \begin{bmatrix} R_i & \mathbf{0} \\ -\mathbf{r}_i^* R_i & R_i \end{bmatrix}$$

这个空间矩阵的核心思想就是把叉乘变换为矩阵相乘的形式。

12.3.3 空间力

空间力表示为：

$$\check{\mathbf{f}} = \begin{bmatrix} \mathbf{f} \\ \boldsymbol{\tau} \end{bmatrix}$$

考虑构件 $i-1$ 与构件 i 之间的关节 i。设关节 i 的位置为 $\mathbf{R}_{\mathrm{J}_i}$，构件 $i-1$、构件 i 的质心的位置分别为 $\mathbf{R}_{i-1}$、$\mathbf{R}_i$。关节 i 作用在构件 $i-1$ 上的力、力矩分别为 $\mathbf{f}_{i-1}^O$、$\boldsymbol{\tau}_{i-1}^O$，作用在构件 i 上的力、力矩分别为 $\mathbf{f}_i^I$、$\boldsymbol{\tau}_i^I$。同样先假设向量分量都用构件 i 的模型空间表示，那么有：

$$\mathbf{R}_i = \mathbf{R}_{i-1} + \mathbf{r}_i$$
$$\mathbf{f}_{i-1}^O = -\mathbf{f}_i^I$$
$$\boldsymbol{\tau}_{i-1}^O = (\mathbf{R}_{\mathrm{J}_i} - \mathbf{R}_{i-1}) \times \mathbf{f}_{i-1}^O$$
$$\boldsymbol{\tau}_i^I = (\mathbf{R}_{\mathrm{J}_i} - \mathbf{R}_i) \times \mathbf{f}_i^I$$
$$\boldsymbol{\tau}_{i-1}^O + \boldsymbol{\tau}_i^I = (\mathbf{R}_{i-1} - \mathbf{R}_i) \times \mathbf{f}_i^I$$
$$= -\mathbf{r}_i \times \mathbf{f}_i^I$$
$$\boldsymbol{\tau}_{i-1}^O = -\mathbf{r}_i \times \mathbf{f}_i^I - \boldsymbol{\tau}_i^I$$
$$= -\mathbf{r}_i^* \mathbf{f}_i^I - \boldsymbol{\tau}_i^I$$

我们可以得到空间力之间的关系：

$$\check{\mathbf{f}}_{i-1}^O = \begin{bmatrix} \mathbf{f}_{i-1}^O \\ \boldsymbol{\tau}_{i-1}^O \end{bmatrix} = -\begin{bmatrix} \mathbf{f}_i^I \\ \mathbf{r}_i^* \mathbf{f}_i^I + \boldsymbol{\tau}_i^I \end{bmatrix} = -\begin{bmatrix} \mathbf{1} & \mathbf{0} \\ \mathbf{r}_i^* & \mathbf{1} \end{bmatrix} \begin{bmatrix} \mathbf{f}_i^I \\ \boldsymbol{\tau}_i^I \end{bmatrix} = -\begin{bmatrix} \mathbf{1} & \mathbf{0} \\ \mathbf{r}_i^* & \mathbf{1} \end{bmatrix} \check{\mathbf{f}}_i^I$$

进一步，需要使用正交变换 R_{i-1} 才能把 $\check{\mathbf{f}}_{i-1}^O$ 的组成向量的分量都用构件 $i-1$ 的模型空间表示，那么有

$$\check{\mathbf{f}}_{i-1}^O = \begin{bmatrix} \mathbf{f}_{i-1}^O \\ \boldsymbol{\tau}_{i-1}^O \end{bmatrix} = -\begin{bmatrix} R_{i-1} & \mathbf{0} \\ \mathbf{0} & R_{i-1} \end{bmatrix} \begin{bmatrix} \mathbf{1} & \mathbf{0} \\ \mathbf{r}_i^* & \mathbf{1} \end{bmatrix} \begin{bmatrix} \mathbf{f}_i^I \\ \boldsymbol{\tau}_i^I \end{bmatrix} = -\begin{bmatrix} R_{i-1} & \mathbf{0} \\ R_{i-1}\mathbf{r}_i^* & R_{i-1} \end{bmatrix} \check{\mathbf{f}}_i^I$$

空间矩阵记为

$$_{i-1}\check{\mathbf{T}}_i = \begin{bmatrix} R_{i-1} & \mathbf{0} \\ R_{i-1}\mathbf{r}_i^* & R_{i-1} \end{bmatrix}$$

那么上一节的 $_i\check{\mathbf{T}}_{i-1}$ 和这一节的 $_{i-1}\check{\mathbf{T}}_i$ 是什么关系呢？显然有 $R_i R_{i-1} = \mathbf{1}$，进而

$$(_i\check{\mathbf{T}}_{i-1})(_{i-1}\check{\mathbf{T}}_i) = \begin{bmatrix} R_i & \mathbf{0} \\ -\mathbf{r}_i^* R_i & R_i \end{bmatrix} \begin{bmatrix} R_{i-1} & \mathbf{0} \\ R_{i-1}\mathbf{r}_i^* & R_{i-1} \end{bmatrix} = \begin{bmatrix} \mathbf{1} & \mathbf{0} \\ \mathbf{0} & \mathbf{1} \end{bmatrix}$$

12.3.4　空间转置

空间向量

$$\check{\mathbf{x}} = \begin{bmatrix} \mathbf{a} \\ \mathbf{b} \end{bmatrix}$$

的空间转置定义为：

$$\check{\mathbf{x}}^T = \begin{bmatrix} \mathbf{b}^T & \mathbf{a}^T \end{bmatrix}$$

12.3.5　空间内积

空间转置用于定义空间点积或空间内积：

$$\check{\mathbf{x}} \cdot \check{\mathbf{y}} = \check{\mathbf{x}}^T \check{\mathbf{y}}$$

例如空间力与空间速度的内积为：

$$\check{\mathbf{f}} \cdot \check{\mathbf{v}} = \begin{bmatrix} \boldsymbol{\tau}^T & \mathbf{f}^T \end{bmatrix} \begin{bmatrix} \boldsymbol{\omega} \\ \mathbf{v} \end{bmatrix} = \boldsymbol{\tau} \cdot \boldsymbol{\omega} + \mathbf{f} \cdot \mathbf{v}$$

12.3.6　空间叉积

空间叉积运算定义为：

$$\check{\mathbf{x}}\check{\times} = \begin{bmatrix} \mathbf{a}^* & \mathbf{0} \\ \mathbf{b}^* & \mathbf{a}^* \end{bmatrix}$$

所以

$$\check{\mathbf{x}}\check{\times}\check{\mathbf{y}} = \begin{bmatrix} \mathbf{a} \\ \mathbf{b} \end{bmatrix} \check{\times} \begin{bmatrix} \mathbf{c} \\ \mathbf{d} \end{bmatrix} = \begin{bmatrix} \mathbf{a}^* & \mathbf{0} \\ \mathbf{b}^* & \mathbf{a}^* \end{bmatrix} \begin{bmatrix} \mathbf{c} \\ \mathbf{d} \end{bmatrix} = \begin{bmatrix} \mathbf{a}^*\mathbf{c} \\ \mathbf{b}^*\mathbf{c} + \mathbf{a}^*\mathbf{d} \end{bmatrix} = \begin{bmatrix} \mathbf{a} \times \mathbf{c} \\ \mathbf{b} \times \mathbf{c} + \mathbf{a} \times \mathbf{d} \end{bmatrix}$$

12.4 空间代数记号下速度和加速度的传递

将移动关节 i 的空间关节轴定义为：

$$\check{\mathbf{s}}_i = \begin{bmatrix} \mathbf{0} \\ \hat{\mathbf{u}}_i \end{bmatrix}$$

转动关节的空间关节轴定义为：

$$\check{\mathbf{s}}_i = \begin{bmatrix} \hat{\mathbf{u}}_i \\ \hat{\mathbf{u}}_i \times \mathbf{d}_i \end{bmatrix}$$

显然对于两种关节都有

$$\begin{bmatrix} \boldsymbol{\omega}_i^0 \\ \mathbf{v}_i^0 \end{bmatrix} = \check{\mathbf{s}}_i \dot{q}_i$$

结合 12.3.2 节的内容，我们可以得到空间代数记号下两种关节的速度递推公式，都是：

$$\check{\mathbf{v}}_i = {}_i\check{\mathbf{T}}_{i-1}\check{\mathbf{v}}_{i-1} + \check{\mathbf{s}}_i\dot{q}_i$$

公式 (12.4) 可以用空间代数的记号写为：[1]

$$\check{\mathbf{a}}_i = \check{\mathbf{a}}_{i-1} + \begin{bmatrix} \boldsymbol{\omega}_{i-1} \times \boldsymbol{\omega}_i^0 + (\frac{\mathrm{d}\boldsymbol{\omega}_i^0}{\mathrm{d}t})_{i-1} \\ \boldsymbol{\alpha}_{i-1} \times \mathbf{r}_i + \boldsymbol{\omega}_{i-1} \times (\boldsymbol{\omega}_{i-1} \times \mathbf{r}_i) + 2\boldsymbol{\omega}_{i-1} \times \mathbf{v}_i^0 + (\frac{\mathrm{d}\mathbf{v}_i^0}{\mathrm{d}t})_{i-1} \end{bmatrix}$$

根据方程 (12.5)，对于移动关节有：

$$\check{\mathbf{a}}_i = \check{\mathbf{a}}_{i-1} + \begin{bmatrix} \mathbf{0} \\ \boldsymbol{\alpha}_{i-1} \times \mathbf{r}_i + \boldsymbol{\omega}_{i-1} \times (\boldsymbol{\omega}_{i-1} \times \mathbf{r}_i) + 2\boldsymbol{\omega}_{i-1} \times (\dot{q}_i\hat{\mathbf{u}}_i) + \ddot{q}_i\hat{\mathbf{u}}_i \end{bmatrix}$$

---

1 译注：原书中本节多个公式混用了 **a** 和 **α**，已经修正。

根据方程 (12.6)，对于转动关节有：

$$\check{\mathbf{a}}_i = \check{\mathbf{a}}_{i-1} + \begin{bmatrix} \boldsymbol{\omega}_{i-1} \times \dot{q}_i\hat{\mathbf{u}}_i + \ddot{q}_i\hat{\mathbf{u}}_i \\ \boldsymbol{\alpha}_{i-1} \times \mathbf{r}_i + \boldsymbol{\omega}_{i-1} \times (\boldsymbol{\omega}_{i-1} \times \mathbf{r}_i) + 2\boldsymbol{\omega}_{i-1} \times (\dot{q}_i\hat{\mathbf{u}}_i \times \mathbf{d}_i) + \\ \ddot{q}_i\hat{\mathbf{u}}_i \times \mathbf{d}_i + \dot{q}_i\hat{\mathbf{u}}_i \times (\dot{q}_i\hat{\mathbf{u}}_i \times \mathbf{d}_i) \end{bmatrix}$$

根据上述定义，把移动关节的式子整理如下：

$$\begin{bmatrix} \boldsymbol{\alpha}_i \\ \mathbf{a}_i \end{bmatrix} = \begin{bmatrix} \boldsymbol{\alpha}_{i-1} \\ -\mathbf{r}_i \times \boldsymbol{\alpha}_{i-1} + \mathbf{a}_{i-1} \end{bmatrix} + \check{\mathbf{s}}_i\ddot{q}_i + \begin{bmatrix} \mathbf{0} \\ \boldsymbol{\omega}_{i-1} \times (\boldsymbol{\omega}_{i-1} \times \mathbf{r}_i) + 2\boldsymbol{\omega}_{i-1} \times \dot{q}_i\hat{\mathbf{u}}_i \end{bmatrix}$$

同样，把转动关节的式子整理如下：

$$\begin{bmatrix} \boldsymbol{\alpha}_i \\ \mathbf{a}_i \end{bmatrix} = \begin{bmatrix} \boldsymbol{\alpha}_{i-1} \\ -\mathbf{r}_i \times \boldsymbol{\alpha}_{i-1} + \mathbf{a}_{i-1} \end{bmatrix} + \check{\mathbf{s}}_i\ddot{q}_i +$$

$$\begin{bmatrix} \boldsymbol{\omega}_{i-1} \times \dot{q}_i\hat{\mathbf{u}}_i \\ \boldsymbol{\omega}_{i-1} \times (\boldsymbol{\omega}_{i-1} \times \mathbf{r}_i) + 2\boldsymbol{\omega}_{i-1} \times (\dot{q}_i\hat{\mathbf{u}}_i \times \mathbf{d}_i) + \dot{q}_i\hat{\mathbf{u}}_i \times (\dot{q}_i\hat{\mathbf{u}}_i \times \mathbf{d}_i) \end{bmatrix}$$

根据 12.3.2 节中的公式：

$$\begin{bmatrix} \boldsymbol{\alpha}_{i-1} \\ -\mathbf{r}_i \times \boldsymbol{\alpha}_{i-1} + \mathbf{a}_{i-1} \end{bmatrix} = {}_i\check{\mathbf{T}}_{i-1}\check{\mathbf{a}}_{i-1}$$

对移动关节 i 定义：

$$\check{\mathbf{c}}_i = \begin{bmatrix} \mathbf{0} \\ \boldsymbol{\omega}_{i-1} \times (\boldsymbol{\omega}_{i-1} \times \mathbf{r}_i) + 2\boldsymbol{\omega}_{i-1} \times \dot{q}_i\hat{\mathbf{u}}_i \end{bmatrix}$$

对转动关节定义：

$$\check{\mathbf{c}}_i = \begin{bmatrix} \boldsymbol{\omega}_{i-1} \times \dot{q}_i\hat{\mathbf{u}}_i \\ \boldsymbol{\omega}_{i-1} \times (\boldsymbol{\omega}_{i-1} \times \mathbf{r}_i) + 2\boldsymbol{\omega}_{i-1} \times (\dot{q}_i\hat{\mathbf{u}}_i \times \mathbf{d}_i) + \dot{q}_i\hat{\mathbf{u}}_i \times (\dot{q}_i\hat{\mathbf{u}}_i \times \mathbf{d}_i) \end{bmatrix}$$

两种关节的 $\check{\mathbf{c}}_i$ 都包含了离心力和科里奥利力相关的项，所以称其为空间科里奥利加速度。

原书中空间科里奥利加速度有这样一个公式：

$$\check{\mathbf{c}}_i = \check{\mathbf{v}}_i \check{\times} \check{\mathbf{s}}_i\dot{q}_i \tag{12.7}$$

原书说读者可以自行验证此式成立，但是译者反复验算后并未得出该结论。译者查阅得知此公式出处应该为 Featherstone 的 Robot Dynamics Algorithms 中 2.7 节的 Example 3，但是本书和 Featherstone 书的符号约定有巨大差别，这里做一个简要说明。为简单起见假设所有向量都用构件 i 的模型空间表示。Featherstone 书中构件 i 的代表速度并不是我们选取的质心速度 $\mathbf{v}_i$，而是构件 i 的参考系中此刻和根构件位置重合的点的速度 $\mathbf{v}_{\text{Fea}_i}$（详见该书 2.2 节），和我们的速度的关系是

$$\mathbf{v}_{\text{Fea}_i} = \mathbf{v}_i - \boldsymbol{\omega}_i \times \left(\sum_{j=1}^{i} \mathbf{r}_j\right)$$

Featherstone 书中的空间速度、空间加速度、空间关节轴的定义都是依此扩展而来。因为和我们的公式区别较大，所以请读者无视计算 $\check{c}_i$ 的公式 (12.7)。

我们得到空间代数记号下两种关节的加速度递推公式都是：

$$\check{\mathbf{a}}_i = {}_i\check{\mathbf{T}}_{i-1}\check{\mathbf{a}}_{i-1} + \check{\mathbf{s}}_i \ddot{q}_i + \check{c}_i \tag{12.8}$$

两种关节的速度、加速度的递推公式形式相同，区别仅仅体现在空间关节轴 $\check{\mathbf{s}}_i$ 的定义上，因此这个公式非常适合用来实现算法。

12.5 空间孤立量

只考虑一个构件本身的力学属性，而忽略其内外邻近构件的量称为构件的空间孤立量。

构件 i 的空间孤立惯性定义为：

$$\check{\mathbf{I}}_i = \begin{bmatrix} \mathbf{0} & m_i \mathbf{1} \\ I_i & \mathbf{0} \end{bmatrix}$$

其中 $\mathbf{1}$ 为 3×3 单位阵，$\mathbf{0}$ 为 3×3 零矩阵。

如前所述，我们使用构件 i 的模型空间表示构件 i 的向量，设 i 的模型空间的坐标轴单位向量依次为 $\hat{\mathbf{u}}'_{i_x}$、$\hat{\mathbf{u}}'_{i_y}$、$\hat{\mathbf{u}}'_{i_z}$。因为在地面参考系看来，i 的模型空间的坐标轴随着构件 i 一起以角速度 $\boldsymbol{\omega}_i$ 转动，所以有

$$\frac{\mathrm{d}\hat{\mathbf{u}}'_{i_x}}{\mathrm{d}t} = \boldsymbol{\omega}_i \times \hat{\mathbf{u}}'_{i_x}$$

$$\frac{\mathrm{d}\hat{\mathbf{u}}'_{i_y}}{\mathrm{d}t} = \boldsymbol{\omega}_i \times \hat{\mathbf{u}}'_{i_y}$$

$$\frac{\mathrm{d}\hat{\mathbf{u}}'_{i_z}}{\mathrm{d}t} = \boldsymbol{\omega}_i \times \hat{\mathbf{u}}'_{i_z}$$

我们使用构件 i 的模型空间来表示 $\mathbf{v}_i$，实际上就是

$$\mathbf{v}_i = \begin{bmatrix} v_{i_x} \\ v_{i_y} \\ v_{i_z} \end{bmatrix} = v_{i_x}\hat{\mathbf{u}}'_{i_x} + v_{i_y}\hat{\mathbf{u}}'_{i_y} + v_{i_z}\hat{\mathbf{u}}'_{i_z}$$

构件质心的加速度

$$\mathbf{a}_i = \frac{\mathrm{d}\mathbf{v}_i}{\mathrm{d}t} = \frac{\mathrm{d}v_{i_x}}{\mathrm{d}t}\hat{\mathbf{u}}'_{i_x} + \frac{\mathrm{d}v_{i_y}}{\mathrm{d}t}\hat{\mathbf{u}}'_{i_y} + \frac{\mathrm{d}v_{i_z}}{\mathrm{d}t}\hat{\mathbf{u}}'_{i_z} + \boldsymbol{\omega}_i \times \mathbf{v}_i$$

其中逐元素求导的部分

$$\frac{\mathrm{d}v_{i_x}}{\mathrm{d}t}\hat{\mathbf{u}}'_{i_x} + \frac{\mathrm{d}v_{i_y}}{\mathrm{d}t}\hat{\mathbf{u}}'_{i_y} + \frac{\mathrm{d}v_{i_z}}{\mathrm{d}t}\hat{\mathbf{u}}'_{i_z}$$

只是构件质心速度在模型空间分量对时间的导数，并非构件质心的加速度。

若施加在构件上的外部合力为 $\mathbf{f}_i^E$，内侧关节作用力为 $\mathbf{f}_i^I$，外侧关节作用力为 $\mathbf{f}_i^O$，构件质量为 m_i，那么有

$$\mathbf{f}_i^E + \mathbf{f}_i^I + \mathbf{f}_i^O = m_i\mathbf{a}_i$$
$$\mathbf{f}_i^I + \mathbf{f}_i^O = m_i\mathbf{a}_i - \mathbf{f}_i^E$$

通常 $\mathbf{f}_i^E$ 是已知量，代表了构件本身的属性。

当 $\mathbf{f}_i^I + \mathbf{f}_i^O = -\mathbf{f}_i^E$ 时，$\mathbf{a}_i = \mathbf{0}$，所以 $-\mathbf{f}_i^E$ 称为孤立零加速度力。

我们使用构件 i 的模型空间来表示 $\boldsymbol{\omega}_i$，实际上就是

$$\boldsymbol{\omega}_i = \begin{bmatrix} \omega_{i_x} \\ \omega_{i_y} \\ \omega_{i_z} \end{bmatrix} = \omega_{i_x}\hat{\mathbf{u}}'_{i_x} + \omega_{i_y}\hat{\mathbf{u}}'_{i_y} + \omega_{i_z}\hat{\mathbf{u}}'_{i_z}$$

构件的角加速度

$$\begin{aligned} \boldsymbol{\alpha}_i &= \frac{\mathrm{d}\boldsymbol{\omega}_i}{\mathrm{d}t} \\ &= \frac{\mathrm{d}\omega_{i_x}}{\mathrm{d}t}\hat{\mathbf{u}}'_{i_x} + \frac{\mathrm{d}\omega_{i_y}}{\mathrm{d}t}\hat{\mathbf{u}}'_{i_y} + \frac{\mathrm{d}\omega_{i_z}}{\mathrm{d}t}\hat{\mathbf{u}}'_{i_z} + \boldsymbol{\omega}_i \times \boldsymbol{\omega}_i \\ &= \frac{\mathrm{d}\omega_{i_x}}{\mathrm{d}t}\hat{\mathbf{u}}'_{i_x} + \frac{\mathrm{d}\omega_{i_y}}{\mathrm{d}t}\hat{\mathbf{u}}'_{i_y} + \frac{\mathrm{d}\omega_{i_z}}{\mathrm{d}t}\hat{\mathbf{u}}'_{i_z} \end{aligned}$$

正好就是角速度在模型空间分量对时间的导数。

构件 i 的模型空间的惯性张量为 I_i，角动量 $\mathbf{L}_i = I_i \boldsymbol{\omega}_i$，实际上就是

$$
\begin{aligned}
\mathbf{L}_i &= \begin{bmatrix} I_{i_{xx}} & I_{i_{xy}} & I_{i_{xz}} \\ I_{i_{yx}} & I_{i_{yy}} & I_{i_{yz}} \\ I_{i_{zx}} & I_{i_{zy}} & I_{i_{zz}} \end{bmatrix} \begin{bmatrix} \omega_{i_x} \\ \omega_{i_y} \\ \omega_{i_z} \end{bmatrix} \\
&= (I_{i_{xx}}\omega_{i_x} + I_{i_{xy}}\omega_{i_y} + I_{i_{xz}}\omega_{i_z})\hat{\mathbf{u}}'_{i_x} \\
&\quad + (I_{i_{yx}}\omega_{i_x} + I_{i_{yy}}\omega_{i_y} + I_{i_{yz}}\omega_{i_z})\hat{\mathbf{u}}'_{i_y} \\
&\quad + (I_{i_{zx}}\omega_{i_x} + I_{i_{zy}}\omega_{i_y} + I_{i_{zz}}\omega_{i_z})\hat{\mathbf{u}}'_{i_z}
\end{aligned}
$$

注意，模型空间中 I_i 的矩阵元均为常数，求导可得

$$
\begin{aligned}
\frac{\mathrm{d}\mathbf{L}_i}{\mathrm{d}t} &= (I_{i_{xx}}\frac{\mathrm{d}\omega_{i_x}}{\mathrm{d}t} + I_{i_{xy}}\frac{\mathrm{d}\omega_{i_y}}{\mathrm{d}t} + I_{i_{xz}}\frac{\mathrm{d}\omega_{i_z}}{\mathrm{d}t})\hat{\mathbf{u}}'_{i_x} \\
&\quad + (I_{i_{yx}}\frac{\mathrm{d}\omega_{i_x}}{\mathrm{d}t} + I_{i_{yy}}\frac{\mathrm{d}\omega_{i_y}}{\mathrm{d}t} + I_{i_{yz}}\frac{\mathrm{d}\omega_{i_z}}{\mathrm{d}t})\hat{\mathbf{u}}'_{i_y} \\
&\quad + (I_{i_{zx}}\frac{\mathrm{d}\omega_{i_x}}{\mathrm{d}t} + I_{i_{zy}}\frac{\mathrm{d}\omega_{i_y}}{\mathrm{d}t} + I_{i_{zz}}\frac{\mathrm{d}\omega_{i_z}}{\mathrm{d}t})\hat{\mathbf{u}}'_{i_z} \\
&\quad + (I_{i_{xx}}\omega_{i_x} + I_{i_{xy}}\omega_{i_y} + I_{i_{xz}}\omega_{i_z})\boldsymbol{\omega}_i \times \hat{\mathbf{u}}'_{i_x} \\
&\quad + (I_{i_{yx}}\omega_{i_x} + I_{i_{yy}}\omega_{i_y} + I_{i_{yz}}\omega_{i_z})\boldsymbol{\omega}_i \times \hat{\mathbf{u}}'_{i_y} \\
&\quad + (I_{i_{zx}}\omega_{i_x} + I_{i_{zy}}\omega_{i_y} + I_{i_{zz}}\omega_{i_z})\boldsymbol{\omega}_i \times \hat{\mathbf{u}}'_{i_z} \\
&= \begin{bmatrix} I_{i_{xx}} & I_{i_{xy}} & I_{i_{xz}} \\ I_{i_{yx}} & I_{i_{yy}} & I_{i_{yz}} \\ I_{i_{zx}} & I_{i_{zy}} & I_{i_{zz}} \end{bmatrix} \begin{bmatrix} \frac{\mathrm{d}\omega_{i_x}}{\mathrm{d}t} \\ \frac{\mathrm{d}\omega_{i_y}}{\mathrm{d}t} \\ \frac{\mathrm{d}\omega_{i_z}}{\mathrm{d}t} \end{bmatrix} + \boldsymbol{\omega}_i \times \mathbf{L}_i \\
&= I_i(\frac{\mathrm{d}\omega_{i_x}}{\mathrm{d}t}\hat{\mathbf{u}}'_{i_x} + \frac{\mathrm{d}\omega_{i_y}}{\mathrm{d}t}\hat{\mathbf{u}}'_{i_y} + \frac{\mathrm{d}\omega_{i_z}}{\mathrm{d}t}\hat{\mathbf{u}}'_{i_z}) + \boldsymbol{\omega}_i \times I_i\boldsymbol{\omega}_i \\
&= I_i\boldsymbol{\alpha}_i + \boldsymbol{\omega}_i \times I_i\boldsymbol{\omega}_i
\end{aligned}
$$

若施加在构件上的外部合力矩为 $\boldsymbol{\tau}_i^E$，内侧关节作用力矩为 $\boldsymbol{\tau}_i^I$，外侧关节作用力矩为 $\boldsymbol{\tau}_i^O$，那么有

$$
\boldsymbol{\tau}_i^E + \boldsymbol{\tau}_i^I + \boldsymbol{\tau}_i^O = \frac{\mathrm{d}\mathbf{L}_i}{\mathrm{d}t}
$$
$$
\boldsymbol{\tau}_i^I + \boldsymbol{\tau}_i^O = I_i\boldsymbol{\alpha}_i + \boldsymbol{\omega}_i \times I_i\boldsymbol{\omega}_i - \boldsymbol{\tau}_i^E
$$

通常 $\boldsymbol{\tau}_i^E$ 是已知量，$\boldsymbol{\omega}_i \times I_i\boldsymbol{\omega}_i - \boldsymbol{\tau}_i^E$ 这一项代表了构件本身的属性。

当 $\boldsymbol{\tau}_i^I + \boldsymbol{\tau}_i^O = \boldsymbol{\omega}_i \times I_i\boldsymbol{\omega}_i - \boldsymbol{\tau}_i^E$ 时，$\boldsymbol{\alpha}_i = \mathbf{0}$，所以 $\boldsymbol{\omega}_i \times I_i\boldsymbol{\omega}_i - \boldsymbol{\tau}_i^E$ 称为孤立零加速度力矩。

孤立零加速度力和孤立零加速度力矩合起来写为空间孤立零加速度力：

$$\check{\mathbf{z}}_i = \begin{bmatrix} -\mathbf{f}_i^E \\ \boldsymbol{\omega}_i \times I_i \boldsymbol{\omega}_i - \boldsymbol{\tau}_i^E \end{bmatrix}$$

原书错误地以为速度在模型空间分量对时间的导数就是加速度，给出的空间孤立零加速度力的定义有问题，译者已经修正。译者修正后的定义和 Mirtich 的论文 Impulse-based Dynamic Simulation of Rigid Body Systems 中的 Definition 13 是一致的：一般作用在构件上的外部作用力即重力 $\mathbf{f}_i^E = m_i \mathbf{g}$，重力关于质心的力矩 $\boldsymbol{\tau}_i^E = \mathbf{0}$。

12.6　第一次循环

12.2 节最后提到的第一次循环的算法实现如图 12.1 所示。算法基本上遵循了 Kokkevis [2004] 中的符号体系，但是 Kokkevis 的论文的符号体系和 Featherstone 的 *Robot Dynamics Algorithms* 一书保持一致。而正如译者在 12.4 节后面讲的，本书和 Featherstone 的符号体系有较大差别，所以译者也进行了相应调整。

ComputeLinkVelocities(Link $\mathbf{L}$[ ], int n)
$\mathbf{L}$ 是 n 个构件的数组。每个构件包含 q、$\dot{q}$、$\mathbf{x}$、$\mathbf{d}$、$\mathbf{r}$、$\hat{\mathbf{u}}$、$\check{I}$、$\check{s}$ 和 $\check{\mathbf{v}}$。为了简化表示法，用 $\mathbf{x}_i$ 替代 $\mathbf{L}[i].\mathbf{x}$。

begin

 $\check{\mathbf{v}}_0 = \check{\mathbf{0}}$;

 for $i = 1$ 到 n **do**

  确定 $_i\check{\mathbf{T}}_{i-1}$; 构件 $i-1$ 到构件 i 的空间变换矩阵

  $\check{\mathbf{v}}_i = {_i\check{\mathbf{T}}_{i-1}} \check{\mathbf{v}}_{i-1} + \check{s}_i \dot{q}_i$; 构件 i 的空间速度

  计算构件 i 的空间孤立零加速度力 $\check{\mathbf{z}}_i$;

  计算构件的空间科里奥利加速度 $\check{\mathbf{c}}_i$;

 end

end

图 12.1　从内向外计算构件空间速度、空间孤立零加速度力等的循环

如前文所述，我们在这一次循环中确定各构件的速度与角速度，进而得到其空间速度。除空间速度外，我们还要计算各构件的空间孤立零加速度力及空间科里奥利加速度，因它们仅取决于作用在各构件上的力、力矩，以及构件的已知属性。这些已知属性包括惯性张量 I_i、质量 m_i、关节参数变化率 $\dot{q}_i$、空间关节轴 $\check{s}_i$、外部的空间力 $\check{\mathbf{f}}_i^E$。

12.7 计算空间铰接量

各构件的空间加速度为 $\breve{\mathbf{a}}_i$，构件内侧、外侧关节施加的空间力分别为

$$\breve{\mathbf{f}}_i^I = \begin{bmatrix} \mathbf{f}_i^I \\ \boldsymbol{\tau}_i^I \end{bmatrix}, \breve{\mathbf{f}}_i^O = \begin{bmatrix} \mathbf{f}_i^O \\ \boldsymbol{\tau}_i^O \end{bmatrix}$$

上述各力、力矩在构件自身的坐标系（模型空间）中表示，力矩的支点是坐标系的原点。根据 12.5 节的讨论可知

$$\breve{\mathbf{f}}_i^I + \breve{\mathbf{f}}_i^O = \breve{\mathbf{I}}_i \breve{\mathbf{a}}_i + \breve{\mathbf{z}}_i$$

其中各个构件的空间孤立零加速度力 $\breve{\mathbf{z}}_i$ 已经在上一节讲的第一次循环中计算得出。

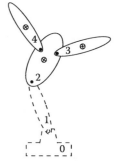

Mirtich 将原本的串联式连杆机构的铰接体定义为构件及其所有外侧子构件组成的子链，就好像与所有内侧构件断开了一样。如果子链从构件 i 开始，那么构件 i 称为铰接体的手柄。如右图所示，铰接体包括构件 2、构件 3 和构件 4，其手柄为构件 2。若单独看构件 3 和构件 4，则其构成无外侧构件的简单铰接体。当然本节我们还是只考虑各构件最多和一个外侧构件连接的链。

类比单个构件的空间孤立惯性和空间孤立零加速度力，我们引入以构件 i 为手柄的铰接体的空间铰接惯性 $\breve{\mathbf{I}}_i^A$ 以及空间铰接零加速度力 $\breve{\mathbf{z}}_i^A$。我们希望引入空间铰接量后，对每个构件 i 都有：

$$\breve{\mathbf{f}}_i^I = \breve{\mathbf{I}}_i^A \breve{\mathbf{a}}_i + \breve{\mathbf{z}}_i^A \tag{12.9}$$

下面我们会以这个方程为目标，推导计算出以各个构件为手柄的铰接体的空间铰接量。

以构件 i 为手柄的铰接体的空间铰接量说明了这样的事实：关节的运动受到所有外侧构件的质量和惯性张量，以及作用在所有外侧构件上的力和力矩的影响。

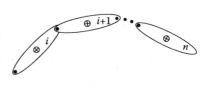

构件 n 位于链条最末端，没有外侧构件，所以

$$\breve{\mathbf{f}}_n^O = \mathbf{0}$$

根据前面的公式有：

$$\check{\mathbf{f}}_n^I = \check{\mathbf{I}}_n \check{\mathbf{a}}_n + \check{\mathbf{z}}_n$$

要使得对构件 n 成立，

$$\check{\mathbf{f}}_n^I = \check{\mathbf{I}}_n^A \check{\mathbf{a}}_n + \check{\mathbf{z}}_n^A$$

对比可知，只有以构件 n 为手柄的铰接体的空间铰接量等于构件 n 的空间孤立量：

$$\check{\mathbf{I}}_n^A = \check{\mathbf{I}}_n$$

和

$$\check{\mathbf{z}}_n^A = \check{\mathbf{z}}_n$$

下面我们由外向内递推计算以各个构件为手柄的铰接体的空间铰接惯性 $\check{\mathbf{I}}_i^A$ 以及空间铰接零加速度力 $\check{\mathbf{z}}_i^A$。假设我们已经得到了：

$$\check{\mathbf{f}}_{i+1}^I = \check{\mathbf{I}}_{i+1}^A \check{\mathbf{a}}_{i+1} + \check{\mathbf{z}}_{i+1}^A$$

代入空间加速度 $\check{\mathbf{a}}_{i+1}$ 的迭代公式 (12.8)，得到：

$$\check{\mathbf{f}}_{i+1}^I = \check{\mathbf{I}}_{i+1}^A({}_{i+1}\check{\mathbf{T}}_i \check{\mathbf{a}}_i + \check{\mathbf{s}}_{i+1} \ddot{q}_{i+1} + \check{\mathbf{c}}_{i+1}) + \check{\mathbf{z}}_{i+1}^A$$

对构件 i 有

$$\check{\mathbf{f}}_i^I = \check{\mathbf{I}}_i \check{\mathbf{a}}_i + \check{\mathbf{z}}_i - \check{\mathbf{f}}_i^O$$

根据 12.3.3 节的内容，有

$$\check{\mathbf{f}}_i^O = -{}_i\check{\mathbf{T}}_{i+1} \check{\mathbf{f}}_{i+1}^I$$

因此：

$$\begin{aligned}
\check{\mathbf{f}}_i^I &= \check{\mathbf{I}}_i \check{\mathbf{a}}_i + \check{\mathbf{z}}_i + {}_i\check{\mathbf{T}}_{i+1} \check{\mathbf{f}}_{i+1}^I \\
&= \check{\mathbf{I}}_i \check{\mathbf{a}}_i + \check{\mathbf{z}}_i + {}_i\check{\mathbf{T}}_{i+1}[\check{\mathbf{I}}_{i+1}^A({}_{i+1}\check{\mathbf{T}}_i \check{\mathbf{a}}_i + \check{\mathbf{s}}_{i+1} \ddot{q}_{i+1} + \check{\mathbf{c}}_{i+1}) + \check{\mathbf{z}}_{i+1}^A]
\end{aligned}$$

整理后得[1]：

$$\check{\mathbf{f}}_i^I = [\check{\mathbf{I}}_i + {}_i\check{\mathbf{T}}_{i+1}\check{\mathbf{I}}_{i+1}^A{}_{i+1}\check{\mathbf{T}}_i]\check{\mathbf{a}}_i + \check{\mathbf{z}}_i + {}_i\check{\mathbf{T}}_{i+1}[\check{\mathbf{I}}_{i+1}^A(\check{\mathbf{s}}_{i+1}\ddot{q}_{i+1} + \check{\mathbf{c}}_{i+1}) + \check{\mathbf{z}}_{i+1}^A] \quad (12.10)$$

1　译注：原书此公式有误，译者已更正。

引入下面的表达式来计算 $\ddot{q}_{i+1}$：

$$Q_i = \check{s}_i^T \check{f}_i^I \tag{12.11}$$

注意，这是空间关节轴与空间力的点积，其给出了空间力在空间关节轴方向上的分量。那么有：

$$Q_{i+1} = \check{s}_{i+1}^T \check{f}_{i+1}^I = \check{s}_{i+1}^T \check{I}_{i+1}^A({}_{i+1}\check{T}_i\check{a}_i + \check{s}_{i+1}\ddot{q}_{i+1} + \check{c}_{i+1}) + \check{s}_{i+1}^T \check{z}_{i+1}^A$$

解出 $\ddot{q}_{i+1}$：

$$\ddot{q}_{i+1} = \frac{Q_{i+1} - \check{s}_{i+1}^T \check{I}_{i+1}^A {}_{i+1}\check{T}_i\check{a}_i - \check{s}_{i+1}^T(\check{z}_{i+1}^A + \check{I}_{i+1}^A\check{c}_{i+1})}{\check{s}_{i+1}^T \check{I}_{i+1}^A \check{s}_{i+1}} \tag{12.12}$$

整理为：

$$\ddot{q}_{i+1} = -\frac{\check{s}_{i+1}^T \check{I}_{i+1}^A {}_{i+1}\check{T}_i}{\check{s}_{i+1}^T \check{I}_{i+1}^A \check{s}_{i+1}}\check{a}_i + \frac{Q_{i+1} - \check{s}_{i+1}^T(\check{z}_{i+1}^A + \check{I}_{i+1}^A\check{c}_{i+1})}{\check{s}_{i+1}^T \check{I}_{i+1}^A \check{s}_{i+1}}$$

代入方程 (12.10)，整理后可得：

$$\check{f}_i^I = \left[\check{I}_i + {}_i\check{T}_{i+1}\left(\check{I}_{i+1}^A - \frac{\check{I}_{i+1}^A\check{s}_{i+1}\check{s}_{i+1}^T\check{I}_{i+1}^A}{\check{s}_{i+1}^T\check{I}_{i+1}^A\check{s}_{i+1}}\right){}_{i+1}\check{T}_i\right]\check{a}_i$$

$$+ \check{z}_i + {}_i\check{T}_{i+1}\left[\check{z}_{i+1}^A + \check{I}_{i+1}^A\check{c}_{i+1} + \frac{\check{I}_{i+1}^A\check{s}_{i+1}\left[Q_{i+1} - \check{s}_{i+1}^T(\check{z}_{i+1}^A + \check{I}_{i+1}^A\check{c}_{i+1})\right]}{\check{s}_{i+1}^T\check{I}_{i+1}^A\check{s}_{i+1}}\right]$$

将上述方程与方程 (12.9) 对比，我们得出了以构件 i 为手柄的铰接体的空间铰接惯性：

$$\check{I}_i^A = \check{I}_i + {}_i\check{T}_{i+1}\left(\check{I}_{i+1}^A - \frac{\check{I}_{i+1}^A\check{s}_{i+1}\check{s}_{i+1}^T\check{I}_{i+1}^A}{\check{s}_{i+1}^T\check{I}_{i+1}^A\check{s}_{i+1}}\right){}_{i+1}\check{T}_i \tag{12.13}$$

空间铰接零加速度力：

$$\check{z}_i^A = \check{z}_i + {}_i\check{T}_{i+1}\left[\check{z}_{i+1}^A + \check{I}_{i+1}^A\check{c}_{i+1} + \frac{\check{I}_{i+1}^A\check{s}_{i+1}\left[Q_{i+1} - \check{s}_{i+1}^T(\check{z}_{i+1}^A + \check{I}_{i+1}^A\check{c}_{i+1})\right]}{\check{s}_{i+1}^T\check{I}_{i+1}^A\check{s}_{i+1}}\right] \tag{12.14}$$

基于上述分析，我们能给出从最外侧构件向根构件遍历的、计算空间铰接量的循环。描述这一循环的算法见图 12.2。

ComputeArticulatedInertia(Link **L**[ ], int n)

L 是 n 个构件的数组。每个构件包含 q、$\dot{q}$、**x**、**d**、**r**、$\hat{\mathbf{u}}$、$\check{\mathbf{I}}$、$\check{\mathbf{s}}$、$\check{\mathbf{v}}$。第一个循环已经计算出 $_{i+1}\check{\mathbf{T}}_i$、$\check{\mathbf{v}}_{i+1}$、$\check{\mathbf{z}}_{i+1}$、$\check{\mathbf{c}}_{i+1}$。为了简化表示法，用 $\mathbf{x}_i$ 替代 **L**[i].**x**。

begin

　　$\check{\mathbf{I}}_n^A = \check{\mathbf{I}}_n$;

　　$\check{\mathbf{z}}_n^A = \check{\mathbf{z}}_n$;

　　for $i = n-1$ 到 1 **do**

　　　　确定 $_i\check{\mathbf{T}}_{i+1}$; 构件 $i+1$ 到构件 i 的空间变换矩阵

　　　　根据方程 (12.13) 计算空间铰接惯性 $\check{\mathbf{I}}_i^A$;

　　　　$Q_i = (L[i].\check{\mathbf{s}})^T \check{\mathbf{f}}_i^I$;

　　　　根据方程 (12.14) 计算空间铰接零加速度力 $\check{\mathbf{z}}_i^A$;

　　end

end

图 12.2　从外向内计算空间铰接量的循环

12.8　计算构件加速度

计算空间铰接量后，再次从内向外循环计算各个构件的加速度。描述这一循环的算法见图 12.3。

ComputeLinkAccelerations(Link **L**[ ], int n)

L 是一个有 n 个链接的数组。每个链接包含 $q, \dot{q}$, **x**, **d**, **r**, $\hat{\mathbf{u}}$, $\check{\mathbf{I}}$, $\check{\mathbf{s}}$, 和 $\check{\mathbf{v}}$

$_{i+1}\check{\mathbf{T}}_i$, $\check{\mathbf{v}}_{i+1}$, $\check{\mathbf{z}}_{i+1}$, 和 $\check{\mathbf{c}}_{i+1}$ 已在第一个外层循环中预先计算。

$_i\check{\mathbf{T}}_{i+1}$, Q_i, $\check{\mathbf{I}}_{i+1}^A$, $\check{\mathbf{z}}_{i+1}^A$ 已经在内层循环中预先计算。

为了简化表示法，用 x_i 替代 **L**[i].x

begin

　　$\ddot{q}_0 = 0$;

　　$\check{\mathbf{a}}_0 = \check{\mathbf{0}}$;

　　for $i = 1$ 到 n **do**

　　　　$\ddot{q}_i = $ 式 (12.12) 中联合参数加速度;

　　　　$\check{\mathbf{a}}_i = $ 式 (12.8) 链接空间加速度;

　　end

end

图 12.3　从内向外计算构件加速度的循环

12.9 推广到树状铰接体

我们可以把这一算法推广至各构件只有一个内侧关节但可能有多个外侧关节的树状结构。我们使用深度优先遍历算法对这个树的所有节点进行编号，保证每个节点的编号都大于其父节点的编号。原书使用了数组存储这个树形结构，当然使用数组存储树并没有问题，但是原书混淆了数组下标和深度优先遍历的编号。译者参考 Mitrich 的论文 Impulse-based Dynamic Simulation of Rigid Body Systems 中的 Definition 14 进行了修改，算法见图 12.4。

```
int NumberLinks( Link root, int CurrentIndex)
```
root 是当前子树的根节点。CurrentIndex 是当前可使用的编号。
begin
    root.Index = CurrentIndex;
    CurrentIndex = CurrentIndex + 1;
    foreach root 的子节点 child **do**
        CurrentIndex = NumberLinks(child, CurrentIndex);
    end
    return CurrentIndex
end

图 12.4　递归给构件编号

第一次循环、第三次循环都是从内向外，计算过程和之前基本相同，不过不再是根据构件 i 的量递推构件 $i+1$，而是根据构件 i 的量递推它的所有子构件。第二次循环从外向内，在计算空间铰接量的过程之前有比较大的区别：必须把每个子构件对父构件的影响叠加起来。有兴趣的读者可以阅读 Mitrich 的论文 Impulse-based Dynamic Simulation of Rigid Body Systems 中的 4.5 节。

12.10　总结

以下是本章的一些要点：

- 铰接体是刚性构件通过转动或移动关节连接而成的树状结构。
- 转动关节有一个围绕某个轴转动的自由度。
- 移动关节有一个沿着某个方向移动的自由度。
- 可以将多自由度关节视为多个单一自由度的关节重合在一起。
- 铰接体的状态由一组关节的标量参数描述，这组标量能给出转动关节的角度与角速度，或移动关节的平移及平移速度。

- 计算铰接体的运动有三个步骤：第一步计算构件速度；第二步计算空间铰接惯性及空间铰接零加速度力；第三步计算构件加速度。

- 空间代数以紧凑、统一的格式描述转动及平移运动，为算法表达提供了数学框架。

第 4 部分

流体动力学

第 13 章　流体动力学基础

在讨论流体模拟之前我们需要建立起这样的概念：所说的流体不一定是一种液体，其包括了所有的液态、气态物质。在多数动画场景中，我们考虑的流体既可以是空气也可以是水。在处理流体时，关键的一点是我们处理的不再是离散的粒子而是连续介质。

到目前为止，我们试图用动画模拟的物体包括粒子、粒子系统或刚体。在这些情况中，我们处理的都是轨迹随时间变化且可以追踪的单个元素。流体的动画模拟是一个完全不同的问题。考虑图 13.1 所示的烟模拟。在左图中，烟正在下降并且和一组阶梯相互作用。在右图中，烟在湍流空气中上升，并且因球体发生偏转。我们打交道的不是单个元素，而是没有明显的分块的可连续形变材料。模拟连续介质我们需要开发一套新的数学工具，特别是场的概念和作用在场上的算符，而且这意味着我们要更深层次地研究模拟的计算策略。

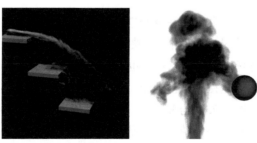

图 13.1　烟和固体障碍物的相互作用模拟（由 Ruoguan Huang 提供）

在本章中，我们试图为流体模拟的研究打下基础。想深入了解这个主题的读者可参考 Bridson [2008] 的著作：*Fluid Simulation for Computer Graphics*。

13.1　拉格朗日模拟与欧拉模拟

有两种基本的模拟方法，分别是拉格朗日法和欧拉法。拉格朗日法将材料分割为离散的元素，然后分别追踪其中每个元素。因此，每个离散的元素在空间中有一个位置，并且带有动量。本书之前的章节，从粒子系统到刚体的模拟，都是为拉格朗日法打基础。欧拉法则使用了完全不同的处理方式。不再把材料分割为离散的元素，而是把空间分割成离散的元胞，然后追踪流过元胞的被模拟材料。例如，在流体模拟中，空间被分割成固定的网格，每个网格记录通过它的流体的速度等其他属性。

从表面上看，任何处理离散元素的模拟自然应该用拉格朗日法，而处理时变的连续介质的模拟都应该使用欧拉法。这个说法在大部分情况下都是对的，但是我们遇到了这些方法的本质问题。既然欧拉法是把空间离散化，就很难较好地表达模拟细节——比如说很难捕获流体模拟中飞溅的复杂细节。因为拉格朗日法把被模拟材料分割成离散的元素，这是体积性质，所以很难保持——比如说在流体模拟中很难保持一个恒定的体积或密度。

本章，我们首先准备好处理连续场需要的数学基础，了解描述流体动量变化的纳维-斯托克斯方程，然后学习在计算机动画中模拟流体最常用的拉格朗日法和欧拉法。

13.2 流体模拟的数学背景知识

13.2.1 标量场和矢量场

数学中场的概念是一个定义在空间中的其每一点的取值由空间决定的量。因此，可以将场看成一个从空间坐标 $\mathbf{x}$ 映射到某个唯一的量的函数。场可以是不变的（有时称为稳态场），记为 $f(\mathbf{x})$，也可以是时变的 $f(\mathbf{x}, t)$。理论上，场可以返回任何类型的量，但是在物理模拟中，我们关心的主要是函数返回值是标量的标量场，和返回值类型是矢量的矢量场。关于标量场一个我们熟悉的例子就是液体中的压强。如果空间是一个游泳池，那么在池中的每一点都有一个随深度增加的压强。当你在池中下潜的时候你的耳朵会告诉你这一点。关于矢量场一个我们熟悉的例子是液体速度。如果你的空间是河的表面，那么当你在河中顺着或逆着水流划皮艇的时候会感受到水流速度的大小和方向。很明显，河的水面上每一点都有一个速度。这些量和一个粒子的量完全不同，比如说一个粒子有质量、有速度，但是池水和河水是连续介质，所以不可以说这些介质中某个"粒子"有压强或速度。这些介质作为一个整体，其内部任意一点有一个可以被测量的压强或速度，但是不能把这个压强或速度分配给介质中某个特定的单元。

13.2.2 梯度

给定一个标量场 $\phi(\mathbf{x})$，我们总可以用它得到一个矢量场 $\nabla\phi(\mathbf{x})$，这个场在函数定义的每个点都给出一个矢量。算符 ∇ 称为梯度算符，在三维直角坐标系下定义为

$$\nabla = \begin{bmatrix} \frac{\partial}{\partial x} \\ \frac{\partial}{\partial y} \\ \frac{\partial}{\partial z} \end{bmatrix}$$

从这个定义可以看出，当梯度算符作用在一个标量场的时候，x、y 和 z 方向空间坐标的偏导数构成了一个三维矢量。例如，标量场 ϕ 的梯度是

$$\nabla\phi = \begin{bmatrix} \frac{\partial\phi}{\partial x} \\ \frac{\partial\phi}{\partial y} \\ \frac{\partial\phi}{\partial z} \end{bmatrix}$$

由于 $\frac{\partial\phi}{\partial x}$、$\frac{\partial\phi}{\partial y}$ 和 $\frac{\partial\phi}{\partial z}$ 代表了沿 x、y 和 z 方向移动时标量的局部变化率，所以空间某一点的梯度代表了标量场在空间是如何变化的。

一种理解梯度的方法是把标量场想象成距离一个表面的高度。这样的话，那么某一点的梯度总是指向最陡的上升方向。相反，负梯度就指向最陡的下降方向。

另一种理解空间中某一点的梯度的方法，是将其想象成将一个无质量的粒子放在标量场中这一点时其开始移动的速度。一个简单的例子会说明这一点。假设标量场通过函数 $\phi(\mathbf{x}) = ax + by + cz$ 定义，那么梯度就是 $\mathbf{u}(\mathbf{x}) = \begin{bmatrix} a & b & c \end{bmatrix}^{\mathrm{T}}$。标量场随着空间中的坐标线性变化，所以梯度在各个地方都是常量。如果我们把梯度视为速度场，那么在梯度的方向速度为常量，放在标量场中任意位置的无质量粒子都会以速度 $\mathbf{u} = \begin{bmatrix} a & b & c \end{bmatrix}^{\mathrm{T}}$ 移动。

13.2.3 散度

给定一个矢量场 $\mathbf{u}(\mathbf{x})$，我们得到一个标量场 $\nabla \cdot \mathbf{u}$，这样在函数定义的每个点都可以得到一个标量值。算符 $\nabla\cdot$ 称为散度算符。在三维直角坐标系下，散度算符作用在矢量场 $\mathbf{u} = \begin{bmatrix} u_x & u_y & u_z \end{bmatrix}^{\mathrm{T}}$，得到

$$\nabla \cdot \mathbf{u} = \begin{bmatrix} \frac{\partial}{\partial x} \\ \frac{\partial}{\partial y} \\ \frac{\partial}{\partial z} \end{bmatrix} \cdot \begin{bmatrix} u_x \\ u_y \\ u_z \end{bmatrix} = \frac{\partial u_x}{\partial x} + \frac{\partial u_y}{\partial y} + \frac{\partial u_z}{\partial z}$$

因此散度算符可以类比为点积，逐项的空间偏微分取代了相乘。如果我们考虑坐标点 **x** 附近的无限小体积元，那么这一点的散度就度量了矢量场 **u** 在这个局部是如何扩散的。

为了做一个物理的类比，右图中绘制了一个尺寸为 Δx、Δy 和 Δz 的立方体。假设这个立方体所处的矢量场 $\mathbf{u} = \begin{bmatrix} u_x & u_y & u_z \end{bmatrix}^T$ 是一个流体速度场，那么，$u_x \Delta y \Delta z$ 表示从左侧流入元胞的流速，$u_y \Delta x \Delta z$ 和 $u_z \Delta x \Delta y$ 是从下面和后面流入的流速。x 方向流速的瞬时变化率是 $\frac{\partial u_x}{\partial x}$。我们假设这个值在元胞内保持不变，当 Δx 趋于无限小时，这个近

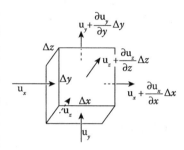

似就越来越精确。从元胞右侧流出的流速为 $\left(u_x + \frac{\partial u_x}{\partial x} \Delta x \right) \Delta y \Delta z$，从顶面和前面流出元胞的流速有类似的形式。为得到这个元胞的净流出，我们从流出中减去流入得到

$$\left(\frac{\partial u_x}{\partial x} + \frac{\partial u_y}{\partial y} + \frac{\partial u_z}{\partial z} \right) \Delta x \Delta y \Delta z$$

于是单位体积 $V = \Delta x \Delta y \Delta z$ 的流出量就是散度。因此，散度给出了在整个元胞的表面，相比于流入的净流出速率。如果散度为正，那么流出的流体多于流入的流体；如果散度为负，那么流入多于流出。只有当流入、流出相等的时候，散度为 0。

当且仅当在场内的每一点都有 $\nabla \cdot \mathbf{u} = 0$ 时，称该场为无散的。在流体流场中，如果流体是不可压缩的，那么速度场必然是无散场。如果某处散度不为零，那么流体将收缩或者扩散，因而在那一点流入速率不等于流出速率。

13.2.4　旋度

旋度算符 $\nabla \times$ 作用在矢量场上的运算规则同叉积一样。因此旋度算符作用在矢量场 $\mathbf{u} = \begin{bmatrix} u_x & u_y & u_z \end{bmatrix}^T$，运算结果为

$$\nabla \times \mathbf{u} = \begin{bmatrix} \frac{\partial}{\partial x} \\ \frac{\partial}{\partial y} \\ \frac{\partial}{\partial z} \end{bmatrix} \times \begin{bmatrix} u_x \\ u_y \\ u_z \end{bmatrix} = \begin{bmatrix} \frac{\partial u_z}{\partial y} - \frac{\partial u_y}{\partial z} \\ \frac{\partial u_x}{\partial z} - \frac{\partial u_z}{\partial x} \\ \frac{\partial u_y}{\partial x} - \frac{\partial u_x}{\partial y} \end{bmatrix}$$

注意，在一些领域，旋度运算习惯写成 $rot\,\mathbf{u}$，不过我们使用叉积记号。

某一点的旋度代表了矢量场在这一点附近的旋转程度。一个可以帮助你理解旋度的物理类比是把矢量场想象成流体的速度场。某一点的旋度，就是把一个很

轻的球放在这一点，然后小球在液体带动下旋转的程度。旋转轴方向就是旋度的方向，并且成右手螺旋法则关系，而且角速度的大小正比于旋度的大小，比例系数是 $1/2$。

一个更正式的旋度解释是，它作为路径积分的极限。记三维空间中一个平面的法线矢量为 $\hat{\mathbf{n}}$，C 是这个平面上环绕着点 $\mathbf{x}$ 的闭合路径，A 是 C 环绕的区域的面积。那么

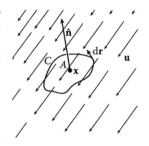

$$[\nabla \times \mathbf{u}(\mathbf{x})] \cdot \hat{\mathbf{n}} = \lim_{A \to \infty} \left(\frac{1}{A} \oint_C \mathbf{u} \cdot d\mathbf{r} \right)$$

其中每一点上 $d\mathbf{r}$ 都沿着 C 的切向。

关于这个积分，你可以把 $\mathbf{u}$ 想象成河中的水流，$\mathbf{n}$ 垂直于河面，方向向上，而 C 是皮艇绕着固定点 $\mathbf{x}$ 划行的闭合路径。皮艇加速或者减速取决于它的方向和水流方向相同或相反。那么这个积分就是环绕一周速率的变化总量。如果积分为零，就意味着皮艇环绕一周增加的速率和减慢的速率相同。如果积分不为零，那么皮艇环绕 $\mathbf{x}$ 点的路径上有流速差，造成了净加速或者净减速。将积分结果除以封闭区域的面积 A，使结果按照路径尺度归一化。取路径长度和区域面积趋于零的极限，就给出了 $\mathbf{x}$ 点的旋度。

当且仅当在场内的每一点都有 $\nabla \times \mathbf{u} = \mathbf{0}$ 时，称该场为无旋的。速度场为无旋场的流体，也是无旋的[1]。一个重要的定理是，当且仅当一个场可以表示为一个标量场的梯度时，该矢量场是无旋的：

$$\nabla \times \mathbf{u} = \mathbf{0}\text{在每一点成立} \Longleftrightarrow \mathbf{u} = \nabla\phi$$

其中，ϕ 是某个标量场。换句话说，如果你有一个无旋的矢量场，那么一定存在某个标量场，它的梯度正好是这个矢量场。反过来，如果矢量场是某个标量场的梯度，那么它一定是无旋的。

13.2.5　拉普拉斯算符

拉普拉斯算符 $\nabla^2 = \nabla \cdot \nabla$ 既可以作用在标量场上也可以作用在矢量场上，运算结果是一个相同类型的场。我们可以把这个算符写为：

1　译注：矢量场是无旋的对应的英文是 **curl free**，流体是无旋的对应的英文是 **irrotational**。

$$\nabla^2 = \nabla \cdot \nabla = \begin{bmatrix} \frac{\partial}{\partial x} \\ \frac{\partial}{\partial y} \\ \frac{\partial}{\partial z} \end{bmatrix} \cdot \begin{bmatrix} \frac{\partial}{\partial x} \\ \frac{\partial}{\partial y} \\ \frac{\partial}{\partial z} \end{bmatrix} = \frac{\partial^2}{\partial x^2} + \frac{\partial^2}{\partial y^2} + \frac{\partial^2}{\partial z^2}$$

注意，在某些领域，拉普拉斯算符记为 Δ，但是我们使用点积记号，因为可以视其为场的梯度的散度。拉普拉斯算符作用在标量场 ϕ 上的运算结果为

$$\nabla^2 \phi = \nabla \cdot \nabla \phi = \left(\frac{\partial^2}{\partial x^2} + \frac{\partial^2}{\partial y^2} + \frac{\partial^2}{\partial z^2} \right) \phi = \frac{\partial^2 \phi}{\partial x^2} + \frac{\partial^2 \phi}{\partial y^2} + \frac{\partial^2 \phi}{\partial z^2}$$

如果标量场是非静态的，而且随时间的变化率正比于拉普拉斯算符作用下的结果，比例系数为 α，则我们有

$$\frac{\partial \phi}{\partial t} = \alpha \nabla^2 \phi$$

这就是著名的热传导方程，其描述了场的扩散[1]。扩散本质上是一个光滑化操作，这导致了在微分层面场的每一点的值都是周边点上值的平均值[2]。用热现象类比，就是热气和冷气在场中扩散混合，导致温度趋于均匀分布。常数 α 控制了传导的速率[3]。

一个矢量场 $\mathbf{u}$ 可以被视为三个标量场 u_x、u_y 和 u_z。于是拉普拉斯算符作用在矢量场上的运算结果为

$$\nabla^2 \mathbf{u} = \nabla \cdot \nabla \mathbf{u} = \left(\frac{\partial^2}{\partial x^2} + \frac{\partial^2}{\partial y^2} + \frac{\partial^2}{\partial z^2} \right) \begin{bmatrix} u_x \\ u_y \\ u_z \end{bmatrix} = \begin{bmatrix} \frac{\partial^2 u_x}{\partial x^2} + \frac{\partial^2 u_x}{\partial y^2} + \frac{\partial^2 u_x}{\partial z^2} \\ \frac{\partial^2 u_y}{\partial x^2} + \frac{\partial^2 u_y}{\partial y^2} + \frac{\partial^2 u_y}{\partial z^2} \\ \frac{\partial^2 u_z}{\partial x^2} + \frac{\partial^2 u_z}{\partial y^2} + \frac{\partial^2 u_z}{\partial z^2} \end{bmatrix}$$

如果场 $\mathbf{u}$ 是速度场，而且变化率正比于拉普拉斯算符作用下的结果，那么结果就非常类似我们在 6.5 节研究群集模拟时看到的速度匹配。速度场会经历扩散趋于光滑，在微分层面，相邻的点速度会趋同。

---

1 译注：设 ϕ 是我们研究区域的温度场，即在某一点的取值代表了这一点的温度，那么 ϕ 满足的方程就是热传导方程。热传导方程不仅可以描述热扩散（热量从高温区域传导到低温区域），也可以描述粒子的扩散（粒子从高浓度区域扩散到低浓度区域）。

2 译注：在求解热传导方程的过程中，会得到拉普拉斯方程 $\nabla^2 \varphi = 0$，拉普拉斯方程的解称为调和函数，调和函数有一个重要的性质就是球心上的值为球面上值的平均值。

3 译注：傅立叶传热定律表明，某一点的热流正比于这一点温度的负梯度，热传导方程即根据傅立叶传热定律得到，实际上数学家傅立叶就是在研究热传导方程的时候发明了傅立叶级数。

13.3　纳维-斯托克斯方程

前面，我们都是使用牛顿第二定律 $\mathbf{f} = m\mathbf{a}$ 来进行物理模拟，即通过所有外力的叠加来求解加速度：

$$\mathbf{a} = \frac{1}{m} \sum_i \mathbf{f}_i$$

它的另一个表达方式就是写成动量的变化率：

$$\frac{\mathrm{d}(m\mathbf{v})}{\mathrm{d}t} = \sum_i \mathbf{f}_i$$

在流体模拟中，我们会使用一个相同形式的方程，当然我们求解的不再是离散元素的速度变化率，而是代表速度场的变化率的矢量场，即加速度场。我们研究的材料不再由不同质量的元素构成，它的质量像一个标量场一样分布。既然不再有带有质量的离散元素，我们用单位为每单位体积的质量的密度场来代替质量，用单位为每单位体积上的力的力密度场来代替力。最后，因为流体是连续介质，所以作用在介质中任何位置的力都会通过介质之间的挤压来传递。我们将这个传递的力用另一个叫作压强场的标量场表示，单位是单位面积上的力。

在计算机动画的流体模拟的每一个时步中，系统状态被密度场、速度场和压强场完全描述，其中密度场告诉我们流体材料是如何在空间分布的，速度场描述了流体流动的速度大小和方向，而压强场描述了流体中的力是如何传播的。如果我们假设流体是不可压缩的，那么密度场在每一点都是常数，这就对合理的速度场的求解增加了一个约束条件。我们可以根据这个状态计算流体的加速度场和作用在流体上的外力。

我们使用下述记号来表示流体模拟方程中随空间、时间变化的场。我们把速度场记为 $\mathbf{u}(\mathbf{x}, t)$，加速度场即 $\frac{\partial \mathbf{u}(\mathbf{x}, t)}{\partial t}$ 记为 $\dot{\mathbf{u}}(\mathbf{x}, t)$，密度场记为 $\rho(\mathbf{x}, t)$，压强场记为 $p(\mathbf{x}, t)$。我们用场 $\mathbf{g}(\mathbf{x}, t)$ 来记作用在流体上的外力造成的加速度，比如重力加速度。为方便起见，这些记号写作 $\mathbf{u}$、$\dot{\mathbf{u}}$、ρ、p 和 $\mathbf{g}$，但是需要注意的是，这些都是随空间、时间变化的场，而不是简单的标量或矢量值。

在动画的流体模拟中一个常用的假设是，流体是不可压缩的。从实用性来讲，这对水的模拟而言是一个极好的假设，对流速不超过 100 m/s（大概 200 英里每小时）的空气的模拟也是一个比较好的假设[1]。注意这个假设表明流速场是无散的。

1　译注：实际上不仅仅是空气，流体都是在流速较低时才可以近似为不可压缩的，只是对不同种类的流体这个假设成立的流速范围不同。

在给定了不可压缩假设和选择记号的前提下，描述流体的纳维-斯托克斯动量方程如下：

$$\rho \frac{\mathrm{d}\mathbf{u}}{\mathrm{d}t} = -\nabla p + \eta \nabla^2 \mathbf{u} + \rho \mathbf{g} \tag{13.1}$$

约束条件为

$$\nabla \cdot \mathbf{u} = 0 \tag{13.2}$$

注意，$\frac{\mathrm{d}\mathbf{u}}{\mathrm{d}t}$ 是对时间的全微分，不是对时间的偏微分 $\dot{\mathbf{u}}$。方程 13.1 将速度场的时间变化率和三种来源的加速度之和联系了起来，这些加速度既有内力造成的也有外力带来的。方程 13.2，通过设流体散度为零保证了流体的不可压缩性。

方程 13.1 中的项均使用 SI 单位制（国际单位制），即 N/m^3，总结如下：

$-\nabla p$： 这一项代表了局部的压强梯度带来的力。如果场中某一点的压强小于流体中临近位置处的压强，则流体会倾向于从压强大的区域流向压强小的区域，方向沿着压强的负梯度方向，使得压强得到平衡。压强 p 在 SI 单位制下单位为 N/m^2。

$\eta \nabla^2 \mathbf{u}$： 这一项被称作黏度或扩散项，代表了临近区域流体速度差带来的剪力[1]。常量 η 称为流体的动力黏度系数，可以理解为流体的"黏稠程度"，即试图阻碍流体流动的程度[2]。例如，在室温下[3]，水的动力黏度系数是 0.002，SAE 30 机油[4] 的动力黏度系数是 0.2，蜂蜜的是 2。这些量在国际单位制下单位均为 $N\text{-}s/m^2$ [数据来源：Research Equipment (London) Limited[5]，2015 年]。黏度项的效果是产生使得速度扩散的力，而且当有高速度梯度时产生湍流现象。

$\rho \mathbf{g}$： 这是外力项，直接表述为密度乘以加速度。在国际单位制下，加速度 $\mathbf{g}$ 的单位是 m/s^2，或者等效的 N/kg，密度 ρ 的单位是 kg/m^3。这一项用来描述彻体力的效果，比如重力或离心力这种作用于流体内部各处的外力[6]。局部作用在流体上的力，例如船桨施加的作用力，最好的处理方式是算作压强场和速度场的边界条件。

其实通常情况下，方程 (13.1) 并不会写成那个形式。常用的方式是两边同时除以密度 ρ，并且使用运动黏度 $\nu = \eta/\rho$，而不是动力黏度。水的密度是 1000 kg/m^3，

---

1 译注：剪力定义为受力面上沿着垂直于受力面法线方向的力，这个力的效果是，像剪刀一样把表面剪开，故得名。

2 译注：可以类比为固体之间的摩擦力。

3 译注：在说明黏度系数时，必须说明温度，很明显随着温度升高，流体会更容易流动。

4 译注：SAE 30 是一种机油型号。

5 译注：这是一家生产黏度计等仪表的公司。

6 译注：离心力是一种惯性力，牛顿第二定律通常只在惯性系中成立。惯性力是为了在非惯性系中使用牛顿第二定律而引入的假想力，非惯性系中的物体运动都会受到惯性力，因而惯性力都是彻体力。原文的均匀（uniformly）意指作用在流体各处，但是离心力是和坐标相关的，并不是均匀分布。

所以水的运动黏度值是动力黏度值的 1/1000。方程转换为如下形式：

$$\frac{d\mathbf{u}}{dt} = -\frac{1}{\rho}\nabla p + \nu\nabla^2\mathbf{u} + \mathbf{g} \tag{13.3}$$

因为方程的左边代表了一个随时间和空间变化的场对时间的全微分，因此展开可以得到

$$\frac{d\mathbf{u}}{dt} = \frac{\partial\mathbf{u}}{\partial t} + \frac{\partial\mathbf{u}}{\partial x}\frac{dx}{dt} + \frac{\partial\mathbf{u}}{\partial y}\frac{dy}{dt} + \frac{\partial\mathbf{u}}{\partial z}\frac{dz}{dt}$$

项 $\frac{\partial\mathbf{u}}{\partial t}$ 是流体加速度，即我们说的 $\dot{\mathbf{u}}$。而 $\frac{dx}{dt}$、$\frac{dy}{dt}$ 和 $\frac{dz}{dt}$ 即速度分量 u_x、u_y 和 u_z。所以速度对时间的全微分可以重写为：

$$\frac{d\mathbf{u}}{dt} = \dot{\mathbf{u}} + u_x\frac{\partial\mathbf{u}}{\partial x} + u_y\frac{\partial\mathbf{u}}{\partial y} + u_z\frac{\partial\mathbf{u}}{\partial z}$$

很容易验证，其等价于：

$$\frac{d\mathbf{u}}{dt} = \dot{\mathbf{u}} + (\mathbf{u} \cdot \nabla)\,\mathbf{u}$$

项 $(\mathbf{u} \cdot \nabla)\,\mathbf{u}$ 称为对流项，表示流体的材料是如何通过速度场传输的。由于流体材料是通过对流项传输的，故材料的所有属性都会随着对流项传输。举个例子，如果流体的一部分被染成了红色，那么流体的运动会带着染料一起运动。流体的对流属性的传输称为移流。这个传输适用于流体的任何量，包括流速本身。例如，河水中的漩涡会随着水流一起运动，而不是静止在一个固定的地点。因为对流和移流紧密相关，所以我们在学习流动时经常将它们弄混淆[1]。

将这个结果代入方程 13.3，得到了图形学文献中常见的不可压缩流体的纳维-斯托克斯方程的形式：

$$\dot{\mathbf{u}} = -(\mathbf{u} \cdot \nabla)\,\mathbf{u} - \frac{1}{\rho}\nabla p + \nu\nabla^2\mathbf{u} + \mathbf{g} \tag{13.4}$$

约束条件为：

$$\nabla \cdot \mathbf{u} = 0 \tag{13.5}$$

在计算机动画中用到的一些典型的液体和气体的密度 (ρ)、动力黏度 (η) 和运动黏度 (ν) 列在下面的表格中。所有液体的动力黏度和密度都来自 Mark 的著作 *Standard Handbook for Mechanical Engineers* [Avallone 和 Baumeister，1996]。这些数据均在 20℃ 下测量。气体密度来自网站 *Alicat Scientific* [Alicat Scientific，2015]。这些数据在 25℃、一个标准大气压（760 mm 汞柱，或 101.33 kN/m²，

1　译注：对流对应的英文是 **convection**，移流对应的英文是 **advection**，建议读者不要执着于这两者的区别。

或 14.7 psi[1]）下测量。在网站 *Viscopedia* [Anton Parr，2015] 上可以查到大量材料的密度和黏度信息。

	ρ (kg/m^3)	η (kg/m-s)	ν (m^2/s)
液体			
酒精	789	834	1.05
汽油	675	286	0.424
甘油	1 260	1 410 000	1 120
汞	13 500	1 550	0.115
重油	903	453	0.502
轻油	903	86.7	0.096 0
海水	1 020	1 080	1.06
水	998	1000	1.00
气体			
空气	1.18	18.7	15.8
二氧化碳	1.81	14.8	8.18
氦气	0.164	19.4	118
氢气	0.082 4	8.75	106
氮气	1.15	17.5	15.2
氧气	1.31	20.3	15.5

13.4 势流场

纳维-斯托克斯方程提供了计算机图形学用到的典型领域的流体的完全描述，但是方程的求解方法是丰富多样的[2]。在这一节，我们研究如何通过一组假设条件将纳维-斯托克斯方程简化到可以直接求解，不过仍然足以描述动画中复杂的风场。

在 5.1 节中，我们在讨论风作用在粒子上的效果时，假设风是恒定的，风速的大小和方向都不变化。在本节中，我们把这个概念扩展到风场，其中风速的大小和方向是空间中坐标的函数。这样的话，粒子的流动就可以通过风场来建模。本节介绍的方法最早是 Wejchert 和 Haumann [1991] 提出的。

势流是一种求解纳维-斯托克斯方程的数学抽象，做出了如下假设：

---

1 译注：psi 是英制单位，含义为磅每平方英寸。
2 译注：纳维-斯托克斯存在性与光滑性是千禧年大奖难题之一。

1. 流动是定常的（意味着速度场随空间变化但是不随时间变化）。

2. 流体是非黏性的（意味着忽略任何黏度带来的效果，即 $\mathbf{v} = 0$）。

3. 流体是不可压缩的。

4. 流体是无旋的。

由这些假设可产生如下推论：

1. 由于流动是定常的，因此速度场是一个不随时间变化的场 $\mathbf{u}(\mathbf{x})$。

2. 由于流体是非黏性的，因此就不会有湍流效应，可以用光滑函数建模。

3. 由于流体是不可压缩的，因此速度场的散度必须处处为零，即 $\nabla \cdot \mathbf{u} = 0$。

4. 由于流体是无旋的 $(\nabla \times \mathbf{u} = 0)$，因此速度场一定是某个标量场 ϕ 的梯度：$\mathbf{u} = \nabla\phi$。

将推论 3 和 4 结合起来我们得到：

$$\nabla \cdot \nabla\phi = 0 \qquad \text{或者}$$

$$\nabla^2\phi = 0$$

这就是拉普拉斯方程。任何满足给定边界条件的方程的解 ϕ 都可以用来描述势流。这些解已经被充分地研究和分类[1]。

拉普拉斯方程的三种著名的解正好适合定义相应的势流场，而且很容易被整合到三维建模和动画环境中。第一种是均匀流，定义为

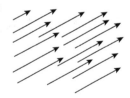

$$\phi = ax + by + cz$$

$$\mathbf{u} = \nabla\phi = \begin{bmatrix} a \\ b \\ c \end{bmatrix}$$

标量场随空间坐标线性变化，所以速度场是常量。在建模环境下，这可以作为全局的风速设置。拉普拉斯方程的第二种和第三种解直接引出了源（sources）、汇（sinks）和涡（vortices），可用它们给流增加局部细节。

源、汇和涡的解更容易在球坐标系 (r, θ, γ) 或柱坐标系 (r, θ, y) 而不是直角坐标系中定义。在球坐标系中，r 坐标是离原点的距离，并且总是非负的，即 $r \geqslant 0$。θ 坐标是围绕直角坐标系中的 y 轴旋转的角度，于是 $-\pi \leqslant \theta \leqslant \pi$，$\gamma$ 坐

1　译注：有兴趣的读者可以参考任何一本主讲偏微分方程或者数学物理方程的教材。

标是离 $z - x$ 平面的角度，于是 $-\pi/2 \leqslant \gamma \leqslant \pi/2$。球坐标到直角坐标的转换公式如下[1]：

$$x = r\cos\theta\cos\gamma$$
$$y = r\sin\gamma$$
$$z = -r\sin\theta\cos\gamma$$

柱坐标到直角坐标的转换公式如下：

$$x = r\cos\theta$$
$$y = y$$
$$z = -r\sin\theta$$

通过让 (x, y, z) 旋转可以让两种坐标系相对于直角坐标系成任意角度，可以通过平移让这两种坐标系相对直角坐标系成任意位置关系。梯度算符在柱坐标系和球坐标系下的定义有着不同的形式。梯度算符在球坐标系下形式为[2]：

$$\nabla\phi = \begin{bmatrix} \frac{\partial\phi}{\partial r} \\ \frac{1}{r}\frac{\partial\phi}{\partial\theta} \\ \frac{1}{r\sin\theta}\frac{\partial\phi}{\partial\gamma} \end{bmatrix}$$

梯度算符在柱坐标系下的定义为：

$$\nabla\phi = \begin{bmatrix} \frac{\partial\phi}{\partial r} \\ \frac{1}{r}\frac{\partial\phi}{\partial\theta} \\ \frac{\partial\phi}{\partial y} \end{bmatrix}$$

在球坐标系和柱坐标系下可以给出源和汇的具体形式。在柱坐标系下定义是：

$$\phi = \frac{a}{2\pi}\ln r$$
$$\mathbf{u} = \nabla\phi = \begin{bmatrix} \frac{a}{2\pi r} \\ 0 \\ 0 \end{bmatrix}$$

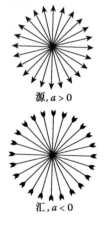

源，$a > 0$

汇，$a < 0$

其中，a 是一个强度参数，对源是正数，对汇是负数。由于只有 r 坐标非零，因

---

1   译注：在不同文献中对球坐标系、柱坐标系的约定不同，读者注意区分。
2   译注：直角坐标系、球坐标系、柱坐标系都属于正交坐标系，梯度、散度、旋度、拉普拉斯算符在正交坐标系下有一般形式，而这几种坐标系下的形式都属于一般形式的特例。

此在球坐标系中，流自原点流出或向原点流入，方向在空间均匀分布。在柱坐标系中，流会从 y 轴流出，或者向 y 轴流入。注意流速和 r 成反比，所以流中的源和汇对坐标系里的原点（或 y 轴）附近的区域影响最大。

在柱坐标系下，涡定义为

$$\phi = \frac{b}{2\pi}\theta$$

$$\mathbf{u} = \nabla\phi = \begin{bmatrix} 0 \\ \frac{b}{2\pi r} \\ 0 \end{bmatrix}$$

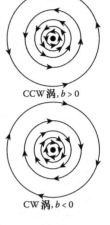

CCW 涡，$b > 0$

CW 涡，$b < 0$

其中，b 是一个强度参数，它的正负号决定了流的旋转方向：围绕着 y 轴逆时针或顺时针旋转。像源和汇一样，速度随着 r 反比递减，所以涡也是对坐标系里 y 轴附近的区域影响最大。

注意，源、汇和涡在原点处的速度都是无穷大。所以在势流的实际实现中，必须确保离原点的距离将流速限制到一个大的有限值。

由于拉普拉斯算符 ∇^2 是线性算符，因此如果我们有三个满足拉普拉斯方程的标量场 ϕ_1、ϕ_2 和 ϕ_3，那么这些场的加权和 $a\phi_1 + b\phi_2 + c\phi_3$ 也满足拉普拉斯方程，即 $\nabla^2(a\phi_1 + b\phi_2 + c\phi_3) = a\nabla^2\phi_1 + b\nabla^2\phi_2 + c\nabla^2\phi_3 = 0$。这意味着可以通过现有的拉普拉斯方程的解的叠加和放大构造更复杂的标量场，其梯度对应更复杂的势流场。因此，源、汇和涡可以作为几何建模系统中的基本流来构造有趣的势流场。

图 13.2 展示了这是如何操作的。该图展示的是二维场，但是原理同样适用于三维场。上面一行的矢量分布图依次展示了均匀、源和涡这三种基本流的流速方向和大小。下一行的矢量分布图依次展示了按照图下方的描述将基本流相继叠加到均匀流后的势流。左图展示了一个源和一个涡如何叠加到均匀流上。中间的图加上了汇，右图展示了将汇正好放置在涡的中心的情景；流不再是圆形的而是螺旋形的，效果如同水从浴缸的排水口中排出。如果我们在涡中心放置的是源而不是汇，那么效果就类似风车。所有这些都展现出靠近中心的流速高的区域，和鞍形流包围的流速趋近于 0 的驻点区域。

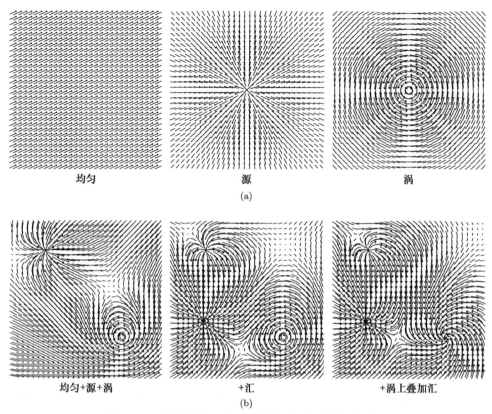

均匀 源 涡

(a)

均匀+源+涡 +汇 +涡上叠加汇

(b)

图 13.2 势流场的解。(a) 基础解 (b) 基础解的叠加

思考比较深入的读者可能会问这个问题:"源和汇怎么会是无散的,涡怎么会是无旋的呢?"答案是,它们在除了中心以外的点均满足这个条件[a]。梯度为零的点是场的奇点,而这些中心处正是奇点。从场中去除掉奇点,利用 $\mathbf{u} = \nabla\phi$,对源、汇或涡验算 $\nabla\cdot\mathbf{u}$ 和 $\nabla\times\mathbf{u}$ 的结果都是零。回想我们对无旋流的定义:沿场中闭合曲线一周,速度的净增量为 0,这里我们要求闭合曲线内部没有奇点。

一个直观上的理解办法是,源、汇和涡都是用点来代表场的边界条件的。源可能代表的是注入流体的软管,汇是流体流走的下水管道,而涡是一个让流体转起来的涡轮。源或者汇是让流体以确定的速度从软管流入或者从下水管道流出的边界条件。涡是让流体顺着涡轮的叶片以确定的角速度运动

a 在柱坐标系下拉普拉斯算符是:$\nabla^2\phi = \frac{1}{r}\frac{\partial}{\partial r}\left(r\frac{\partial\phi}{\partial r}\right) + \frac{1}{r^2}\frac{\partial^2\phi}{\partial\theta^2} + \frac{\partial^2\phi}{\partial y^2}$。读者可自行验证,这几种流在原点以外的区域满足拉普拉斯方程。

界条件。这样想的话，它们其实并不是场的一部分，而是会影响场的有限尺寸的现象。我们用点表示是一种数学抽象，在分析场本身时则不应该把这些点包含在内。

13.5   总结

本章主要介绍了如下几点内容：

- 流体包括气体和液体。

- 流体模拟方法分为两类：拉格朗日法和欧拉法。

- 拉格朗日法模拟把材料分割为小的质量单元，然后追踪它们随时间的运动。

- 欧拉法模拟把空间分割为元胞，然后追踪通过元胞的质量流。

- 流体模拟试图求解整个标量和矢量场，特别是压强和速度场。

- 在求解这些场的过程中用到的微分算符包括梯度、散度、旋度和拉普拉斯算符。

- 不可压缩流体的纳维-斯托克斯方程最常用于动画的流体动力学模拟。

- 其中一个方程描述改变流体动量的力，力通过压强，即单位面积上的力来表示，质量通过密度，即单位体积的质量来表示。

- 另一个方程是不可压缩流体的约束条件，即流速场的散度处处为 0。

- 定常的、非黏性的流体速度场可以通过求解拉普拉斯方程得到。拉普拉斯方程的解提供了如源、汇和涡这样的可以在模拟器中操作流体的基本流。

第 14 章　光滑粒子流体动力学

在本章中，我们考察模拟流体最成功的拉格朗日方法，称为光滑粒子流体动力学，或简称为 SPH。顾名思义，流体通过大量单独的流体粒子来表示。流体粒子之间的相互作用遵循流体动力学的定律——纳维-斯托克斯方程。图 14.1 展示了如果把水的粒子渲染为有颜色的小球，那么一个典型的 SPH 水模拟会是什么样子。注意，这个模拟方法特别擅长捕获流体运动中飞溅的细节。SPH 最初应用在天体物理学领域，它的数学和物理学基础在 Monaghan[1992] 的一篇论文中给出了。SPH 方法最早被 Stam 和 Fiume[1995] 引入图形学领域，用来模拟火焰，然后紧接着被 Desbrun 和 Gascuel[1996] 用来模拟高度可形变物体。将 SPH 方

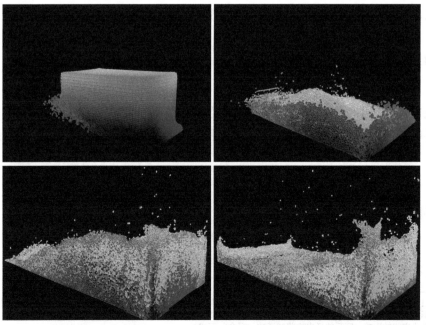

图 14.1　SPH 流体模拟中的若干帧，展示了一定体积的水落入盒子的过程（由 Zhizhong Pan 提供）

法确立为流体模拟方法的是 Muller er al. [2003] 中的标题为 *Particle-Based Fluid Simulation for Interactive Applications* 的论文。正如论文题名表示的，SPH 最初的目的是创建用于 VR 和电视游戏的相互作用类流体动画。

14.1 空间采样和重构

SPH 方法的基本思想是把流体的质量采样为大量的相互作用的粒子，每个粒子代表了一小 "块" 或者体积的流体。如果第 i 个粒子代表的体积是 V_i，中心坐标是 $\mathbf{x}_i$，那么它的质量是

$$m_i = \rho\left(\mathbf{x}_i\right) V_i$$

在标准的 SPH 方法中，一个粒子的质量在整个模拟过程中保持不变。粒子可以在空间中自由移动，所以并不会保持在初始位置。一个典型但非必需的假设是，初始时刻介质各处的流体密度相同，为每个粒子分配的体积和质量均相同。

为了计算特定粒子的加速度，需要考虑该粒子周边所有的粒子来估算所需的场的量，比如压强。因此整个方法取决于对流场的初始采样，然后生成一组具有位置和速度的粒子，而后在每一个时步重建计算加速度需要的所有场的量。

为了从一组粒子重建整个场，SPH 方法使用径向对称的核函数，有时称为基函数[1]，来传播一个粒子对周边空间的影响[2]。如果第 i 个粒子的坐标是 $\mathbf{x}_i$，那么 $\mathbf{r} = \mathbf{x} - \mathbf{x}_i$ 是从这个粒子的位置到空间中点 $\mathbf{x}$ 的矢量。和第 i 个粒子相关的核函数具有如下形式：

$$w_i\left(\mathbf{r}\right) = w\left(\|\mathbf{r}\|\right)$$

核函数仅随到中心点的距离 $r = \|\mathbf{r}\|$ 的变化而变化。为了让一个粒子对周边粒子的影响局部化，核函数通常选择有限支撑，即如果 $r_{\max}$ 是最大的支撑距离，那么

$$w\left(r\right) = 0, \quad r \geqslant r_{\max}$$

核函数是归一化的，即

$$\oint w\left(\mathbf{r}\right) \mathrm{d}\mathbf{r} = 1$$

积分在整个支撑集上进行。

---

1 译注：英文是 blending functions，字面意思是 "混合函数"，因为在插值运算中，基函数代表了插值点对周围的影响，要通过插值近似的函数表示为这些基函数的 "混合"。如下文所言，每一个基函数代表了某个粒子对周边空间的影响，实际的场由这些基函数 "混合" 而成。

2 译注：在描述波动时，一点的振动可以被看成从周边各个点源传播而来的波的叠加，从每个点源传播过来的波等于该点源的振动乘以从点源到该点的传播因子。在量子力学的路径积分描述中，核函数也称为传播子。

当创建完粒子的集合后，对于所有粒子的每个要追踪的属性都要赋值。通常，只包含粒子的速度，至于压强和密度在每个时步都会在线计算。但是也包括任何可以通过流体传输的量，例如流体的温度。

在下面的讨论中，不带下标的场 Φ 代表了连续的场，而 Φ_i 代表了在第 i 个粒子处采样的场的值。

如果必须要计算场 Φ 在位置 $\mathbf{x}$ 的量，那么就应该把 $\mathbf{x}$ 的支撑邻域 $N(\mathbf{x})$ 中的所有粒子的核函数权重效果累加起来。给出下面的重构估计：

$$\Phi(\mathbf{x}) = \sum_{j \in N(\mathbf{x})} m_j \frac{\Phi_j}{\rho_j} w(\mathbf{x} - \mathbf{x}_j) \tag{14.1}$$

注意，$m_j / \rho_j = V_j$，所以加权求和中的权重和核函数值与粒子的体积都有关系——如果粒子的体积不是均匀的，那么体积大的粒子会有更大的权重。

粒子的质量保持不变，但是密度不会，因为粒子可以自由地分散或者聚集。令方程 14.1 中的 $\Phi_j \equiv \rho_j$，即可以计算第 i 个粒子处的密度 ρ_i。这样空间中任何给定的点的密度是

$$\rho(\mathbf{x}) = \sum_j m_j w(\mathbf{x} - \mathbf{x}_j) \tag{14.2}$$

所以对粒子 i，

$$\rho_i = \sum_j m_j w(\mathbf{x}_i - \mathbf{x}_j) \tag{14.3}$$

14.2　粒子加速度计算

因为粒子有质量，它们的动量是时间而不是空间的函数，所以方程 13.3 形式的纳维-斯托克斯方程可以用来计算粒子的加速度，并且不需要计算方程 13.4 中的对流项。当把这个方程应用到每个粒子上时得到

$$\frac{\mathrm{d}\mathbf{u}_i}{\mathrm{d}t} = -\frac{1}{\rho_i} \nabla p_i + \nu \nabla^2 \mathbf{u}_i + \mathbf{g}_i \tag{14.4}$$

所以在每个时步，我们需要计算压强梯度、拉普拉斯算符作用在速度场上的结果和粒子位置处的外部加速度。

14.2.1 压强梯度

流体压强和密度的关系如下：

$$p = \frac{k\rho_0}{\gamma} \left[\left(\frac{\rho}{\rho_0} \right)^{\gamma} - 1 \right] \tag{14.5}$$

其中，ρ_0 是参考密度，k 是刚度参数[1]。例如当我们计算空气流的时候，我们会选取 ρ_0 为一个典型的气压。在多数 SPH 的执行过程中选取 γ 为 1，所以对每个粒子 i，计算出粒子的密度 ρ_i 后，压强为

$$p_i = k(\rho_i - \rho_0)$$

给定每个粒子的压强和密度后，压强密度比的梯度计算如下[2]：

$$\nabla \left(\frac{p}{\rho} \right) = \frac{\rho \nabla p - p \nabla \rho}{\rho^2} = \frac{\nabla p}{\rho} - \frac{p \nabla \rho}{\rho^2}$$

所以可以把方程 14.4 中的压强梯度项写为：

$$\frac{\nabla p}{\rho} = \nabla \left(\frac{p}{\rho} \right) + \frac{p \nabla \rho}{\rho^2}$$

我们使用方程 14.3，将右边的项写为对所有粒子求和的形式：

$$\nabla \rho_i = \nabla \left(\sum_j m_j w \left(\mathbf{x}_i - \mathbf{x}_j \right) \right) = \sum_j m_j \nabla w \left(\mathbf{x}_i - \mathbf{x}_j \right)$$

其中，m_j 是常量。类似地，从方程 14.1 可以得到

$$\nabla \left(\frac{p_i}{\rho_i} \right) = \sum_j m_j \frac{\frac{p_j}{\rho_j}}{\rho_j} \nabla w \left(\mathbf{x}_i - \mathbf{x}_j \right) = \sum_j m_j \frac{p_j}{\rho_j^2} \nabla w \left(\mathbf{x}_i - \mathbf{x}_j \right)$$

所以粒子 i 处的压强梯度项是：

---

1 译注：刚度参数是外力与形变量的比值，代表抵抗变形的能力。
2 译注：可以把求梯度看作求导，然后按照函数除法的求导来理解。

$$\begin{aligned}
\frac{\nabla p_i}{\rho_i} &= \nabla\left(\frac{p}{\rho}\right) + \frac{p\nabla\rho}{\rho^2} \\
&= \sum_j m_j \frac{p_j}{\rho_j^2}\nabla w\left(\mathbf{x}_i - \mathbf{x}_j\right) + \frac{p_i}{\rho_i^2}\sum_j m_j \nabla w\left(\mathbf{x}_i - \mathbf{x}_j\right) \\
&= \sum_j m_j \left(\frac{p_i}{\rho_i^2} + \frac{p_j}{\rho_j^2}\right)\nabla w\left(\mathbf{x}_i - \mathbf{x}_j\right)
\end{aligned} \tag{14.6}$$

在一些计算机图形学文献里，使用了另一种压强梯度公式，具体来说就是

$$\frac{\nabla p_i}{\rho_i} = \sum_j m_j \frac{p_j}{\rho_i\rho_j}\nabla w\left(\mathbf{x}_i - \mathbf{x}_j\right)$$

然而，在这个公式中假设密度是常数，但是这并不是一个好的假设，其产生了一个非对称的关系，导致违反了牛顿第三定律——粒子 i 和粒子 j 之间的作用力并不等大、反向[1]。为了改正这个问题，将 p_j 替换为 $\frac{p_i+p_j}{2}$：

$$\frac{\nabla p_i}{\rho_i} = \sum_j m_j \frac{p_i + p_j}{2\rho_i\rho_j}\nabla w\left(\mathbf{x}_i - \mathbf{x}_j\right)$$

这个关系就是对称的。然而我们还是更倾向于使用方程 14.6。它的推导过程更加直接而且总是对称的。

14.2.2　扩散

如果不考虑密度梯度，直接计算方程 14.4 中的扩散项的拉普拉斯算符，也会造成不对称的问题，从而违反牛顿第三定律。由于密度场会变化，所以更精确的方式是从动量 $\rho\left(\mathbf{x}\right)\mathbf{u}\left(\mathbf{x}\right)$ 的拉普拉斯项开始：

$$\nabla^2\left(\rho\mathbf{u}\right) = \rho\nabla^2\mathbf{u} + \mathbf{u}\nabla^2\rho$$

所以

$$\nabla^2\mathbf{u} = \frac{1}{\rho}\left(\nabla^2\left(\rho\mathbf{u}\right) - \mathbf{u}\nabla^2\rho\right)$$

1　译注：因为这个公式中第 j 个粒子的贡献为 $m_j\frac{p_j}{\rho_i\rho_j}\nabla w\left(\mathbf{x}_i - \mathbf{x}_j\right)$，交换字母 i 和 j，得到第 i 个粒子对第 j 个粒子处的贡献为 $m_i\frac{p_i}{\rho_j\rho_i}\nabla w\left(\mathbf{x}_j - \mathbf{x}_i\right)$。

注意，我们可以这样计算

$$\nabla^2 \rho_i = \nabla^2 \left(\sum_j m_j \frac{\rho_j}{\rho_j} w\left(\mathbf{x}_i - \mathbf{x}_j\right) \right) = \sum_j m_j \nabla^2 w\left(\mathbf{x}_i - \mathbf{x}_j\right)$$

类似地，有

$$\nabla^2\left(\rho_i \mathbf{u}_i\right) = \nabla^2 \left(\sum_j m_j \frac{\rho_j \mathbf{u}_j}{\rho_j} w\left(\mathbf{x}_i - \mathbf{x}_j\right) \right) = \sum_j m_j \mathbf{u}_j \nabla^2 w\left(\mathbf{x}_i - \mathbf{x}_j\right)$$

使用上述结果，我们可以计算得到粒子 i 位置的速度场的拉普拉斯算符的结果：

$$
\begin{aligned}
\nabla^2 \mathbf{u}_i &= \frac{1}{\rho_i}\left(\nabla^2\left(\rho_i \mathbf{u}_i\right) - \mathbf{u}_i \nabla^2 \rho_i\right) \\
&= \frac{1}{\rho_i}\left(\sum_j m_j \mathbf{u}_j \nabla^2 w\left(\mathbf{x}_i - \mathbf{x}_j\right) - \mathbf{u}_i \sum_j m_j \nabla^2 w\left(\mathbf{x}_i - \mathbf{x}_j\right)\right) \\
&= \sum_j m_j \frac{\mathbf{u}_j - \mathbf{u}_i}{\rho_i} \nabla^2 w\left(\mathbf{x}_i - \mathbf{x}_j\right)
\end{aligned}
\tag{14.7}
$$

14.2.3 外部加速度和碰撞

方程 14.4 中的外部加速度项 $\mathbf{g}_i$ 通常代表重力，所以对于所有粒子都是常量。但是在 SPH 模拟中，可以通过给特定的区域或特定的粒子应用加速度以产生特殊的效果。所以这一项代表了施加在某个粒子上的所有外力造成的加速度的和。如果需要给粒子 i 施加一个力，则该力应该除以这个粒子所在处的局部密度 ρ_i，而不是直接施加一个加速度。

因为 SPH 方法是一个处理相互作用粒子的方法，所以我们之前讨论过的处理粒子和外部物体碰撞的方法都可以不加修改地使用，包括粒子间的碰撞和摩擦。它们可以方便地模拟有约束的液体流动，比如将液体倒入玻璃杯中。

14.3 核函数

适用于 SPH 方法的核函数有无数种，核函数的选择很大程度上取决于动画的特性要求。要注意的是，必须是对称的，有限支撑的，而且积分值为 1。通常，它随着与中心的距离递减，所以粒子造成的影响也随着距离的增大而减小。核函数及其导数的另一个有用的性质是，在支撑集的边界上光滑地趋于零。

Monaghan [1992] 在 SPH 的早期论文里提出了一个性质良好的样条基三维核函数。如果让 $r = \|\mathbf{r}\|$ 表示离核中心的距离，那么核函数表示为

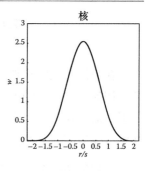

$$w(\mathbf{r}) = \frac{1}{\pi s^3} \begin{cases} 1 - \frac{3}{2}\left(\frac{r}{s}\right)^2 + \frac{3}{4}\left(\frac{r}{s}\right)^3 & \text{如果} 0 \leqslant \frac{r}{s} \leqslant 1 \\ \frac{1}{4}\left(2 - \frac{r}{s}\right)^3 & \text{如果} 1 \leqslant \frac{r}{s} \leqslant 2 \\ 0 & \text{其他} \end{cases}$$

这个核有有限的支撑半径 $2s$，换言之，到核中心的距离超过 $2s$ 的点核函数的值为 0。进一步，在 $2s$ 处，一阶导数和二阶导数都为 0，从而在支撑集和边界处都给出了光滑插值。正如要求的那样，体积分为 1。

给定一个适当的核函数 w 的闭合形式，那么就可以计算出 ∇w 和 $\nabla^2 w$ 的闭合形式，所以并不需要计算数值微分。由于核函数是径向对称的，因此它只是到中心距离的函数，我们只需要计算出对 r 的一阶导数和二阶导数，就可以得到它的梯度和拉普拉斯算符的结果。例如对上面的核函数来说，有

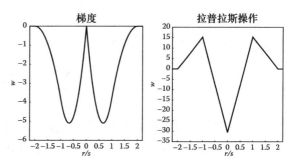

$$\frac{\mathrm{d}w}{\mathrm{d}r} = \frac{1}{\pi s^4} \begin{cases} 3\frac{r}{s}\left(-1 + \frac{3}{4}\frac{r}{s}\right) & \text{如果} 0 \leqslant \frac{r}{s} \leqslant 1 \\ -\frac{3}{4}\left(2 - \frac{r}{s}\right)^2 & \text{如果} 1 \leqslant \frac{r}{s} \leqslant 2 \\ 0 & \text{其他} \end{cases}$$

和

$$\frac{\mathrm{d}^2 w}{\mathrm{d}r^2} = \frac{1}{\pi s^5} \begin{cases} 3\left(-1 + \frac{3}{2}\frac{r}{s}\right) & \text{如果} 0 \leqslant \frac{r}{s} \leqslant 1 \\ \frac{3}{2}\left(2 - \frac{r}{s}\right) & \text{如果} 1 \leqslant \frac{r}{s} \leqslant 2 \\ 0 & \text{其他} \end{cases}$$

这样，w、∇w 和 $\nabla^2 w$ 只不过是三种核函数。在中心点梯度并不光滑地趋于 0 的情形确保了邻近的粒子在压强梯度上获得了一个适当的"推力"。

14.4 流体表面和表面张力

在我们对流体模拟的讨论中，还没有讨论过流体表面的问题。一些流体的模拟，例如多数气流的模拟，并不需要指定一个表面，我们很容易理解，在这种情况下，流体在三维空间可以延伸到无限。但是在模拟液体时必须要指定表面，这样可以模拟海洋、游泳池和玻璃杯中的水。

通过创造一个在每个粒子位置处值为 1、所有粒子的支撑区域之外值为 0 的标量场颜色场 c，可以创建 SPH 流体的表面。代入方程 14.1 的模板，并且令 $c_i = 1$，可以得到光滑变化的场：

$$c\left(\mathbf{x}\right) = \sum_i m_i \frac{1}{\rho_i} w\left(\mathbf{x} - \mathbf{x}_i\right)$$

颜色场的梯度是一个矢量值的表面场，

$$\mathbf{s}\left(\mathbf{x}\right) = \nabla c = \sum_i m_i \frac{1}{\rho_i} \nabla w\left(\mathbf{x} - \mathbf{x}_i\right)$$

场的值在临近表面的地方很大，在其他地方几乎为零。因此，$\|\mathbf{s}\|$ 是一个可以有效区分包含流体粒子的区域和不包含流体粒子区域交界面的指标。表面场从没有流体的区域指向有流体的区域。所以，对 $\|\mathbf{s}\|$ 进行阈值处理就可以定位流体表面，并且对负梯度进行归一化可以得到能用于渲染的表面法线场：

$$\hat{\mathbf{n}} = -\mathbf{s}/\left\|\mathbf{s}\right\|$$

光线追踪渲染器可以通过寻找光线和阈值处理过的表面的交点来直接渲染表面 [Hart, 1993]。基于多边形的渲染可以使用移动立方体[1] 来创建一组表面三角形 [Lorensen 和 Cline, 1987]。

对于粒子模拟的渲染的表面有各种改进建议，比如 Zhu 和 Bridson [2005]。当前最好的方法可能是 Yu 和 Turk [2013] 提出的方法。

关于流体表面最后要考虑的因素是表面张力。对于流体的分子，因为内部电荷不均匀分布而产生了分子间作用力。流体内部的分子受到的各个方向的力相互平衡，但是表面的分子受到的分子间作用力并不平衡。例如，在水和空气的交界面上，表面水分子受到的来自空气分子的作用力相比于来自内部水分子的力弱得多。结果就产生了一个倾向于把表面水分子拉向内部的净作用力。这让水表面有

1　译注：英文名称是 Marching Cubes。

弹性膜的一些性质，比如，使得水生昆虫可以在水表面滑动而不沉下去。这个力也将水滴拉得趋于一个球形——水面总是趋于保持最小曲率，闭合形状从球体的任意偏离会导致曲面有更大的曲率。曲面法矢量场的散度

$$\kappa = \nabla \cdot \hat{\mathbf{n}}$$

是一种度量曲面曲率的方式。表面张力大小正比于局部曲率，方向指向流体内部，即

$$\mathbf{f}_s = \begin{cases} -\alpha\kappa\hat{\mathbf{n}} & \text{如果 } ||\mathbf{s}|| \geqslant \boldsymbol{\tau}_s \\ \mathbf{0} & \text{其他} \end{cases}$$

正比例常数 α 和限定值 τ_s 可以根据动画进行调整以得到需要的表面效果。

14.5　模拟算法

Müller er al. [2003] 描述的基础 SPH 算法，其结构和 6.1.3 节描述的相互作用粒子算法相同。首先确定每个粒子的影响邻域，然后可以计算出每个粒子的邻域内的压强梯度、扩散项和外部加速度并且求和。对于接近表面的粒子，表面张力的效果被当作外部加速度计算和处理。

SPH 的计算复杂度主要取决于如何有效确定一个特定粒子的邻域里的粒子。由于所有的 SPH 粒子都在快速移动，所以使用八叉树或者 kd 树这样的数据结构效率就不高，因为这些数据结构在每个时步都需要重建。基于这个原因，可选的典型加速方法就是空间网格法。在每个时步都可以通过修正或调整大小和流体粒子的边界盒保持一致。无论使用哪种方式，重建这个数据结构的代价和粒子数量成线性关系。

正如上文所说，SPH 方法的一大问题是违反了动画的纳维-斯托克斯流体模拟中常用的不可压缩条件。正是由于这个原因，SPH 方法模拟的流体会表现出在现实流体中很少见到的"弹性"。例如，倒入玻璃杯的 SPH 流体的表面会不符合实际地上下弹跳。这个问题可以通过增大方程 14.5 给出的压强-密度关系式中的常数 k 和 γ，使得流体更"坚硬"来缓解，但是为了保持算法的稳定性，这个方法需要更短的模拟时步。

SPH 方法的压缩性问题在 Solenthaler 和 Pajarola [2009] 的论文 *Predictive-Corrective Incompressible* 中得到了圆满的解决。因为这个改善，SPH 方法不仅仅是一个方便的实时方法，而且成为了需要模拟有复杂细节的飞溅效果时的选

择。预估矫正方法的基本思想是让扩散项和外部加速度造成的加速度保持恒定，而反复迭代矫正压强场来计算压强梯度造成的加速度，以期达到密度恒定的效果。每个粒子处的压强的矫正数值根据该处的密度值和期望密度值的偏离确定。这个方法的细节已经超出了本书的范围，而在他们的论文中有详细的解释。

14.6　总结

本章主要介绍了以下几点内容：

- SPH 是流体模拟中最常用的拉格朗日方法。它把流体当作大量有质量的"粒子"的集合，它们的运动规律通过计算外部作用力和粒子间作用力导出，这些力服从纳维-斯托克斯方程。

- SPH 方法特别适合需要考虑相互作用的应用场景，或者需要复杂细节效果（比如飞溅）的场景。

- 场的量，比如压强和速度，是根据在各个粒子处测得的值，在流体体积中按照核函数传播推导得到的。空间中某一点的场的量是那个点的邻域内的粒子处的值按照核函数加权求和的结果。

- 在 SPH 模拟中，可以通过创建一个其梯度的大小用于检测表面，其方向是表面法线方向的颜色场来隐式构建流体表面进行渲染。

- SPH 方法保持质量不变，因为有质量的粒子的总数保持不变。

- SPH 方法并没有一个显式的机制来保持流体体积不变，所以流体会看起来有"弹性"，除非采取措施减小这种弹性。

第 15 章　有限差分算法

15.1　有限差分

用欧拉法对流体进行模拟需要对流体所在的空间进行采样，而不是对流体本身采样。因为欧拉法开始会对空间进行分割，所以需要限定进行流体模拟的区域。这一点和流体粒子可以移动到空间任何位置的拉格朗日法不同。这一节我们学习如何使用 6.3.1 节描述的均匀空间网格实现这个方法。给定了空间的网格表示，我们先建立起在网格上进行数值计算的基础，使用有限差分表示纳维-斯托克斯方程中的微分算符。然后我们学习两种用网格对场进行采样的方法，随后了解两种最常用的模拟方法：半拉格朗日法和 FLIP法。

15.1.1　数值微分

鉴于我们要在均匀空间网格上对流体模拟场进行采样，所以需要给出这种采样下纳维-斯托克斯方程中的微分算符的定义。因此需要给出空间的一阶和二阶偏导数的估计。

前向差分：一种空间数值微分技术，被称为前向差分。方法如右图所示。考虑一维函数 $\phi(x)$ 的导数，使用经典的导数的定义：

$$\frac{\mathrm{d}\phi}{\mathrm{d}x} = \lim_{h \to 0} \frac{\phi(x+h) - \phi(x)}{h}$$

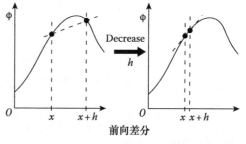

前向差分

这是前向差分的基础。从左图到右图我们可以看出，越接近极限值，让 h 取越小的有限值，可以得到曲线在 x 处切线斜率的越好的估计。假设有一个一维的场 ϕ，在等间隔 Δx 的点 $(\cdots, x_{i-1}, x_i, x_{i+1}, \cdots)$ 上采样。使用前向差分，在 x_i 点

299

的一阶导数可以估计为：

$$\frac{\mathrm{d}\phi}{\mathrm{d}x}\bigg|_{x_i} \approx \frac{\phi_{i+1}-\phi_i}{\Delta x}$$

后向差分：后向差分是类似的，但是使用的导数定义为：

$$\frac{\mathrm{d}\phi}{\mathrm{d}x} = \lim_{h\to 0}\frac{\phi(x)-\phi(x-h)}{h}$$

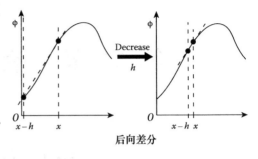

在均匀的采样点上使用后向差分，则 x_i 点的一阶导数可以估计为：

$$\frac{\mathrm{d}\phi}{\mathrm{d}x}\bigg|_{x_i} \approx \frac{\phi_i-\phi_{i-1}}{\Delta x}$$

中心差分：另一方面，我们可以使用另一种导数的定义，其是中心差分的基础：

$$\frac{\mathrm{d}\phi}{\mathrm{d}x} = \lim_{h\to 0}\frac{\phi(x+h/2)-\phi(x-h/2)}{h}$$

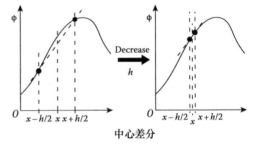

很明显，中心差分求出的是两个采样点中间的某点处的导数值。使用中心差分，函数 ϕ 在 $x_i+\Delta x/2$ 处的导数值可以估计为：

$$\frac{\mathrm{d}\phi}{\mathrm{d}x}\bigg|_{x_i+\Delta x/2} \approx \frac{\phi_{i+1}-\phi_i}{\Delta x}$$

同理，$x_i-\Delta x/2$ 处的导数值可以用中心差分估计为：

$$\frac{\mathrm{d}\phi}{\mathrm{d}x}\bigg|_{x_i-\Delta x/2} \approx \frac{\phi_i-\phi_{i-1}}{\Delta x}$$

当 Δx 趋于零时，三种方法算出来的极限相同[1]，但是对有限的 Δx 来说，中心差分的结果更加精确[2]。所以在数值计算中，只要情况允许最好都使用中心

1　译注：前两种导数的定义是等价的，因为并没有要求 h 一定是正数。当前两种定义中的极限存在时，说明函数在这一点是可导的，进而由第三种定义中的极限算出的结果和前两者等价，但是反过来，第三种定义中的极限存在时函数不一定可导。

2　译注：把函数 $f(x)$ 在 x 处展开有：$f(x+\Delta x) = f(x) + f'(x)\Delta x + \frac{1}{2}f''(x)(\Delta x)^2 + O(\Delta x)^3$，$f(x-\Delta x) = f(x) - f'(x)\Delta x + \frac{1}{2}f''(x)(\Delta x)^2 + O(\Delta x)^3$，得到 $\frac{f(x+\Delta x)-f(x)}{\Delta x} = f'(x) + O(\Delta x)$，$\frac{f(x)-f(x-\Delta x)}{\Delta x} = f'(x) + O(\Delta x)$，$\frac{f(x+\Delta x)-f(x-\Delta x)}{2\Delta x} = f'(x) + O(\Delta x)^2$，中心差分的误差是 Δx 的更高阶小量。

差分以提高精度。

在某些情况下，我们需要直接计算 x_i 处的导数值。这时候我们使用中心差分的另一种形式：

$$\frac{\mathrm{d}\phi}{\mathrm{d}x}\Big|_{x_i} \approx \frac{\phi_{i+1} - \phi_{i-1}}{2\Delta x}$$

即在距离左右两边 h，而不是 $h/2$ 的位置各取一个点。这样做有一个潜在的优势就是可以直接计算出 ϕ 在采样点的导数，并且不像前向差分或后向差分那样偏向某个方向。由于中心差分在更大的区间上进行，因此它算出的结果比理想情况更光滑。

迎风差分：在有的场景下不方便计算两个采样点之间的点的导数，并且不需要 $2\Delta x$ 区间带来的光滑效应。这个时候我们可以使用迎风差分在前向差分和后向差分之间做出选择。如果我们在一个矢量场，比如流速场中做迎风差分，那么我们需要考虑当前位置的"迎风"方向（即流来的方向）。如果流速场要求导的方向的分量是 u_x，那么迎风差分可以简洁地表述为：

$$\frac{\mathrm{d}\phi}{\mathrm{d}x}\Big|_{x_i} \approx \begin{cases} \frac{\phi_i - \phi_{i-1}}{\Delta x} & \text{如果} u_x \geqslant 0 \\ \frac{\phi_{i+1} - \phi_i}{\Delta x} & \text{如果} u_x < 0 \end{cases}$$

二阶差分：为了估算出 x_i 这一点的二阶导数，我们先计算出前后两个区间在 $x_i + \Delta x/2$ 和 $x_i - \Delta x/2$ 两个点的中心差分，即这两个点一阶导数的估计值，然后再进行中心差分。于是二阶导数可以估计为：

$$\frac{\mathrm{d}^2\phi}{\mathrm{d}x^2}\Big|_{x_i} = \frac{\mathrm{d}\left(\frac{\mathrm{d}\phi}{\mathrm{d}x}\right)}{\mathrm{d}x}\Big|_{x_i} \approx \frac{\left(\frac{\phi_{i+1} - \phi_i}{\Delta x}\right) - \left(\frac{\phi_i - \phi_{i-1}}{\Delta x}\right)}{\Delta x} = \frac{\phi_{i+1} - 2\phi_i + \phi_{i-1}}{\Delta x^2}$$

使用这种方法计算出的是原位置 x_i 处的二阶导数。

15.1.2　微分算符

在下面的图和讨论中，压强标量场记为 p，流速矢量场记为 $\mathbf{u} = \begin{bmatrix} u & v & w \end{bmatrix}^\mathrm{T}$。为了简化记号，我们自始至终把速度的三个分量记为：$u \equiv u_x$，$v \equiv u_y$ 和 $w \equiv u_z$。

梯度：如果我们在均匀的三维网格上采样，则场 ϕ 的三个空间偏微分可以使用如下中心差分估计：

$$\nabla \phi = \begin{bmatrix} \frac{\partial \phi}{\partial x} \\ \frac{\partial \phi}{\partial y} \\ \frac{\partial \phi}{\partial z} \end{bmatrix} \approx \begin{bmatrix} \frac{\phi_{i,j,k} - \phi_{i-1,j,k}}{\Delta x} \\ \frac{\phi_{i,j,k} - \phi_{i,j-1,k}}{\Delta y} \\ \frac{\phi_{i,j,k} - \phi_{i,j,k-1}}{\Delta z} \end{bmatrix}$$

根据中心差分的定义, 求出的梯度的三个分量落在三个不同的点: $x_{i,j,k} - \Delta x/2$、$y_{i,j,k} - \Delta y/2$ 和 $z_{i,j,k} - \Delta z/2$。如果 $\phi_{i,j,k}$ 在元胞的中心采样, 那么梯度的三个分量将落在左面、底面和后面的中心。另外也可以使用迎风差分, 求出 $\mathbf{x}_{i,j,k}$ 这一点的梯度。迎风方向的三个坐标方向的分量必须分别确定。

散度: 因为流速场的散度表示元胞里流体总量的变化率, 所以我们总是需要知道元胞中心的散度。矢量 $\mathbf{u}$ 的散度估计为:

$$\nabla \cdot \mathbf{u} = \frac{\partial u}{\partial x} + \frac{\partial v}{\partial y} + \frac{\partial w}{\partial z} \approx \frac{u_{i+1,j,k} - u_{i,j,k}}{\Delta x} + \frac{v_{i,j+1,k} - v_{i,j,k}}{\Delta y} + \frac{w_{i,j,k+1} - w_{i,j,k}}{\Delta z}$$

对于中心差分来说, 如果求的是元胞中心的散度, 那么矢量的三个分量分别落在左面、底面和后面的中心。如果想让矢量的三个分量和散度都落在元胞中心, 那么应该使用迎风差分。

拉普拉斯算符: 拉普拉斯算符作用在标量场 ϕ 的结果如下:

$$\nabla^2 \phi = \frac{\partial^2 \phi}{\partial x^2} + \frac{\partial^2 \phi}{\partial y^2} + \frac{\partial^2 \phi}{\partial z^2}$$
$$\approx \frac{\phi_{i+1,j,k} - 2\phi_{i,j,k} + \phi_{i-1,j,k}}{\Delta x^2} + \frac{\phi_{i,j+1,k} - 2\phi_{i,j,k} + \phi_{i,j-1,k}}{\Delta y^2} +$$
$$\frac{\phi_{i,j,k+1} - 2\phi_{i,j,k} + \phi_{i,j,k-1}}{\Delta z^2}$$

如果在立方体网格上采样, 即 $\Delta x = \Delta y = \Delta z$, 那么对于元胞 (i,j,k), 可简化为:

$$\nabla^2 \phi_{i,j,k} \approx \frac{\phi_{i+1,j,k} + \phi_{i,j+1,k} + \phi_{i,j,k+1} - 6\phi_{i,j,k} + \phi_{i-1,j,k} + \phi_{i,j-1,k} + \phi_{i,j,k-1}}{\Delta x^2}$$

求出的是 $\mathbf{x}_{i,j,k}$ 处拉普拉斯算符的值。类似地, 对于二维方形网格, 拉普拉斯算符的结果为:

$$\nabla^2 \phi_{i,j} \approx \frac{\phi_{i+1,j} + \phi_{i,j+1} - 4\phi_{i,j} + \phi_{i-1,j} + \phi_{i,j-1}}{\Delta x^2}$$

拉普拉斯算符作用在矢量场 **u** 上的结果为

$$\nabla^2 \mathbf{u} = \begin{bmatrix} \frac{\partial^2 u}{\partial x^2} + \frac{\partial^2 u}{\partial y^2} + \frac{\partial^2 u}{\partial z^2} \\ \frac{\partial^2 v}{\partial x^2} + \frac{\partial^2 v}{\partial y^2} + \frac{\partial^2 v}{\partial z^2} \\ \frac{\partial^2 w}{\partial x^2} + \frac{\partial^2 w}{\partial y^2} + \frac{\partial^2 w}{\partial z^2} \end{bmatrix}$$

矢量的分量可以被视为独立的标量场。因此在立方体网格中矢量场 (i,j,k) 元胞处的拉普拉斯算符估计为

$$\begin{aligned} &\nabla^2 \mathbf{u}_{i,j,k} \\ &\approx \frac{1}{\Delta x^2} \begin{bmatrix} u_{i+1,j,k} + u_{i,j+1,k} + u_{i,j,k+1} - 6u_{i,j,k} + u_{i-1,j,k} + u_{i,j-1,k} + u_{i,j,k-1} \\ v_{i+1,j,k} + v_{i,j+1,k} + v_{i,j,k+1} - 6v_{i,j,k} + v_{i-1,j,k} + v_{i,j-1,k} + v_{i,j,k-1} \\ w_{i+1,j,k} + w_{i,j+1,k} + w_{i,j,k+1} - 6w_{i,j,k} + w_{i-1,j,k} + w_{i,j-1,k} + w_{i,j,k-1} \end{bmatrix} \end{aligned}$$

15.1.3　采样和插值

在一个给定的均匀的网格上表示连续流速场的第一步是对场进行采样，然后再在采样点之间通过插值进行重建。采样方式直接影响了要使用的差分格式，并且我们要注意计算的量分布在空间哪些位置。注意，压强标量场记为 p，三维流速矢量场记为 $\mathbf{u} = \begin{bmatrix} u & v & w \end{bmatrix}^{\mathrm{T}}$。正如之前讨论过的，我们假设流体是不可压缩的，流体的密度在整个模拟过程中保持不变，这样不需要对密度场进行采样。

中心采样：一种在均匀网格上对压强场和速度场进行采样的方式是将采样点取在元胞的中心，如右边的二维图中所示。扩展到三维的情况类似。网格元胞用实线表示。每个三维元胞宽 Δx、高 Δy、深 Δz。我们使用的记号，列下标记为 i，行下标记为 j，深度[1]下标记为 k，分别对应 x、y 和 z 坐标。在元胞 (i,j) 中心采样的压强和速度是 $\mathbf{u}_{i,j}$ 和 $p_{i,j}$。在三维情况下记为 $\mathbf{u}_{i,j,k}$ 和 $p_{i,j,k}$。对于任何其他模拟需要的场的量，也会在元胞中心进行采样。元胞 (i,j,k) 的中心点的空间位置是：

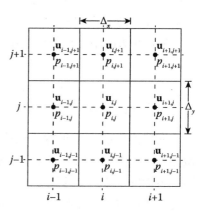

$$\mathbf{x}_{i,j,k} = \begin{bmatrix} x_0 + (i + 0.5)\,\Delta x \\ y_0 + (j + 0.5)\,\Delta y \\ z_0 + (k + 0.5)\,\Delta z \end{bmatrix} \tag{15.1}$$

1　译注：在有的场合，三维矩阵除了行、列以外的第三个维度称为页。

其中，(x_0, y_0, z_0) 是网格的左下角的坐标。给定空间中任意一点 **x**，它所在的元胞的下标是：

$$(i, j, k) = \left(\left\lfloor \frac{x - x_0}{\Delta x} \right\rfloor, \left\lfloor \frac{y - y_0}{\Delta y} \right\rfloor, \left\lfloor \frac{z - z_0}{\Delta z} \right\rfloor \right)$$

我们可以根据中心点的采样值，使用 8.6 节介绍的三线性插值，估计连续场在模拟空间区域内任意点的值。三线性插值会使用双网格，双网格的角会落在常用网格的中心，如图中虚线所示。以 **x** 所在的双网格的左下角为中心的网格的下标为：

$$(i, j, k) = \left(\left\lfloor \frac{x - x_0}{\Delta x} - \frac{1}{2} \right\rfloor, \left\lfloor \frac{y - y_0}{\Delta y} - \frac{1}{2} \right\rfloor, \left\lfloor \frac{z - z_0}{\Delta z} - \frac{1}{2} \right\rfloor \right)$$

对 **x** 处的值进行三线性插值，需要组成 **x** 所在的双网格的 8 个角的网格，这 8 个网格的下标依次是 (i, j, k)、$(i+1, j, k)$、$(i, j+1, k)$、$(i+1, j+1, k)$、$(i, j, k+1)$、$(i+1, j, k+1)$、$(i, j+1, k+1)$ 和 $(i+1, j+1, k+1)$。

由于对于流速和压强场，都在元胞的中心进行采样，因此求压强场的梯度或者流速场的散度中的空间微分运算就应该使用迎风差分或者更大区域内的中心差分，这样求出的也是元胞中心点的值。

交错网格采样：另一种称为交错网格的网格元胞的组织形式的二维场景如右图所示。对于压强场仍然在元胞的中心点采样，但对于速度的分量在网格表面的中心点采样。在二维场景下，速度的 u 分量在元胞的左边中心点采样，v 分量在底边的中心点采样。在三维场景下，u 分量在元胞的左表面中心点采样，v 在底面的中心点采样，w 在后面的中心点采样。三个分量的正方向都指向元胞内部的方向。

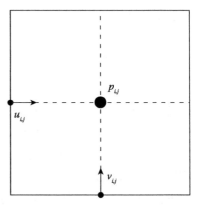

交错网格有一个独特的优势是，模拟中的微分运算都可以使用中心差分。使用中心差分计算的压强梯度的三个分量落在元胞的表面的中心点，这正好是速度的三个分量所在的位置。根据中心差分计算的速度的散度也落在元胞的中心。这种方式唯一的缺点是速度的三个分量在不同的地方，这样需要更复杂的插值法计算特定位置的速度。

下图中展示了如何在空间中建立起交错网格，并且如何做插值。对压强做插值和中心采样时一样，但是对速度做插值的方法就有所不同。注意图中元胞 (i, j) 内有十字标记的点：$\mathbf{x}_a$、$\mathbf{x}_b$、$\mathbf{x}_c$ 和 $\mathbf{x}_d$。这四个点分别落在元胞 (i, j) 的四个象限中。注意在图中寻找 $\mathbf{x}_a$ 所在的元胞的四个角的速度 u 分量：$u_{i,j}$、$u_{i+1,j}$、

$u_{i,j+1}$ 和 $u_{i+1,j+1}$。注意 $\mathbf{x}_b$ 落在同一个元胞里。同理，很容易看出 $\mathbf{x}_c$ 和 $\mathbf{x}_d$ 落在四角为 $u_{i,j-1}$、$u_{i+1,j-1}$、$u_{i,j}$ 和 $u_{i+1,j}$ 的元胞里。另一方面，$\mathbf{x}_a$ 和 $\mathbf{x}_d$ 的速度 v 分量都落在四角为 $v_{i,j}$、$v_{i+1,j}$、$v_{i,j+1}$ 和 $v_{i+1,j+1}$ 的元胞里，$\mathbf{x}_b$ 和 $\mathbf{x}_c$ 在 $v_{i-1,j}$、$v_{i,j}$、$v_{i-1,j+1}$ 和 $v_{i,j+1}$ 里。如下图所示。

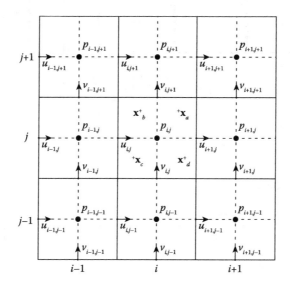

对于三维的情景，对某点的某个速度分量做三线性插值需要涉及临近的 8 个元胞，其中最左下角的元胞的下标，可以根据上面的过程推广到三维得到。当对 u 分量做插值时：

$$(i,j,k) = \left(\left\lfloor \frac{x-x_0}{\Delta x} \right\rfloor, \left\lfloor \frac{y-y_0}{\Delta y} - \frac{1}{2} \right\rfloor, \left\lfloor \frac{z-z_0}{\Delta z} - \frac{1}{2} \right\rfloor \right)$$

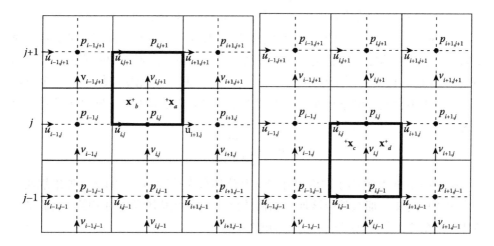

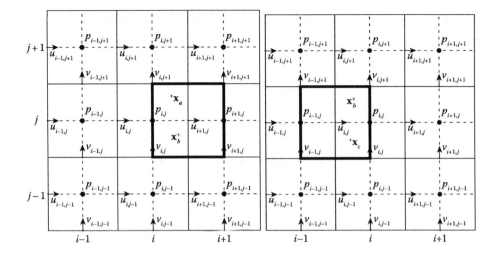

当对 v 分量做插值时：

$$(i,j,k) = \left(\left\lfloor \frac{x-x_0}{\Delta x} - \frac{1}{2} \right\rfloor, \left\lfloor \frac{y-y_0}{\Delta y} \right\rfloor, \left\lfloor \frac{z-z_0}{\Delta z} - \frac{1}{2} \right\rfloor \right)$$

当对 w 分量做插值时：

$$(i,j,k) = \left(\left\lfloor \frac{x-x_0}{\Delta x} - \frac{1}{2} \right\rfloor, \left\lfloor \frac{y-y_0}{\Delta y} - \frac{1}{2} \right\rfloor, \left\lfloor \frac{z-z_0}{\Delta z} \right\rfloor \right)$$

15.1.4　CFL 条件

正如拉格朗日数值模拟基于时间常数和振荡周期的精度和稳定性判据来选择时步（参考 7.5 节）一样，欧拉数值模拟的精度取决于时步的大小。在 1928 年发表，并且 1967 年用英语重印的论文中，Courant、Friedrichs 和 Lewy [Courant et al., 1967] 提出了称为 CFL 条件的判据。简单来说，其在空间网格的大小、时步的大小和求解速度之间达到了一个平衡。大致来说，图形学中的流体模拟用的 CFL 条件是，时步必须足够小，这样一个随流体移动的无质量粒子在每个时步移动的距离不会超过网格尺寸。如果网格元胞的形状是立方体，则这个关系可以写为：

$$h < \frac{\Delta x}{||\mathbf{u}_{\max}||}$$

这意味着时步 h 必须小于网格尺寸 Δx 和流体最大速度 $\mathbf{u}_{\max}$ 的比。如果想使用一个更大的时步，那么就应该加大网格的尺寸，或者限制流体的速度。因此增加流体表示的空间细节需要时步等比例地缩减。

15.2 半拉格朗日法

流体模拟的半拉格朗日法本质上还是欧拉法，但是在计算流体对流时使用了拉格朗日法。欧拉流体模拟最早由 Foster 和 Metaxas [1996] 在论文 *Realistic Animation of Fluids* 中引入，半拉格朗日法遵循这篇论文的主要思想，但是解决了其中的一些数值难题。在 Stam [1999] 的研讨会报告 *Stable Fluids* 中使用了这些技术。随后在另一篇 Stam、Fedkiw 和 Jensen 的关键论文 *Visual Simulation of Smoke* [Fedkiw et al.，2001] 中扩展了该方法，使用了一种称为 *vorticity confinement* 的手段提高了涡流的效果。这给流体增加了在之前的方法中会被忽视的可见而有趣的复杂性。图 15.1 展示了使用 Stam 提出的算法的修改版进行烟模拟的两个例子。左边的模拟使用了低分辨率的空间网格，右边的模拟使用了高分辨率的空间网格并且捕获了更多的细节。

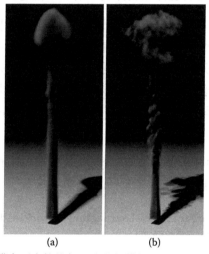

(a)　　　　(b)

图 15.1　两种不同空间分辨率下半拉格郎日法的烟模拟。（a）低分辨率，（b）高分辨率。（由 Ruoguan Huang 提供）

为方便起见，把不可压缩流体的纳维-斯托克斯方程写在这里，即方程 13.4 的动量方程：

$$\dot{\mathbf{u}} = -(\mathbf{u} \cdot \nabla)\mathbf{u} - \frac{1}{\rho}\nabla p + \nu\nabla^2\mathbf{u} + \mathbf{g}$$

和方程 13.5 的不可压缩约束：

$$\nabla \cdot \mathbf{u} = 0$$

我们考虑按照如下述步骤进行欧拉模拟。假设在均匀计算网格上采样的速度场 $\mathbf{u}$ 和压强场 p 在第 n 个时步的值均为已知。我们可以把某个点处方程 13.4 右边的各项求解并累加，得到这一点速度的变化率，进一步算出这个点上第 $n+1$

个时步的值。我们可以遍历所有点求出每个点上的加速度，再对时间积分来更新速度。

这个朴素的方法有两个基本的问题。第一，它没有更新压强场的值，但这是计算下一个时步的加速度所必需的。第二，这个计算过程没有用到方程 13.5 的无散条件。这两个问题其实是高度相关的，因为压强和流体的压缩性是紧密相关的。如果我们试图让更多的流体进入一个已经充满的元胞，那么压强必然增加，同时如果一个元胞的压强比周边的高，那么压强差会使得流体流出到周边的元胞中。

这个朴素的求解纳维-斯托克斯方程的方法也有数值上的问题。对流项 $(\mathbf{u} \cdot \nabla)\mathbf{u}$ 会让数值求解变得不稳定，因为它和速度的平方有关。流速高的区域就像弹性网格模拟中的硬弹簧[1]，需要非常小的时步来保持稳定性。对于高黏度的流体，黏度项 $\nu\nabla^2\mathbf{u}$ 也会表现得像硬弹簧，增加不稳定性。

下面的算法描述了如何用半拉格朗日法更新当前的速度场。算法的输入是当前的速度矢量场 $\mathbf{u}$、压强场 p 和外部加速度矢量场 $\mathbf{g}$。这些场都在规则的空间网格上采样，可以是中心采样网格或交错网格。额外的输入是常量流体密度 ρ 和时步 h。算法的输出是更新后的下一个时步的速度场和压强场。半拉格朗日法根据方程 13.4 右边各项不同的加速度来源，把计算过程拆分成分离的步骤，使用不同的方法进行处理。

这里先给出算法和各步骤的简要描述。算法伪代码如图 15.2 所示。后文会对各个步骤进行详细的解释。

```
(VectorField, ScalarField) semiLagrangian(VectorField u,
VectorField g, float ρ, float h)

begin
    VectorField w₁, w₂, w₃, w₄;
    ScalarField φ, p;
    w₁ = integrate (u, g, h);              // 对外部加速度做前向积分
    w₂ = backtrace (w₁, h);                // 回溯求解输送后的速度场
    w₃ = integrate (w₂, ν∇²w₃, h);   // 使用隐式积分求解黏度项造成的速度变化
    (w₄, p) = project (w₃, ρ, h);     // 将速度场投影到一个无散场上，更新压强场
    return (w₄, p);                        // 返回更新后的速度场和压强场
end
```

图 15.2　半拉格朗日法概述

首先，输入速度被外部加速度场加速，使用前向积分[2]，输出结果是一个中间的速度场 $\mathbf{w}_1$。并没有对对流项进行计算和积分，因为其内在具有不稳定性。

1　译注：见第 8 章。
2　译注：一种数值积分方法，又称欧拉法，$f(x+h) \approx f(x) + f'(x)h$，对应数值微分中的前向差分。

通过显式地计算对流引起的速度变化量而略去了对这一项的计算。这是用拉格朗日法计算的，因而这个算法叫"半拉格朗日法"。$\mathbf{w}_1$ 中每个采样速度被视为一个粒子。回溯一个时步，求出当前采样点上的粒子在之前的位置，那么 $\mathbf{w}_1$ 在之前的位置的速度即为更新后的速度场 $\mathbf{w}_2$ 在当前采样点的速度。因为扩散项对高黏度流体会表现得不稳定，所以通过隐式积分，使用 $\mathbf{w}_3$ 的拉普拉斯算符来求解 $\mathbf{w}_3$。因为这些算符都是线性的，所以这些运算都可以被转换为求解线性方程组。最后，求出速度场 $\mathbf{w}_3$ 中无散度的分量 $\mathbf{w}_4$ 和相应的压强场。可以通过求解泊松方程或者松弛迭代实现。

15.2.1　$\mathbf{w}_1$——增加外部加速度

作用在真实流体上的外部加速度包括重力加速度，以及其他任何直接作用于流体的力的加速度。一旦计算清楚了，如何应用是不言自明的，用欧拉积分[1]写成：

$$\mathbf{w}_1 = \mathbf{u} + h\mathbf{g}$$

15.2.2　$\mathbf{w}_2$——用回溯法实现拉格朗日对流

通过拉格朗日法近似计算对流的效果，而不是直接计算方程 13.4 中的对流项产生的加速度。因为对流项代表流体的输运，所以其引出了流体的所有属性，包括流体速度的输送。为了估算这个效果，把每个计算网格上的采样速度当作一个粒子。让速度场回溯一个时步，就可以估算出粒子之前的位置。（当前速度场）在之前位置处的速度就被视为要输送来的速度。

$$\mathbf{w}_2 = \mathtt{backtrace}(\mathbf{w}_1, h)$$

$\mathtt{backtrace}$ 算法的一个版本如下所示。它把速度场要回溯的完整时间长度为 h 的过程分为 N 个子过程。算法的输入是在空间网格上采样的速度场和时步。算法的输出是原有的速度场输送后的新速度场。算法中的函数 $\mathbf{V}$ 的输入是一个网格化的速度场和一个空间中的位置，返回值是那个位置处的插值速度。算法使用一阶的欧拉积分进行回溯。该方法很容易被替换为更高阶的数值积分方法，例如 RK4[2] 来提高精度。算法假设空间网格采用了中心采样，每个元胞只有一个落在中心点的速度。如果使用交错网格，那么必须修改算法以循环遍历每个元胞的三

1　译注：即前面所说的前向积分。
2　译注：四阶的龙格-库塔（Runge–Kutta）法，一种数值积分方法，其实欧拉法就是一种一阶的龙格-库塔法。

个分量，回溯的起点也是左面、底面和后面的中心。因为这些点中的每个点都只保存了一个速度分量，所以计算对流时应该只复制这个分量。

```
VectorField backtrace(VectorField u, float h)
begin
    VectorField w;

    float s = h/N;
    for u 中的每个 u_{i,j,k} do
        x = u_{i,j,k} 采样的坐标;
        for i = 0 to N − 1 do
            x = x − sV(u, x)
        end
        采样速度 w_{i,j,k} = V(u, x);
    end

    return w;
end
```

15.2.3 $\mathbf{w}_3$——速度扩散的隐式积分

和计算外部加速度类似，可以使用欧拉积分法直接计算扩散项对应的加速度：

$$\mathbf{w}_3 = \mathbf{w}_2 + h\nu\nabla^2\mathbf{w}_2$$

对于低黏度流体，该方法可以计算出令人满意的结果；但是对于高黏度流体，会因为刚度而带来数值不稳定的问题[1]。为了避免不稳定问题，积分可以写成隐式形式：

$$\mathbf{w}_3 = \mathbf{w}_2 + h\nu\nabla^2\mathbf{w}_3$$

因为方程中所有的运算都是线性的，故可以写成：

$$\left(I - h\nu\nabla^2\right)\mathbf{w}_3 = \mathbf{w}_2 \tag{15.2}$$

括号中的项是一个线性算符，在有限差分算法中可以用矩阵表示。最终，$\mathbf{w}_3$ 可以通过解线性方程组得到。因为方程的系数矩阵是一个结构良好的稀疏矩阵，所以很方便存储和求解。注意，$\mathbf{w}_2$ 和 $\mathbf{w}_3$ 是矢量场，这个方程实际上代表了需要求解 u、v 和 w 分量的三个方程组[2]。

---

1 译注：低黏度流体的运动受椭圆形偏微分方程的控制，高黏度流体的运动方程则有椭圆形和抛物形混合特征，两种情况的数值稳定性有比较大的差别。

2 译注：这里的 u、v 和 w 是把所有待求解点上的速度分量值写在一起的向量。

15.2.4　$\mathbf{w}_4$——得到一个无散速度场

我们并没有理由期待计算过程的中间速度场 $\mathbf{w}_3$ 是无散的。这个问题的解决办法是计算出一个作用在速度场上可以使其无散的压强场。实际中，压强会随时变化以阻止局部散度的变化。我们可以通过计算一个能够提供梯度以保持流速场无散的压强场来对这个过程进行数值模拟。

松弛法： 松弛法是一种可以确保速度场无散，并且可以同时求出对应的压强场的方法。不断地迭代改善压强场和速度场直到速度场的散度为零。这里初始的速度场就是 $\mathbf{w}_3$。然后计算当前速度场在每个元胞的散度，调整每个元胞内的压强以减少散度的大小，然后再根据更新后的压强调整速度场。任何散度为正的元胞，流体的流出多于流入，压强会下降；同理散度为负的元胞压强会上升。这个过程不断迭代下去直到速度场在每个元胞的散度都尽可能小。注意，每个元胞中压强的更新是独立的，所以这个方法可以并行处理，因此很容易用图形处理器来计算。

这个算法需要的常数根据纳维-斯托克斯方程中的压强和速度项计算得到。压强梯度造成的加速度是

$$\dot{\mathbf{u}} = -\frac{1}{\rho}\nabla p$$

这个方程可以用有限差分进行离散化，在时步 h 内压强差造成的三个速度分量的变化量是：

$$\begin{bmatrix} \Delta u \\ \Delta v \\ \Delta w \end{bmatrix} = -\frac{h}{\rho} \begin{bmatrix} \frac{\Delta p}{\Delta x} \\ \frac{\Delta p}{\Delta y} \\ \frac{\Delta p}{\Delta z} \end{bmatrix} \tag{15.3}$$

速度场的散度

$$\nabla \cdot \mathbf{u} = \frac{\mathrm{d}u}{\mathrm{d}x} + \frac{\mathrm{d}v}{\mathrm{d}y} + \frac{\mathrm{d}w}{\mathrm{d}z}$$

可以离散化为

$$\delta = \frac{\Delta u}{\Delta x} + \frac{\Delta v}{\Delta y} + \frac{\Delta w}{\Delta z}$$

为了确保让速度散度为 0 的压强变化，我们必须要知道在一个时步内压强的变化对速度散度的影响有多大。将方程 15.3 中的压强速度关系代入即可得到

$$\delta = -\frac{h\Delta p}{\rho}\left(\frac{1}{\Delta x^2} + \frac{1}{\Delta y^2} + \frac{1}{\Delta z^2}\right)$$

需要的压强变化可以用这个形式表示为:

$$\Delta p = -\beta\delta, \text{ 其中, } \beta = \frac{\rho}{h\left(\frac{1}{\Delta x^2} + \frac{1}{\Delta y^2} + \frac{1}{\Delta z^2}\right)}$$

为了保持松弛算法的稳定性, 在算法迭代的每一步给需要的压强变化量乘以一个因子 $0 < f < 1$[1], 所以元胞 (i,j,k) 的压强变化量是:

$$\Delta p_{i,j,k} = -f\beta\delta_{i,j,k}$$

最后, 假设我们使用的是交错网格, 则根据方程 15.3, 每个元胞上的速度变化是:

$$\Delta u_{i,j,k} = -\frac{h}{2\rho}\Delta p_{i,j,k}/\Delta x, \Delta u_{i+1,j,k} = \frac{h}{2\rho}\Delta p_{i+1,j,k}/\Delta x$$

$$\Delta v_{i,j,k} = -\frac{h}{2\rho}\Delta p_{i,j,k}/\Delta y, \Delta v_{i,j+1,k} = \frac{h}{2\rho}\Delta p_{i+1,j,k}/\Delta y$$

$$\Delta w_{i,j,k} = -\frac{h}{2\rho}\Delta p_{i,j,k}/\Delta z, \Delta w_{i,j,k+1} = \frac{h}{2\rho}\Delta p_{i+1,j,k}/\Delta z$$

压强投影法: 另一种确定压强场和相应的速度场的旋度的方法, 使用了矢量微积分中的一个基本定理——亥姆霍兹分解定理[2] [Bhatia et al., 2012]。简单地说, 这个定理表明任何足够光滑的矢量场[3] $\mathbf{w}$ 可以分解为无散的矢量场 $\mathbf{u}$ 和无旋的矢量场 $\mathbf{v}$ 的和。写成代数的形式即

$$\mathbf{w} = \mathbf{u} + \mathbf{v} \tag{15.4}$$

其中

$$\nabla \cdot \mathbf{u} = 0 \text{ 和 } \nabla \times \mathbf{v} = \mathbf{0}$$

注意, 对任何无旋的矢量场 $\mathbf{v}$, 存在标量场 ϕ, 使得

$$\mathbf{v} = \nabla\phi$$

代入方程 15.4 中即可把亥姆霍兹分解定理写成:

$$\mathbf{w} = \mathbf{u} + \nabla\phi \tag{15.5}$$

---

1 译注: 也叫松弛因子。
2 译注: 英文名为 Helmholtz decomposition 或 Helmholtz–Hodge decomposition。
3 译注: 还要求在空间中快速衰减, 因为我们模拟的都是分布在有限空间中的流体, 所以也默认满足这一点。

注意，$\nabla \cdot \mathbf{u} = 0$，两边取散度即得到

$$\nabla^2 \phi = \nabla \cdot \mathbf{w} \tag{15.6}$$

这就是著名的泊松方程，如何求解未知的标量场 ϕ 已经有很多现有的技术。

　　我们可以用这个结果把光滑的矢量场 $\mathbf{w}$ 投影到无散的矢量场 $\mathbf{u}$ 上。首先求解方程 15.6 中的 ϕ。根据方程 15.5，从 $\mathbf{w}$ 中减去 ϕ 的梯度得到无散的分量：

$$\mathbf{u} = \mathbf{w} - \nabla \phi \tag{15.7}$$

根据方程 13.4，压强梯度造成的速度变化率[1]是：

$$\dot{\mathbf{u}} = -\frac{1}{\rho} \nabla p$$

在时步为 h 的情况下的离散版本是：

$$\frac{\Delta \mathbf{u}}{\Delta t} = -\frac{1}{\rho} \nabla p \ \text{或} \ \Delta \mathbf{u} = -\nabla \left(\frac{h}{\rho} p \right)$$

其中，$h = \Delta t$。从这里我们可以看出压强和标量场 ϕ 只差一个常系数，即

$$\phi = \left(\frac{h}{\rho} \right) p$$

　　因此，根据速度场 $\mathbf{w}_3$ 求解无散的速度场 $\mathbf{w}_4$ 和相应的压强场 p（带有一个标量常数）的步骤是：

$$\nabla^2 \phi = \nabla \cdot \mathbf{w}_3, \ \text{求解} \ \phi$$
$$\mathbf{w}_4 = \mathbf{w}_3 - \nabla \phi$$
$$p = \frac{\rho}{p} \phi$$

1　译注：这个 $\mathbf{u}$ 和方程 15.7 中的 $\mathbf{u}$ 不同，其变化率正比于压强梯度，所以 $\mathbf{u}$ 的变化量 $\Delta \mathbf{u}$ 也正比于压强梯度，而压强是标量场，所以 $\Delta \mathbf{u}$ 的含义其实就是方程 15.4 中的 $\mathbf{v}$（正负号相反），用 $\mathbf{u}$ 只是为和原书保持一致。

15.2.5　烟模拟计算的结构

为了理解上面的方程是如何用于实际计算
的，我们先看一个简单的例子。考虑右图中的
3×3 网格表示的二维问题，想象我们要做烟的
模拟。要计算的空间充满了无质量的、代表烟
的粒子。包含烟的流体可以在网格周围不受约
束地流动。在每个时步，烟的粒子随着流体一
起输送，粒子的速度即所在位置处流体的速度，
对时步积分即可得到新的位置。为了描述无界
空间的情况，我们会使用周期性边界条件，即

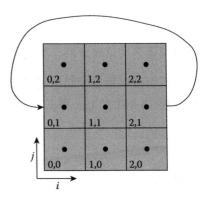

流出右边界的流体会从左边界流入，上边界流出的流体从底边界流入[1]。压强同
样满足周期性边界条件——同一行的最左边网格的左侧的压强等于最右边网格的
右侧的压强。如果你喜欢拓扑学，那么可以理解流体分布在环面上[2]。一个具体
的例子是，我们模拟的流体就像经典游戏《吃豆人》中玩家控制的角色[3]。

为了将方程 15.6 中的 ϕ 和散度的值及方程 15.2 中
的速度场写成一个向量，需要把标记元胞的序对 (i,j)
写成另一种形式。右图展示了一种解决方式。每个元胞
左下角的序对 (i,j) 代表了在保存元胞数据的二维数组
时的行号和列号。每个元胞的右上角的数字代表了在向
量中的索引。在模拟代码中，需要保存和维护一个向量
索引和网格序号之间的映射。给定了这个编号方式，方
程 15.6 可以重写为：

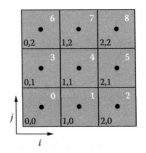

$$\nabla^2 \begin{bmatrix} \phi_0 \\ \phi_1 \\ \vdots \\ \phi_7 \\ \phi_8 \end{bmatrix} = \begin{bmatrix} \nabla \cdot \mathbf{w}_{3|0} \\ \nabla \cdot \mathbf{w}_{3|1} \\ \vdots \\ \nabla \cdot \mathbf{w}_{3|7} \\ \nabla \cdot \mathbf{w}_{3|8} \end{bmatrix} \tag{15.8}$$

在这个例子和本章的后续例子中，我们使用交错网格，这样就可以使用中心
差分。这极大地简化了计算，因为如果使用中心网格，就不得不做迎风差分的
判断。同时我们假设二维的例子用正方形网格，三维的例子用正方体网格，即
$\Delta x = \Delta y = \Delta z$。这也简化了我们的计算，即我们在所有计算中都用 Δx。

1　译注：周期性边界条件是模拟数量巨大的粒子体系时常用的近似方法。

2　译注：读者想象把长方形纸片的上下边粘起来，这样就得到一个圆柱的侧面，然后再把这个圆柱弯曲，
把圆柱的两个底面，也就是原来纸面的左右两个边粘在一起，就得到了一个封闭的环面。

3　译注：在《吃豆人》游戏中，玩家控制的角色从一边的出口出来后又会从另一边的入口进来。在有的版
本的贪吃蛇中，玩家控制的蛇头碰到墙后也会从另一面出来。

计算散度值：每个元胞的散度是右边流出和左边流入的速度差，加上上边流出和下边流入的速度差的和，再除以元胞的尺度。例如 4 号元胞的散度是：

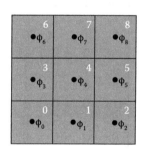

$$\nabla \cdot \mathbf{w}_{3|4} = \frac{u_5 - u_4}{\Delta x} + \frac{v_7 - v_4}{\Delta x}$$

因为我们使用的是周期性边界条件，所以从右边流出 5 号元胞的速度等于从左边流入 3 号元胞的速度：

$$\nabla \cdot \mathbf{w}_{3|5} = \frac{u_3 - u_5}{\Delta x} + \frac{v_8 - v_5}{\Delta x}$$

8 号元胞在两个方向都和周期性边界条件有关，所以：

$$\nabla \cdot \mathbf{w}_{3|8} = \frac{u_6 - u_8}{\Delta x} + \frac{v_2 - v_8}{\Delta x}$$

同理，可以计算出其他元胞的散度。

计算 ϕ 以确定压强：方程 15.6 中的线性算符 ∇^2 可以写成一个矩阵，第 i 行乘以 ϕ 构成的列向量代表对第 i 个元胞求拉普拉斯算符的结果。所以如果有 N 个元胞，那么矩阵就是 $N \times N$ 的。根据中心差分计算出拉普拉斯算符作用在中心的 4 号元胞的结果：

$$\nabla^2 \phi_4 = \frac{1}{\Delta x^2} (\phi_1 + \phi_3 - 4\phi_4 + \phi_5 + \phi_7)$$

根据周期性边界条件求出 5 号和 8 号元胞的拉普拉斯算符为：

$$\nabla^2 \phi_5 = \frac{1}{\Delta x^2} (\phi_2 + \phi_4 - 4\phi_5 + \phi_3 + \phi_8)$$

$$\nabla^2 \phi_8 = \frac{1}{\Delta x^2} (\phi_5 + \phi_7 - 4\phi_8 + \phi_6 + \phi_2)$$

同理，可以在其他元胞上进行计算。

泊松方程的矩阵表示：得到所有元胞上的散度和拉普拉斯算符的数值表示

后，就可以把方程 15.9 中的 ∇^2 矩阵写成如下形式[1]：

$$\begin{bmatrix} -4 & 1 & 1 & 1 & 0 & 0 & 1 & 0 & 0 \\ 1 & -4 & 1 & 0 & 1 & 0 & 0 & 1 & 0 \\ 1 & 1 & -4 & 0 & 0 & 1 & 0 & 0 & 1 \\ 1 & 0 & 0 & -4 & 1 & 1 & 1 & 0 & 0 \\ 0 & 1 & 0 & 1 & -4 & 1 & 0 & 1 & 0 \\ 0 & 0 & 1 & 1 & 1 & -4 & 0 & 0 & 1 \\ 1 & 0 & 0 & 1 & 0 & 0 & -4 & 1 & 1 \\ 0 & 1 & 0 & 0 & 1 & 0 & 1 & -4 & 1 \\ 0 & 0 & 1 & 0 & 0 & 1 & 1 & 1 & -4 \end{bmatrix} \begin{bmatrix} \phi_0 \\ \phi_1 \\ \phi_2 \\ \phi_3 \\ \phi_4 \\ \phi_5 \\ \phi_6 \\ \phi_7 \\ \phi_8 \end{bmatrix} = \Delta x \begin{bmatrix} u_1 - u_0 + v_3 - v_0 \\ u_2 - u_1 + v_4 - v_1 \\ u_0 - u_2 + v_5 - v_2 \\ u_4 - u_3 + v_6 - v_3 \\ u_5 - u_4 + v_7 - v_4 \\ u_3 - u_5 + v_8 - v_5 \\ u_7 - u_6 + v_0 - v_6 \\ u_8 - u_7 + v_1 - v_7 \\ u_6 - u_8 + v_2 - v_8 \end{bmatrix}$$

不幸的是，这个方程组的解并不唯一，因为纳维-斯托克斯方程中影响流体加速度的是压强梯度而不是绝对压强。如果能确定一个元胞的 ϕ 的值，就可以很容易把其他元胞的值用这个确定的值表示。如果我们确定环境压强为 p_a，并且让 $\phi_8 = \frac{h}{\rho} p_a$。我们可以把矩阵的最后一行换成这个方程，这样就得到了最终的计算形式：

$$\begin{bmatrix} -4 & 1 & 1 & 1 & 0 & 0 & 1 & 0 & 0 \\ 1 & -4 & 1 & 0 & 1 & 0 & 0 & 1 & 0 \\ 1 & 1 & -4 & 0 & 0 & 1 & 0 & 0 & 1 \\ 1 & 0 & 0 & -4 & 1 & 1 & 1 & 0 & 0 \\ 0 & 1 & 0 & 1 & -4 & 1 & 0 & 1 & 0 \\ 0 & 0 & 1 & 1 & 1 & -4 & 0 & 0 & 1 \\ 1 & 0 & 0 & 1 & 0 & 0 & -4 & 1 & 1 \\ 0 & 1 & 0 & 0 & 1 & 0 & 1 & -4 & 1 \\ 0 & 0 & 0 & 0 & 0 & 0 & 0 & 0 & 1 \end{bmatrix} \begin{bmatrix} \phi_0 \\ \phi_1 \\ \phi_2 \\ \phi_3 \\ \phi_4 \\ \phi_5 \\ \phi_6 \\ \phi_7 \\ \phi_8 \end{bmatrix} = \Delta x \begin{bmatrix} u_1 - u_0 + v_3 - v_0 \\ u_2 - u_1 + v_4 - v_1 \\ u_0 - u_2 + v_5 - v_2 \\ u_4 - u_3 + v_6 - v_3 \\ u_5 - u_4 + v_7 - v_4 \\ u_3 - u_5 + v_8 - v_5 \\ u_7 - u_6 + v_0 - v_6 \\ u_8 - u_7 + v_1 - v_7 \\ \frac{h}{\Delta x \rho} p_a \end{bmatrix}$$

扩散项隐式积分的矩阵表示：根据 $\mathbf{w}_2$ 隐式积分求解 $\mathbf{w}_3$ 的方程 15.2 也必须写成矩阵形式。对于二维情况需要求解关于 u 和 v 的两个方程组，三维情况则需要求解关于 u、v 和 w 的三个方程组。只考虑矢量场 $\mathbf{w}_2$ 和 $\mathbf{w}_3$ 的 u 分量，写成列向量[2] $\mathbf{u}_2$ 和 $\mathbf{u}_3$，方程 15.2 可以写为：

$$\left(I - h\nu\nabla^2 \right) \mathbf{u}_3 = \mathbf{u}_2$$

对 4 号元胞，我们可以用与计算 ϕ 的拉普拉斯算符时类似的方法，得到下面的方程：

$$u_{3|4} - \frac{h\nu}{\Delta x^2} \left(u_{3|1} + u_{3|3} - 4u_{3|4} + u_{3|5} + u_{3|7} \right) = u_{2|4}$$

---

1 译注：原书方程右侧最后一项有误，已改正。

2 译注：原书用的都是 vector，这里把二维或者三维空间中有大小和方向的物理量如速度称为矢量，把由线性方程组写成矩阵形式时不同网格上的变量组成的未知部分称为列向量，以示区别，但是在公式中都用黑体字母表示。

为了简化矩阵元素，方程两边同时乘以 $\frac{\Delta x^2}{h\nu}$ 得到：

$$-u_{3|1} - u_{3|3} + \left(4 + \frac{\Delta x^2}{h\nu}\right)u_{3|4} - u_{3|5} - u_{3|7} = \frac{\Delta x^2}{h\nu}u_{2|4}$$

令 $K = 4 + \frac{\Delta x^2}{h\nu}$，用与把泊松方程写成线性方程组类似的方法把扩散项的隐式积分写成：

$$\begin{bmatrix} K & -1 & -1 & -1 & 0 & 0 & -1 & 0 & 0 \\ -1 & K & -1 & 0 & -1 & 0 & 0 & -1 & 0 \\ -1 & -1 & K & 0 & 0 & -1 & 0 & 0 & -1 \\ -1 & 0 & 0 & K & -1 & -1 & -1 & 0 & 0 \\ 0 & -1 & 0 & -1 & K & -1 & 0 & -1 & 0 \\ 0 & 0 & -1 & -1 & -1 & K & 0 & 0 & -1 \\ -1 & 0 & 0 & -1 & 0 & 0 & K & -1 & -1 \\ 0 & -1 & 0 & 0 & -1 & 0 & -1 & K & -1 \\ 0 & 0 & -1 & 0 & 0 & -1 & -1 & -1 & K \end{bmatrix} \begin{bmatrix} u_{3|0} \\ u_{3|1} \\ u_{3|2} \\ u_{3|3} \\ u_{3|4} \\ u_{3|5} \\ u_{3|6} \\ u_{3|7} \\ u_{3|8} \end{bmatrix} = \frac{\Delta x^2}{h\nu} \begin{bmatrix} u_{2|0} \\ u_{2|1} \\ u_{2|2} \\ u_{2|3} \\ u_{2|4} \\ u_{2|5} \\ u_{2|6} \\ u_{2|7} \\ u_{2|8} \end{bmatrix}$$

对速度场的 v 分量也可以写出类似的方程。

这个简单的二维例子中的方程规模并不大，可以通过矩阵求逆求解，但是对动画中用到的更大规模的三维流体模拟则需要利用矩阵的稀疏性，并且使用迭代法，比如双共轭梯度法求解。数值线性代数库如 Eigen [Inria，2015][1] 中包含有这些方法，在 Numerical Recipes [Press et al.，2007] 中有更详细的解释。

为了产生一个看上去有趣的烟模拟，有必要引入外力对流产生一些扰乱。这可以通过用户设置或者外力生成器，代入纳维-斯托克斯方程的外力项来实现。

使用半拉格朗日法进行二维烟模拟的一个有趣的应用就是将纹理坐标 (u, v) 像流速场一样输送。图 15.3 给出了这样的一个例子。将这个图看作一个二维网格。每个网格顶点上初始的 u 坐标对应横向距离和图像宽度的比值，初始 v 坐标对应纵向距离和图像高度的比值[2]。在每个时步，这些坐标像流体模拟中一样用回溯法进行输送。用更新后的纹理坐标在网格上进行渲染。更新后的图像的网格密度小于原图，所以看上去有点斑驳。这可以通过使用更细的网格和更复杂的纹理坐标采样方式进行修正。

1　译注：一个纯 C++ 模板的开源矩阵库，用户不需要编译，只需要在自己的代码中包含相应的头文件即可。

2　译注：这里指的是离更近的边的距离，这样自然满足周期性边界条件。

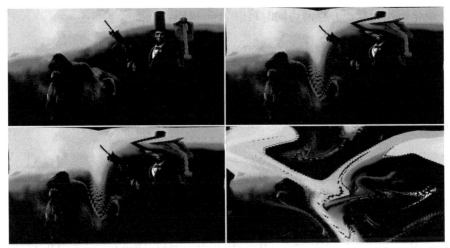

图 15.3   流体输送算法作用在纹理坐标上（由 Rui Icy Wang 和 Christopher Malloy 提供）

15.2.6   水模拟计算的结构

从烟的模拟转变到水的模拟需要引入流体
表面和边界的概念。我们要探究的是从游泳池
中取一个二维截面的简单例子，如右图所示。
为简单起见，我们使用 5×5 的计算网格。这
个方法很容易推广到三维、网格数更多和设置
更复杂的情况。深色的元胞被看作边界元胞或
者墙元胞。这些边界就像游泳池的墙一样，流
体的速度不会垂直于边界。墙和流体之间也会
产生摩擦力阻碍流体的运动，所以我们需要在
边界元胞上建立影响平行于边界速度的边界条
件。我们假设每个边界元胞的压强都等于它邻

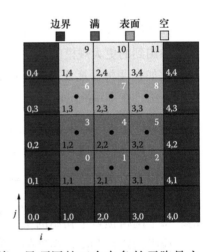

接的流体内部元胞的压强，所以不需要再做计算。最顶层的三个白色的元胞是空
的，不包含需模拟的流体。例如在水的模拟中这些元胞只包含空气。三个空元
胞下的包含流体的浅灰色元胞属于流体表面，因为它们至少有一面和空气相邻。
空元胞也有向量的索引，因为在某个时步，可能会有流体从表面流到空元胞内[1]。
由于表面元胞和外部空间相邻，所以我们就假设它们的压强等于外部空间的压
强。在水的模拟中，这个压强对应大气压强 p_a。因此表面元胞的压强也不需要计
算。剩下的 6 个深灰色的只包含需要模拟的流体的元胞是满元胞，需要计算它们
的压强。关于空元胞、表面元胞和边界元胞的假设构成了压强计算的边界条件。

---

1 译注：想象流体表面的波动和流体的飞溅。

右图所示的元胞编号方式和上文所述的烟模拟中的
类似。给定这个编号方式，方程 15.6 可以重写成：

$$\nabla^2 \begin{bmatrix} \phi_0 \\ \phi_1 \\ \vdots \\ \phi_5 \\ \phi_6 \end{bmatrix} = \begin{bmatrix} \nabla \cdot \mathbf{w}_{3|0} \\ \nabla \cdot \mathbf{w}_{3|1} \\ \vdots \\ \nabla \cdot \mathbf{w}_{3|5} \\ \frac{h}{\rho} p_a \end{bmatrix} \tag{15.9}$$

注意，所有的元胞有相同的压强值，即相同的 ϕ 值，所以方程组中 ϕ 向量里只
有一个 ϕ_6。所以矩阵不再是严格意义上的拉普拉斯算符矩阵，而是一个 6×6 的
拉普拉斯算符矩阵加上方程 $\phi_6 = \frac{h}{\rho} p_a$ 对应的补充行和列的增广矩阵[1]。

计算散度值： 计算这 6 个满元胞的散度的方法和
计算烟模拟的方法相同。需要注意的是，没有流体流
进边界元胞或者从边界元胞流入。例如 4 号元胞的散
度是：

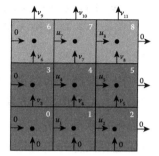

$$\nabla \cdot \mathbf{w}_{3|4} = \frac{u_5 - u_4}{\Delta x} + \frac{v_7 - v_4}{\Delta x}$$

而邻近的 3 号元胞的散度是：

$$\nabla \cdot \mathbf{w}_{3|3} = \frac{u_4 - 0}{\Delta x} + \frac{v_6 - v_3}{\Delta x} = \frac{u_4 + v_6 - v_3}{\Delta x}$$

计算 ϕ 值以确定压强： 计算每个元胞上拉
普拉斯算符的方法和计算烟模拟的方法类似。对
中间的 4 号元胞，用中心差分计算出的结果是：

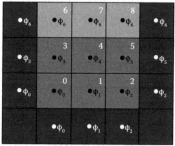

$$\nabla^2 \phi_4 = \frac{1}{\Delta x^2} (\phi_1 + \phi_3 - 4\phi_4 + \phi_5 + \phi_6)$$

因为边界元胞和临近的满元胞有相同的压强，比
如对临近左边界的 3 号元胞有：

$$\nabla^2 \phi_3 = \frac{1}{\Delta x^2} (\phi_0 - 3\phi_3 + \phi_4 + \phi_6)$$

所以，类似地，对左下角的 0 号元胞有：

$$\nabla^2 \phi_0 = \frac{1}{\Delta x^2} (-2\phi_0 + \phi_1 + \phi_3)$$

---

1 译注：在线性代数中，增广矩阵指的是系数矩阵的右边加上线性方程组等号右边的常数列得到的矩阵，
这里也是在原有矩阵基础上补充行列，用途接近，故用相同的译名。

对于剩下的元胞可以做类似的分析。

泊松方程的矩阵表示：在得到所有元胞的散度和拉普拉斯算符的数值表示以后，方程 15.9 可以写成最终的计算形式：

$$
\begin{bmatrix}
-2 & 1 & 0 & 1 & 0 & 0 & 0 \\
1 & -3 & 1 & 0 & 1 & 0 & 0 \\
0 & 1 & -2 & 0 & 0 & 1 & 0 \\
1 & 0 & 0 & -3 & 1 & 0 & 1 \\
0 & 1 & 0 & 1 & -4 & 1 & 1 \\
0 & 0 & 1 & 0 & 1 & -3 & 1 \\
0 & 0 & 0 & 0 & 0 & 0 & 1
\end{bmatrix}
\begin{bmatrix}
\phi_0 \\ \phi_1 \\ \phi_2 \\ \phi_3 \\ \phi_4 \\ \phi_5 \\ \phi_6
\end{bmatrix}
= \Delta x
\begin{bmatrix}
u_1 + v_3 \\
u_2 - u_1 + v_4 \\
-u_2 + v_5 \\
u_4 + v_6 - v_3 \\
u_5 - u_4 + v_7 - v_4 \\
-u_5 + v_8 - v_5 \\
\frac{h}{\Delta x \rho} p_a
\end{bmatrix}
$$

扩散项隐式积分的矩阵表示：根据方程 15.2 对 $\mathbf{w}_2$ 做隐式积分得到 $\mathbf{w}_3$ 的过程和之前做烟模拟时类似。我们分别求解各个速度分量。因为没有流体流入边界元胞，所以 $u_{3|0} = u_{3|3} = u_{3|6} = 0$，并且 $v_{3|0} = v_{3|1} = v_{3|2} = 0$。

因为摩擦力的存在，所以边界元胞里平行于边界的速度会受到边界处压强的影响。一种典型的方法是设置和边界元胞的交界面平行的虚拟流的值[1]，然后用插值法求解边界的流。考虑 1 号元胞。它的水平速度是 u_1，我们假设它下方的边界元胞的速度是 u'_1。对水平速度做插值可以得到两个元胞交界处的水平速度 $u_{1b} = \frac{u'_1 + u_1}{2}$。如果 $u'_1 = u_1$，那么交界面处的水平速度就和 1 号元胞的相同。这称为完全滑移条件——对应墙和流体之间没有摩擦的情况。反之，如果 $u'_1 = -u_1$，那么边界处的水平速度就是 0。这称为无滑移条件——对应墙和流体之间的摩擦非常大的情况。类比于 3.2.2 节引入的摩擦系数，我们引入一个系数 $0 \leqslant \mu \leqslant 1$。如果 $\mu = 0$ 对应完全滑移条件，而 $\mu = 1$ 对应无滑移条件，那么 i 号元胞邻近的边界元胞的虚拟流的水平或垂直分速度是：

$$u'_{ib} = (1 - 2\mu)\, u_i \ \text{或}\ v'_{ib} = (1 - 2\mu)\, v_i$$

和压强计算不同，我们需要计算和满元胞或表面元胞有公用表面的左边或底边的表面元胞的流体速度。因此要包括计算 u_7、u_8 和 v_6、v_7、v_8 的方程。所以速度的水平分量组成的向量为：

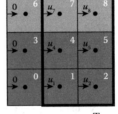
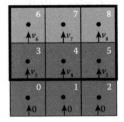

$$\mathbf{u} = \begin{bmatrix} u_1 & u_2 & u_4 & u_5 & u_7 & u_8 \end{bmatrix}^{\mathrm{T}}$$

---

1 译注：原文是 phantom flow，但在计算流体力学中更常用的叫法是 ghost fluid method。

速度的垂直分量组成的向量为：

$$\mathbf{v} = \begin{bmatrix} v_3 & v_4 & v_5 & v_6 & v_7 & v_8 \end{bmatrix}^{\mathrm{T}}$$

遵循烟模拟的逻辑，并考虑到边界条件，从左面进入 4 号元胞的水平速度可以用下面的方程做数值积分得到：

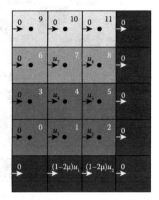

$$-u_{3|1} + \left(4 + \frac{\Delta x^2}{h\mathbf{v}}\right) u_{3|4} - u_{3|5} - u_{3|7} = \frac{\Delta x^2}{h\mathbf{v}} u_{2|4}$$

7 号元胞有类似的结构，但是邻近的边界元胞和空元胞水平速度为零。从左边进入 5 号元胞的水平速度是：

$$-u_{3|2} - u_{3|4} + \left(4 + \frac{\Delta x^2}{h\mathbf{v}}\right) u_{3|5} - u_{3|8} = \frac{\Delta x^2}{h\mathbf{v}} u_{2|5}$$

8 号元胞的结构也是相似的，除了边界元胞和空元胞以外。对于 1 号和 2 号元胞，必须考虑边界处的滑移条件，所以它们的水平速度为：

$$-(1 - 2\mu) u_{3|1} + \left(4 + \frac{\Delta x^2}{h\mathbf{v}}\right) u_{3|1} - u_{3|2} - u_{3|4} = \frac{\Delta x^2}{h\mathbf{v}} u_{2|1}$$

和

$$-(1 - 2\mu) u_{3|2} - u_{3|1} + \left(4 + \frac{\Delta x^2}{h\mathbf{v}}\right) u_{3|2} - u_{3|5} = \frac{\Delta x^2}{h\mathbf{v}} u_{2|2}$$

令 $K = 4 + \frac{\Delta x^2}{h\mathbf{v}}$，我们可以得到扩散项中水平速度的隐式积分，为：

$$\begin{bmatrix} K - (1 - 2\mu) & -1 & -1 & 0 & 0 & 0 \\ -1 & K - (1 - 2\mu) & 0 & -1 & 0 & 0 \\ -1 & 0 & K & -1 & -1 & 0 \\ 0 & -1 & -1 & K & 0 & -1 \\ 0 & 0 & -1 & 0 & K & -1 \\ 0 & 0 & 0 & -1 & -1 & K \end{bmatrix} \begin{bmatrix} u_{3|1} \\ u_{3|2} \\ u_{3|4} \\ u_{3|5} \\ u_{3|7} \\ u_{3|8} \end{bmatrix} = \frac{\Delta x^2}{h\mathbf{v}} \begin{bmatrix} u_{2|1} \\ u_{2|2} \\ u_{2|4} \\ u_{2|5} \\ u_{2|7} \\ u_{2|8} \end{bmatrix}$$

对速度的 v 分量积分可以写出一个类似的方程。

同样，最好还是利用矩阵的稀疏性，用迭代法求解这些方程。

追踪水表面： 因为在任何有趣的流体模拟中，流体的表面都在移动，所以在每个时步需要重新标记计算网格中的表面元胞、满元胞和空元胞。例如有水波沿表面传播，那么空元胞会成为表面元胞，表面元胞会成为满元胞或空元胞，满元胞会成为表面元胞。如果模拟符合 15.1.4 节中所说的 CFL 条件，那么在一个时步内，空元胞不会成为满的，满元胞也不会成为空的。这个问题的全部复杂度可以看图 15.4 所示的水的晃动模拟的框架。

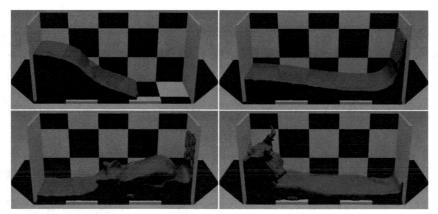

图 15.4 水在盒子内晃动（由 Ruoguan Huang 提供）

最简单的追踪液体表面的方法是 Marker 和 Cell 的 MAC 方法 [Foster 和 Metaxas，1996]。当初始化模拟的时候，给每个初始包含流体的元胞分配一些不可见的无质量粒子。然后在每个时步，这些粒子随着流体速度场一起被输运，然后移动到哪个元胞就被重新分配给那个元胞。在每个时步开始，每个不包含元胞的粒子被标记为空元胞。剩下的元胞都包含有流体。根据是否和空元胞相邻，粒子被标记为表面元胞或满元胞。这些标记的粒子可以像 14.4 节中讲述的 SPH 方法那样用于渲染流体表面。

Marker 和 Cell 的方法虽然简单，但并不是一个追踪流体表面并且用粒子构建一个起伏不平的流体表面的非常精确的方法。Foster 和 Fedkiw [2001] 的论文 *Practical Animation of Liquids* 中描述了一个改善的混合方法。该方法除了输送粒子以外，也维护了一个随着流体一起被输送的有向距离场 $s(\mathbf{x})$。这是一个标量场，空间 $\mathbf{x}$ 处的值是它离流体表面的最近距离。这个距离是有正负号的，流体外部为正、内部为负[1]。在算法中，将有向距离场存储在一个比模拟网格分辨率更高的空间网格中。在每个时步内，通过流体输送标记的粒子，同时通过下面的方程更新有向距离场 s：

$$\frac{\partial s}{\partial t} = -\mathbf{u} \cdot \nabla s$$

这个通过输送有向距离场更新表面的方法是水平集方法的一个例子。

一个渲染器可以使用光线步进法有效地找到表面，即 $s = 0$，因为光线每步进一次场都给出了到表面的最近距离，即光还可以步进并且不会错过表面。找到

---

1 译注：有向距离场中的"有向"指的是有正有负，而不是像矢量那样有方向。

表面后，表面的法线是：

$$\hat{\mathbf{n}} = \nabla s / \|\nabla s\|$$

这种方法中的表面是单独渲染的，所以带来的问题和使用粒子渲染表面相反。带来的问题是，本应该有飞溅或者表面运动复杂的区域过于光滑。为了得到一个该光滑的地方光滑，该有细节的地方又可以保持细节的表面，Foster 和 Fedkiw 推荐对渲染中每条光线计算表面的局部曲率

$$\kappa = \nabla \cdot (\nabla s / \|\nabla s\|)$$

如果曲率小，那么就用有向距离场计算表面，否则就用粒子方法计算。

这里描述的方法只是一个基础，有多种使用欧拉模拟进行表面提取的改进方法，比如 Bargteil et al. [2006]。

计算表面速度： 需要计算表面元胞和含有流体的元胞（满元胞或表面元胞）共有的表面速度。不需要计算表面元胞和空元胞的公共表面的速度。在游泳池例子中，就是垂直速度分量 v_9、v_{10} 和 v_{11}。通过保证表面元胞内的不可压缩性，比如速度场散度为零来求解这些速度分量。有不止一种方法可以解决这个问题，这里展示的是 Foster 和 Metaxas [1996] 使用的方法。

右图中灰色的是流体元胞（满元胞或者表面元胞），其中中心元胞 (i, j) 是我们需要求解其缺失的速度分量的表面元胞。需要计算的速度用实线箭头表示，缺失的速度分量用虚线箭头表示。白色的是空元胞。在二维情况下，只需要考虑图中的四种不同的情况。其他情况不过是这几种情况的旋转或者镜像。情况 I 是表面元胞只有一个面和空元胞相邻。在这种情况下，散度为零要求：

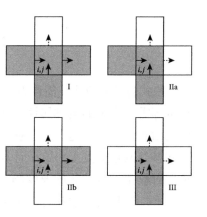

$$v_{i,j+1} = u_{i,j} - u_{i+1,j} + v_{i,j}$$

在情况 IIa 中，可以通过让两个方向上流进等于流出

$$u_{i+1,j} = u_{i,j} \text{ 和 } v_{i,j+1} = v_{i,j}$$

使得散度为零。在情况 IIb 中，让从水平表面垂直流出的速度等于从水平方向净

流入的一半, 即

$$v_{i,j} = -\frac{u_{i,j} - u_{i+1,j}}{2} \text{ 和 } v_{i+1,j} = \frac{u_{i,j} - u_{i+1,j}}{2}$$

最后在情况 III 中,

$$u_{i,j} = u_{i+1,j} = 0 \text{ 和 } v_{i,j+1} = v_{i,j}$$

我们很容易把这个方法扩展得到三维的 8 种情况。

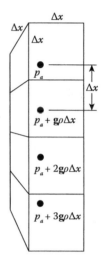

初始化模拟: 使用运动的流体进行模拟初始化是困难的, 常见的做法是设初始状态为静止状态, 然后随着模拟过程的进行给流体施加扰动。在游泳池例子中, 初始静止状态是, 初始速度为 0, 而且压强仅仅是重力造成的静压强。一个立方体满元胞的流体质量是 $\rho\Delta x^3$。如果重力加速度常量是 $\mathbf{g}$, 那么一个满元胞给它下方的元胞施加的压强是 $p = \mathbf{g}\rho\Delta x^3/\Delta x^2 = \mathbf{g}\rho\Delta x$。表面元胞都有环境压强 p_a。所以表面元胞下的第一个元胞压强是 $p_a + \mathbf{g}\rho\Delta x$, 第 n 个元胞压强是 $p_a + n\mathbf{g}\rho\Delta x$。注意, 使用泊松方程方法计算下一个时步的压强时并不需要初始化压强, 但是如果使用松弛迭代法的话则必须进行初始化。

15.3　FLIP

隐式粒子模拟法 (简称为 FLIP 法) 是一种拉格朗日法, 其中一组粒子带着动量等需要模拟的流体属性。在这种方法中, 就没有必要像半拉格朗日法中那样用回溯法计算输送项了。在每个时步, 创建均匀的计算网格, 然后把粒子速度均摊到网格节点上。这个计算习惯可以在均匀网格中创建一个能更新粒子动量、对粒子进行输运的速度场, 从而可以计算外部加速度、扩散项和压强。相比之下, SPH 方法直接计算不均匀分布的粒子。FLIP 方法最早在流体动力学领域, 由 Brackbill 和 Ruppel [1986] 提出, 随后被 Zhu 和 Bridson [2005] 的论文 *Animating Sand as a Fluid* 作为一种动画模拟方法引入计算机图形学领域。

FLIP 方法在一个时步内的算法流程如图 15.5 所示。算法的输入是当前的粒子系统 **S**, 包括所有流体粒子的位置和速度。粒子系统也可以包括其他随流体一起输送的量。额外输入还包括一组可能的外部加速度 $\mathbf{g}$, 流体密度 ρ, 时步 h。算法的输出是更新后的粒子系统, 包括新的粒子位置和速度。

在每个时步, FLIP 方法都要创建一个新的尺寸和位置, 以包含粒子系统的轴平行包围体的交错网格。因此和欧拉法不同，FLIP 模拟在空间上是无界的。需要两个网格 $\mathbf{G}_0$ 和 $\mathbf{G}_1$ 来包括更新前后的速度场。为了初始化计算网格，要把粒子速度的 u、v 和 w 分量均摊到元胞面中心的交错网格节点上。然后根据网格元胞和场景几何的交叠，元胞内粒子的存在与否，将其分为边界元胞、空元胞、表面元胞和满元胞。然后使用除了没有流体输送的步骤以外和半拉格朗日法相同的计算方法，根据当前速度场计算新的速度场和压强场。先用当前的粒子位置和速度初始化粒子系统 $\mathbf{P}_{\text{new}}$，然后根据网格上存储的新旧速度场的差做插值求出速度的增量。再对新网格 $\mathbf{G}_1$ 上的速度场做数值积分来输送粒子和更新过的速度。这个积分过程可以用高阶的数值积分，比如 RK-4，而且可以把整个时步分割为几个子步骤从而发挥流速场的细节优势。因为这是唯一在网格上做的积分，所以可以用 CFL 条件限制子步骤的时间，从而可以使用较粗的网格而不用担心数值稳定性问题。

```
ParticleSystem FLIP(ParticleSystem P, Scene S, VectorField g, float ρ, float h)
begin
    ParticleSystem Pnew;

    // 构造粒子周边的维度为 W 、原点为 x0 的包围域，并用其来建立初始和最
       终的计算体 G0 和 G1。
    (Vector3d W, Vector3d x0) = BoundingVolume(P);
    StaggeredGrid G0(W, x0), G1(W, x0);

    // 将粒子速度均摊到初始计算网格上，将元胞分为边界元胞、空元胞、表面元胞
       或满元胞。
    G0 = AverageVelocitiesOntoGrid(P, W, x0);
    G0 = ClassifyCells(G0, P, S);

    // 使用半拉格朗日法中计算外部加速度、扩散项和压强投影的步骤更新速度，忽
       略输送项。
    G1 = VelocityUpdate(G0, g, ρ, h);

    // 用新旧网格的速度差更新粒子的速度（即动量）。
    Pnew = P;
    Pnew.v += VelocityDifference(G1, G0);

    // 对速度场做数值积分输送粒子。
    Pnew.x = integrate(Pnew, G1, h);

    // 返回更新后的粒子系统。
    return Pnew;
end
```

图 15.5　FLIP 法概述

　　图 15.6 展示了用 FLIP 模拟移动一组粒子的过程。这个模拟使用了周期性边界条件——从右边流出的粒子会从左边流入，反之亦然。上下边界同理。

图 15.6 绘制移动粒子从而展示 FLIP 模拟（由 Doug Rizeakos 提供）

既然 FLIP 是一种拉格朗日法，那么就应该直接从粒子构造流体表面。Zhu 和 Bridson 提出了一个改进的构造流体表面的方法，Yu 和 Turk [2013] 最近的论文里给出了更好的方法。

15.4 总结

本章讨论了以下几点内容：

- 流体模拟的欧拉法的一种标准做法是使用有限差分法。这种方法在问题区域建立起均匀的空间网格。网格用来存储场的量和计算它们的导数。

- 每个网格元胞对应要追踪的场采样值。典型的流体模拟中包括流体速度和压强。

- 通过将横跨元胞的采样值做差，然后除以元胞的宽度来计算导数。空间三个方向的差分值都要计算以近似这些方向的空间偏导数。

- 迎风差分根据沿某个行或者列的流分量方向选择相应的有限差分的方向。

- 所有的微分算符，包括梯度、散度和拉普拉斯算符，都有取决于使用的差分方法的离散近似。

- 中心采样或者交错网格采样都可以用来构造空间网格。

- 在中心采样法中，所有的采样值都取自元胞中心，相应的差分都用迎风差分。

- 在交错网格采样中，在元胞中心采样压强等标量场，而在相应的元胞表面中心采样速度等矢量场的各个分量。

- 在交错网格采样中，中心差分可以用于几乎所有场景，计算出的导数值也正是计算加速度需要的值。

- CFL 条件把模拟的空间网格的分辨率和模拟中我们期待出现的流体最大速度、模拟时步联系了起来。为了稳定性和精度考虑，假想的流体粒子在一个时步内的移动距离不应该超过一个元胞尺度。

- 半拉格朗日法是用有限差分法模拟计算不可压缩流体的纳维-斯托克斯方程的有效手段。它使用拉格朗日法近似求解流体的输送，通过隐式积分求解速度的扩散。然后为了保证流体的不可压缩性，通过解泊松方程得到压强修正项，从而兼顾了效率和稳定性。

- FLIP 法是一种拉格朗日法。同 SPH 法一样，流体用粒子表示，但是在每个时步都要构造空间网格。速度场被均摊到各个网格节点上，计算更新速度场，然后再把新旧速度场的差投影回原来的粒子上更新粒子的速度。而后以时步对速度积分就得到了粒子新的位置。

附录 A 矢量

对数学家而言，矢量是矢量空间的基本元素，配合使用标量它支持缩放，也支持加法。当使用矢量去描述物理量，例如速度、加速度和力时，我们可以跳出这个抽象定义，采用更具体的概念。我们可把它视为空间中的箭头，有长度及方向，并且想象其对应的标量为简单实数。具体而言，矢量是一种简单的同时存储及处理两个信息，即空间中的方向、模（长度）的方法。

箭头是绘制矢量的简便方法，因为它能清楚地表示长度和方向。实数是表示标量的简便方法，它乘以矢量可以改变矢量长度。右图展示三个相同的矢量。由于这些矢量都有相同长度和相同方向（它们是平行的），所以它们是相同的。

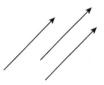

在学习基于物理的动画时，我们首先接触的是二维及三维的矢量，这些矢量的分量为实数。稍后我们会看到任意维度的矢量，它们的元素本身也可能是多维的。

矢量通常以小写字母表示，字母的上面有一短线 $(\bar{v})$，或以粗体印刷 $(\mathbf{v})$。在手写时，用短线最方便，但印刷时更常用粗体。本书都用 $\mathbf{v}$ 的形式。

二维欧氏空间中的矢量被定义为一对标量，以列编排，如：

$$\mathbf{v} = \begin{bmatrix} v_x \\ v_y \end{bmatrix}$$

观察右图，我们可看到，v_x 表示矢量在水平方向的大小，或称为矢量的分量（component），而 v_y 则是其垂直分量。注意，在计算机程序中，可简单地将这个结构表示为有两个浮点数元素的数组，或是一个含两个浮点数的结构体（struct）。在二维情况下，可用斜率 $m = v_y/v_x$ 确定矢量的方向。矢量的模也称作范数（norm），写作 $\|\mathbf{v}\|$。利用勾股定理，$\|\mathbf{v}\| = \sqrt{v_x^2 + v_y^2}$。

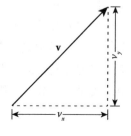

将三维空间中的矢量记作以列编排的三个标量：

$$\mathbf{v} = \begin{bmatrix} v_x \\ v_y \\ v_z \end{bmatrix}$$

其中，v_x 为水平分量，v_y 为垂直分量，v_z 为深度分量。三维矢量 $\mathbf{v}$ 的范数为：

$$\|\mathbf{v}\| = \sqrt{v_x^2 + v_y^2 + v_z^2}$$

在三维中，并没有简单的对应于斜率的东西。三维矢量的方向通常以方位角（azimuth）和仰角（elevation）表示。但对于我们，矢量的方向最好以其对应的单位矢量表示。后面在定义一些关键矢量运算时会再介绍单位矢量。

A.1　缩放矢量

将矢量乘以实数标量后，其方向不变，但其模则被缩放。用代数方式，将矢量的分量乘以标量。例如：

$$2\mathbf{a} = 2\begin{bmatrix} a_x \\ a_y \end{bmatrix} = \begin{bmatrix} 2a_x \\ 2a_y \end{bmatrix}$$

矢量除以标量，等同于乘以该标量的倒数：

$$\mathbf{a}/2 = \begin{bmatrix} a_x/2 \\ a_y/2 \end{bmatrix}$$

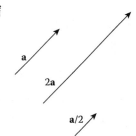

A.2　单位矢量／方向矢量

描述矢量方向最容易的方法是使用单位矢量（unit vector），又称为方向矢量（direction vector）。某个矢量的单位矢量，就是平行于该矢量但具有单位长度的矢量。因为，单位矢量保留了原来矢量的方向，但不保留其范数。本书采用 $\hat{\mathbf{v}}$ 记法表示矢量 $\mathbf{v}$ 的单位矢量。例如，二维矢量 $\mathbf{a}$ 的对应单位矢量（方向矢量）为：

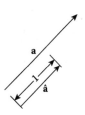

$$\hat{\mathbf{a}} = \begin{bmatrix} a_x/\|a\| \\ a_y/\|a\| \end{bmatrix} = \begin{bmatrix} \hat{a}_x \\ \hat{a}_y \end{bmatrix}$$

A.3　矢量加法

右图展示了矢量的加法。移动两个矢量令末端对齐，那么从第一个矢量的开端至第二个矢量的末端的矢量便是两个矢量之和。我们可以想象，以第一个矢量的开端作为起点，行进到达末端，再从第二个矢量的开端移动到末端。以起点至终点所画出的箭头所定义的新矢量，便是原本的两个矢量之和。从代数的角度来说，这个运算等价于把两个矢量的对应分量相加：

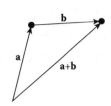

$$\mathbf{a} + \mathbf{b} = \begin{bmatrix} a_x \\ a_y \end{bmatrix} + \begin{bmatrix} b_x \\ b_y \end{bmatrix} = \begin{bmatrix} a_x + b_x \\ a_y + b_y \end{bmatrix}$$

我们可以再想象从第一个矢量的开端移动至第二个矢量的末端，但这次从水平方向移动 $a_x + b_x$ 的距离，然后再垂直移动 $a_y + b_y$ 的距离。

A.4　矢量减法

右图中展示了矢量的减法。把两个矢量的起点放在一起，然后它们相减的矢量就是从第二个矢量的末端指至第一个矢量的末端的矢量。代数上，我们把对应分量相减：

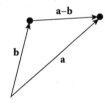

$$\mathbf{a} - \mathbf{b} = \begin{bmatrix} a_x \\ a_y \end{bmatrix} - \begin{bmatrix} b_x \\ b_y \end{bmatrix} = \begin{bmatrix} a_x - b_x \\ a_y - b_y \end{bmatrix}$$

A.5　点和矢量

我们会想到点和矢量（几乎）可互相替代。矢量在空间中并没有位置，而点则总是相对于原点 O 来定义的。因此，我们可以用原点 $O = (0,0)$ 和一个矢量 $\mathbf{p} = \begin{bmatrix} x \\ y \end{bmatrix}$ 来定义一个点 $p = (x, y)$：

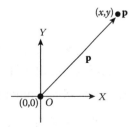

$$p = O + \mathbf{p}$$

因为我们假设原点为点 $(0,0)$，点和矢量可以用相同的方法表示，例如可将点 $(2,3)$ 表示为矢量 $\begin{bmatrix} 2 \\ 3 \end{bmatrix}$。在许多情况下，这种互换十分方便，但也会引起混淆。在存储数据时，最好清楚地指出哪些值是点，哪些值是矢量。后续我们会看到用于定义变换的齐次坐标能帮助区分这两者。

同理，我们也可写出 $\mathbf{p} = p - O$，即可将矢量定义为原点至空间中某点的测量。更一般地，总是可将矢量表示为任意两个点 p 和 q 之差。矢量 $\mathbf{v} = p - q$ 表示从点 q 至点 p 的方向与距离。反过来，点 q 和矢量 $\mathbf{v}$ 能定义一个点 $p = q + \mathbf{v}$，表示从 q 以 $\mathbf{v}$ 的分量作平移。

A.6　直线与射线的参数式定义

我们再来看看如何以一个点和单位矢量来简洁地定义空间中的线（linc）。设 $\mathbf{p}$ 为一条线上的已知点（以矢量形式表示），而 $\hat{\mathbf{a}}$ 为一个单位矢量，其方向与该线平行。然后，线上的点所划过的轨迹是所有满足下式的点集：

$$\mathbf{x}(t) = \mathbf{p} + t\hat{\mathbf{a}}$$

其中，变量 t 为实数，称为线的参数（parameter）。参数 t 测量点 $\mathbf{p}$ 至点 $\mathbf{x}(t)$ 的距离。若 t 为正数，则点 $\mathbf{x}$ 位于点 $\mathbf{p}$ 往单位矢量的方向上；若 t 为负数，点 $\mathbf{x}$ 则位于该单位矢量的相反方向上。

射线（ray）的定义与线相同，除了射线 t 被限制为正数外。因此，对于射线我们可理解为从起点 $\mathbf{p}$ 往方向 $\hat{\mathbf{a}}$ 移动距离 t，t 从 0 逐渐增加至更大的正数值。在射线中，点 $\mathbf{p}$ 称为射线原点，$\hat{\mathbf{a}}$ 为射线方向，而 t 为射线距离。

A.7　点积／内积

要定义矢量与矢量的乘法，并不像加法、减法或标量乘法那么容易。实际上我们可以定义出多种矢量积。首先，我们先看看两个矢量的点积（dot product），也常称作内积（inner product）。

两个矢量的点积的代数定义如下：

$$\mathbf{a} \cdot \mathbf{b} = \begin{bmatrix} a_x \\ a_y \end{bmatrix} \cdot \begin{bmatrix} b_x \\ b_y \end{bmatrix} = a_x b_x + a_y b_y$$

我们把对应项相乘，然后把结果相加。点积的结果不是矢量，而是标量。点积是一种强大的运算，在图形学里有许多用途！

A.7.1　点积的三角学诠释

点积也可写成三角学形式：

$$\mathbf{a} \cdot \mathbf{b} = \|\mathbf{a}\| \|\mathbf{b}\| \cos\theta$$

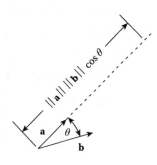

其中，θ 为两个矢量间的最小夹角。要注意，这里 θ 的定义同样适用于二维和三维的情况。使用两个非互相平行的矢量总是能定义出一个平面，而夹角 θ 便是在该平面上测量的。注意，若 $\mathbf{a}$ 及 $\mathbf{b}$ 都是单位矢量，那么 $\|\mathbf{a}\| \|\mathbf{b}\| = 1$，并且 $\mathbf{a} \cdot \mathbf{b} = \cos\theta$。因此，一般而言，若想求出两个矢量 $\mathbf{a}$ 和 $\mathbf{b}$ 的夹角余弦，需先计算 $\mathbf{a}$ 和 $\mathbf{b}$ 方向的单位矢量 $\hat{\mathbf{a}}$ 和 $\hat{\mathbf{b}}$，然后：

$$\cos\theta = \hat{\mathbf{a}} \cdot \hat{\mathbf{b}}$$

我们可以直接从余弦关系里，推出点积的三角学表示的几个特点：

1. 对于两个正交（orthogonal，即互相垂直）的矢量，它们的点积为零。因此，若对于矢量 $\mathbf{a}$ 和 $\mathbf{b}$，有 $\mathbf{a} \cdot \mathbf{b} = 0$，而且 $\mathbf{a}$ 和 $\mathbf{b}$ 都具有非零的长度，我们便知道两个矢量是正交的。

2. 若两个矢量的最小夹角小于 90°，那么它们的点积为正数；若夹角大于 90° 则为负数。

A.7.2　点积的几何诠释

点积的另一个用途，是计算一个矢量在另一矢量方向的分量。例如，设 $\hat{\mathbf{a}}$ 为矢量 $\mathbf{a}$ 方向上的单位矢量。那么另一矢量 $\mathbf{b}$ 投影在 $\mathbf{a}$ 方向上的长度为 $\hat{\mathbf{a}} \cdot \mathbf{b}$。读者可以想象这是矢量 $\mathbf{b}$ 在 $\mathbf{a}$ 上的阴影长度。因此，$\mathbf{b}$ 在 $\mathbf{a}$ 方向的矢量分量为：

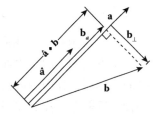

$$\mathbf{b}_a = (\hat{\mathbf{a}} \cdot \mathbf{b})\hat{\mathbf{a}}$$

这样，$\mathbf{b}_a$ 便是与 $\mathbf{a}$ 平行的矢量，其长度为 $\mathbf{b}$ 在 $\mathbf{a}$ 上的投影。也要注意到，$\mathbf{b}_\perp = \mathbf{b} - \mathbf{b}_a$ 为 $\mathbf{b}$ 垂直于 $\mathbf{a}$ 的分量。

点积在图形学中有许多应用，以下展示两个例子。

A.7.3 点积例子：点与直线的距离

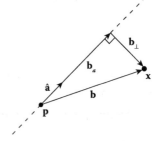

我们看看点积如何计算一个重要的几何量——点与直线的距离。我们用之前提到的参数式来定义直线，以一点 **p** 和方向矢量 **â** 表示。为了计算任意点 **x** 与此直线的距离，首先计算矢量 **b = x − p**，从线上点 **p** 至点 **x** 的矢量。**b** 在方向矢量 **â** 上的分量为：

$$\mathbf{b}_a = (\hat{\mathbf{a}} \cdot \mathbf{b})\hat{\mathbf{a}}$$

b 垂直于 **a** 的分量为：

$$\mathbf{b}_\perp = \mathbf{b} - \mathbf{b}_a$$

所以点 **x** 与直线的距离为 $\|b_\perp\|$。

A.7.4 点积例子：镜面反射

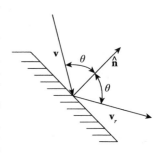

点积另一个非常有用的几何计算例子是计算表面的镜面反射。假设我们有一个平面镜面，其表面法线为单位矢量 **n̂**。表面法线被定义为垂直于表面的方向矢量。由于在表面上每一点有两个这样的矢量，所以从惯例上法线为指向表面"上方"的那个垂直矢量。例如，在球面上法线从球面离开，而在一个平面上则为表面上方的垂直矢量。现在，我们从 **v** 方向照射一束光线至表面。设反射光线的方向为 **v**$_r$。确保法线 **n̂** 与光线 **v** 的夹角 θ 等于反射光线与法线的夹角，并且 **v**、**n̂** 和 **v**$_r$ 都在同一平面上。

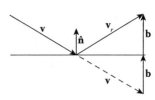

为了绘制右图，我们先旋转场景，令所有东西都在一个方便的坐向，表面法线 **n̂** 垂直向上，表面为水平的。然后，如图中的折线所示，移动矢量 **v** 令其末端置于反射点。若 **b** 是垂直于 **n̂** 的矢量，从 **v** 开端指向表面，那么做矢量加法可得：

$$\mathbf{v}_r = \mathbf{v} + 2\mathbf{b}$$

现在，矢量 **b** 仅是 **v** 在方向 **n̂** 的反方向分量，所以：

$$\mathbf{b} = -(\hat{\mathbf{n}} \cdot)\hat{\mathbf{n}}$$

因此，

$$\mathbf{v}_r = \mathbf{v} - 2(\hat{\mathbf{n}} \cdot \mathbf{v})\hat{\mathbf{n}}$$

A.8 叉积

矢量 **a** 和矢量 **b** 的叉积 **a** × **b** 是一个新矢量，该矢量垂直于原来两个矢量所形成的平面。换言之，两个矢量的叉积同时垂直于原来两个矢量。右图展示了这个构造。

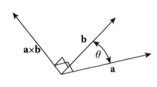

叉积的概念在二维中说不通，因为不可能构造第三个二维矢量，让它垂直于两个（非平行的）二维矢量。因此，叉积的概念只在三维空间中使用。

由两个矢量生成平面后，会有两个方向垂直于该平面，因此我们必须约定使用两个方向中的哪一个。最常用的是**右手法则**（right-hand rule），我们在本书中也使用这个约定。右手法则的工作方式如下。先摊开右手，拇指也伸直，其余四指对齐至 **a** 方向。然后，旋转手，卷动四指朝向 **b** 方向。那么拇指指向的方向便是 **a** × **b** 的方向。若你倒过来，先把四指对齐 **b**，然后卷动至 **a**，拇指就会指向相反的方向。这样应该很明显地看到 **b** × **a** = −(**a** × **b**)。就是说，叉积的操作数会改变叉积结果的极性。结果仍然会垂直于原来的两个矢量，只是方向相反。

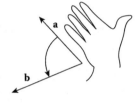

A.8.1 叉积的三角学诠释

叉积的范数为：

$$\|\mathbf{a} \times \mathbf{b}\| = \|\mathbf{a}\|\|\mathbf{b}\||\sin\theta|$$

其中，θ 为 **a** 与 **b** 的小夹角。因此，若 **a** 和 **b** 为单位矢量，则叉积的范数是 $\sin\theta$ 的值。

注意，两个平行矢量的叉积为零矢量 **0**。这个结果合乎几何解释，叉积生成

垂直于两个矢量的矢量。若两个矢量平行,则垂直于那两个矢量的矢量不唯一(即有无穷多个正交矢量,全部在垂直原矢量的平面上)。

从代数的角度来说,叉积的定义如下。若设两矢量为:

$$\mathbf{a} = \begin{bmatrix} a_x \\ a_y \\ a_z \end{bmatrix} \quad \text{及} \quad \mathbf{b} = \begin{bmatrix} b_x \\ b_y \\ b_z \end{bmatrix}$$

那么

$$\mathbf{a} \times \mathbf{b} = \begin{bmatrix} a_y b_z - a_z b_y \\ a_z b_x - a_x b_z \\ a_x b_y - a_y b_x \end{bmatrix}$$

叉积在图形学中有许多应用,以下展示两个例子。

A.8.2   叉积例子: 求平面法线

假设有一个三角形 $(\mathbf{p}_0, \mathbf{p}_1, \mathbf{p}_2)$,我们要求得三角形的表面法线。可以简单地利用叉积运算。首先,定义三角形两条边的矢量: $\mathbf{v}_{01} = \mathbf{p}_1 - \mathbf{p}_0$ 及 $\mathbf{v}_{02} = \mathbf{p}_2 - \mathbf{p}_0$。然后,叉积 $\mathbf{v}_{01} \times \mathbf{v}_{02}$ 同时垂直于 $\mathbf{v}_{01}$ 和 $\mathbf{v}_{02}$,因此也垂直于三角形的平面。缩放此矢量至单位矢量,便能获得表面法线:

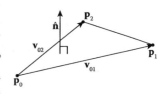

$$\hat{\mathbf{n}} = (\mathbf{v}_{01} \times \mathbf{v}_{02}) / \|\mathbf{v}_{01} \times \mathbf{v}_{02}\|$$

A.8.3   叉积例子: 计算三角形面积

叉积在三角形方面的另一个应用,是使用三角学定义中叉积的范数。假设有一个三角形,如右图所示。已知边长 a 和 b,也知道这两边的夹角 θ,那么计算面积很简单。若以 a 为底边,则三角形高度可用 $h = b\sin\theta$ 求出,而由于三角形面积为 $A = 1/2ah$,所以 $A = 1/2ab\sin\theta$。若我

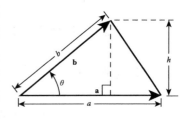

们以矢量 $\mathbf{a}$ 和 $\mathbf{b}$ 表示三角形的两边,$a = \|\mathbf{a}\|$ 及 $b = \|\mathbf{b}\|$,由于叉积的范数为 $\|\mathbf{a} \times \mathbf{b}\| = \|\mathbf{a}\|\|\mathbf{b}\|\|\sin\theta|$,因此可得出:

$$A = 1/2\|\mathbf{a} \times \mathbf{b}\|$$

附录 B　矩阵代数

　　虽然我希望本书的知识能够齐备，但矩阵和矩阵代数是一个复杂的题目，它们属于线性代数的范畴。本节中我们尝试做一些关于矩阵代数的简单介绍，这些知识对于学习基于物理的动画很重要。若你希望继续在计算机图形学方面发展，强烈建议全面地学习线性代数，因为线性代数是许多重要数学工具的基础，要看懂本领域的进阶知识及研究文献都需要这些数学工具。

B.1　矩阵定义

　　单个实数称为标量（scalar）。若我们有一列标量，那便是一个矢量（vector）。而一组具有相同数目项的矢量，以矩形数组形式排列，则称为矩阵（matrix）[1]。这个建构方式还可以延伸至更高维度。可以把一组矩阵组合成一个张量（tensor）。抽象地说，所有这些对象都可被当作不同阶的张量：标量是零阶张量，矢量是一阶张量，矩阵是二阶张量。

　　组成矩阵的各个标量称为元素（element）。以 n 行、m 列排列元素的矩阵称为 $n \times m$ 矩阵。以下是一个矩阵例子：

$$M = \begin{bmatrix} a & b & c \\ d & e & f \\ g & h & i \end{bmatrix}$$

M 的元素为标量 $a \sim i$，它们的值为实数。M 是一个 3×3 矩阵，含有 3 行：

$$\begin{bmatrix} a & b & c \end{bmatrix}, \begin{bmatrix} d & e & f \end{bmatrix}, \begin{bmatrix} g & h & i \end{bmatrix}$$

1　注意 matrix 的复数为 matrices。

及 3 列：

$$\begin{bmatrix} a \\ d \\ g \end{bmatrix}, \begin{bmatrix} b \\ e \\ f \end{bmatrix}, \begin{bmatrix} g \\ h \\ i \end{bmatrix}$$

由于 M 矩阵具有相同的行数和列数，所以称其为方块矩阵（square matrix）。由于矩阵中的每列各自为矢量，所以称它们为列矢量（column vector）。同样，矩阵中的每行各自为行矢量（row vector）。方块矩阵由左上角至右下角的元素数列称为矩阵的对角线（diagonal），其余的元素则称为非对角线（off diagonal）元素。对于上面的例子，M 矩阵的对角线为 $\begin{bmatrix} a & e & i \end{bmatrix}$。

把矩阵的行和列互换就得到其转置（transpose）。因此，$m \times n$ 矩阵的转置为一个 $n \times m$ 矩阵。回到上面的例子，矩阵 M 的转置为：

$$M^{\mathrm{T}} = \begin{bmatrix} a & d & g \\ b & e & h \\ c & f & i \end{bmatrix}$$

注意，矩阵原来的行矢量成为了转置矩阵的列矢量。同时，列矢量现在变成了转置矩阵的行矢量。

我们可以统一矢量和矩阵的记法，把 n 元素的列矢量记为 $n \times 1$ 矩阵。类似地，把 n 元素的行矢量记为 $1 \times n$ 矩阵。若我们用这个方式去考虑，则通过转置，可把列矢量转换成行矢量。若 $\mathbf{v} = \begin{bmatrix} v_x \\ v_y \end{bmatrix}$，则 $\mathbf{v}^{\mathrm{T}} = \begin{bmatrix} v_x & v_y \end{bmatrix}$。

矩阵的行列式（determinant）是一个标量，记作 $|M|$。只有在方块矩阵中才有行列式定义。对于小型矩阵，它的定义为：

$$2 \times 2: \quad M = \begin{bmatrix} a & b \\ c & d \end{bmatrix}, \quad |M| = ad - bc$$

$$3 \times 3: \quad M = \begin{bmatrix} a & b & c \\ d & e & f \\ g & h & i \end{bmatrix}, \quad |M| = aei + bfg + cdh - (ceg + bdi + afh)$$

对于更大型的矩阵，行列式的定义更复杂，读者可参考进阶课本。

矩阵乘法的定义需符合相容的维度。$a \times b$ 矩阵乘以 $b \times c$ 矩阵会生成 $a \times c$ 矩阵。例如，一个 3×3 矩阵乘以另一个 3×3 矩阵会生成 3×3 矩阵，而 2×2 矩阵乘以 2×1 矩阵生成 2×1 矩阵。

想知道矩阵乘法如何运作，可考虑矩阵乘以矢量，即 $M\mathbf{v}$。理解这个运算的一个方法，是考虑矩阵的行矢量。在乘法结果矢量中，每个元素为矩阵中每行与矢量的点积。举个例子，设矩阵 $M = \begin{bmatrix} a & b \\ c & d \end{bmatrix}$ 及矢量 $\mathbf{v} = \begin{bmatrix} v_x \\ v_y \end{bmatrix}$，那么结果矢量可以表示为：

$$M\mathbf{v} = \begin{bmatrix} \begin{bmatrix} a \\ b \end{bmatrix} \cdot \begin{bmatrix} v_x \\ v_y \end{bmatrix} \\ \begin{bmatrix} c \\ d \end{bmatrix} \cdot \begin{bmatrix} v_x \\ v_y \end{bmatrix} \end{bmatrix} = \begin{bmatrix} av_x + bv_y \\ cv_x + dv_y \end{bmatrix}$$

矩阵与矩阵的乘法如同矩阵与矢量的乘法，把第二个矩阵的列作为矢量，与第一个矩阵相乘，得出新的列：

$$\begin{bmatrix} a & b \\ c & d \end{bmatrix} \begin{bmatrix} e & f \\ g & h \end{bmatrix} = \begin{bmatrix} \begin{bmatrix} a \\ b \end{bmatrix} \cdot \begin{bmatrix} e \\ g \end{bmatrix} & \begin{bmatrix} a \\ b \end{bmatrix} \cdot \begin{bmatrix} f \\ h \end{bmatrix} \\ \begin{bmatrix} c \\ d \end{bmatrix} \cdot \begin{bmatrix} e \\ g \end{bmatrix} & \begin{bmatrix} c \\ d \end{bmatrix} \cdot \begin{bmatrix} f \\ h \end{bmatrix} \end{bmatrix} = \begin{bmatrix} ae + bg & af + bh \\ ce + dg & cf + dh \end{bmatrix}$$

乘法算符的完整定义还需要单位元及逆元。矩阵-矩阵乘法或矩阵-矢量乘法的单位元为单位矩阵 I，其对角元素全为 1，非对角元素全为 0。二维和三维的单位矩阵为：

$$I_{2\times 2} = \begin{bmatrix} 1 & 0 \\ 0 & 1 \end{bmatrix}, I_{3\times 3} = \begin{bmatrix} 1 & 0 & 0 \\ 0 & 1 & 0 \\ 0 & 0 & 1 \end{bmatrix}$$

现在，我们定义矩阵的逆 M^{-1} 为一个矩阵，当它乘以原始矩阵 M 时会得到单位矩阵 I，即：

$$MM^{-1} = M^{-1}M = I$$

2×2 矩阵的逆可这样求得：

$$M = \begin{bmatrix} a & b \\ c & d \end{bmatrix},$$
$$M^{-1} = \frac{1}{|M|} \begin{bmatrix} d & -b \\ -c & a \end{bmatrix}$$

3×3 矩阵的逆可以这样求得：

$$M = \begin{bmatrix} a & b & c \\ d & e & f \\ g & h & i \end{bmatrix},$$
$$M^{-1} = \frac{1}{|M|} \begin{bmatrix} ei - fh & ch - bi & bf - ce \\ fg - di & ai - cg & cd - af \\ dh - eg & bg - ah & ae - bd \end{bmatrix}$$

对于更大型的矩阵，读者可参考进阶课本。

有关逆矩阵还需要注意几个事情。首先，非方块矩阵并无逆。第二，从上面的方程可以看到，计算逆矩阵时涉及除以该矩阵的行列式。若行列式为 0，则逆矩阵是不确定的（indeterminate）。

B.2   线性方程组

引入矩阵的目的是为了开发一个紧凑的代数式去描述一组联立线性方程的解。假设我们有两个变量 x 和 y，并希望求出以下方程的解：

$$ax + by = u$$
$$cx + dy = v$$

求解这组方程的方法之一，是首先求第一个方程的解 $x = (u - by)/a$，然后把此 x 的表达式代入第二个方程，便能得到一个只含有变量 y 的方程，求解 $y = (av - cu)/(ad - cb)$。再把这个 y 的解代入 x 的方程就能得到 $x = (du - bv)/(ad - cb)$。

在线性代数中，原来的两个方程可写成矩阵与两个矢量的形式：

$$\begin{bmatrix} a & b \\ c & d \end{bmatrix} \begin{bmatrix} x \\ y \end{bmatrix} = \begin{bmatrix} u \\ v \end{bmatrix}$$

或更抽象地写为：

$$M\mathbf{x} = \mathbf{u}$$

其中，M、$\mathbf{x}$ 和 $\mathbf{u}$ 的定义取自其展开版本。从记法而言，原本两个烦琐的线性方程就简化为更紧凑的代数表达式。

写成矩阵形式的联立线性方程组后，我们就有了求解的方法：

$$M\mathbf{x} = \mathbf{u}$$
$$M^{-1}M\mathbf{x} = M^{-1}\mathbf{u}$$
$$I\mathbf{x} = M^{-1}\mathbf{u}$$
$$\mathbf{x} = M^{-1}\mathbf{u}$$

把这个逻辑套用至上述例子，可得：

$$\mathbf{x} = M^{-1}\mathbf{u} = \frac{1}{ad - bc} \begin{bmatrix} d & -b \\ -c & a \end{bmatrix} \begin{bmatrix} u \\ v \end{bmatrix} = \begin{bmatrix} (du - bv)/(ad - bc) \\ (av - cu)/(ad - bc) \end{bmatrix} = \begin{bmatrix} x \\ y \end{bmatrix}$$

上式符合用代入法求出的 x 和 y 的解。

注意，有时候一组联立线性方程的解不唯一。这种情况完全与矩阵行列式为零对应。例如，以下有两个有关苹果和香蕉的文字题。在两个问题中，a 为苹果的数量，b 为香蕉的数量。

1. 苹果数量为香蕉的两倍。水果总数为 30 个。

$$a - 2b = 0, a + b = 30$$

$$M\mathbf{x} = \mathbf{u}, M = \begin{bmatrix} 1 & -2 \\ 1 & 1 \end{bmatrix}, \mathbf{x} = \begin{bmatrix} a \\ b \end{bmatrix}, \mathbf{u} = \begin{bmatrix} 0 \\ 30 \end{bmatrix}$$

$$\mathbf{x} = M^{-1}\mathbf{u}, |M| = 1/3, M^{-1} = \begin{bmatrix} 1 & 2/3 \\ -1/3 & 1/3 \end{bmatrix}$$

$$\mathbf{x} = \begin{bmatrix} 20 \\ 10 \end{bmatrix}$$

2. 苹果数量为香蕉的两倍。香蕉数量为苹果数量的一半。

$$a - 2b = 0, -1/2a + b = 0$$

$$M\mathbf{x} = \mathbf{u}, M = \begin{bmatrix} 1 & -2 \\ -1/2 & 1 \end{bmatrix}, \mathbf{x} = \begin{bmatrix} a \\ b \end{bmatrix}, \mathbf{u} = \begin{bmatrix} 0 \\ 0 \end{bmatrix}$$

$$\mathbf{x} = M^{-1}\mathbf{u}, |M| = 0, 因此 M^{-1} 为不确定的$$

我们可以很容易发现，为何第二个问题没有唯一解，因为除了"香蕉数量为苹果数量的一半"这个条件外，并没有其他信息。我们已知苹果数量为香蕉的两倍。结果是，在构建矩阵 M 时，第二行元素为第一行元素的 $-1/2$ 倍。

一般而言，若矩阵的一行为其他行的线性组合（即加权和），那么其行列式便会为零，也就是无逆。这种矩阵称为退化的矩阵，表示原问题没有提供足够的信息，不能得出唯一解。

附录 C 仿射变换

C.1 几何变换的需求

人们或许会想，用户需要在一个计算机图形系统中的单个场景中直接创建所有东西。然而，我们发现这是极为受限的方法。在现实世界中，很多东西来自不同的地方，我们通过对它们进行布置来建立一个场景。进一步地说，这些东西本身也是由较小的部件组合而成的。有时我们希望一个物件与另一个物件有关联——例如，手位于手臂的末端。此外，我们常看到一些部件是相似的，例如车辆的几个轮胎。而且，就算是在场景中建立的一些东西，例如一幢房子，也是在其他地方设计的，并且以比实物小很多的比例去设计。更重要的是，我们经常需要让场景中的物件动起来，能基于它们的相对位置移动它们。在动画中，除了物件我们也需要移动摄像头，按时间推移去渲染一个序列的图像以制造动感。计算机图形系统需要提供针对上述问题的弹性解决方案。

我们用下图来说明。左图的圆柱体是在一个地方创建的。但按照场景的需求，需要先把它缩放成右图所示较长较细的形状，然后旋转它至想要的空间坐

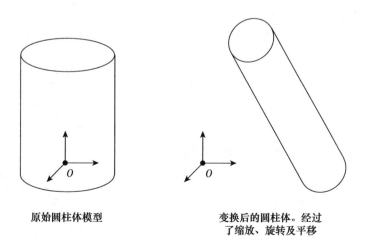

原始圆柱体模型　　　　　　变换后的圆柱体。经过
　　　　　　　　　　　　　了缩放、旋转及平移

343

向，最后将它移动至想要的位置（即平移）。所有这类变换操作都可以通过仿射变换（affine transformation）来实现。仿射变换包含了平移变换及线性变换，如缩放、旋转及切变。

C.2 二维仿射变换

我们首先来看二维空间中的仿射变换，与三维仿射变换相比，二维仿射变换比较容易用图说明。

考虑一个点 $\mathbf{x} = (x, y)$。$\mathbf{x}$ 的仿射变换是所有能写成如下形式的变换：

$$\mathbf{x}' = \begin{bmatrix} ax + by + c \\ dx + ey + f \end{bmatrix}$$

其中，$a \sim f$ 为标量。

例如，当 $a, e = 1$ 及 $b, d = 0$ 时，就是纯粹的平移：

$$\mathbf{x}' = \begin{bmatrix} x + c \\ y + f \end{bmatrix}$$

若 $b, d = 0$ 及 $c, f = 0$，则是纯粹的缩放：

$$\mathbf{x}' = \begin{bmatrix} ax \\ ey \end{bmatrix}$$

另外，若 $a, e = \cos\theta$，$b = -\sin\theta$，$d = \sin\theta$ 及 $c, f = 0$，就是绕原点的旋转：

$$\mathbf{x}' = \begin{bmatrix} x\cos\theta - y\sin\theta \\ x\sin\theta + y\cos\theta \end{bmatrix}$$

最后，若 $a, e = 1$ 及 $c, f = 0$，得到切变变换：

$$\mathbf{x}' = \begin{bmatrix} x + by \\ y + dx \end{bmatrix}$$

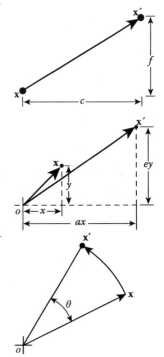

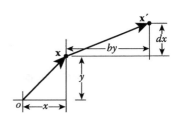

下图中列出了 4 种基本仿射变换。

- 平移：以固定距离 x 和 y 移动一组点。

- 缩放：在 x 和 y 方向放大或缩小一组点。

- 旋转：绕原点旋转一组点。

- 切变：按点的 x 和 y 坐标移动一组点。

注意，只有切变变换和缩放变换会改变由点组成的形状。

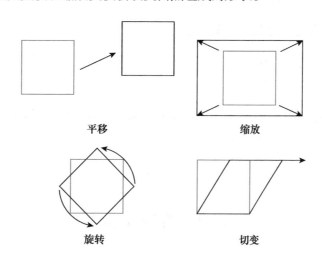

平移　　　　　　　　　　　　　　缩放

旋转　　　　　　　　　　　　　　切变

C.3　线性变换的矩阵表示

缩放、旋转和切变这三种仿射变换实际上是线性变换，可以把它们表示为矩阵乘法，而把点表示为矢量：

$$\begin{bmatrix} x' \\ y' \end{bmatrix} = \begin{bmatrix} ax + by \\ dx + ey \end{bmatrix} = \begin{bmatrix} a & b \\ d & e \end{bmatrix} \begin{bmatrix} x \\ y \end{bmatrix}$$

或者写作 $\mathbf{x}' = M\mathbf{x}$，其中，$M$ 为矩阵。

矩阵表示具有一个非常好的特性，就是我们可以用它把复杂的变换因式分解为一组较简单的变换。例如，假设我们希望缩放一个物体至新尺寸，然后把它切变成新形状，最后旋转这个物体。设 S 为缩放矩阵，H 为切变矩阵，R 为旋转矩阵，那么：

$$\mathbf{x}' = R(H(S\mathbf{x}))$$

定义这 3 个变换的次序：一是缩放，二是切变，三是旋转。因为矩阵乘法是满足结合律的，所以可以移除括号，并把矩阵相乘在一起，得出新矩阵 $M = RHS$。现在我们可把变换重写为：

$$\mathbf{x'} = (RHS)\mathbf{x} = M\mathbf{x}$$

若需要变换一个复杂模型中的几千个点，显然对每个点做变换时只用一次乘法即可，这相比用三次乘法要更简单。因此，矩阵对于封装复杂的变换是一个非常强大的方法，而且可以储存为紧凑又方便的形式。

以矩阵的形式罗列上述的线性变换：

$$\text{缩放：}\begin{bmatrix} s_x & 0 \\ 0 & s_y \end{bmatrix}, \text{旋转：}\begin{bmatrix} \cos\theta & -\sin\theta \\ \sin\theta & \cos\theta \end{bmatrix}, \text{切变：}\begin{bmatrix} 1 & h_x \\ h_y & 1 \end{bmatrix}$$

其中，s_x 和 s_y 缩放点的 x 和 y 坐标，θ 为绕原点逆时针旋转的角度，h_x 为水平切变因子，h_y 为垂直切变因子。

C.4　齐次坐标

使用矩阵可以方便地把简单的变换组合成复杂的变换，如可以用矩阵表示所有仿射变换。但问题是，平移并不是线性变换。该问题的解决方法是把二维问题转变成三维问题，这中间需要使用齐次坐标（homogeneous coordinates）。

首先，把所有的点 $\mathbf{x} = (x, y)$ 表示为二维矢量 $\begin{bmatrix} x \\ y \end{bmatrix}$，并把这些矢量变成三维的，由于第三个坐标都是相同的，所以使用术语齐次[1]：

$$\begin{bmatrix} x \\ y \end{bmatrix} \Longrightarrow \begin{bmatrix} x \\ y \\ 1 \end{bmatrix}$$

一般我们称第三个坐标为 w 坐标，以便与常用的三维 z 坐标区分开来。也可以把二维矩阵扩展至三维齐次形式，只需加上一列和一行即可：

$$\text{缩放：}\begin{bmatrix} s_x & 0 & 0 \\ 0 & s_y & 0 \\ 0 & 0 & 1 \end{bmatrix}, \text{旋转：}\begin{bmatrix} \cos\theta & -\sin\theta & 0 \\ \sin\theta & \cos\theta & 0 \\ 0 & 0 & 1 \end{bmatrix}, \text{切变：}\begin{bmatrix} 1 & h_x & 0 \\ h_y & 1 & 0 \\ 0 & 0 & 1 \end{bmatrix}$$

1　译注：英文前缀 homo- 为希腊文，表示相同的意思。

注意，三维齐次矩阵乘以三维齐次矢量会得到什么结果呢？

$$\begin{bmatrix} a & b & 0 \\ d & e & 0 \\ 0 & 0 & 1 \end{bmatrix} \begin{bmatrix} x \\ y \\ 1 \end{bmatrix} = \begin{bmatrix} ax + by \\ dx + ey \\ 1 \end{bmatrix}$$

这个结果和二维时的运算结果相同，只是多了一个 w 坐标，其值为 1。以上所做的，实际上是把二维点放置在三维中 $w = 1$ 的平面上，所有运算都在这个平面上进行。当然，这些运算仍然是二维运算。

但是，当把平移参数 c 和 f 置于矩阵的第三列时，神奇的事情发生了：

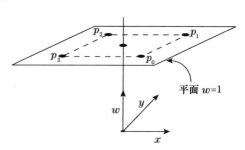

$$\begin{bmatrix} a & b & c \\ d & e & f \\ 0 & 0 & 1 \end{bmatrix} \begin{bmatrix} x \\ y \\ 1 \end{bmatrix} = \begin{bmatrix} ax + by + c \\ dx + ey + f \\ 1 \end{bmatrix}$$

现在可以使用齐次坐标中的线性运算来完成平移！因此，最后一个矩阵为：

$$平移: \begin{bmatrix} 1 & 0 & \Delta x \\ 0 & 1 & \Delta y \\ 0 & 0 & 1 \end{bmatrix}$$

其中，Δx 为 x 方向的平移，Δy 为 y 方向的平移。聪明的读者会发现背后的原理——二维的平移现在变成三维空间中的切变了。

现在，假设有一个 2×2 的正方形，其中心位于原点。我们希望首先把它绕中心旋转 $45°$，然后移动它令其中心到达 $(3, 2)$。右图展示了这两个步骤。

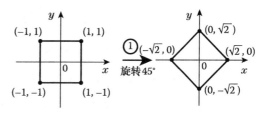

使用矩阵：

$$M = T_{(3,2)} R_{45°} = \begin{bmatrix} 1 & 0 & 3 \\ 0 & 1 & 2 \\ 0 & 0 & 1 \end{bmatrix} \begin{bmatrix} \cos 45° & -\sin 45° & 0 \\ \sin 45° & \cos 45° & 0 \\ 0 & 0 & 1 \end{bmatrix}$$

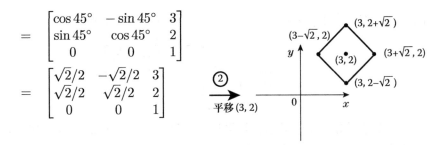

$$= \begin{bmatrix} \cos 45° & -\sin 45° & 3 \\ \sin 45° & \cos 45° & 2 \\ 0 & 0 & 1 \end{bmatrix}$$

$$= \begin{bmatrix} \sqrt{2}/2 & -\sqrt{2}/2 & 3 \\ \sqrt{2}/2 & \sqrt{2}/2 & 2 \\ 0 & 0 & 1 \end{bmatrix}$$

注意:

$$M \begin{bmatrix} 1 \\ 1 \\ 1 \end{bmatrix} = \begin{bmatrix} 3 \\ 2+\sqrt{2} \\ 1 \end{bmatrix}$$

及

$$M \begin{bmatrix} -1 \\ 1 \\ 1 \end{bmatrix} = \begin{bmatrix} 3-\sqrt{2} \\ 2 \\ 1 \end{bmatrix}$$

获得了与上图中相同的结果。

C.5　仿射变换的三维形式

我们可以把这些概念扩展至三维。

1. 把三维点转换至齐次坐标:

$$\begin{bmatrix} x \\ y \\ z \end{bmatrix} \Longrightarrow \begin{bmatrix} x \\ y \\ z \\ 1 \end{bmatrix}$$

新增的第四坐标也称为 w 坐标。

2. 用齐次形式的矩阵表示三维仿射矩阵。

以齐次形式的矩阵表示三维中的基本仿射变换,包括:

$$平移: \begin{bmatrix} 1 & 0 & 0 & \Delta x \\ 0 & 1 & 0 & \Delta y \\ 0 & 0 & 1 & \Delta z \\ 0 & 0 & 0 & 1 \end{bmatrix}, 缩放: \begin{bmatrix} s_x & 0 & 0 & 0 \\ 0 & s_y & 0 & 0 \\ 0 & 0 & s_z & 0 \\ 0 & 0 & 0 & 1 \end{bmatrix}$$

及

$$切变: \begin{bmatrix} 1 & h_{xy} & h_{xz} & 0 \\ h_{yx} & 1 & h_{yz} & 0 \\ h_{zx} & h_{zy} & 1 & 0 \\ 0 & 0 & 0 & 1 \end{bmatrix}$$

此外，还有三个基本的三维旋转，

$$
\text{绕 } x \text{ 轴旋转:} \quad
\begin{bmatrix}
1 & 0 & 0 & 0 \\
0 & \cos\theta_x & -\sin\theta_x & 0 \\
0 & \sin\theta_x & \cos\theta_x & 0 \\
0 & 0 & 0 & 1
\end{bmatrix}
$$

$$
\text{绕 } y \text{ 轴旋转:} \quad
\begin{bmatrix}
\cos\theta_y & 0 & \sin\theta_y & 0 \\
0 & 1 & 0 & 0 \\
-\sin\theta_y & 0 & \cos\theta_y & 0 \\
0 & 0 & 0 & 1
\end{bmatrix}
$$

和

$$
\text{绕 } z \text{ 轴旋转:} \quad
\begin{bmatrix}
\cos\theta_z & -\sin\theta_z & 0 & 0 \\
\sin\theta_z & \cos\theta_z & 0 & 0 \\
0 & 0 & 1 & 0 \\
0 & 0 & 0 & 1
\end{bmatrix}
$$

进行这种旋转时，可指定坐标系统中每个轴的旋转角度。绕三个轴的旋转角度 θ_x、θ_y 和 θ_z 称为欧拉角（Euler angles）。通过矩阵乘法组合这些欧拉角，便可表示绕主轴以外轴的旋转。要注意的是，旋转的顺序会影响最终结果，因此除了指定欧拉角，还必须指明旋转的顺序。一般而言，仿射变换满足结合律但不满足交换律，因此运算的顺序是非常重要的。可以计算出乘积 $R_{\theta_x} R_{\theta_y} R_{\theta_z}$ 与 $R_{\theta_z} R_{\theta_y} R_{\theta_x}$ 进行比较，你就会看到旋转顺序的影响。附录 D 更一般地讲解了旋转的问题。

附录 D 坐标系统

在计算机图形学中到处都会使用到坐标系统或坐标系。例如，通常在物体自己的坐标系中创建模型，然后将其放入世界坐标系中的场景。通常将建模的坐标系称为局部坐标系，将世界坐标系称为场景坐标系。下图显示了在局部坐标系 M 中建模的圆柱体。要将圆柱体放置到世界坐标系 O 中，建模坐标系首先需要绕自己的中心旋转，然后平移到世界坐标系的位置 **x**。从建模坐标系到世界坐标系的这种转换可以用矩阵来表示。

$$M_{mw} = T_{mw} R_{mw}$$

其中，T_{mw} 表示平移，R_{mw} 表示旋转。

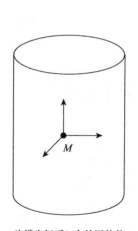

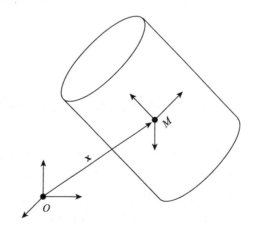

建模坐标系M中的圆柱体

世界坐标系O中的圆柱体。
建模坐标系先旋转、然后平
移到位置x

D.1　左手和右手坐标系

下面我们提出一个坐标系的想法，然后构造它并在计算机图形学中使用。如右图所示有一个三维坐标系。它的三个轴互为直角（正交）。在图中，x 表示水平轴，y 表示垂直轴，z 表示深度轴。这是计算机图形学中常见的右手坐标系。

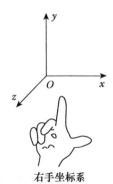

右手坐标系

上面显示的坐标系称为右手系，因为假设我们拇指向右，右手的食指和中指张开成直角，如图所示，它们看起来就像坐标轴。拇指代表 x 轴，食指代表 y 轴，中指代表 z 轴。右图中显示了左手坐标系。在左手坐标系中，z 轴反转了，如果我们保持 x 轴向右移动，则它指示页面的深度。在某些较早的计算机图形学中使用左手坐标系，所以我们事先解释一下左右手坐标系，以便知道它们的区别。

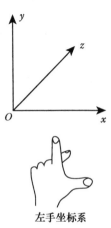

左手坐标系

D.2　点和正交单位向量表示的坐标系

在任何坐标系中，坐标轴交叉的位置都称为原点，并且将其定义为坐标 $O = (0,0,0)$。为了在向量和矩阵的代数语言中使用坐标系，我们可以使用沿坐标方向指向的单位矢量来重新标记坐标系的轴，如右图所示。我们用符号 $\hat{\mathbf{u}}_x$ 表示 x 方向上的单位矢量，y 方向用 $\hat{\mathbf{u}}_y$ 表示，z 方向用 $\hat{\mathbf{u}}_z$ 表示。有了这几个符号，就可以重写此坐标系中的三维点 $\mathbf{p} = (p_x, p_y, p_z)$ 为：

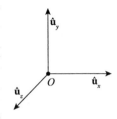

$$\mathbf{p} = O + p_x\hat{\mathbf{u}}_x + p_y\hat{\mathbf{u}}_y + p_z\hat{\mathbf{u}}_z$$

现在，如果我们想旋转坐标系，可以使用旋转矩阵对向量 $\hat{\mathbf{u}}_x$、$\hat{\mathbf{u}}_y$ 和 $\hat{\mathbf{u}}_z$ 进行变换。如果我们想平移坐标系，则可以使用平移矩阵对 O 进行变换。

D.3　使用点和向量符号表示的方案

　　使用一个符号技巧可以区分由向量和齐次坐标表示的点。对于四维超平面，当 $w = 0$ 时表示三维向量，而当 $w = 1$ 时表示三维点。例如表面法线向量可能被写成 $\hat{\mathbf{n}} = \begin{bmatrix} \hat{\mathbf{n}}_x \\ \hat{\mathbf{n}}_y \\ \hat{\mathbf{n}}_z \\ 0 \end{bmatrix}$，一个点可能被写成 $\hat{\mathbf{n}} = \begin{bmatrix} \hat{\mathbf{n}}_x \\ \hat{\mathbf{n}}_y \\ \hat{\mathbf{n}}_z \\ 1 \end{bmatrix}$。如果我们使用此表示法，则旋转矩阵会同时影响点和向量，但平移矩阵仅影响点。例如，

$$\begin{bmatrix} 1 & 0 & 0 & \Delta x \\ 0 & 1 & 0 & \Delta y \\ 0 & 0 & 1 & \Delta z \\ 0 & 0 & 0 & 1 \end{bmatrix} \begin{bmatrix} \hat{\mathbf{n}}_x \\ \hat{\mathbf{n}}_y \\ \hat{\mathbf{n}}_z \\ 0 \end{bmatrix} = \begin{bmatrix} \hat{\mathbf{n}}_x \\ \hat{\mathbf{n}}_y \\ \hat{\mathbf{n}}_z \\ 0 \end{bmatrix}$$

但是

$$\begin{bmatrix} 1 & 0 & 0 & \Delta x \\ 0 & 1 & 0 & \Delta y \\ 0 & 0 & 1 & \Delta z \\ 0 & 0 & 0 & 1 \end{bmatrix} \begin{bmatrix} p_x \\ p_y \\ p_z \\ 1 \end{bmatrix} = \begin{bmatrix} p_x + \Delta x \\ p_y + \Delta y \\ p_z + \Delta z \\ 1 \end{bmatrix}$$

先旋转后平移变换，在将点和向量由一帧变换到另一帧时非常有用。

　　最后要注意的是，当将几何体从一个坐标系变换到另一个时，可以选择使用变换矩阵对自身坐标系进行变换，而将所有点和法线保留在原始坐标系。或者，可以将所有点和法线从原始坐标系变换到新坐标系。后一种方法称为烘培转换（坐标系转换）。通常我们对几何体应用烘培转换，并希望将转换后的形状作为新基础几何形状。在建模过程中经常使用此技术，但很少在动画期间使用该技术。在动画中，最好将几何体保持在它原始坐标系中，这样在动画处理（计算）过程中只需要简单地更新矩阵即可。相反，如果我们多次迭代烘焙转换几何体，会导致经过多次迭代后，累积数值误差，从而几何形状相对原始形状产生变形。

D.4　创建坐标系

　　我们可以很方便地用两个非平行的三维向量和一个三维点，来创建一个三维坐标系。假设有向量 **a**、**b** 和原点 **p**。为了描述新坐标系，需要创建三个相互垂直的单位

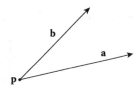

向量 $\hat{\mathbf{u}}_x$、$\hat{\mathbf{u}}_y$ 和 $\hat{\mathbf{u}}_z$，令它们与空间的三个坐标轴对齐。随意选择 x 轴的方向与 $\mathbf{a}$ 对齐，所以

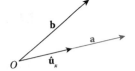

$$\hat{\mathbf{u}}_x = \mathbf{a}/\|\mathbf{a}\|$$

我们知道，$\mathbf{a}$ 和 $\mathbf{b}$ 的叉积结果垂直于 $\mathbf{a}$、$\mathbf{b}$ 两个向量，所以我们说它与 z 轴对齐。

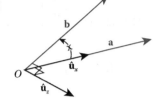

$$\hat{\mathbf{u}}_x = \mathbf{a} \times \mathbf{b}/\|\mathbf{a} \times \mathbf{b}\|$$

而且，y 轴必须垂直于 $\hat{\mathbf{u}}_x$ 和 $\hat{\mathbf{u}}_z$，所以

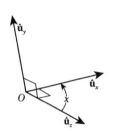

$$\hat{\mathbf{u}}_x = \hat{\mathbf{u}}_z \times \hat{\mathbf{u}}_y$$

请注意，因为 $\hat{\mathbf{u}}_x$ 和 $\hat{\mathbf{u}}_y$ 是单位向量，并且它们夹角为 $90°$，所以能保证 $\hat{\mathbf{u}}_y$ 为单位向量（即，$\sin 90° = 1$）。

指定原点 $\mathbf{p}$ 即可完成坐标系的创建。在这个新的坐标系中，向量 $\hat{\mathbf{u}}_x$、$\hat{\mathbf{u}}_y$ 和 $\hat{\mathbf{u}}_z$ 的方向分别为坐标轴 x、y 和 z 的方向，并且坐标系的原点位于 $\mathbf{p}$。

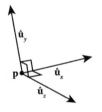

D.5　坐标系之间的转换

有了基于三个单位向量及原点的坐标系，就很容易构建将当前坐标系转换到新坐标系的矩阵。将当前的坐标系视为建模的坐标系 m，新的坐标系为世界坐标系 w，则我们构建旋转矩阵

$$R_{mw} = [\hat{\mathbf{u}}_x \quad \hat{\mathbf{u}}_y \quad \hat{\mathbf{u}}_z]$$

该矩阵的列向量是世界坐标系的三个方向向量，用于表示建模的坐标系。你可以自己验证这个矩阵，它将建模坐标系的三根轴旋转变换为下面这些新向量：

$$R_{mw}\begin{bmatrix}1\\0\\0\end{bmatrix} = \hat{\mathbf{u}}_x, R_{mw}\begin{bmatrix}0\\1\\0\end{bmatrix} = \hat{\mathbf{u}}_y, \text{ 及 } R_{mw}\begin{bmatrix}0\\0\\1\end{bmatrix} = \hat{\mathbf{u}}_z$$

可以看出，这是一个只有旋转变换的纯旋转矩阵，因为它是一个正交矩阵，即它的列向量是互相正交的向量。这正是一个纯旋转矩阵所必须满足的条件，所以正交矩阵通常被称为旋转矩阵。请注意，这与围绕三个坐标轴的旋转不同，这种旋转矩阵可以围绕任意旋转轴旋转。

为了实现当前坐标系到新坐标系的转换，我们还需要进行旧坐标系到新坐标系的平移。在做建模坐标系到世界坐标系的变换时，必须将建模坐标系的原点移动到新的原点 $\mathbf{p}$。齐次平移矩阵

$$T_{mw} = \begin{bmatrix} 1 & 0 & 0 & p_x \\ 0 & 1 & 0 & p_y \\ 0 & 0 & 1 & p_z \\ 0 & 0 & 0 & 1 \end{bmatrix}$$

可以实现这种变换。将旋转矩阵 R_{mw} 转为齐次形式，并且左乘平移矩阵，便可完成从建模坐标系到世界坐标系的完全转换：

$$M_{mw} = T_{mw} R_{mw}$$

请注意，先将坐标轴旋转到新方向，然后将原点平移到新的原点。

从世界坐标系到建模坐标系的转换矩阵是 M_{mw} 的逆矩阵，并且表示为 M_{wm}。应用矩阵代数的原理，我们可以不通过求矩阵逆而进行计算。两个矩阵的乘积的逆就是这两个矩阵的逆的乘积，但乘法的顺序相反，所以

$$M_{wm} = M_{mw}^{-1} = (T_{mw} R_{mw})^{-1} = R_{mw}^{-1} R_{mw}^{-1}$$

由于 R_{mw} 是旋转矩阵，因此 $R_{mw}^{-1} = R_{mw}^{\mathrm{T}}$。可以将 R_{mw}^{T} 乘以 R_{mw} 证明。由于 R_{mw} 的列向量是相互正交的单位向量，可通过行列向量点积得出新矩阵的各元素，除了对角线的元素为 1 外，其他元素都为 0。因此，

$$R_{mw} = R_{mw}^{\mathrm{T}} = \begin{bmatrix} \hat{\mathbf{u}}_x^{\mathrm{T}} \\ \hat{\mathbf{u}}_y^{\mathrm{T}} \\ \hat{\mathbf{u}}_z^{\mathrm{T}} \end{bmatrix}$$

即矩阵的行是三个方向向量的转置。平移的逆只是等效的平移，但方向相反，所以

$$T_{wm} = T_{mw}^{-1} = \begin{bmatrix} 1 & 0 & 0 & -p_x \\ 0 & 1 & 0 & -p_y \\ 0 & 0 & 1 & -p_z \\ 0 & 0 & 0 & 1 \end{bmatrix}$$

最后，我们得到从世界空间回到模型空间的矩阵组合

$$M_{wm} = R_{wm}T_{wm}$$

注意，这与从建模坐标系转换到世界坐标系不同，这里先将模型空间原点平移到世界空间原点处，然后旋转到模型空间的朝向。

D.6 无矩阵变换

有时我们知道新坐标系的原点 **p**，以及旋转轴 **û** 和旋转角度 θ。在这种情况下，直接绕此轴旋转，然后按点平移可能更好，而不用构造一个新的坐标系和对应的变换矩阵。为此，我们可以先用 Rodrigues 的旋转公式 [Murray et al., 1994] 将点 **r** 旋转，得到

$$\mathbf{r}' = \mathbf{r}\cos\theta + (\hat{\mathbf{u}} \times \mathbf{r})\sin\theta + (\hat{\mathbf{u}} \cdot \mathbf{r})\hat{\mathbf{u}}(1 - \cos\theta)$$

通过变换 **p**，得到平移后新的坐标系中的点

$$\mathbf{r}'' = \mathbf{r}' + \mathbf{p}$$

附录 E 四元数

在本附录中，我们探讨旋转的一种替代表示形式，称为四元数。附录 C 和附录 D 讲解了旋转矩阵，它既可用于表示几何物体的仿射变换，又可用于物体的坐标系间的变换。四元数提供了一种旋转的等效表示形式，因为旋转矩阵和旋转四元数之间存在双射的对应关系，即任何旋转矩阵都能转换为唯一的等效四元数，并且任何旋转四元数都能转换为唯一的旋转矩阵。另外，给定一个旋转矩阵 R 和它的等效旋转四元数 $\mathbf{q}$，则四元数和任意三维向量 v 的乘法运算定义为 $R\mathbf{v} = \mathbf{qvq}^{-1}$。由此可以看出，四元数提供了一种旋转机制，它可以替代旋转矩阵，或与矩阵一起使用。

在基于物理的动画中，使用四元数代替旋转矩阵有几个好处。首先，四元数含有可直观表示的旋转轴和角度，因此易于确定绕任意轴的旋转变换。这与旋转矩阵相反，后者仅能简单表示绕三个主坐标轴的旋转。其次，四元数有四个元素，而旋转矩阵有 9 个元素。最后，在任何涉及插值的操作中，四元数优于旋转矩阵，因为对矩阵进行插值后，不能保证矩阵的行和列保持正交。如果正交属性丢失，它就不再是纯粹的旋转变换矩阵，这样当矩阵对物体的顶点进行变换时，会有剪切和不均匀的缩放效果，这意味着旋转矩阵不能用于插值或数值积分。另一方面，可对四元数进行插值运算，并且插值操作不会导致其丢失旋转的固有属性。随后我们会看到，插值带来的误差都在一个均匀的比例范围，可以通过对四元数进行简单的缩放来减小误差。

E.1 复数推广

在介绍四元数的机制之前，我们先来看看复数的性质。我们可以将复数代数和四元数代数进行类比。两者都可以提供旋转的简单表示方式。但是，复数仅能描述二维平面上的旋转，而四元数能描述完整的三维旋转。

复数

$$c = a + ib$$

由实标量部分 a 和虚标量部分 b 组成，虚部单位 i 的定义为

$$i^2 = -1$$

由于虚数由两个部分组成，因此可以在二维坐标系中绘制它，其中 Re 轴代表虚数的实部，Re 的正交 Im 轴代表虚部。右图显示了这种表示效果，其与二维矢量非常相似。以这种方式，可以将任何虚数表示在极坐标系中。

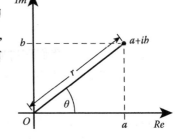

$$c = a + ib = r(\cos\theta + i\sin\theta)$$

其中

$$r = \sqrt{a^2 + b^2}$$

是复数的模，以及角度

$$\theta = \arctan b/a$$

被称为幅角。

在直角坐标系中，两个复数 c_1 和 c_2 的乘积为

$$c_1 c_2 = (a_1 + ib_1)(a_2 + ib_2) = (a_1 a_2 - b_1 b_2) + i(a_1 b_2 + b_1 a_2)$$

而在极坐标系中，乘积是

$$c_1 c_2 = r_1(\cos\theta_1 + i\sin\theta_1)r_2(\cos\theta_2 + i\sin\theta_2)$$

或

$$c_1 c_2 = r_1 r_2 \left[(\cos\theta_1 \cos\theta_2 - \sin\theta_1 \sin\theta_2) + i(\sin\theta_1 \cos\theta_2 + \cos\theta_1 \sin\theta_2)\right]$$

根据三角恒等式，可以简化为

$$c_1 c_2 = r_1 r_2 \left[\cos(\theta_1 + \theta_2) + i\sin(\theta_1 + \theta_2)\right]$$

因此，复数 c_1 和复数 c_2 相乘，会让 $c1$ 按 θ_2 角度旋转，按 r_2 缩放。如果 c_2 为

单位复数，即 $r_2 = 1$，则该乘法就相当于纯 θ_2 旋转。缩放 c_2，让其具有复数的单位长度，只需要除以

$$r_2 = \sqrt{a^2 + b^2}$$

E.2　四元数的结构

讨论了复数之后，我们来看看四元数的定义：

$$\mathbf{q} = a + ib + jc + kd$$

由实部标量 a 和三个相互正交的虚部标量 b、c 和 d 组成。三个对应的虚部 i、j 和 k 的关系如下：

$$i^2 = -1, j^2 = -1, k^2 = -1, ij = k, jk = i, ki = j, ji = -k, kj = -i, ik = -j$$

按照这个定义，两个四元数 $\mathbf{q}_1$ 和 $\mathbf{q}_2$ 的乘积为

$$\begin{aligned}
\mathbf{q}_1\mathbf{q}_2 =\ & a_1a_2 - (b_1b_2 + c_1c_2 + d_1d_2) \\
& + i(a_1b_2 + b_1a_2 + c_1d_2 - d_1c_2) \\
& + j(a_1c_2 + c_1a_2 + d_1b_2 - b_1d_2) \\
& + k(a_1d_2 + d_1a_2 + b_1c_2 - c_1b_2)
\end{aligned}$$

四元数更紧凑的替代表示是

$$\mathbf{q} = (s, \mathbf{u})$$

其中，$s = a$ 是四元数的实部，而三维向量 $\mathbf{u} = [b \quad c \quad d]^{\mathrm{T}}$ 构成三个虚部。这样乘法的定义变为

$$\mathbf{q}_1\mathbf{q}_2 = (s_1, \mathbf{u}_1)(s_2, \mathbf{u}_2) = (s_1s_2 - \mathbf{u}_1 \cdot \mathbf{u}_2, s_1\mathbf{u}_2 + s_2\mathbf{u}_1 + \mathbf{u}_1 \times \mathbf{u}_2)$$

请读者在这种运算操作定义下，验证：用标量-矢量形式表示的四元数在乘积规则下得到的乘积结果，与实-虚部形式的乘积结果相同。

通过分解四元数，我们得到极性形式，其类似于复数的极坐标形式，为

$$\mathbf{q} = r(\cos\theta, \hat{\mathbf{u}}\sin\theta)$$

并且

$$r = \sqrt{a^2 + b^2 + c^2 + d^2} = \sqrt{s^2 + \mathbf{u}^2}$$

是四元数的模[1]。

$$\hat{\mathbf{u}} = \mathbf{u}/\|\mathbf{u}\|$$

是四元数虚部向量方向上的单位向量，并且

$$\theta = \arctan \frac{\|\mathbf{u}\|}{s}$$

为四元数实轴与这个向量的夹角。

下面来验证此方法的有效性。根据三角函数定义有：$\cos\theta = \frac{s}{\sqrt{s^2 + \mathbf{u}^2}}$ 并且 $\sin\theta = \frac{\|\mathbf{u}\|}{\sqrt{s^2 + \mathbf{u}^2}}$，所以

$$\mathbf{q} = r(\cos\theta, \hat{\mathbf{u}}\sin\theta) = \sqrt{s^2 + \mathbf{u}^2}(\frac{s}{\sqrt{s^2 + \mathbf{u}^2}}, \hat{\mathbf{u}}\frac{\|\mathbf{u}\|}{\sqrt{s^2 + \mathbf{u}^2}}) = (s, \hat{\mathbf{u}}\|\mathbf{u}\|) = (s, \mathbf{u})$$

使用极性形式，两个四元数 $\mathbf{q}_1 = r_1(\cos\theta_1, \hat{\mathbf{u}}_1\sin\theta_1)$ 和 $\mathbf{q}_2 = r_2(\cos\theta_2, \hat{\mathbf{u}}_2\sin\theta_2)$ 的乘积为

$$\mathbf{q}_1\mathbf{q}_2 = r_1 r_2(\cos\theta_1\cos\theta_2 - \hat{\mathbf{u}}_1 \cdot \hat{\mathbf{u}}_2\sin\theta_1\sin\theta_2),$$
$$\hat{\mathbf{u}}_1\sin\theta_1\cos\theta_2 + \hat{\mathbf{u}}_2\cos\theta_1\sin\theta_2 + (\hat{\mathbf{u}}_1 \times \hat{\mathbf{u}}_2)\sin\theta_1\sin\theta_2$$

这个结果比复数的乘积结果复杂得多。但是，在特殊情况下，如 $\hat{\mathbf{u}}_1$ 和 $\hat{\mathbf{u}}_2$ 平行，这种复杂性就消失了。此时，$\hat{\mathbf{u}}_1 = \hat{\mathbf{u}}_2$，$\hat{\mathbf{u}}_1 \cdot \hat{\mathbf{u}}_2 = 1$，而 $\hat{\mathbf{u}}_1 \times \hat{\mathbf{u}}_2 = 0$，因此四元数乘积可简化为

$$\mathbf{q}_1\mathbf{q}_2 = r_1 r_2((\cos\theta_1\cos\theta_2 - \sin\theta_1\sin\theta_2), \hat{\mathbf{u}}_1(\sin\theta_1\cos\theta_2 + \cos\theta_1\sin\theta_2))$$

根据三角恒等式，可以简化为

$$\mathbf{q}_1\mathbf{q}_2 = r_1 r_2(\cos(\theta_1 + \theta_2), \hat{\mathbf{u}}_1\sin(\theta_1 + \theta_2))$$

该结果类似于将两个复数以三角形式相乘获得的结果。可以证明，对于这种特殊情况，四元数乘法会引起第一个四元数按第二个四元数的角度旋转。下面，我们来证明。

通过检查，我们发现乘法的元数为 $(1, 0)$，即 $r = 1$ 且 $\theta = 0$。因此，我们可

---

1 译注：勾股定理可以被扩展到任意维度空间。这里将其扩展到四维空间。

以隐式地定义四元数的逆

$$\mathbf{q}\mathbf{q}^{-1} = (1,0)$$

得出

$$\mathbf{q}^{-1} = \frac{(\cos\theta, -\hat{\mathbf{u}}\sin\theta)}{r}$$

如果四元数为单位四元数（即 $r=1$），那么可得

$$\mathbf{q} = (\cos\theta, \hat{\mathbf{u}}\sin\theta) \quad 和 \quad \mathbf{q}^{-1} = (\cos\theta, -\hat{\mathbf{u}}\sin\theta)$$

所以，单位四元数的逆，其角度和原来相同，但是虚部的方向向量与原来相反；或者也可以认为虚部的方向向量与原来相同，但是角度和原来相反，因为 $\cos(-\theta) = \cos\theta$，$\sin(-\theta) = -\sin\theta$。和复数一样，四元数可以通过除以模 r 来归一化。

E.3　通过四元数做旋转

给定四元数的极性形式，我们可以直接定义四元数。一个绕向量旋转 θ 角度的单位四元数被定义为

$$\mathbf{q} = (\cos(\theta/2), \hat{\mathbf{u}}\sin(\theta/2))$$

注意，余弦和正弦使用旋转角的一半 $\theta/2$ 而不是整个角，来缩放四元数的实部和向量部分。还请注意，由于对于任何角 α，$\cos^2\alpha + \sin^2\alpha = 1$，所以这样定义的 $\mathbf{q}$ 总是单位四元数。

要证明 $\mathbf{q}\mathbf{r}\mathbf{q}^{-1}$ 能提供正确的向量旋转，我们证明旋转四元数的向量 $\mathbf{r}$ 可通过绕 $\hat{\mathbf{u}}$ 轴旋转 θ 角度得到

$$\mathbf{r}' = \mathbf{q}\mathbf{r}\mathbf{q}^{-1}，其中，\quad \mathbf{q} = (s,\mathbf{v}),\ \mathbf{q}^{-1} = (s,-\mathbf{v})$$

并且

$$s = \cos\theta/2, \mathbf{v} = \hat{\mathbf{u}}\sin\theta/2$$

将 $\mathbf{r}$ 转换为四元数并进行乘法运算

$$\mathbf{q}\mathbf{r}\mathbf{q}^{-1} = (s,\mathbf{v})(0,\mathbf{r})(s,-\mathbf{v})$$
$$= (-\mathbf{v}\cdot\mathbf{r}, s\mathbf{r} + \mathbf{v}\times\mathbf{r})(s,-\mathbf{v})$$

$$= (0, \mathbf{r}s^2 + (\mathbf{v} \cdot \mathbf{r})\mathbf{v} + 2(\mathbf{v} \times \mathbf{r})s + \mathbf{v} \times (\mathbf{v} \times \mathbf{r}))$$

我们将 s 和 $\mathbf{v}$ 扩展为三角形式，并使用倍角公式，则以上乘法中的项变为

$$\mathbf{r}s^2 = \mathbf{r}\cos^2\theta/2 = \mathbf{r}(\frac{1+\cos\theta}{2})$$

$$(\mathbf{v} \cdot \mathbf{r})\mathbf{v} = (\hat{\mathbf{u}} \cdot \mathbf{r})\hat{\mathbf{u}}\sin^2\theta/2 = (\hat{\mathbf{u}} \cdot \mathbf{r})\hat{\mathbf{u}}(\frac{1-\cos\theta}{2})$$

$$2(\mathbf{v} \times \mathbf{r})s = (\hat{\mathbf{u}} \times \mathbf{r})2\sin\theta/2\cos\theta/2 = (\hat{\mathbf{u}} \times \mathbf{r})\sin\theta$$

$$\mathbf{v} \times (\mathbf{v} \times \mathbf{r}) = \hat{\mathbf{u}} \times (\hat{\mathbf{u}} \times \mathbf{r})\sin^2\theta/2 = \hat{\mathbf{u}} \times (\hat{\mathbf{u}} \times \mathbf{r})(\frac{1-\cos\theta}{2})$$

通过应用这些恒等式，并使用常见的三角因子排列项，四元数向量乘法可表示为

$$\mathbf{q}\mathbf{r}\mathbf{q}^{-1} = \left(0, \frac{1}{2}\left[\mathbf{r} + (\hat{\mathbf{u}} \cdot \mathbf{r})\hat{\mathbf{u}} + \hat{\mathbf{u}} \times (\hat{\mathbf{u}} \times \mathbf{r})\right] + \right.$$
$$\left. \frac{1}{2}\left[\mathbf{r} - (\hat{\mathbf{u}} \times \mathbf{r})\hat{\mathbf{u}} - \hat{\mathbf{u}} \times (\hat{\mathbf{u}} \times \mathbf{r})\right]\cos\theta + (\hat{\mathbf{u}} \times \mathbf{r})\sin\theta\right)$$

右图显示，向量 $\mathbf{r}$ 在 $\hat{\mathbf{u}}$ 方向上的分量为 $(\hat{\mathbf{u}} \cdot \mathbf{r})\hat{\mathbf{u}}$，所以 $\hat{\mathbf{u}}$ 的垂直分量为

$$\mathbf{a} = \mathbf{r} - (\hat{\mathbf{u}} \cdot \mathbf{r})\hat{\mathbf{u}}$$

由于 $\mathbf{a}$ 的模是 $\|\mathbf{r}\|\sin\phi$，并且 ϕ 是 $\mathbf{r}$ 和 $\hat{\mathbf{u}}$ 的夹角，所以很容易证明

$$\mathbf{a} = -\hat{\mathbf{u}} \times (\hat{\mathbf{u}} \cdot \mathbf{r})$$

应用这些等式，四元数向量乘法可以写为

$$\mathbf{q}\mathbf{r}\mathbf{q}^{-1} = \left(0, \frac{1}{2}\left[\mathbf{r} + (-\mathbf{a} + \mathbf{r}) - \mathbf{a}\right] + \frac{1}{2}(\mathbf{a} + \mathbf{a})\cos\theta + (\hat{\mathbf{u}} \times \mathbf{r})\sin\theta\right)$$

最终简化为

$$\mathbf{q}\mathbf{r}\mathbf{q}^{-1} = \mathbf{r}\cos\theta + (\hat{\mathbf{u}} \times \mathbf{r})\sin\theta + (\hat{\mathbf{u}} \cdot \mathbf{r})\hat{\mathbf{u}}(1 - \cos\theta)$$

该公式与 D.6 节中给出的 Rodrigues 向量旋转公式相同。到此完成证明。

用四元数 **q** 旋转向量 **r**,由以下乘积公式可得出向量 **r**′:

$$(0, \mathbf{r}') = \mathbf{q}(0, \mathbf{r})\mathbf{q}^{-1}$$

上面给出了要围绕四元数轴 **û** 旋转 θ 角度的证明。请注意,为了执行四元数乘法,将向量转换为实部为 0 的四元数,并且结果向量必须从所得结果四元数中提取,该四元数的实部也为 0。并且向量 **r** 可以用相对于原点的点表示。因此,四元数旋转也可以作用于点,并且该点绕原点旋转。

为了方便起见,四元数的旋转向量通常写为

$$\mathbf{r}' = \mathbf{q}\mathbf{r}\mathbf{q}^{-1}$$

这里将 **r** 扩展为四元数,并且从四元数乘积中提取 **r**′。

由四元数旋转的这种表示我们发现,可以将一系列旋转存储为四元数的乘积。假设先用给定的 $\mathbf{q}_1$ 进行旋转,然后再用给定的 $\mathbf{q}_2$ 进行旋转,可以表示为

$$\mathbf{r}' = \mathbf{q}_2(\mathbf{q}_1\mathbf{r}\mathbf{q}_1^{-1})\mathbf{q}_2^{-1}$$

但是,由于四元数乘法符合结合律,因此可以表示为

$$\mathbf{r}' = (\mathbf{q}_2\mathbf{q}_1)\mathbf{r}(\mathbf{q}_1^{-1}\mathbf{q}_2^{-1})$$

由此证明了四元数乘积 $\mathbf{q}_2\mathbf{q}_1$ 能提供连串的旋转,首先用 $\mathbf{q}_1$ 旋转,然后用 $\mathbf{q}_2$ 旋转。

E.4 四元数与旋转矩阵

旋转矩阵与旋转四元数是等效的,所以这两种形式可以互相转换。一个四元数 $\mathbf{q} = (s, \mathbf{u})$,它的 $s = \cos\theta/2$ 且 $\mathbf{u} = \hat{\mathbf{u}}\sin\theta/2$,通过公式能将其转换为一个 3×3 的旋转矩阵

$$R(\mathbf{q}) = \begin{bmatrix} 1 - 2u_y^2 - 2u_z^2 & 2u_xu_y - 2su_z & 2u_xu_z + 2su_y \\ 2u_xu_y + 2su_z & 1 - 2u_x^2 - 2u_z^2 & 2u_yu_z - 2su_x \\ 2u_xu_z - 2su_y & 2u_yu_z + 2su_x & 1 - 2u_x^2 - 2u_y^2 \end{bmatrix}$$

我们必须基于旋转矩阵的对角元素将从旋转矩阵到单位四元数的转换作为一

组旋转来操作。下面我们给出算法。

Quaternion Matrix2Quaternion(Matrix3x3 M);
矩阵 M 必须为旋转矩阵，这意味着它的行与列都是互为正交的单位向量
Quaternion q;
float r;
float $t = M[0][0] + M[1][1] + M[2][2]$;
if $\{t > 0\}$
$\{$
$\quad r = \textbf{sqrt}(t+1);$
$\quad q.s = r/2;$
$\quad q.u\_x = (M[2][1] - M[1][2])/(2r);$
$\quad q.u\_y = (M[0][2] - M[2][0])/(2r);$
$\quad q.u\_z = (M[1][0] - M[0][1])/(2r);$
$\}$
else if $\{M[0][0] > M[1][1] \text{ 且 } M[0][0] > M[2][2]\}$
$\{$
$\quad r = \textbf{sqrt}(M[0][0] - (M[1][1] + M[2][2]) + 1);$
$\quad q.s = (M[2][1] - M[1][2])/(2r);$
$\quad q.u\_x = r/2;$
$\quad q.u\_y = (M[0][1] + M[1][0])/(2r);$
$\quad q.u\_z = (M[2][0] + M[0][2])/(2r);$
$\}$
else if $\{M[1][1] > M[2][2]\}$
$\{$
$\quad r = \textbf{sqrt}(M[1][1] - (M[2][2] + M[0][0]) + 1);$
$\quad q.s = (M[0][2] - M[2][0])/(2r);$
$\quad q.u\_x = (M[0][1] + M[1][0])/(2r);$
$\quad q.u\_y = r/2;$
$\quad q.u\_z = (M[1][2] + M[2][1])/(2r);$
$\}$
else
$\{$
$\quad r = \textbf{sqrt}(M[2][2] - (M[0][0] + M[1][1]) + 1);$
$\quad q.s = (M[1][0] - M[0][1])/(2r);$
$\quad q.u\_x = (M[2][0] + M[0][2])/(2r);$
$\quad q.u\_y = (M[1][2] + M[2][1])/(2r);$
$\quad q.u\_z = r/2;$
$\}$
return q;

附录 F　重心坐标

对于许多三角形和四面体的计算，一种称为重心坐标的表示方法非常有用。重心坐标提供了一个相对于三角形或四面体的顶点定位点的测量系统，

F.1　三角形重心坐标

考虑右图，点 $\mathbf{x}$ 在三角形 $\mathbf{p}_0\mathbf{p}_1\mathbf{p}_2$ 的内部，面积 $A = A_u + A_v + A_w$。$\mathbf{x}$ 的重心坐标为

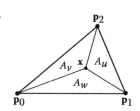

$$u = A_u/A$$
$$v = A_v/A$$
$$w = A_w/A = 1 - u - v$$

例如：

- 如果 $\mathbf{x} = \mathbf{p}_0$，则 $u = 1$，$v = 0$，$w = 0$;
- 如果 $\mathbf{x} = \mathbf{p}_1$，则 $u = 0$，$v = 1$，$w = 0$;
- 如果 $\mathbf{x} = \mathbf{p}_2$，则 $u = 0$，$v = 0$，$w = 1$;
- 如果 $\mathbf{x}$ 在边 $\mathbf{p}_1\mathbf{p}_2$ 上，则 $u = 0$;
- 如果 $\mathbf{x}$ 在边 $\mathbf{p}_2\mathbf{p}_0$ 上，则 $v = 0$;
- 如果 $\mathbf{x}$ 在边 $\mathbf{p}_0\mathbf{p}_1$ 上，则 $w = 0$。

可以通过三角关系求出面积：

$$A = 1/2\,ab\sin\theta$$

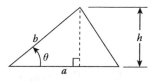

其中，a 和 b 是三角形的两条边，θ 是它们之间的夹角。注意 $\sin\theta = h/b$，

所以 $h = b\sin\theta$。因此，$A = 1/2ah = 1/2ab\sin\theta$。我们知道叉积 $\|\mathbf{a} \times \mathbf{b}\| = \|\mathbf{a}\|\|\mathbf{b}\|\sin\theta$，因此可以使用叉积来确定面积。

如果

$$\frac{\mathbf{a} \times \mathbf{b}}{\|\mathbf{a} \times \mathbf{b}\|} = \hat{\mathbf{n}}$$

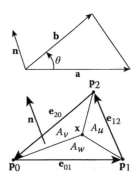

就更好表示了。其中，$\hat{\mathbf{n}}$ 为由 a 和 b 及 a 和 b 共同顶点定义的平面。现在，参考右图，让

$$\mathbf{e}_{01} = \mathbf{p}_1 - \mathbf{p}_0$$

$$\mathbf{e}_{12} = \mathbf{p}_2 - \mathbf{p}_1$$

$$\mathbf{e}_{20} = \mathbf{p}_0 - \mathbf{p}_2$$

$$\hat{\mathbf{n}} = (\mathbf{e}_{01} \times \mathbf{e}_{12})/\|\mathbf{e}_{01} \times \mathbf{e}_{12}\|$$

我们知道

$$A = (\mathbf{e}_{01} \times \mathbf{e}_{12}) \cdot \hat{\mathbf{n}}$$

$$A_u = \frac{1}{2}[\mathbf{e}_{12} \times (\mathbf{x} - \mathbf{p}_1)] \cdot \hat{\mathbf{n}}$$

$$A_v = \frac{1}{2}[\mathbf{e}_{20} \times (\mathbf{x} - \mathbf{p}_2)] \cdot \hat{\mathbf{n}}$$

所以

$$u = A_u/A, \quad v = A_v/A, \quad w = 1 - u - v$$

注意，使用点积计算。这意味着如果 $\mathbf{x}$ 在三角形外面，则至少坐标 u,v,w 其中一个为负，如下图所示。

这里 $[\mathbf{e}_{12} \times (\mathbf{x} - \mathbf{p}_1)] \cdot \hat{\mathbf{n}} < 0$，所以 $u < 0$。

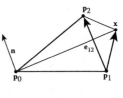

这里 $A_u + A_w > A$，所以 $u + w > 1$，因此 $v < 0$。

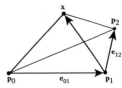

给定三角形 $\mathbf{p}_0\mathbf{p}_1\mathbf{p}_2$，计算三维点 $\mathbf{x}$ 相对于该三角形的重心坐标包括以下步

骤：

$$\mathbf{v_n} = (\mathbf{p}_1 - \mathbf{p}_0) \times (\mathbf{p}_2 - \mathbf{p}_1)$$
$$2A = \|\mathbf{v_n}\|$$
$$\hat{\mathbf{n}} = \mathbf{v_n}/(2A)$$
$$u = [(\mathbf{p}_2 - \mathbf{p}_1) \times (\mathbf{x} - \mathbf{p}_1)] \cdot \hat{\mathbf{n}}/(2A)$$
$$u = [(\mathbf{p}_0 - \mathbf{p}_2) \times (\mathbf{x} - \mathbf{p}_2)] \cdot \hat{\mathbf{n}}/(2A)$$
$$w = 1 - u - v$$

F.2 使用重心坐标

在三角形上定义的重心坐标为 $(u\,v\,w)$，如果

$$u \geqslant 0, v \geqslant 0, u + v \leqslant 1$$

则给定点在三角形内，否则意味着点在外面。

给定一个三角形的重心坐标和顶点 $\mathbf{p}_0$、$\mathbf{p}_1$ 和 $\mathbf{p}_2$，我们可以通过以下方式将其转换回三维坐标：

$$\mathbf{x} = \mathbf{p}_2 + u(\mathbf{p}_0 - \mathbf{p}_2) + v(\mathbf{p}_1 - \mathbf{p}_2)$$

另一种方法是，由权重顶点 u、v 和 w 给出 $\mathbf{x}$ 的位置。重新调整上面的等式，有

$$\mathbf{x} = u\mathbf{p}_0 + v\mathbf{p}_1 + (1 - u - v)\mathbf{p}_2 = u\mathbf{p}_2 + v\mathbf{p}_1 + w\mathbf{p}_2$$

如果将 u 和 v 坐标视为从一条边到一条穿过相反顶点的平行线的测量距离（如右图所示），则上面等式直接成立。我们看到，u 测量了边 $\mathbf{p}_1\,\mathbf{p}_2$ 到穿过 $\mathbf{p}_0$ 的平行线的整个距离的分数。以这种方式定义，u 是一个单位量度，因此在 $\mathbf{p}_1$ 和 $\mathbf{p}_2$ 上 $u = 0$，在包含 $\mathbf{p}_0$ 的平行线上 $u = 1$。v 坐标与此类似，它测量了边 $\mathbf{p}_0\,\mathbf{p}_2$ 到 $\mathbf{p}_1$ 的距离，而 w 测量了边 $\mathbf{p}_0\,\mathbf{p}_1$ 到 $\mathbf{p}_2$ 的距离。

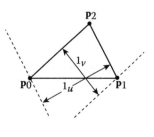

然后，我们可以由三角形顶点的定义，插值出任意数量的点，就像我们插入顶点位置以从重心坐标获取空间中的位置一样。如果在每个顶点 i 处定义一个颜

色 c_i，则在顶点和重心坐标之间的位置插入的颜色为

$$c(u, v, w) = uc_0 + vc_1 + wc_2$$

F.3 四面体上的重心坐标

也可以在三维中定义四面体上的重心坐标，实际上可将单形[1]扩展到任何维度的空间上。四面体对于图形和动画特别重要，因为就像三角形是平铺 (细分) 曲面的首选方式一样，四面体是平铺实体的首选方式。

四面体的扩展很简单直接。给定顶点 $\mathbf{p}_0$、$\mathbf{p}_1$、$\mathbf{p}_2$ 和 $\mathbf{p}_3$，可以获得重心坐标 u、v、w 和 $1-u-v-w$。可通过以下条件

$$u \geqslant 0, v \geqslant 0, w \geqslant 0, u + v + w \leqslant 1$$

测试点在四面体内，还是在外。而点 $\mathbf{x}$ 对应的三维位置是

$$\mathbf{x} = u\mathbf{p}_0 + v\mathbf{p}_1 + w\mathbf{p}_2 + (1 - u - v - w)\mathbf{p}_3$$

就像我们可以通过三角形面积与总体三角形面积的比例关系来定义二维中的重心坐标一样，我们可以通过四面体体积与总体四面体体积的比例关系，来计算三维点的重心坐标。但有更通用的计算重心值的方法。

我们首先来看在二维空间中三角形的重心坐标的推导。这个问题可以用线性系统来表述，建议将三角形内的任何点看作其三个顶点的加权和，权重为 u、v 和 w 的凸条件为 $u + v + w = 1$。如果点位置是 $\mathbf{x}$，并且三角形顶点是 $\mathbf{p}_0$、$\mathbf{p}_1$ 和 $\mathbf{p}_2$，则它们具有线性关系

$$\mathbf{x} = u\mathbf{p}_0 + v\mathbf{p}_1 + w\mathbf{p}_2$$

或在应用约束 $w = 1 - u - v$ 并重新排列后

$$u(\mathbf{p}_0 - \mathbf{p}_2) + v(\mathbf{p}_1 - \mathbf{p}_2) = \mathbf{x} - \mathbf{p}_2$$

---

1 二维单形是三角形，而三维单形是四面体。就像三角形是二维空间中的一个物体一样 (它是通过将 $2 + 1 = 3$ 个非共线点与 $2 - 1 =$ 一维线段相连而形成的)，任意 D 维空间中的单形是通过将截断的 $D - 1$ 维表面连接 $D + 1$ 点而形成的，凸包的截断面包含所有点。例如，四面体由 $3 + 1 = 4$ 个顶点定义，则每 3 个都定义一个嵌入在 $3 - 1 =$ 二维平面中的三角形面。

用矩阵向量形式重写它, 有

$$M\mathbf{u} = \mathbf{x} - \mathbf{p}_2$$

其中

$$\mathbf{u} = \begin{bmatrix} u \\ v \end{bmatrix}, \ M = \begin{bmatrix} x_0 - x_2 & x_1 - x_2 \\ y_0 - y_2 & y_1 - y_2 \end{bmatrix}$$

可以证明, M 的逆矩阵和等式的右边相乘, 计算得出的重心坐标与上面使用面积和叉积方法得出的结果相同。

这种定义三角形重心坐标的线性系统方法可以用于定义四面体坐标。如 u、v 和 w 为要确定的坐标, $1-u-v-w$ 为第四坐标, $\mathbf{p}_0$、$\mathbf{p}_1$、$\mathbf{p}_2$ 和 $\mathbf{p}_3$ 为四面体的四个顶点, 则通过以下等式确定重心坐标

$$M\mathbf{u} = \mathbf{x} - \mathbf{p}_3$$

其中

$$\mathbf{u} = \begin{bmatrix} u \\ v \\ w \end{bmatrix}, \quad M = \begin{bmatrix} x_0 - x_3 & x_1 - x_3 & x_2 - x_3 \\ y_0 - y_3 & y_1 - y_3 & y_2 - y_3 \\ z_0 - z_3 & z_1 - z_3 & z_2 - z_3 \end{bmatrix}$$

这样从三维位置 $\mathbf{x}$ 可得到重心坐标

$$\mathbf{u} = M^{-1}(\mathbf{x} - \mathbf{p}_3)$$

索引